CB036095

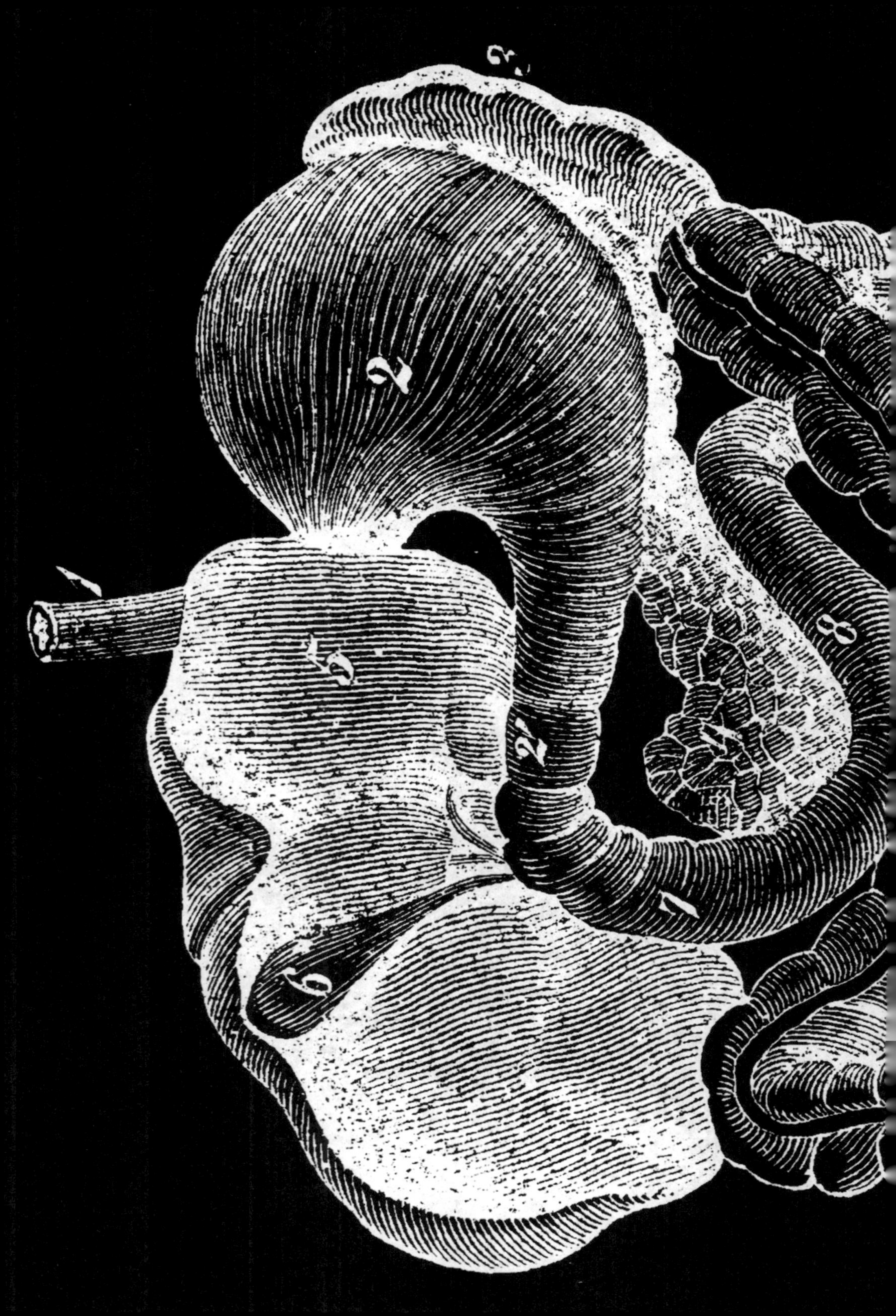

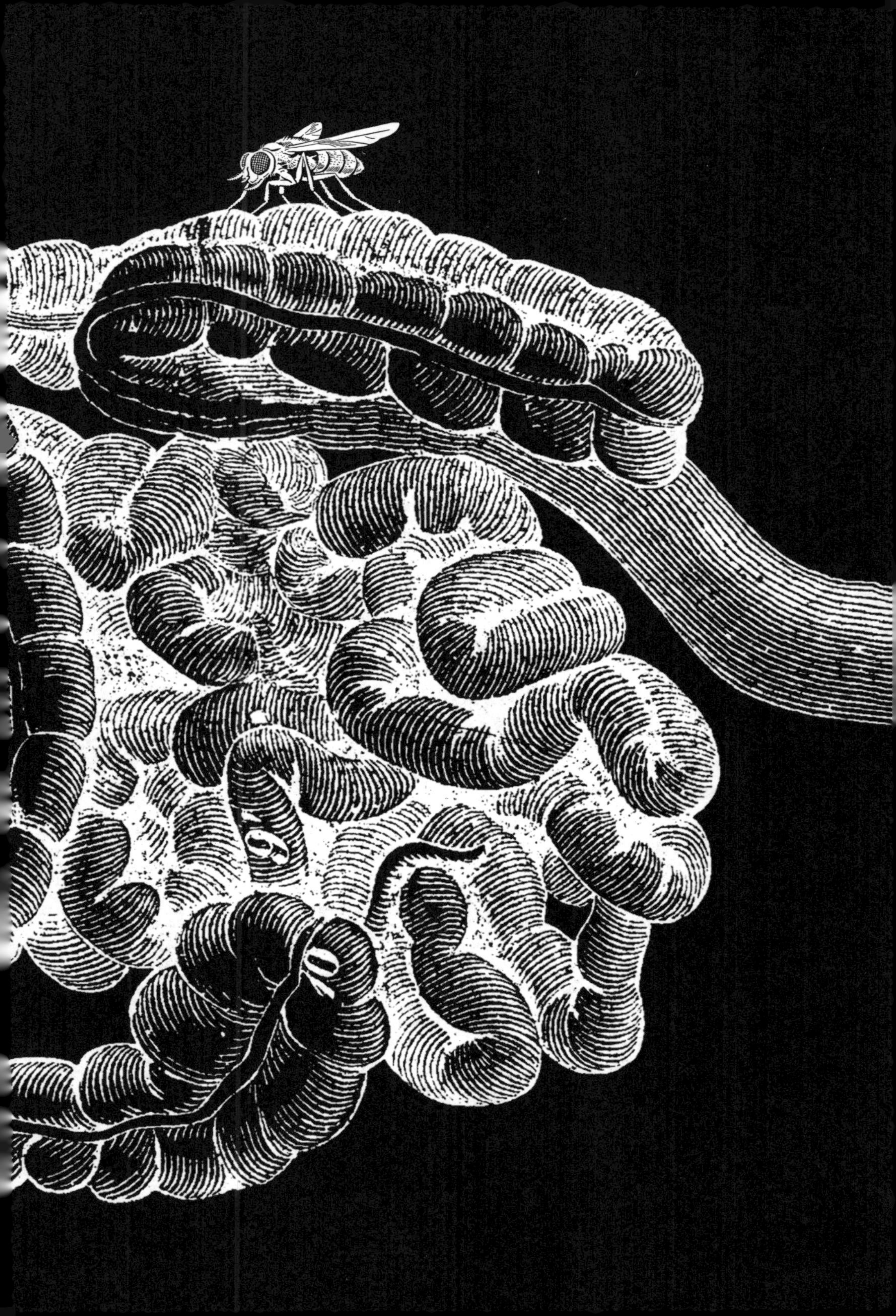

DADOS INTERNACIONAIS DE
CATALOGAÇÃO NA PUBLICAÇÃO (CIP)
Jéssica de Oliveira Molinari - CRB-8/985

Miller, William Ian
Anatomia do nojo / William Ian Miller ;
tradução de Alexandre Boide. — Rio de Janeiro :
DarkSide Books, 2024.
368 p.

ISBN: 978-65-5598-370-8
Título original: The Anatomy of Disgust

1. Aversão 2. Psicologia
I. Título II. Boide, Alexandre

24-1343 CDD 152.4

Índice para catálogo sistemático:
1. Aversão

Impressão: Braspor

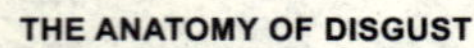

Esta Colheita Macabra desvenda o que está sob a pele; os cheiros, gosmas e texturas das entranhas que nos constituem. Descobrimos os segredos que fazem pulsar um órgão melado de sangue, revelando a chama que o transforma em um santuário para o amor e a coragem. Nesta jornada, celebramos a complexa essência que nos torna criaturas excitantes e nojentas, em sua totalidade.

Acervo de Imagens: © Creative Commons, Shutterstock, Dreamstime, Acervo Macabra/DarkSide.

Fazenda Macabra
Reverendo Menezes
Pastora Moritz
Coveiro Assis
Caseiro Moraes

Leitura Sagrada
Débora Zacharias
Jéssica Gabrielle Lima
Vinicius Tomazinho
Tinhoso e Ventura

Direção de Arte
Macabra

Coord. de Diagramação
Sergio Chaves

Colaboradores
Jessica Reinaldo
Jefferson Cortinove

A toda Família DarkSide

MACABRA™
DARKSIDE

Todos os direitos desta edição reservados à
DarkSide® Entretenimento Ltda. • darksidebooks.com
Macabra™ Filmes Ltda. • macabra.tv

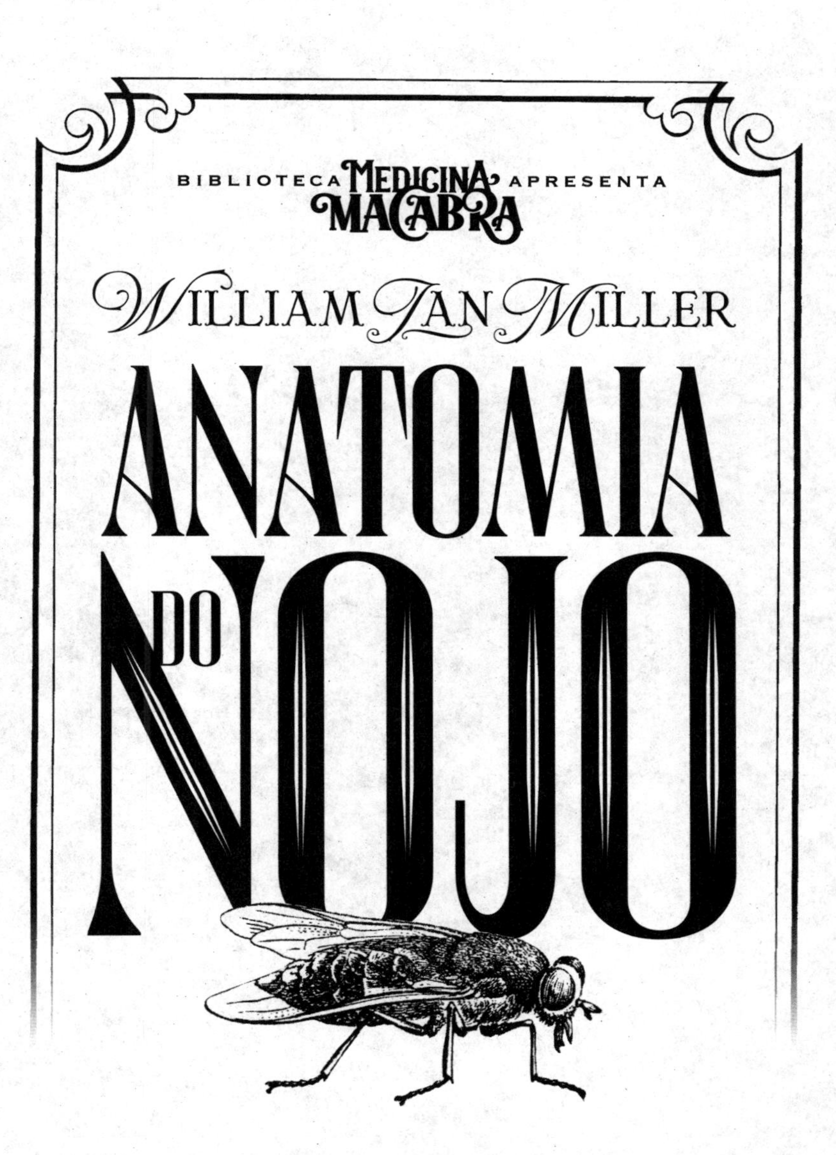

Tradução
ALEXANDRE BOIDE

MACABRA™
DARKSIDE

Para Bess, Eva, Louie e Hank

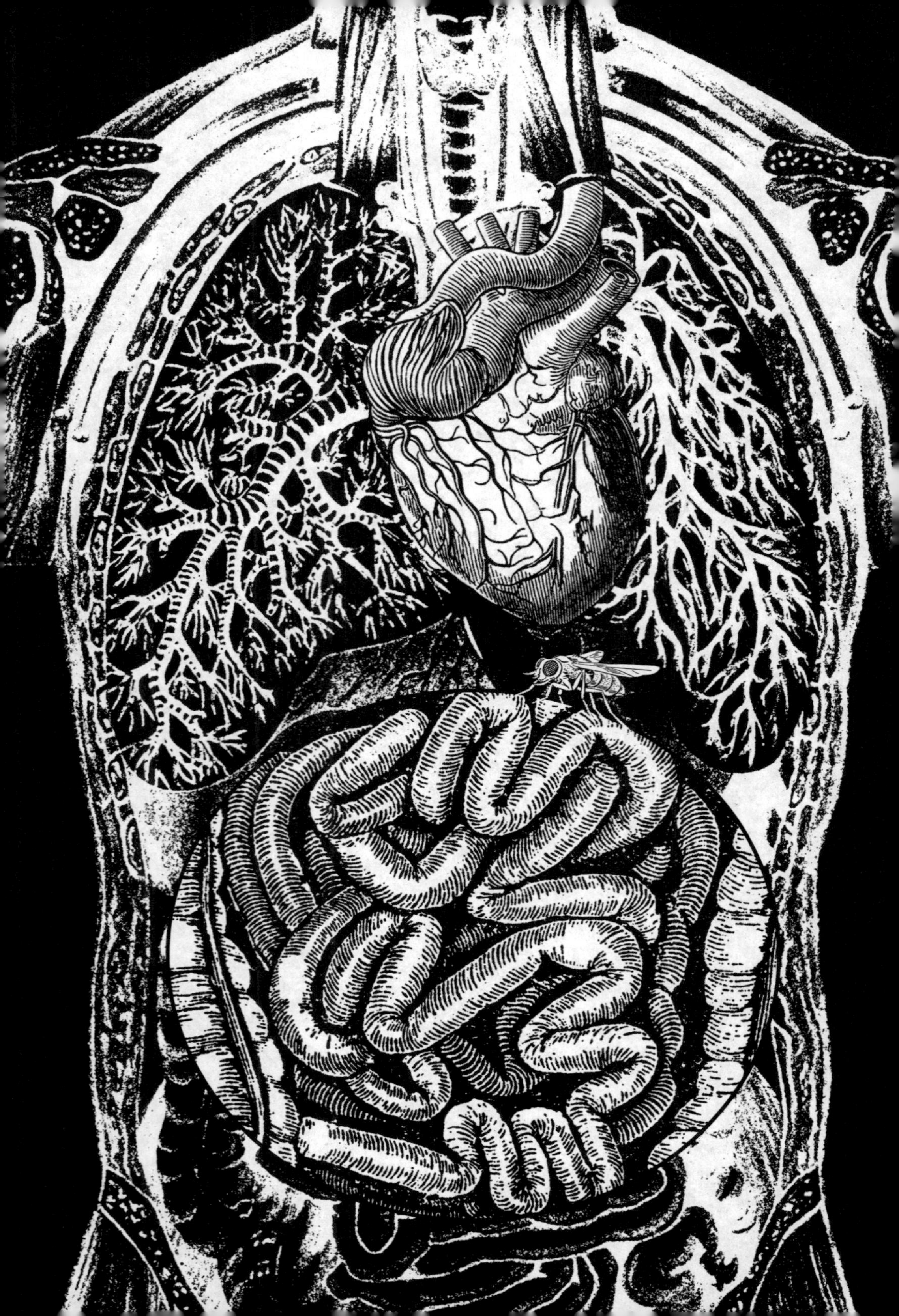

ANATOMIA DO NOJO

SUMÁRIO

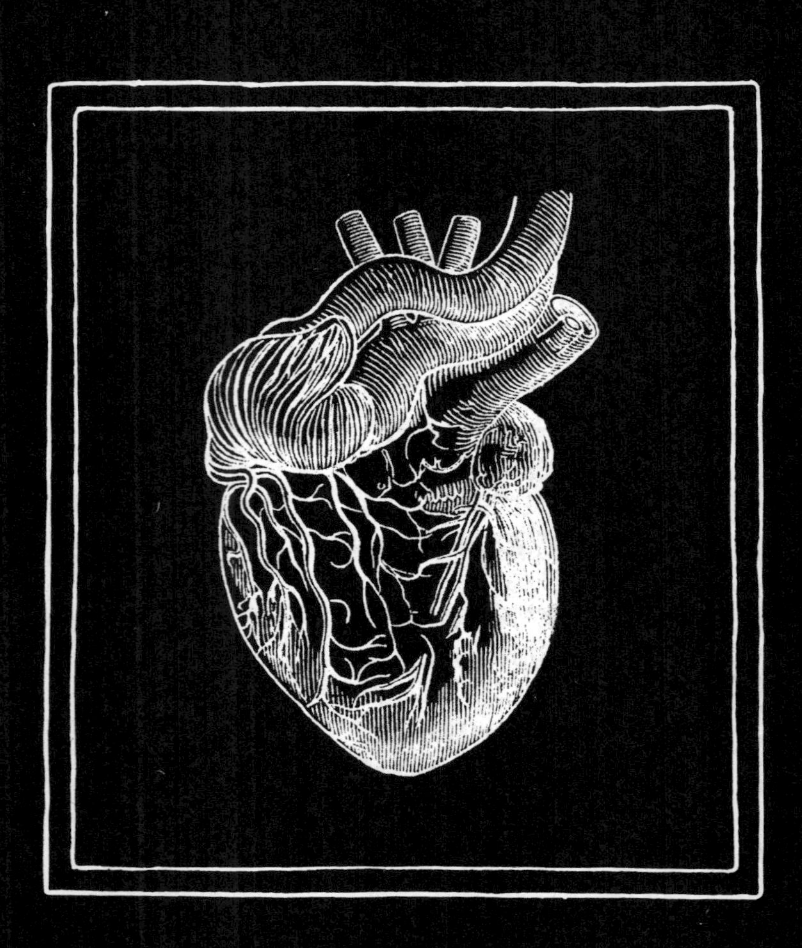

PRÓLOGO

Para um autor, o nojo apresenta problemas específicos que não se aplicam a outros temas correlatos — como, digamos, o sexo. As pessoas são capazes de levar a sério uma discussão sobre sexo mesmo quando isso lhes provoca uma leve excitação. As convenções sociais vigentes conferem ao sexo e à sexualidade uma sisudez quase sacralizada — o sexo por seu vínculo com o amor, e a sexualidade por seu suposto papel na definição da personalidade e da identidade. O nojo, por outro lado, ainda exige uma justificativa para ser tratado como um tema sério e aceitável. Falar sobre o nojo nos leva a discutir certas questões veladas e tende a desmentir determinadas alegações e tabus em que gostaríamos de continuar acreditando a respeito do sexo, dos costumes sociais e da dignidade humana em geral.

Eis, portanto, o problema com que me defrontei enquanto tentava encontrar o tom para este livro: como manter o decoro sem parecer pudico. Caso contrário, existe o risco de trazer à tona o tipo de humor vulgar que é desejável evitar. Mas apenas a simples menção de certos assuntos, que são necessários se quisermos abordar a substância e a estrutura daquilo que é nojento, acaba gerando ou o nojo em si ou o humor de baixo nível. O cômico e o nojento, como sabemos, compartilham diversos pontos de intersecção. Tentei manter o decoro sem, no entanto, parecer tedioso ou frívolo, tendendo mais para o pudico, imagino eu.

Minha intenção não é causar impacto, embora eu reconheça que isso possa ser completamente inevitável, dada a natureza do nojo e daquilo que é nojento. Apesar de não precisar ser tedioso para descrever o tédio, nem confuso para descrever a confusão, pode ser que a chamada falácia da forma imitativa não seja tão falaciosa assim quando o assunto em questão é o nojo. Ao contrário das descrições de tédio e confusão, as descrições daquilo que é nojento têm um poder de sugestão que é exercido independentemente da intenção do autor. Portanto, ainda que eu não queira de forma alguma deixar alguém enojado, não posso prometer que, em certos momentos, você não sentirá nojo. Mas, ao fim e ao cabo, trata-se de um tema sério para mim que envolve tópicos como sensibilidade moral, amor, política e nossa noção de individualidade.

Em muitas de suas formas, o nojo não se limita apenas ao que é aversivo, e o conteúdo do nojo é algo complexo e, às vezes, paradoxal. Chega a ser um lugar-comum afirmar que o nojento pode atrair ao mesmo tempo que repele; a indústria do cinema e do entretenimento, na qual podemos incluir os noticiários televisivos, fatura justamente em cima dessa atratividade. O nojo é uma característica frequente de tudo que é apelativo e sensacionalista, que em geral se baseia no sexo, na violência, no terror e na violação das normas de modéstia e decoro. E, embora o que é nojento cause repulsa, quase sempre também é capaz de capturar nossa atenção. É algo que se impõe sobre nós. É difícil não prolongar o olhar por mais tempo ou, de forma ainda menos voluntária, arriscar uma "segunda olhada" furtiva para as coisas que nos causam nojo.

Seria desonesto da minha parte tentar negar que o nojo me fascina pelas mesmas razões que levam todo mundo a dar essa segunda olhada, mas, por outro lado, posso garantir que existe um objetivo legítimo para esta empreitada. Em primeiro lugar, meu interesse pelas emoções humanas existe há um bom tempo, em especial aquelas que interferem em nossas hierarquias morais e sociais. No meu livro *Humiliation* [Humilhação] de 1993, minha partida se iniciou do ponto de vista de uma pessoa que aceita ou reluta em ser relegada a um status inferior na ordem social e moral vigente. Os principais sentimentos envolvidos eram vergonha, constrangimento, humilhação e revanchismo. Este livro é o outro lado dessa moeda. Aqui analiso os sentimentos

— na maior parte nojo, mas também desprezo — mobilizados na intenção de confirmar que outras pessoas pertencem a um status inferior e nos definir de forma obrigatória como superiores no jogo de soma zero das hierarquias. As emoções que constituem a experiência de ser inferiorizado ou rebaixado — a vergonha e a humilhação — convivem em proximidade com os sentimentos evocados nas reações diante dos inferiores, fracassados e contagiosos — nojo e desprezo.

Tanto este livro como seu antecessor se opõem a algumas das correntes dominantes do pensamento social ocidental dos últimos três séculos, que tentam explicar a maioria das ações sociais como vinculadas ao interesse individual, à ganância ou a uma noção psicologicamente frágil da busca por poder. Minha sensibilidade pessoal me leva a uma narrativa mais influenciada pelas ansiedades humanas, privilegiando sentimentos defensivos e reativos, como humilhação e nojo, em relação aos mais ofensivos e agressivos. Essas emoções consideradas inferiores, no entanto, ajudam a preservar nossa dignidade — na verdade, tornam possível a própria existência da dignidade, muitas vezes à custa de nossos desejos mais aquisitivos e puramente egoístas.

Em segundo lugar, o amor tem uma relação complexa e talvez inevitável com o nojo. Afinal, o amor (tanto o sexual como o não sexual) não envolve uma notável e nada desprezível suspensão de algumas, se não todas, regras do nojo? O nojo assinala as barreiras do eu; o relaxamento dessas barreiras assinala coisas como privilégio, intimidade, dever e dedicação. O nojo também faz parte das atrações e repulsas relacionadas ao sexo, que às vezes também é um aspecto do amor. No contexto sexual, a relação do amor com o nojo é mais complexa e nos envolve com o tipo de prazer que nos impulsiona a violar proibições. Mas a relação entre o nojo e o sexo não chega a surpreender; o conhecimento dessa vinculação está no cerne de boa parte do empreendimento freudiano, assim como nas tradições ascética, estoica, cristã e outros tipos de doutrinas antissexo.

Em terceiro lugar, a não ser pelo discurso erudito dos filósofos moralistas, o julgamento moral parece quase sempre exigir um linguajar relacionado ao nojo. *Isso é de embrulhar o estômago. Que comportamento repugnante! Você me dá asco.* Perceba que é muito mais fácil expressar a raiva e a indignação com o linguajar relacionado ao nojo do que manifestá-lo usando o léxico da raiva. Por que o nojo tem um lugar tão evidente no discurso moralista cotidiano, talvez com destaque maior até mesmo do que os termos relacionados a outros sentimentos morais, como culpa e indignação? Não se trata de um fenômeno recente, nem restrito a um único idioma. Todo o discurso em latim da Igreja Católica sobre o pecado se baseava em uma conceitualização dos pecadores e do inferno que se valia de odores excrementais e imagens repulsivas. E obras recentes na área da psicologia revelaram o papel crucial do nojo na expressão de julgamentos morais em um amplo espectro de culturas.

Em quarto lugar, neste livro, assim como em seu antecessor, que tratava da humilhação, eu lamento a perda, ao longo do século XIX, da relevância de uma certa forma de discutir as motivações humanas que se deu com o afastamento das disciplinas especializadas da psicologia e da psiquiatria da filosofia moral, da literatura e da história. O conhecimento da psicologia passou a ser detido e/ou produzido quase de forma exclusiva por psicólogos e psicoterapeutas com formação especializada. A ciência trouxe benefícios inegáveis à área, mas com o pesado custo de abrir mão de uma certa profundidade no discurso psicológico (e, por extensão, moral). Algo muito valioso se perdeu para nós. E, em comparação com o estilo pré-professoral de autores como Montaigne, La Rochefoucauld ou Jane Austen, podemos mesmo afirmar com confiança que os esforços intelectuais muitas vezes tão impressionantes empreendidos no jargão freudiano não são, na verdade, friamente restritivos e reducionistas ao encontrar tantas maneiras de apenas revestir de mais verniz sua narrativa edipiana latente? É bem provável que os poetas, romancistas e filósofos moralistas de nossa era precisem se esforçar muito mais para fazer um bom uso da psicologia do que seria necessário se vivessem em uma época anterior.

Este livro, portanto, é concebido de forma consciente e deliberada como uma reflexão sobre o nojo nos moldes de *A anatomia da melancolia*,* de Robert Burton, escrito no início do século XVII. Vejo essa obra como uma homenagem a um tempo em que, por mais estranho que seja, a psicologia era menos restrita do que é hoje. Nessa época, a psicologia tratava de virtudes e vícios, em narrativas históricas, mas

* Obra publicada originalmente em 1621, que trata da melancolia não apenas como disposição, mas também como um hábito e, portanto, difícil de ser removido. [As notas de rodapé são da editora; as notas do autor começam na página 312]

também ficcionais, abordando nossa relação uns com os outros na mesma medida em que falava de nossa relação com nós mesmos. O discurso psicológico ainda não tinha se divorciado do moral nem do social. Este livro, portanto, é metodologicamente promíscuo sem perder o comprometimento com o método, bebendo nas fontes da história, da literatura, da filosofia moral e da psicologia. Meu objetivo é colaborar com o desenvolvimento do tipo de teoria social e micropolítica mais comumente associada à obra de Erving Goffman.** Com o acréscimo dos sentimentos — neste caso, o nojo e o desprezo —, nós podemos enriquecer o mundo sem as motivações de Goffman, com seus atores sociais muitas vezes paranoicos.

Em quinto lugar, embora argumente que o nojo em certo sentido vai além das convenções culturais, eu entro em detalhes sobre o rico universo de interpretações daquilo que é nojento. Temos aqui uma das emoções humanas mais viscerais e arraigadas e, mesmo quando se trata do corpo — tanto por dentro como por fora, e de seus orifícios e suas excreções —, existe um leque explosivo de significados que influenciam, animam e contaminam ordenamentos políticos, sociais e morais. Por mais visceral que possa ser, o nojo é um dos sentimentos que atua de forma mais ostensiva na formação das culturas. Esta obra, no entanto, faz questão de não ser um livro a respeito do corpo no estilo desse gênero acadêmico recente e tão em voga. Aqui nada é "inscrito" no corpo, a não ser as tatuagens que menciono em minha discussão sobre o desprezo.

Também cometo, nestas páginas, aquilo que nas ciências humanas passou a ser considerado a ousadia inimaginável de levar a psicologia acadêmica a sério, apesar das limitações de seu intencional estilo não interpretativo. O que pretendo com este livro é transitar por diferentes disciplinas e, até mesmo, abrir pequenas brechas na barreira colossal que separa o mundo acadêmico do não acadêmico. No fim das contas, esta anatomia tem como objetivo atrair o interesse tanto de foucaltianos como de "pessoas normais". Para os primeiros, ofereço uma anatomia bem semelhante a uma genealogia do nojo. Para os segundos, justifico-me com a crença de que se trata de um tema

** Cientista social, sociólogo, escritor e antropólogo. A obra de Erving Goffman é voltada a analisar as interações, aquilo que acontece quando ao menos dois indivíduos se encontram.

importante e que apenas a tolice polemista pode nos levar a ignorar o fato de que alguns sentimentos moldam a cultura ao mesmo tempo que são moldados por ela. É desnecessário dizer que existem riscos envolvidos em abordar um público tão amplo como tento fazer aqui, sendo o principal deles o fato de eu não ter formação em muitas das áreas que a discussão precisa envolver. Minhas especialidades tendem a ser a literatura e a história, mas, através de caminhos curiosos, as questões levantadas em minha obra anterior sobre honra e heroísmo me levaram a um território que já havia sido colonizado por psicólogos, filósofos morais e teóricos das ciências políticas e sociais. Aos especialistas nessas áreas, peço um certo grau de tolerância, embora acredite que não será assim tão necessária.

O pronome escolhido para fazer a exposição dos argumentos — eu, você, ela, ele, nós — hoje se tornou um tema delicado, com implicações morais e políticas. Pode-se considerar desejável que essa questão desapareça, mas isso parece pouco provável em um futuro próximo. Portanto, alguns comentários a esse respeito se fazem necessários. Em boa parte de minha argumentação, eu adoto o que gostaria de chamar de um "nós convidativo". O "nós" aqui não é um plural majestático; também não sou eu tentando fugir da responsabilidade por minhas afirmações nem revestir minhas reflexões pessoais de uma autoridade espúria, querendo fazer parecer que são normas e convenções. O "nós" aqui é uma voz que parte do pressuposto da compreensão e da imaginação, de uma posição reflexiva que extrapola as observações dos outros e as minhas sobre as várias tradições que abordamos na construção de um entendimento mais amplo do nojo e do desprezo e, também, daquilo que é nojento e desprezível. Esse "nós" convida você a abandonar determinadas posturas de tempos em tempos e pensar a respeito daquilo que eu acredito ser uma posição que, embora não seja exatamente a sua nem a minha, pelo menos pode ser compreensível, concebível e reconhecível.

Um dos grandes problemas de escrever sobre o nojo é que o sexo (e, com menos frequência, a sexualidade) precisa fazer parte da argumentação, isso é inevitável. Embora eu me sinta em certa medida confiante para falar sobre sentimentos que dizem respeito a nossas personas públicas — constrangimento, humilhação e vergonha —, as questões do Eros e do desejo sexual me causam certo pudor. Além disso, as diferenças de gênero e de orientação e as preferências individuais na experiência da sexualidade podem impor uma barreira maior à compreensão do que em outras áreas menos politicamente controversas. Mas acredito que, mesmo aqui, existe um território em comum onde todos podemos transitar, por mais que não esteja muito em voga admitir isso nos dias de hoje. O nojo e o desprezo motivam e mantêm o status inferiorizado de coisas, pessoas e atitudes consideradas nojentas e desprezíveis. Esses sentimentos, portanto, são mais criticados do que louvados, ainda que as críticas que recebam muitas vezes sejam motivadas pelo nojo operando em seu registro moral. O desprezo e o nojo desempenham papéis necessários em uma boa — mas não perfeita — ordem social.

Uma última ressalva: a vinculação do nojo com o sexo exerce um papel central no discurso moral do mundo cristão. Esse discurso antissexualidade tem como base uma misoginia obscura e mal-intencionada que, com frequência, era ampliada no sentido de uma misantropia mais generalizada. Não tenho a menor intenção de me aproximar da misoginia, mas não sei se é possível me distanciar da misantropia. O nojo e a misantropia parecem ter uma associação quase inevitável, e, nesse caso, eu evoco o grande e aflito Jonathan Swift* como testemunha. É bem provável que os seres humanos sejam a única espécie capaz de sentir nojo, e, ao que parece, somos os únicos que sentem repulsa por sua própria espécie. Além disso, parecemos determinados a ter como aspirações a pureza e a perfeição. E o combustível para uma parte nada desprezível dessas aspirações é o nojo do que somos ou do que parecemos destinados a voltar a ser. Como veremos, em última análise, a base de todo o nojo somos *nós* — nós que morremos e vivemos e, durante esse processo, excretamos substâncias e odores que nos levam a não aceitar a nós mesmos e a temer nossos semelhantes.

Tenho também algumas dívidas de gratidão a pagar. Minha mulher, Kathy Koehler, foi minha crítica mais severa e deixou claro seu desejo de que eu voltasse ao mundo de minhas pesquisas anteriores — o mundo de honra, sangue e vingança das sagas islandesas, que,

* Escritor, poeta e clérigo. Autor da obra *As viagens de Gulliver*, publicada originalmente em 1726.

apesar da violência, eram coisas mais decorosas e que tornavam meus interesses menos constrangedores. Mais do que qualquer outra pessoa, ela me força a esclarecer e corrigir minha argumentação. Meus quatro filhos, com idades que variam de 1 a 9 anos, durante algum tempo, colaboraram mais com este livro do que imaginam. Meu cunhado, Eric Nuetzel, um freudiano convicto e psicanalista clínico, me salvou de várias gafes nos momentos em que minha desconfiança e hostilidade generalizadas em relação ao reducionismo da psicologia ameaçaram obscurecer meu julgamento. Liz Anderson, Nora Bartlett, Rob Bartlett, Carol Clover, Laura Croley, Heidi Feldman, Rick Hills, Orit Kamir, Rick Pildes, Robert Solomon, Susan Thomas, Stephen D. White e Lara Zuckert me deram sugestões úteis em termos de bibliografia, estilo e conteúdo. Minha colega Phoebe Ellsworth foi bastante prestativa ao me guiar pelo mundo da psicologia experimental, e sua inteligência penetrante me salvou várias vezes de cometer erros e tolices.

Minha maior dívida, porém, é com meu colega e amigo Don Herzog. Nós compartilhamos diversos interesses intelectuais e, ao que parece, alguns hábitos mentais também. Muito do conteúdo deste livro foi pensado em conversas com Don, e a marca dele se faz presente em vários pontos. Em certos sentidos, a maneira como o livro foi organizado foi ideia dele; se em sua forma atual o livro já não agrada a todos os gostos, poderia agradar ainda menos caso eu não tivesse adotado suas sugestões. Em termos formais, sou obrigado a assumir a total responsabilidade pela obra, e eu assumo, mas deixar claro que Don tem sua parcela de culpa é uma compensação necessária pelo fato de ele ser também merecedor de eventuais elogios.

Em uma versão anterior e mais curta, o capítulo 9 deste livro foi publicado com o título "Upward Contempt" na revista *Political Theory* (n. 23, p. 476-499, 1995), e foi reproduzido aqui com permissão da Sage Publications.

Àqueles que se aventuram pelo desconhecido, explorando os recônditos sombrios da mente humana, convido-os a embarcar em uma jornada única de descoberta e reflexão, para questionar nossas próprias reações e preconceitos. Este livro é fruto de uma dedicação intensa e uma transparência ímpar. Vamos começar?

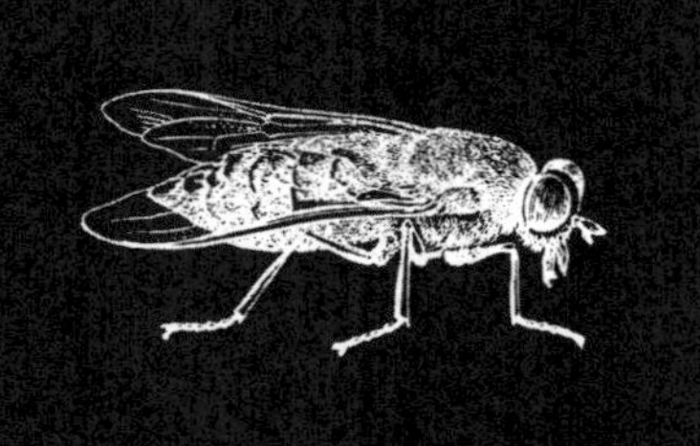

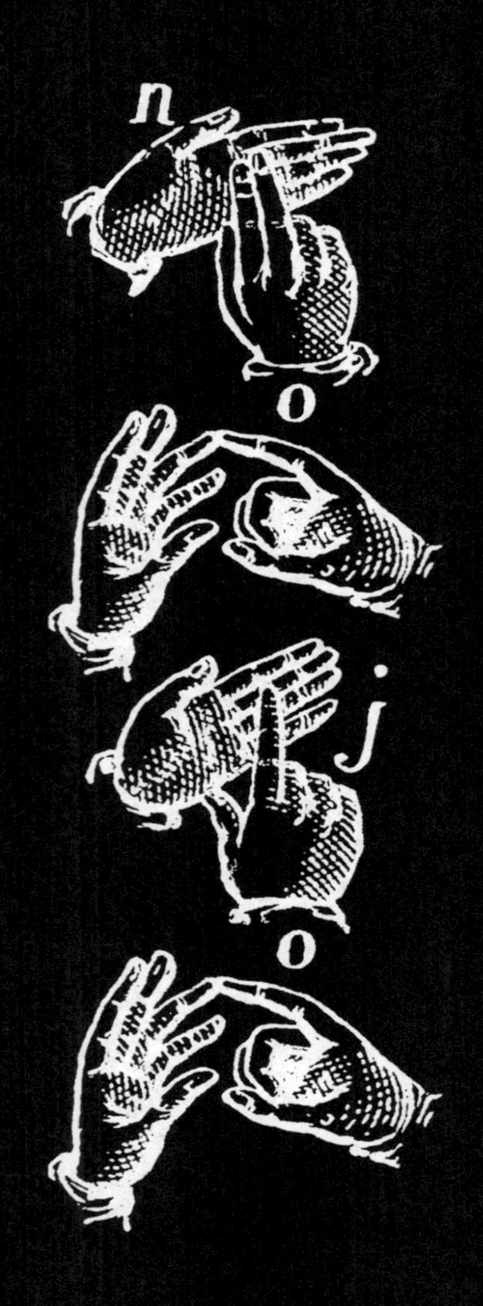
n
o
j
o

GLOUCESTER: Oh, deixe-me beijar as tuas mãos!
LEAR: Vou limpá-las primeiro; cheiram a mortalidade.

1
O NOJO DE DARWIN

O interesse psicológico pelo nojo na modernidade começa com Darwin, que o concentra na rejeição de alimentos e no sentido do paladar. Consideremos o seguinte relato:

> O termo "nojo", em seu sentido mais simples, significa algo que é ofensivo ao paladar. É curioso como esse sentimento pode ser provocado por qualquer coisa incomum em termos de aparência, odor ou da natureza de nossa comida. Na Terra do Fogo, um nativo tocou com o dedo uma carne curada fria que eu estava comendo em nosso acampamento e demonstrou claramente um tremendo nojo ao sentir a textura macia; ao passo que eu senti um tremendo nojo ao ver minha comida tocada por um selvagem nu, embora suas mãos não parecessem sujas. Uma mancha de sopa na barba de um homem parece nojenta, embora não haja nada de nojento na sopa em si, claro. Presumo que isso venha da forte associação em nossa mente entre a visão da comida, seja qual for a circunstância, e a ideia de comê-la.[1]

Darwin está certo em sua explicação etimológica — o termo inglês *disgust* significa desagradável ao paladar.[2] Mas é possível questionar se o paladar teria tanta relevância no relato de Darwin se a etimologia não sugerisse esse caminho. A palavra alemã *Ekel*, por exemplo, não tem nenhuma relação facilmente discernível com o paladar. Isso tornou mais fácil para Freud associar o nojo de forma tão direta às zonas anal e genital, além da oral?[3] Desconfio que a palavra usada na língua inglesa seja responsável, de alguma forma difícil de quantificar, por estreitar o foco da discussão ao paladar, à incorporação oral e à rejeição de alimentos nas discussões psicológicas sobre o nojo.[4] Antes de o termo *disgust* entrar no léxico do idioma, no primeiro quartil do século XVII, o paladar tinha bem menos destaque do que odores pútridos e visões repugnantes. O nojo, sem dúvida, se relaciona com o paladar, mas também envolve — não só por extensão, mas em seu cerne — o olfato, o tato e, às vezes, até a visão e a audição. Sobretudo, é um sentimento moral e social, que desempenha um papel motivador em julgamentos morais de uma determinada forma que tem pouquíssima ligação, se é que tem alguma, com ideias de incorporação oral.[5] O nojo é usado para classificar pessoas e coisas em uma espécie de ordenamento cósmico.

Este livro é mais do que uma anatomia da interpretação estreita do termo *disgust* na língua inglesa. Eu uso o nojo para indicar um sentimento complexo que pode ser lexicamente assinalado também por expressões do próprio idioma inglês que se referem a coisas ou ações como repulsivas, asquerosas ou que dão origem a reações descritas como repugnância e abominação, além de nojo.[6] O nojo nomeia uma síndrome em que cada um desses termos tem seu papel. Todos eles expressam aversão a algo percebido como perigoso em razão de sua capacidade de contaminar, infectar ou poluir por proximidade, contato ou ingestão. Tudo isso sugere que seja compreensível, mas nem por isso sugere que seja verdadeiro, que o nojo venha acompanhado de náusea ou enjoo, ou ainda de uma vontade urgente de se encolher ou estremecer de asco.

Nojo, porém, não é o mesmo que enjoo. Nem todo nojo necessariamente produz sintomas de enjoo, e nem todo enjoo é associado à presença do nojo. O enjoo estomacal provocado por uma virose não é um sinal indicativo ou uma consequência do nojo, ainda que, se vomitarmos por isso, tanto o ato em si como as substâncias que expelimos podem provocar sensações de nojo que pareçam indiscerníveis do enjoo que o precedeu. O enjoo provocado por uma ressaca, no entanto, é mais complexo, acompanhado muitas vezes de uma sensação de contaminação, intoxicação e autoaversão, além de constrangimento. Por outro lado, as coisas ou os atos que consideramos nojentos nos inserem nos domínios da náusea quando percebemos que não ficaríamos surpresos se começássemos a sentir enjoo ou ânsia de vômito, mesmo isso acontecendo ou não. O nojo, com certeza, é parecido com isso; mas essa sensação é menos relacionada a um sintoma físico do que à inquietação e ao pânico de intensidades variadas que vêm junto da percepção de que estamos em contato com a imundície.

Deixemos isso de lado por ora e analisemos em mais detalhes essa passagem de Darwin. São o alimento e o paladar que incitam o nojo em primeiro lugar?

> Na Terra do Fogo, um nativo tocou com o dedo uma carne curada fria que eu estava comendo em nosso acampamento e demonstrou claramente um tremendo nojo ao sentir a textura macia; ao passo que eu senti um tremendo nojo ao ver minha comida tocada por um selvagem nu, embora suas mãos não parecessem sujas.

Nesse trecho, muito antes de a comida chegar à boca, para que a questão do paladar pudesse ser mencionada, já temos indícios de outras categorias indicativas de nojo: características táteis como (carne) fria vs. quente, macio vs. firme; características de pureza, como cru vs. cozido, sujo vs. limpo; características de pudor corporal, nu vs. vestido; e características mais amplas de definição grupal, Terra do Fogo vs. Inglaterra, eles vs. nós. Para o nativo, em última análise, a questão não é a maciez da carne curada, e sim o que o ato de comê-la diz a respeito da pessoa que consome aquele alimento. Para Darwin, a questão não é apenas que alguém tocou sua comida (com mãos limpas, aliás), e sim que essa pessoa era um *selvagem nu* que o ofendera. Na primeira frase, o selvagem é apenas um nativo curioso nas duas acepções do termo: objetivamente como alguém que demonstra curiosidade diante do desconhecido, e subjetivamente como um indivíduo detentor de um traço de personalidade que o leva a tocar a comida de Darwin. Mas, quando considera nojenta sua comida, Darwin o redescreve de modo a rebaixá-lo, tratando-o como um selvagem nu com o poder de contaminar seu alimento. Antes dessa interação, Darwin poderia ser capaz de olhar para o nativo com um desprezo que beirava o divertimento ou a indiferença, ou então com uma espécie de desprezo inofensivo que muitas vezes é parte integrante da curiosidade. O nativo, porém, chega perto demais e age de forma ofensiva, e essa ameaça mínima é suficiente para transformar um desprezo complacente em nojo.

Darwin se sentiria enojado da mesma forma com o nativo que tocou sua comida caso não tivesse se sentido insultado com sua reação de repugnância? Ou o nativo já teria percebido o nojo de Darwin em relação a ele e decidido provocá-lo mexendo em sua comida? Darwin se sentiria menos enojado se o nativo tivesse tocado sua pele e não seu alimento? A comida tem um papel aqui, claro, e ambos os atores compartilham da crença enraizada de que nós somos aquilo que comemos. O nativo se sente desconfortável ao pensar em que tipo de homem poderia comer um alimento como aquele, ao passo que Darwin teme ingerir alguma espécie de essência da selvageria que teria sido inserida de maneira mágica em sua comida pelo dedo do selvagem nu. Mas a ingestão oral é mencionada aqui apenas porque o alimento cumpre a função de uma das inúmeras formas pelas quais um agente poluidor pode ser transferido. A verdadeira questão se refere às dúvidas e aos medos que a presença de ambos os homens provoca um no outro, e à pequena batalha por segurança e dominação que se segue para resolvê-la — trata-se de uma competição de nojos.

A mancha de sopa na barba de um homem tem menos implicações políticas, "embora não haja nada de nojento na sopa em si". Mais uma vez, não é a comida que é nojenta; a própria explicação de Darwin nos diz que ela apenas se torna nojenta pela "forte associação [...] entre a visão da comida [...] e a ideia de comê-la". Mas isso não pode estar certo. A ideia do homem com a barba suja é nojenta bem antes que a ideia de comer a sopa que está presa em seus pelos faciais seja cogitada por nós — se é que seria cogitada. A associação de ideias não é entre ver a comida em uma barba e depois se imaginar comendo. Se a sopa é nojenta como alimento, é só por causa dos pelos que se misturaram a ela. Isso, *sim*, é nojento. Podemos ver isso, de acordo com a teoria estrutural de Mary Douglas, como uma manifestação de coisas que se tornam poluídas ao serem colocadas fora de seu lugar.[7] Isso dá conta de uma parte do problema, mas não explica que é mais a barba do que a sopa, mais o homem do que a comida, que provoca o nojo. A sopa na barba já revela um homem contaminado por um defeito de caráter, pela falha moral de não saber se manter apresentável de acordo com a presunçosa exigência de mostrar pureza em público e limpeza nos cuidados privados com o corpo, sem nos ameaçar com sua incompetência a esse respeito. Não seria necessário haver sopa ou farelos de pão para incriminá-lo; bastariam fiapos de lã ou resquícios de sabão. Sem dúvida, porém, a sopa seria mais nojenta que fiapos ou sabão. Afinal, a sopa, ao contrário de fiapos ou sabão, poderia ter caído de sua boca ou de uma colher que já entrou em algum momento em sua boca. Portanto, não é o medo da incorporação oral que torna a sopa nojenta para nós, e sim a falha do homem em incorporá-la oralmente de forma apropriada.

Mas vamos supor que não tivesse sido um selvagem nu a mexer na carne de Darwin, e sim uma barata a passear por cima dela. A questão passaria a ser a ingestão ou não da comida? Mesmo nesse caso, considero o problema complexo. Uma barata passeando por nosso braço também provocaria nojo, e talvez ainda mais se andasse sobre nossa comida, e nós não vamos comer nosso braço. A barata (e o selvagem nu) causa nojo antes mesmo de tocar a comida; seu poder de contaminação vem de alguma outra fonte.

O nojo sempre atraiu pouca atenção das disciplinas que afirmam ter interesse pelos sentimentos: psicologia, filosofia, antropologia. Não é difícil adivinhar o provável motivo para isso. O problema está na falta de decoro. A civilização elevou nossa sensibilidade ao nojo para usá-lo como um componente-chave de nosso mecanismo de controle social e ordenamento psíquico, o que tornou muito difícil para as pessoas civilizadas, tanto em termos sociais como físicos, conversar sobre coisas nojentas fora do pretexto proporcionado pela infância, a adolescência ou o humor transgressivo. Outros sentimentos negativos — inveja, ódio, maldade, ciúme, desespero — podem ser discutidos de forma decorosa. Falar a respeito deles não causa rubor, risinhos, perplexidade ou ânsia de vômito. Eles não tornam impositivo mencionar o lado grotesco do corpo, a feiura física implacável, as visões e os odores nauseantes, a supuração, a defecação, a putrefação. Em outras palavras, é mais fácil suportar uma alma pecadora e cheia de vícios do que um corpo grotesco e as ofensas sensoriais provocadas pelo simples ato de viver.

Uma estudiosa que se debruçou sobre o nojo fez queixas recentes de que "o contato com o nojento torna a pessoa nojenta. Estudar o nojo é se arriscar à contaminação; em pouco tempo, as piadas a respeito de seus interesses nada virtuosos começam a circular".[8] É mesmo difícil conter os comentários irônicos que parecem necessariamente surgir quando alguém se dedica a um projeto como esse. Darwin foi o primeiro a se arriscar estudando o nojo em seus próprios termos. Apesar de não explicitar suas preocupações nem se valer de ironias, ele limitou os riscos com uma discussão bastante breve, com menos de cinco páginas. Freud se alongou mais no tema; ele associou o nojo à vergonha e à moralidade, tratando-os como "formações reativas", cuja função é inibir a consumação de desejos inconscientes; e de fato as formações reativas são parte do mecanismo de repressão que torna o desejo inconsciente.[9] Mas Freud não deu muito mais atenção direta ao nojo, a não ser dessa forma genérica, como uma formação reativa. No entanto, sem o espectro do nojo sempre à espreita, poderíamos especular que sua obra não teria nem metade da extensão que acabou adquirindo. Afinal, o que torna o sexo tão difícil, uma base tão frequente para a ansiedade, a neurose e a psicose? É possível suspeitar que as próprias teorias freudianas sejam um grande esforço para superar um nojo profundo do sexo.

Até a metade do século XX, havia pouquíssimo material interessante sobre o assunto, a não ser um artigo estupendo, que se aprofunda nos domínios tanto da psicologia como da psicanálise, publicado em 1941 por Andras Angyal.[10] No entendimento de Angyal, o nojo nos leva a evitar o contato próximo com certos objetos e se associa ao medo da mácula da degradação. Os objetos em questão muitas vezes são dejetos de corpo humano ou de animal. Os dejetos não são contaminantes por serem prejudiciais à saúde, e sim porque significam "inferioridade e malignidade".[11] Angyal também vincula o nojo a várias manifestações de desconforto. O nojo em sua definição é bastante cognitivo e social, e não algum reflexo primitivo imbuído no comportamento humano.

Foi apenas na década de 1980 que se começou a prestar atenção ao nojo de forma consistente.[12] E a maior parte desse trabalho foi realizado pelo psicólogo experimental Paul Rozin.[13] Partindo dos trabalhos de Darwin e Angyal, Rozin escreveu, junto de seus parceiros de pesquisas, um grande número de artigos sobre vários aspectos do nojo. Ele argumenta que existe um nojo elementar, concentrado na incorporação oral e na rejeição de alimentos. O sentido elementar envolvido é o paladar, a localização elementar é a boca, e as ações elementares são a ingestão e a rejeição pelo cuspe ou vômito. O nojo elementar, segundo o autor, é um sentimento cognitivamente sofisticado, dependente de ideias bem desenvolvidas de contaminação e contágio. O nojo é orientado por leis invisíveis: uma lei de similaridade, segundo a qual as similaridades de aparência implicam similaridades mais profundas em termos de substância, e uma lei de contaminação, segundo a qual uma vez em contato, sempre em contato. Ele comprovou que as pessoas relutam em comer réplicas realistas de fezes caninas feitas de chocolate ou em beber sua bebida favorita quando mexidas com um pente, apesar de ser novo e sem uso.

Embora sem nunca abandonar sua ideia de que existe um nojo elementar associado à rejeição de alimentos, Rozin passou a reconhecer que se trata de um sentimento rico demais para ser acomodado em uma definição tão estreita. Em seus trabalhos posteriores, o escopo se expande para além da comida e inclui secreções corporais e os animais e seus dejetos[14] e, mais tarde, outros cinco domínios adicionais: sexo, higiene, morte, violações do corpo (estripações, amputações) e violações sociomorais.[15] Tudo isso foi compilado em uma nova teoria generalizante do nojo: uma necessidade psíquica de evitar aquilo que nos lembra de nossas origens animais.

As primeiras pesquisas de Rozin se concentravam em questões de comida e apetite; seu interesse pelo nojo surgiu a partir disso, e suas teorias, de forma nada surpreendente, são reveladoras de suas origens. O trabalho de Rozin merece muitos elogios. Sua afirmação sobre a conexão do nojo com ideias de contaminação e contágio está claramente correta; ele também organizou o tema e desenvolveu experimentos inteligentes a fim de comprovar seus argumentos.[16] Boa parte da discussão que proponho nos capítulos 3-5, em que apresento uma fenomenologia interpretativa do nojo, foi construída como uma resposta a seus escritos. Conforme veremos, eu mais rejeito do que aceito suas teorias, em especial as noções de um nojo elementar em torno da rejeição de alimentos e das preocupações sobre nossas origens animais. Mas eu reconheço que tenho uma grande dívida de gratidão com Rozin e seus colegas. Um dos motivos é que eles conferiram ao estudo do nojo certa dose de legitimidade. Outro é que eles oferecem muitas evidências empíricas que impedem que várias de minhas afirmações sejam consideradas mera especulação. Além disso, eles entendem as questões sociais e culturais de uma forma incomum entre os psicólogos acadêmicos. Rozin e seus coautores reconhecem a interação complexa do nojo com os contextos sociais e morais que o originam. E, por fim, como acontece no caso de todos os bons trabalhos, eles levantam questões interessantes e definem uma área de investigação de modo a servir como ponto de partida para a produção de mais pesquisas e especulações.

Até mesmo a pouca aceitabilidade do nojo como tópico de trabalhos acadêmicos só existe em razão de dois desenvolvimentos principais, um sociocultural, e o outro, mais especificamente, intelectual: 1) o afrouxamento generalizado das normas sobre temas tabus relacionados às funções corporais e à sexualidade, que pode ser chamado de forma mais tendenciosa de vulgarização ou pornografização do debate público; 2) o ressurgimento de toda uma variedade de disciplinas que têm como interesse as emoções humanas. É difícil imaginar que o trabalho de Rozin pudesse ser realizado em uma época muito anterior. Mas consideremos que a questão 1 foi esclarecida o suficiente com sua simples menção e, então, vamos nos concentrar um pouco mais na questão 2. O que estou propondo não é passar em revista as diversas teorias das emoções, e sim fazer alguns comentários pertinentes a respeito.[17]

O nojo é um sentimento. Há quem resista a esse argumento porque o nojo se parece muito com um mero instinto, relacionado por demais ao corpo e quase nada à alma, e, portanto, algo mais próximo da sede, da luxúria ou até da dor do que da inveja, do ciúme, do amor, da raiva, do medo, do arrependimento, da culpa, da tristeza, do lamento ou da vergonha.[18] Essa resistência ou se deve ao fato de se confundir enjoo com nojo ou serve como prova para a afirmação de que o nojo é uma sensação mais “física” que as demais emoções. Mas essa afirmação, em última análise, também surge da confusão entre nojo e enjoo. Conforme já mencionado, a relação entre o nojo e o enjoo não é obrigatória. Como todas as emoções, o nojo é mais do que uma sensação. As sensações despertadas pelas emoções têm uma relação direta com as formas de falar sobre essas sensações, com os paradigmas sociais e culturais que dão sentido a essas sensações e nos fornecem uma base para reconhecê-las quando são experimentadas e demonstradas de maneira apropriada. As emoções, mesmo as mais viscerais, são fenômenos com ricas implicações sociais, culturais e linguísticas. Como nós aprendemos a nomeá-los? Como dominamos as regras que determinam como sentir, quando sentir, quando não sentir e quanto sentir dentro de quais parâmetros? Emoções são sensações vinculadas a ideias, percepções e cognições e, também, aos contextos sociais e culturais em que essas sensações e ideias fazem sentido.[19] As emoções também executam funções e muitas vezes servem como motivação para nossos atos. Elas conferem ao nosso mundo a qualidade de ser, sobretudo, fascinante; tornam-no uma fonte de medo, alegria, ultraje, nojo e deleite.[20] E também podem romper esse fascínio e torná-lo motivo de tédio e desespero. Podem inclusive prover a base para nossos traços de caráter e personalidade, para nossas posturas específicas em relação a nós mesmos e ao mundo exterior.

O nojo é uma sensação *a respeito* de alguma coisa e de reação a alguma coisa, e não apenas uma sensação em estado bruto. Essa é a descrição do enjoo causado por uma virose. Parte do nojo vem da percepção de estar enojado, da consciência da sensação. Seria difícil sentir nojo e não perceber. O nojo envolve necessariamente determinados pensamentos, em geral bastante intrusivos e inevitáveis sobre a repugnância de seu objeto. O nojo sempre vem acompanhado de ideias sobre um tipo particular de perigo, o perigo iminente de poluição e contaminação, o perigo da degradação, cujas ideias, por sua vez, são associadas a determinados contextos culturais e sociais. Mesmo quando a fonte do nojo é nosso próprio corpo, as interpretações que fazemos de nossas secreções e excreções corporais estão arraigadas de maneira profunda em complexos sistemas sociais e culturais de significados. Fezes, ânus, catarro, saliva, pelos, suor, pus, os odores que emanam de nosso corpo e do corpo dos outros — tudo isso tem um histórico social e cultural associado.

Alguns sentimentos — entre os quais se destacam o nojo e seu primo de primeiro grau, o desprezo — têm um significado intensamente político. Eles funcionam para hierarquizar nossa ordem política: em alguns casos, trabalham para manter a hierarquia; em outros, servem como alegações presunçosas de superioridade; em outros ainda, são incitados como uma indicação do lugar do indivíduo dentro da ordem social. O nojo avalia (de maneira negativa) tudo o que toca, proclama a malignidade e a inferioridade de seu objeto. E com isso se apresenta como uma proclamação exaltada do direito de se ver longe dos perigos impostos pela proximidade do inferiorizado. Trata-se, portanto, de uma proclamação de superioridade que, ao mesmo tempo, reconhece a vulnerabilidade dessa superioridade ao poder que os inferiorizados têm de degradá-la. O mundo é um lugar perigoso, em que o poder de contaminação dos de baixo costuma ser mais forte que o poder de purificação dos de cima. Rozin cita uma mecânica que explicita isso com uma imagem bastante vívida: "Uma colher de chá de água de esgoto estraga um barril de vinho, mas uma colher de chá de vinho não tem efeito nenhum em um barril de água de esgoto".[21]

O nojo se diferencia dos outros sentimentos por ter um estilo particularmente aversivo. O léxico do nojo costuma invocar experiências *sensoriais* para explicar como é sentida a ameaça do que é nojento, ou sua proximidade, ou seu cheiro, ou seu aspecto, ou sua textura. O nojo usa imagens que evocam sensações ou sugestiona os sentidos descrevendo a coisa nojenta de um modo que deixa claro o que a torna nojenta. As imagens que apelam aos sentidos são indispensáveis para essa tarefa. Portanto, nós falamos sobre como nossos sentidos são atacados, sobre maus cheiros que quase nos fazem vomitar, sobre sensações táteis de coisas gosmentas, sebosas e criaturas rastejantes ou cheias de perninhas minúsculas que nos causam calafrios. Nenhuma outra emoção, nem mesmo o ódio, cria uma imagem tão desagradável de seu objeto, porque nenhuma emoção obriga a usar descrições sensoriais tão concretas dele. Desconfio que seja isso que, de fato, queremos dizer quando descrevemos o nojo como um sentimento mais visceral que os outros.

Existem alguns problemas ontológicos em relação às emoções que eu não vejo necessidade de discutir em detalhes. Bastam os poucos comentários que farei agora. O nojo existe de fato ou é apenas um rótulo conveniente que representa a forma como uma determinada sociedade compartimentalizou seu universo emocional? É desnecessário dizer que existem discordâncias a esse respeito. Algumas teorias das emoções, tanto na área da filosofia como no campo da psicologia, defendem a existência de emoções primárias ou básicas, ou pelo menos as consideram verdadeiras. Essas emoções, que variam desde duas até oito ou nove, são determinadas a partir de diferentes critérios, a depender da teoria. Alguns argumentam que uma emoção pode ser considerada básica se, em combinação com outras emoções básicas, for capaz de dar conta de todas as emoções que compreendemos para formar nossa experiência emocional;[22] outros exigem que a emoção básica em si não seja analisável usando outras emoções — ou, em outras palavras, que seja irredutível.[23] Alguns argumentam que esse caráter básico é definido pelo fato de a emoção ter uma expressão facial característica e, portanto, estar embrenhada em nossa configuração genética e evolucionária.[24] Já outros apresentam uma lista de padrões adaptativos básicos e argumentam que existe uma emoção básica designada para levar adiante essa determinada função adaptativa.[25]

Seja qual for o mérito dessas diversas teorias, os estudos mais recentes na área da psicologia incluíram o nojo como uma das emoções básicas.[26] Ele tem uma ou mais expressões faciais características. Ao que parece, não é analisável usando outras emoções básicas.[27] E tem a função adaptativa de proteger o organismo ao afastá-lo de materiais perigosos. Outros rejeitam a ideia de que existam emoções básicas e, por isso, argumentam que a palavra nojo é apenas uma designação vaga usada para uma ampla variedade de avaliações relacionadas ao nosso ambiente e nossas reações a seus elementos. De acordo com essa visão, o termo é apenas um rótulo generalizante e grosseiro que captura a sensação de julgar que algo tem poder de poluir e degradar e, além disso, de estar próximo demais para ser confortável.[28]

Eu, por minha vez, me vejo inclinado a aceitar que a palavra nojo — e outros termos relacionados, como repugnância, repulsão e abominação — descreve uma síndrome que, em seus contornos mais *gerais*, é uma característica universal da psique humana e uma experiência sociopsicológica. Sem dúvida, a capacidade de se enojar é uma característica da organização psíquica do ser humano. Eu posso afirmar isso e continuar rejeitando a ideia de que existem emoções básicas e de que o nojo seja uma delas. Mas minha opinião é que nossa psicologia popular, a que trata as emoções como reais e as maneiras de diferenciá-las como uma atividade útil tanto por seu significado como por seu aspecto descritivo, não deve ser rejeitada como uma forma de falar a respeito das emoções porque diferentes idiomas fazem diferentes descrições ou porque a psicologia acadêmica alimenta grandes esperanças de que um dia será capaz de determinar as bases neurobiológicas de todas as emoções.[29]

As diferenças culturais, em geral, dizem respeito ao que é considerado nojento e aos limites do nojento, e não ao estabelecimento de algumas características compartilhadas dos nossos nojos que servem como parâmetro para determinadas normas. Podemos muito bem suspeitar que, em outras culturas, sejam corriqueiras certas práticas que nos enojam e, por isso, achamos que deveriam enojar os outros também (é dessa forma que muitas vezes fazemos as distinções entre nós e eles), mas seria muito mais difícil imaginar uma cultura em que o nojo não exista de forma nenhuma. Parece impossível haver uma cultura em que o nojo não tenha nenhum papel constitutivo, seja qual for seu conteúdo específico. No entanto, não seria nada surpreendente se diferentes formas de conceitualizar o nojo o colocasse mais próximo do medo em uma cultura e mais próximo do ódio em outra. Diferentes formas de descrever o nojo significam diferentes sentidos envolvidos no processamento daquilo que é nojento. Veremos que no Ocidente o paladar só se tornou central a nossa concepção de nojo quando o gosto se tornou uma metáfora relacionada à estética e ao senso de discernimento social.[30] Mas o caráter universal da síndrome do nojo não nos diz muito sobre a composição precisa do que é nojento. Se o nojo é algo que qualquer ser humano pode (e deve?) sentir, a definição do que é nojento provavelmente está sujeita a uma ampla variação de cultura para cultura, e de indivíduo para indivíduo dentro das mesmas culturas.

Prosseguimos falando nisso após um breve esclarecimento. A discussão neste livro é ancorada na tradição cultural ocidental e diz respeito mais especificamente à Europa Ocidental e aos Estados Unidos. A fenomenologia do nojo que construo aqui é destinada a ressoar de forma mais profunda entre norte-americanos de minha classe social. Mas o fato de eu recorrer à hagiografia medieval, a Chaucer, a Montaigne, a Spenser, a Shakespeare, a Webster, a Tourneur, a La Rochefoucauld, a Swift, a Wollstonecraft, a Hazlitt e a Orwell, entre outros, a fim de embasar minha argumentação, deixa implícita a crença de que meu relato, em sua concepção mais ampla, não pode ser tão limitado, pelo menos não em termos de sua localização no tempo. Nosso nojo mantém características de seus equivalentes medievais e do início da modernidade. Existem também continuidades, além das mudanças.

Sentir nojo é humano e humanizador. Aqueles que demonstram alta tolerância ao nojo, e, deste modo, são em parte insensíveis ao nojento, nós supomos fazer parte de categorias um tanto diferentes: ou são proto-humanos, como as crianças; ou são marginalizados, sub-humanos, como os loucos; ou são percebidos como extraordinários, sobre-humanos, como os santos. Se as pessoas demonstram ter objetos diferentes de nojo, a depender do quanto se desviam dos nossos, nós a vemos ou como estrangeiras ou primitivas, e, portanto, um pouco exóticas, ou como incivilizadas e nojentas. Quanto de nosso nojo surge de forma natural e quanto nos é imposto e incutido em nós? Darwin e seus seguidores proclamam o caráter universal da expressão e do efeito do nojo. Pode-se afirmar também que o nojo é tão singularmente humano como o riso e as lágrimas. Não há nenhuma evidência incontestável capaz de indicar que os animais sentem nojo. Os animais consideram o sabor de certos alimentos desagradável e o rejeitam; consideram certos cheiros incômodos e os evitam; adoecem e vomitam e cospem ao ingerir substâncias podres; mas não é possível dizer que essas demonstrações de aversão venham acompanhadas por um sentimento como o nojo, ou que os animais tenham algum conhecimento (e isso para mim é crucial) de uma categoria de coisas consideradas nojentas.[31] Os sistemas de rejeição de alimentos não exige a presença do nojo, apenas da sensação de um gosto ou cheiro desagradável.[32] Quando algo tem um sabor de que não gostamos, só nos sentimos contaminados se ficarmos enojados; por outro lado, quando algo nos enoja, nós nos sentimos maculados e perturbados pela crença de qualquer coisa que entra em contato com o nojento também adquire a capacidade de causar nojo como consequência desse contato.[33] Sendo assim, sentimos o desejo de nos purificar o quanto antes.

Se a capacidade de sentir nojo vem do ser humano, então o nojo em si necessariamente precisa de um ambiente para se desenvolver. A cultura e a criação determinam em certa medida o tempo e em grande parte o conteúdo e o alcance do nojo (com certas ressalvas que farei em breve). Qualquer mãe ou pai sabe que crianças de um ou dois anos não têm nenhum nojo de excrementos e secreções do corpo e podem permanecer alegres e imunes ao nojo que os pais se mostram tão ansiosos em incutir nelas. Rozin e seus parceiros argumentam que o nojo nas crianças apenas se dissocia do mero desagrado entre os 4 e 8 anos de idade.[34] Como, segundo eles, o nojo depende de noções um tanto complexas de contágio, contaminação e similaridade, as verdadeiras manifestações de nojo só aparecem quando estiver desenvolvida a capacidade de fazer tais distinções mentais.

As evidências retiradas de relatos confiáveis sobre "meninos lobos" — humanos incivilizados que foram criados por animais ou que tiveram que crescer isolados do contato com outras pessoas — sugerem que tais crianças não sentem nojo.[35] Em um bem documentado caso do início do século XIX, o menino selvagem de Aveyron não tinha noção do que era puro ou impuro, era extraordinariamente sujo, não sabia fazer suas necessidades no banheiro e, sem dúvida nenhuma, causava nojo em Jean Itard, o médico que o acompanhou e a quem devemos a chegada desse relato até nós. Embora o menino farejasse como um animal mesmo as coisas mais malcheirosas, ele não comia de tudo. "Um canário morto lhe foi entregue, e, em um instante, ele lhe arrancou todas as penas, grandes e pequenas, abriu a carcaça com a unhas, cheirou e jogou longe." O menino não era exatamente onívoro. A princípio, estava disposto a comer um canário, mas aquele em especial tinha um odor que não lhe apetecia. Certos odores podem inclusive tê-lo deixado enojado, mas sua aversão poderia ser de uma constituição mais simples — ou seja, não provocar pensamentos a respeito de contaminação e poluição. Nós, sem dúvida, gostaríamos de saber como ele se sentiu a respeito de suas mãos depois de descartar o pássaro.

Mesmo se aceitarmos a ideia conservadora de que o nojo se torna discernível do mero desagrado entre os 4 e 8 anos de idade, não é possível crer que o sentimento já nasça totalmente formado, como Atena da cabeça de Zeus.[36] Também não parece surgir de forma lenta, constante e gradual, e sim em grandes incrementos, iniciados com o treinamento para deixar as fraldas e que se repetem com a chegada à puberdade. Esses acessos significativos de nojo, por sua vez, passam por um refinamento, em geral na direção de uma certa contenção, para que não se torne debilitante ou até mesmo prejudicial. Por exemplo, o nojo que surge quando por fim as fraldas são abandonadas pode vir com tamanha força que a repulsa às fezes e urina se torna intensa a ponto de a criança se recusar a se limpar ou vestir a roupa de baixo caso esteja contaminada por uma gota de urina que seja. Uma de minhas filhas, depois de abandonar as fraldas, desenvolveu tamanha repulsa às fezes que se recusava a se limpar por medo de contaminar a mão. E um de meus meninos, aos 3 anos de idade, não só tirava a cueca como também a calça se uma gota de urina caísse na roupa depois de ir ao banheiro. Isso podia significar diversas trocas de roupas por dia. Mais ou menos na mesma época, os antes onívoros pequeninos passaram a rejeitar alimentos que tocassem em outros alimentos no prato, ou que tivessem entrado em contato com o prato ou o talher de qualquer outra pessoa, e demorou um certo tempo até que aprendessem a flexibilizar seu recém-descoberto senso de pureza e autonomia em relação aos alimentos. Talvez fosse a isso que Orwell estivesse se referindo quando declarou que a meninice é a "era do nojo", por ser a época que ocorre "depois de aprender a fazer diferenciações, e antes de se tornar mais resistente, entre os 7 e os 18", durante a qual "parece que o indivíduo está sempre andando em uma corda bamba sobre uma fossa".[37]

Pensemos na adolescência, que para nós é um período de aumento da sensibilidade à vergonha, à humilhação e ao constrangimento e, além disso, de uma sensibilidade excepcional ao nojo, em especial o provocado pela vertigem do despertar sexual e das mudanças fisiológicas: menstruação, espinhas, mudança de voz, excreções do corpo, odores desagradáveis e pelos surgindo nos lugares errados. Os pelos pubianos não têm um efeito suave em nossa sensibilidade; nem o conhecimento dos fatos relacionados à reprodução humana. Como um prelúdio para um comportamento sexual dentro da normalidade, precisamos primeiro aprender a superar no mínimo o horror e o nojo iniciais que acompanham essas descobertas. Portanto, o nojo não surge de forma suave, em pequenas doses que nos preparam para o aprendizado gradual seguinte de todas as outras regras a esse respeito; ele chega de uma única vez, em boa parte como as capacidades gramaticais são incorporadas ao repertório da linguagem. O sentimento aparece e nos domina de imediato. É isso o que significa sentir nojo. Apenas mais tarde aprendemos as hipocrisias, os casuísmos e as técnicas evasivas que nos permitem suspender ou reduzir o alcance do sentimento. São necessários mais tempo e mais competências sociais para dominar as convenções e as nuances específicas.

Essa maneira de adquirir a capacidade de sentir nojo também acompanha o progresso do desenvolvimento moral, com o qual o nojo claramente se relaciona. Primeiro nos vemos restritos por uma regra e, depois, aprendemos as discriminações mais precisas a fim de não nos deixarmos restringir em certas circunstâncias; aprendemos quando suspender a regra principal em nome da equidade e da fidelidade aos propósitos mais profundos da regra em questão.[38] Todos conhecemos pessoas que nunca passaram do estágio de seguir estritamente as regras. Nós as chamamos de conformistas e associamos esse comportamento ao puritanismo e à rigidez professoral. O tipo característico correspondente no reino do nojo seria o indivíduo enfastiado ou anal-retentivo.*

Conforme envelhecemos, começamos a relaxar nosso automonitoramento em relação às coisas que nos causavam engulhos na adolescência. Esse relaxamento continua à medida que chegamos à meia-idade e observamos, com um desprezo de divertimento ou com total desespero, as transformações em nosso próprio corpo. Alguns de nós nos lembramos de nosso horror na juventude quando imaginávamos o sexo entre pessoas cuja idade, em nossa opinião, já deveria ter suprimido seu desejo, mas então nos vemos nessa mesma idade, tentando aniquilar com o autoengano essa capacidade crítica e autocrítica, essa hipersensibilidade do fim da adolescência à feiura da velhice e da lenta decadência. No fim, ao que parece, sempre temos mais farelos presos aos lábios do que somos capazes de sentir; nossos filhos se afastam ao sentir nosso hálito, e nós não nos olhamos mais de perto o suficiente no espelho para conseguir aparar os pelos que vão surgindo em lugares mais estranhos a cada ano. Esse relaxamento do nojo é diferente do que ocorre na infância e na puberdade, quando

* O termo deriva da psicanálise freudiana e é usado para pessoas que prestam atenção aos detalhes, a ponto de tornar-se uma obsessão; pessoas extremamente detalhistas que desejam ter o controle de todas as coisas.

se orientam na direção de uma maior competência social. O relaxamento da meia-idade e da velhice tem mais uma função de perda da afetação; representa uma desistência na batalha perdida contra a deterioração física, uma sensação de que existe menos coisas em risco; que o jogo, apesar de não estar encerrado, já tem seu resultado definido. Nossa missão biológica foi cumprida — ou já tivemos filhos, ou nunca teremos —, nossa carreira não está mais em ascensão, e o risco de alguma perda das competências morais e sociais que são reforçadas pelo nojo não significa mais grande coisa.

Não existe nada de muito surpreendente em constatar os determinantes culturais do nojo. É a cultura, e não a natureza, que traça o limite entre a profanação e a pureza, entre a limpeza e a sujeira — essas fronteiras cruciais que o nojo é mobilizado para policiar. A verdadeira questão não é se a criação ensina a um jovem o que é nojento; é mais uma questão de estabelecer se o ato de rotular determinadas coisas e atitudes como nojentas é uma característica (quase) universal da civilização humana. A proibição do incesto, por exemplo, que de certa forma é quase tão universal quanto possível, é mantida através do nojo.[39] Além disso, apesar do deleite com que a literatura, a antropologia, a história e arqueologia demonstram que o conteúdo do que é nojento varia de acordo com o tempo e as diferentes culturas, existe uma convergência notável do tipo de coisas e atitudes que provocam nojo. Alguns apontam as fezes[40] e outros o sangue menstrual[41] como substâncias consideradas universalmente nojentas. Pode existir — e talvez exista de fato — exceções isoladas, mas isso não importa, já que se tratam de *exceções*.[42] O fato de serem exceções revela como as culturas são limitadas em suas escolhas do que pode ser excluído da categoria de nojento; a variação entre os objetos de nojo em diferentes culturas dificilmente será uma listagem aleatória de todas as coisas e ações existentes no mundo.

Ao que parece, as culturas têm muito mais margem de manobra para incluir coisas e ações no reino do nojento do que para fazer exclusões. E mesmo assim existem limites. Certas coisas são quase incapazes de causar nojo. Podemos supor, com alguma segurança, que animais e substâncias animais provoquem nojo com mais frequência do que plantas e objetos inanimados. E a neve, por acaso, é considerada um agente poluidor em algum lugar? Ou as pedras? E quais são as chances de as lágrimas causarem nojo? Os tipos de ações que causam nojo também tendem a convergir, embora haja exceções. Podemos afirmar com segurança que o ato de andar tem menos chances de ser visto com restrições do que o ato de matar, portanto, em condições normais, uma caminhada não pode provocar o mesmo nojo que um assassinato. Talvez seja possível até supor que as culturas menos desenvolvidas de caçadores-coletores tenham alguma noção de atos que provocam nojo, seja o descumprimento das regras do incesto, do homicídio, da traição, da covardia, seja apenas a ingestão do alimento errado na época errada.

Eu não tenho grande interesse nesse debate entre universalismo e particularismo e procuro inclusive me esquivar dele, como o leitor já deve ter percebido. Como historiador social, sou muito mais inclinado a buscar na criação do que na natureza a explicação para os arranjos sociais e para o comportamento humano. A suposição irrefletida de que existe uma natureza humana pré-social e pré-cultural me causa certa impaciência. É impossível contemplar a natureza "humana" de um homem ou uma mulher que não dispõe de ferramentas sociais como a linguagem, a história e a cultura. Nem mesmo o selvagem de Hobbes, com sua vida curta e difícil, era pré-cultural ou pré-social. Ele tinha uma noção bem desenvolvida de honra e sabia falar — tinha uma linguagem. No entanto, quando tive filhos e percebi que as crianças vinham com boa parte de seu temperamento já formado, passei a me voltar um pouco mais para a natureza, de modo que hoje estou um pouco mais dividido entre criação e natureza — mas, no fundo, ainda considero a criação mais determinante. Já foram ditas grandes tolices nas posições mais extremas do construto social, e tolices ainda maiores no extremo do social-biológico. Mas, nas ciências humanas, as tolices são de um tipo relativista, que afirmam não existir um terreno comum ou uma base mútua de entendimento ou comparação de experiências entre diferentes gêneros, classes, raças ou culturas. Isso não tem como estar certo, considerando a rapidez com que aprendemos a conversar e estabelecer relações de comiseração, solidariedade e compreensão capazes de superar abismos tão grandes quanto os que separam homens e mulheres, antropólogos e nativos, negros e brancos.

Nossa obsessão atual é motivada pela política da diversidade, que tende a favorecer as diferenças em detrimento das similaridades. Mas, mesmo antes de a política identitária ganhar força, a antropologia já tinha de saída uma forte inclinação pela diferença. Afinal, eram as diferenças que atraíam a atenção do viajante e do antropólogo. As diferenças eram o que conferia à sua atividade um aspecto romântico e perigoso; as diferenças eram cativantes e instigantes, ou repulsivas e nojentas, mas nunca neutras. O nojo causa choque, entretém ao chocar e, assim, se perpetua na memória. É impressionante o fato de que os meninos Sambia precisem fazer com frequência sexo oral nos homens, ou que os Nuer tomem banho com urina de vaca, ou que os Zuñi tenham rituais em que é comum ingerir excrementos de humanos e cães.[43] Mas não chama tanto a atenção o fato de eles também buscarem privacidade na hora de fornicar ou defecar.

Mas, se por um lado há grandes convergências de conteúdo em relação ao que é nojento, isso não significa que também não haja variações importantes. A categoria do que é considerado nojento depende apenas da existência prévia do sentimento nojo, uma emoção comum entre os seres humanos a partir dos 6 anos de idade; mas, fora isso, a cultura tem um grande campo de ação para exercer sua influência. O que é considerado nojento varia entre as culturas e dentro das culturas ao longo do tempo. Não apenas o que é considerado nojento, mas também os próprios limites do nojo estão sujeitos a transformações. Em algumas culturas, o nojo ocupa um lugar de maior destaque do que em outras, assim como existem pessoas mais sensíveis ao nojo do que outras. Presumivelmente, quanto mais rígidas são as regras de uma cultura quanto à alimentação, hierarquia, classe e conduta corporal, mais estritos são os limites do nojo para violações das normas dentro dessas áreas.

Nós retomaremos essas questões quando tentarmos avaliar as alterações no nível de nojo que vieram com as transformações dos parâmetros de limpeza e com o surgimento da ideia de bom ou mau gosto como uma questão de estética e discernimento social. Por ora, afirmemos apenas que, embora não seja concebível sem as noções de contaminação, poluição e degradação, o nojo molda a cultura ao mesmo tempo que é moldado por ela. O nojo parece ter uma conexão bem próxima com a criação da cultura; é tão particularmente humano que, assim como a capacidade de falar, parece estar vinculado de forma inseparável das possibilidades sociais e morais de que dispomos. Se enumerarmos ao acaso as normas e os valores, tanto os estéticos como os morais, cuja violação causa nojo, veremos como esse sentimento é crucial para nos manter na linha e, no mínimo, apresentáveis.

Neste livro, eu defendo a importância do nojo na estruturação de nosso mundo e de nossa postura perante esse mundo. Tento demonstrar a capacidade poderosa do nojo de gerar imagens e o papel relevante que executa na organização e internalização de muitas de nossas posições morais, sociais e políticas. Mas o livro não parte de ideais elevados, e sim da matéria borbulhante em que o nojo surge, a partir das emanações fétidas daquilo que chamo de caldo da vida — o turbilhão do processo físico incessante de alimentação, defecação, fornicação, reprodução, morte, apodrecimento e regeneração. No entanto, mesmo em meio às sensações desagradáveis provocadas por corpos e seus dejetos e orifícios, os ordenamentos culturais e morais aparecem e misturam a esse caldo as questões relacionadas ao espírito, que, por sua vez, é impregnado pelas imagens da matéria em estado bruto.

As ideias de poluição, contágio e contaminação não se restringem ao corpo; os maus odores podem surgir de atos pecaminosos e de posições inferiores na hierarquia social. Em termos sociais, os de baixo não cheiram bem para os de cima, e os de cima sentem seus ordenamentos sociais e políticos ameaçados pela capacidade de poluição dos de baixo. O nojo, sem dúvida, retrata o mundo de uma forma bem particular, com fortes tintas de misantropia e melancolia. Mas o nojo também é um parceiro necessário para as coisas positivas: o amor, como sabemos, não faria muito sentido se não obrigasse a superar o nojo. Nosso comprometimento com as virtudes morais e a limpeza do corpo, com a aversão à crueldade e à hipocrisia, também dependem dele. Minha missão central neste livro é demonstrar que são os sentimentos, em especial o nojo, o desprezo e afins, que tornam possíveis ordenamentos sociais de determinados tipos e que é interessante para a teoria social e política se debruçar sobre essas emoções e a maneira como elas estruturam diversos ordenamentos sociais, morais e políticos.

Permita-me apresentar um breve roteiro da exposição que vem a seguir. O próximo capítulo faz o trabalho preliminar necessário de diferenciar o nojo de outros sentimentos e conceitos similares, tratando de sua relação com o desprezo, a vergonha, o ódio, a indignação, o medo, o horror, o inquietante, o *taedium vitae* (ou desgosto com a vida), o tédio e o fastio. Espero demonstrar que o fenômeno que designamos como nojo, e outros termos relacionados, é significativa e produtivamente discernível de seus parentes mais próximos, apesar de certos pontos de intersecção — por exemplo, um tipo particular de desprezo que é indiscernível do nojo.

Nos capítulos 3 a 5, nós mergulhamos na fenomenologia sensorial do nojo e daquilo que é nojento. No capítulo 3, eu proponho vários contrastes — inorgânico vs. orgânico, vegetal vs. animal, animal vs. humano, nós vs. eles, eu vs. você, fora de mim vs. dentro de mim — e analiso como isso determina o que é nojento, onde gera ambiguidade e onde acaba falhando. É exatamente nos pontos de ambivalência e falha que essas comparações são mais instrutivas sobre a natureza daquilo que é considerado nojento.

O capítulo 4 acompanha a conceitualização do nojo e do nojento em suas variações em relação ao sentido envolvido em sua percepção. O tato, o olfato e até a visão aparecem bem antes de o paladar entrar na discussão. O tato é o terreno do que é gosmento, escorregadio, viscoso, liquefeito, escamoso, grudento e úmido. O olfato nos leva a Freud, Swift e Lear, que eram obcecados pelas barreiras ao desejo sexual criadas pelo posicionamento infeliz de nossas genitálias e pelo simples fato de os seres humanos serem fonte de odores. A visão nos força a encarar o que é feio e causa horror. Apenas a audição é relativamente isenta de nojo, mas também pode, em razão de sua sensibilidade notável à perturbação e à irritação, nos levar pouco a pouco a certos graus de nojo.

O capítulo 5 se concentra nos orifícios do corpo e em dejetos e secreções. A boca e o ânus, as duas extremidades do tubo que percorre o interior do corpo, são cruciais para a conceitualização do que é nojento, assim como a vagina, que se assemelha tanto à boca quanto ao ânus. O ânus e os excrementos são os grandes redutores da pretensão humana. O nojo é atrelado à genitália da mesma forma que se vincula ao canal alimentar. Meu argumento é que o sêmen talvez seja a emissão mais poderosamente contaminante. E pode ser que a persistência da misoginia se deva em grande parte ao nojo *masculino* pelo sêmen.

O livro, em seguida, se afasta do visceral, do grotesco e do material para tratar da forma como o nojo organiza domínios mais amplos da experiência humana. No capítulo 6, eu me volto para a difícil questão da relação do nojo com o desejo e a do desejo com a proibição. Meu argumento é que, em termos de função, podemos dividir o nojo em dois tipos distintos. Um funciona de acordo com a formação reativa freudiana como uma barreira para o desejo inconsciente; seu propósito é impedir a indulgência. O outro aparece depois da indulgência de desejos bastante conscientes; é o nojo causado pelo excesso. Ambos os tipos de nojo trazem à tona o caráter dúbio daquilo que é atrativo. Um tipo sugere que a podridão é uma ilusão que esconde a beleza; o outro sugere que a beleza é um disfarce que oculta a podridão interior. Ambos os tipos nos forçam a encarar a maior das indulgências — o prazer sexual em si. Nesse capítulo, eu também trato da conexão íntima entre amor e nojo, argumentando que o amor é a suspensão de certas sensibilidades e de regras importantes do nojo. O que enxergamos como amor envolve uma relação bem particular com determinados aspectos daquilo que é considerado nojento.

Mas teria sido sempre assim? E quanto ao nojo anterior ao processo civilizador? No capítulo 7, faço um relato episódico nas mudanças de estilo do nojo e do nojento ao longo dos tempos. Comparo o nojo da ética heroica com o do mundo medieval da santidade, que, além de se aproximar da lepra, entra em uma corrida pela mortificação ainda maior da carne, evidenciada pelo ato de beber pus de Santa Catarina de Siena. Nesse capítulo, também examino o léxico do nojo antes de o termo *disgust* ser incorporado à língua inglesa no início do século XVII e do desenvolvimento da ideia de bom ou mau gosto como uma faculdade relacionada ao discernimento. O nojo também tem um papel fundamental no processo civilizador, atuando para internalizar normas de limpeza, recato e restrição a fim de ajudar a criar o desejo de uma esfera privada à parte da esfera pública, norteada pela vergonha e a humilhação.

O capítulo 8 trata do nojo como um sentimento moral. O nojo tem um papel central no discurso moralista cotidiano: junto da indignação, dá voz a nossas manifestações mais fortes de desaprovação moral. Vincula-se de forma íntima com nossas reações aos vícios recorrentes da hipocrisia, traição, crueldade e estupidez. Mas o nojo abrange mais do que desejamos, pois julga a feiura e a deformidade como ofensas morais. Além disso, não vê distinção entre a moral e a estética, tratando os defeitos em ambos os campos com a mesma repulsa. Seria o custo necessário de um sentimento que faz boa parte do trabalho de nos manter sociáveis e de impedir que nos tornemos fonte de ofensa e medo?

Os dois capítulos finais se concentram no nojo nas esferas política e social, onde se confronta com a democracia e com a ideia de igualdade. No capítulo 9, eu argumento que as principais mudanças de estilo do desprezo tiveram um papel constitutivo na formação da democracia que temos hoje. Do meu ponto de vista, a democracia tem como base menos o respeito mútuo entre as pessoas e mais a ampliação do acesso a certos estilos de desprezo direcionado aos de baixo que antes eram prerrogativas apenas dos de cima. Os de cima começam a se preocupar que muitas vezes são considerados desprezíveis e totalmente ignoráveis pelos de baixo. Os de cima se voltam, então, para o nojo que sentem dos de baixo. Quando a posição dos de cima está segura, os de baixo são objeto de desprezo ou pena. Quando os de baixo começam a sacudir seus grilhões ou são tratados com mais igualdade política, a complacência do desprezo dos de cima dá lugar ao nojo causado pelo horror aos de baixo. Assim sendo, o último capítulo se destina a examinar a discussão proposta por Orwell sobre o mau cheiro da classe trabalhadora.

Os últimos capítulos alargam as questões implícitas no borbulhante caldo da vida apresentado nos capítulos anteriores. O nojo é um sentimento com consequências políticas e sociais relevantes. Este livro é uma tentativa de mapear uma teoria política e social do nojo e sentimentos relacionados. Não tenho nenhuma afirmação reducionista a fazer, mas defendo uma forma de examinar a ordem social e moral que privilegie as emoções em geral e determinados sentimentos em particular. Uma motivação simples, que acaba originando uma resposta recorrente: o nojo parece ser uma consequência inevitável de nossa consciência da vida em si — essa vida gordurosa, sebosa, fervilhante, rançosa, pútrida e viscosa.

• • •

Voltemos à Terra do Fogo por um instante, já que o relato de Darwin levanta mais uma questão-chave: poderia haver dúvida de que o nojo é central à antropologia cultural? Stephen Greenblatt assinalou a existência de um "fenômeno perturbador [...] o papel da repulsa e do nojo no desenvolvimento das ciências humanas".[44] O Ocidente saiu à procura de histórias capazes de causar uma reação incrédula: "Sério que eles fazem isso?". Entre os acadêmicos, os antropólogos têm uma espécie de fama de machões, sejam homens, sejam mulheres, apenas porque saíram a campo e se misturaram àqueles "nativos nojentos". Foram corajosos diante do perigo da contaminação; suportaram a vida sem papel higiênico. O que o relato de Darwin revela, porém, era que o selvagem nu olhava para ele com muitos dos mesmos sentimentos.

Não é apenas a antropologia que mergulha com deleite no repulsivo e nojento. Não precisamos viajar para encontrar aquilo que é considerado nojento. Bem perto de nós, temos o direito criminal, a criminologia, os estudos da pornografia, todo o campo que tem como foco "o corpo" e está muito em voga nas ciências humanas e, acima de tudo, o freudianismo e sua profanação da inocência da infância com desejos sexuais e excrementais. O que é a psicanálise, afinal, senão uma tentativa de fazer uma jornada para dentro de nós e replicar os horrores e nojos de uma expedição antropológica rumo ao coração das trevas? Meu primeiro amor — a Idade Média — é, no mínimo, um compêndio de histórias reveladoras de que nossos predecessores culturais eram tão barbaramente repulsivos quanto os antropólogos descrevem ser o outro distante, ou, ainda, a psicologia afirma que nós mesmos somos. E a Idade Média nem se compara com o espetáculo nojento que os imperadores romanos proporcionam até ao mais convicto dos classicistas. Quem entre nós que se dedica a esses estudos pode negar o apelo adicional que esse aspecto escandaloso confere aos interesses mais virtuosos de seus temas?

Mais uma vez, é impossível evitar um dos aspectos mais perturbadores de boa parte do que é nojento: ele atrai ao mesmo tempo que repele. O nojento tem sua atração; exerce um fascínio que se manifesta na dificuldade de desviarmos os olhos de um acidente sangrento, ou no fato de conferirmos a quantidade e a qualidade de nossas excreções; ou no interesse despertado por filmes de terror, e inclusive pelo sexo em si. Mas isso é uma observação trivial. Todos nós sabemos disso. E também sabemos que nem todo nojo é ambivalente. Às vezes, somos apenas repelidos, e essa repulsa não está de forma alguma relacionada ao horror que sentimos de nossos próprios desejos, e sim muito bem entranhada em uma espécie de repugnância essencial do objeto de nojo. Mas devemos tomar o cuidado de observar que o sentimento de nojo e aquilo que rotulamos como nojento podem não ser totalmente coerentes. O nojento é uma categoria ampla, que inclui não só o que nos enoja, mas também aquilo que julgamos que nos enoja. Para começar a entender isso, precisamos refletir sobre os domínios do nojo e sobre como falamos a respeito das coisas que consideramos nojentas.

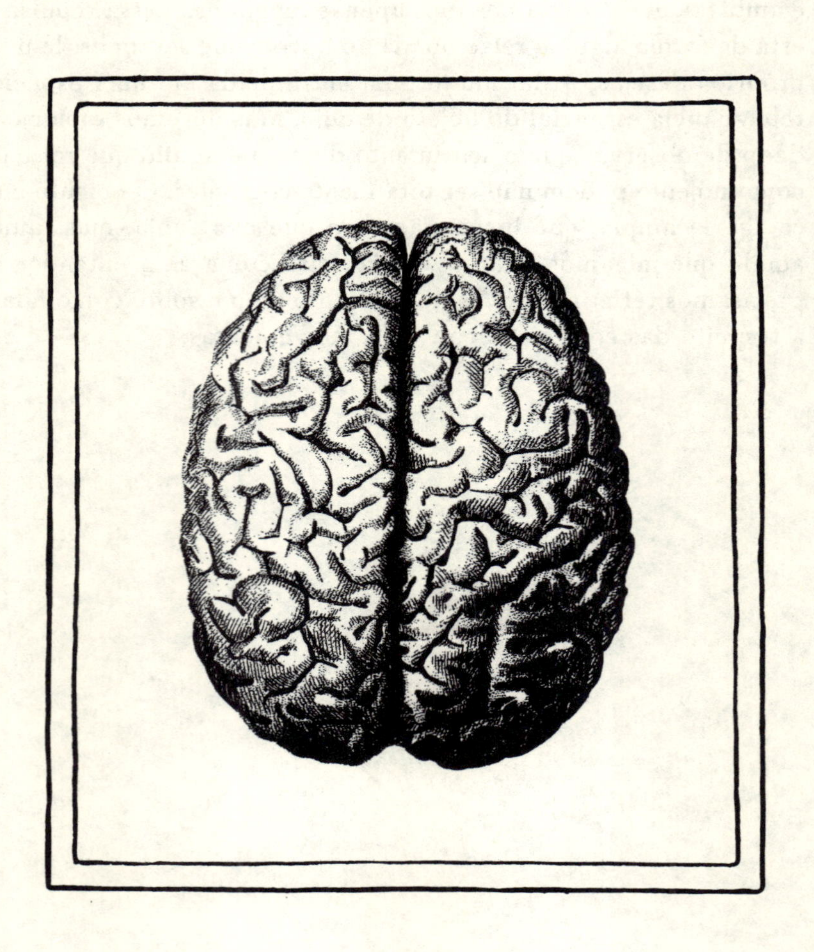

2
O NOJO E SEUS SEMELHANTES

Segundo nossa psicologia popular, as emoções têm relações de parentesco umas com as outras. Esse parentesco pode se apresentar através de um eixo de gradação de intensidade, como a relação entre incômodo, irritação, raiva, ira e fúria. O parentesco também pode ser funcional ou estilístico, como quando entendemos vergonha, humilhação, constrangimento e culpa como emoções relacionadas à autoavaliação e auto-observação. Há emoções que existem como pares sociais, de modo que a aparição de uma delas na pessoa A provoca uma determinada emoção na pessoa B. Assim sendo, afirma-se que a raiva justificada provoca culpa[45] e que o desprezo e o nojo provocam vergonha e humilhação. No entanto, nós não consideramos a culpa o oposto da raiva, nem a vergonha o oposto do desprezo, apenas porque se manifestam dos dois lados de um confronto, uma em reação à outra. Nós os estabelecemos opostos emocionais da perspectiva de uma mesma pessoa que experimenta um sentimento ou o outro. A oposição desses sentimentos se dá na mente, onde são entendidos como estando em conflito um com o outro ou como proponentes de posições antitéticas em relação ao mesmo objeto. Assim, o amor é pareado com o ódio, a raiva com o medo,[46] a alegria com a tristeza, o orgulho com a humildade[47] ou a vergonha. E o nojo? Nossa dicção convencional de emoções não nos dá um oposto imediato para o nojo. R. Plutchik, que considera esse pareamento com um oposto localizado em outro polo uma característica imprescindível das emoções primárias e que vê o nojo como uma emoção primária, opõe o nojo à aceitação.[48] Não é exatamente uma oposição muito convincente, da mesma forma que se vincula o orgulho à vergonha e o amor ao ódio. O nojo pode matar o amor e a amizade, mas sua relação com tais estados de "aceitação", como veremos, é mais complexa do que aquilo que pode ser capturado pela simples noção de oposição em polos distintos.

O nojo, sem dúvida, tem afinidades próximas com outros sentimentos. Em nossa fala rotineira, nós usamos o desprezo, a repulsa, o ódio, o horror e até o medo para expressar sensações que também poderiam ser expressas por imagens de repulsa ou nojo. Certas imprecisões em nossa maneira de descrever experiências emocionais são uma espécie de comprovação do fato de que quase nunca sentimos uma emoção que não venha acompanhada de outras. As emoções nos assolam na medida em que reagimos emocionalmente a nossos próprios estados emocionais. Sentimo-nos culpados por nossa raiva, constrangidos com nossa tristeza, enojados com nosso medo.[49] O ódio e o nojo muitas vezes ajudam a indignação a executar a obrigação moral da vingança. Certas emoções quase tornam necessárias as relações de associação com outras. A comiseração, por acaso, pode vir desacompanhada de um certo tipo de desprezo? Também podemos experimentar, quase ao mesmo tempo, sentimentos contrários, confirmando, assim, que o oximoro é um fato em termos psicológicos, e não apenas uma figura retórica.

Já houve quem argumentasse que as emoções se misturam, embora não fique claro exatamente o que essa imagem sugere: a mistura é a experiência simultânea de vários sentimentos ou a experiência de um novo sentimento composto de outras emoções básicas e elementares?[50] Como discutiremos em breve, a repulsa tem conexões tanto com o nojo quanto com o ódio, e o horror é vinculado tanto ao nojo quanto ao medo.[51] Qualquer que seja a importância dessas misturas e combinações, e considerando a imprecisão significativa em nossa forma de relatar nossos sentimentos, podemos vincular certas características e conferir um certo estilo ao nojo que o distingue de emoções parecidas — sendo que algumas, com frequência, se coadunam com a experiência do nojo, e outras são mais bem compreendidas como gradações de uma única emoção, mais ou menos da mesma forma como as cores são percebidas.[52] Na discussão que se segue, apresentarei as características distintivas do nojo que o diferenciam de emoções que lhe são próximas, ou com as quais tem pontos de intersecção, ou que se coadunam com a sua experiência de modo a produzir o que podem ser vistos como sentimentos híbridos.

MEDO E HORROR

Como o medo, o nojo é um sentimento de forte aversão. Em geral, supõe-se que o medo leve à fuga e que o nojo gere mais um desejo de que o elemento que o provocou seja removido. A fuga, claro, também serve para remover o objeto nojento da presença do indivíduo, mas é bem difícil confundir a fuga para escapar do que é nojento com uma fuga impelida pelo medo. Já foi proposto que a diferença é que o medo é uma reação a ameaças ao corpo, e o nojo, uma resposta a ameaças à alma.[53] Essa comparação me parece implausível. Muitos de nossos medos não são relacionados ao corpo. O pânico que acompanha os calafrios de uma noite de insônia não são medos relacionados ao corpo, mas ao próprio eu — o amálgama de corpo e alma que apresentamos aos outros como aquilo que definimos como nós mesmos. O indivíduo não tem menos medo da contaminação da alma do que do ferimento do corpo, e parte do medo que sentimos das lesões corporais vem do fato de que não sabemos ao certo se não provocam estragos também na alma.

Na verdade, existe uma distinção fácil entre essas sensações, que não costumam ser confundidas. Nós sabemos quando estamos com nojo e, em geral, sabemos quando estamos com medo. Mas as duas sensações com frequência se coadunam — daí a popularidade e a facilidade de entendimento da expressão “medo e repulsa”. Na medida em que é possível sentir uma emoção pura, não misturada a nenhuma outra, a experiência intensa de puro medo parece mais provável que a experiência intensa de puro nojo. O nojo intenso gera medo, pois a contaminação é uma coisa assustadora. O medo sem nojo nos leva a fugir para um local seguro e causa uma sensação de alívio, mas o nojo nos impõe o fardo da limpeza e da purificação, um trabalho bem mais problemático que a simples fuga, por ser mais demorado e por nem sempre sabermos se seremos bem-sucedidos. O medo em estado puro desaparece bem mais rápido que o nojo, que costuma ir embora pouco a pouco e deixar resquícios.

Nós temos um nome para o medo imbuído de nojo: horror.[54] O que torna o horror tão horripilante é que, ao contrário do medo, que apresenta uma estratégia viável (corra!), o horror não nos dá a opção da fuga.[55] E, ao que parece, também nos nega a alternativa do confronto. Como a coisa ameaçadora é nojenta, o indivíduo não quer atacá-la, tocá-la nem entrar em qualquer espécie de altercação corporal com ela. Como pode ser algo que já está dentro de nós, ou que ameaça nos tomar ou nos possuir, muitas vezes nem sequer há um adversário contra o qual lutar.[56] Daí vem essa qualidade de *pesadelo* de não oferecer uma rota de fuga, uma saída, uma forma de se salvar que não seja destruindo a nós mesmos no processo. Coisas horripilantes são grudentas, como cola, como lodo. O horror é o que é por ser percebido como resistente a qualquer estratégia e alternativa. Pode ser considerado inclusive um subconjunto do nojo, sendo especificamente o nojo para o qual não existem estratégias de distanciamento ou evasão que não sejam também demasiado contaminantes. Nem todo nojo causa horror; existem repulsas rotineiras e menores e coisas que nos provocam ânsia de vômito, mas não nos deixam horrorizados. O nojo admite intensidades que vão do relativamente ameno[57] até o severo. Mas o horror é, de fato, uma experiência intensa. Um horror ameno não é, com efeito, um horror.

O inquietante também tem uma relação com o medo, o horror e o nojo. O sinistro e o perturbador nem sempre envolvem o nojo, mas o inquietante pode nos perturbar de uma forma que produz nojo, e o nojo, por sua vez, pode evocar inquietação.[58] O aspecto que o torna contagioso e infeccioso aquilo que é considerado nojento funciona de uma forma em certo sentido mágica, por ser tão extraordinário em seu poder de ser invasivo e prolongado.[59] O nojo pode nos possuir, nos causar arrepios e provocar sensações quase sinistras de que não estamos no controle, de que estamos amaldiçoados. O nojo, o horror e a inquietação também têm seu papel na perturbação causada pela efígie, conferindo à representação os poderes mágicos de causar danos e executar o mesmo papel da entidade representada. Você já viu bonecas que causam nojo apenas por serem parecidas demais com pessoas de verdade? As efígies não são apenas bonecas e figuras, são usadas no mundo do inquietante de modo a incluir os deformados, os mutilados, os cadáveres, os ensandecidos — as pobres almas que lembram aos "mortais" como eles são frágeis, transientes e partíveis.

Existem poucas coisas que causam mais inquietação e nojo do que nossa partibilidade. Pensemos no horror provocado por mãos decepadas, orelhas, cabeças e olhos arrancados. Isso não me parece apenas uma reação provocada pelo espectro da castração. A castração é apenas um exemplo particular de decepamento que foi fetichizado na psicanálise e nas empreitadas literárias que bebem dessa fonte.[60] A decepação é causa de aflição seja qual for a parte separada do corpo, e a castração é apenas uma possibilidade entre muitas, que não se justifica como símbolo de qualquer hipótese de separação. Até mesmo Freud reconhece esse ponto em várias partes de sua obra, afirmando que a parturição ou a defecação são experiências tão fundamentais de nossa partibilidade quanto o medo da castração.[61] O medo da morte se deve em parte à separação do corpo da alma e depois, com a putrefação, da perda da integridade do corpo.

Ainda que para Freud o horror seja intimamente vinculado à genitália feminina,[62] vale ressaltar que, no terreno do inquietante, há histórias nas quais os órgãos sexuais masculinos são a fonte de horror. Quantas narrativas arquetípicas não têm como tema central a repugnância ao masculino e encarnam a crença (masculina) de que as mulheres nunca devem sofrer intrusões gosmentas do corpo masculino voluntariamente, mas apenas como consequência de raptos e estupros (Hades e Perséfone);[63] ou então, se são suportadas voluntariamente, isso se deve ao poder raro e inquietante da mulher de superar o nojo (como a Bela em relação à Fera, ou Mina nas histórias do Drácula)? É por mero acaso que o gênero do horror tem tantas histórias em que um homem distintamente nojento — cadavérico, bestial ou gosmento — compete pela protagonista feminina com seu pretendente virtuoso, bem apessoado e apolíneo? Pode-se argumentar que o monstro e o homem são relacionados da mesma forma que o sr. Hyde e o dr. Jekyll — diferentes manifestações de igual princípio. Em última análise, a visão é a de que a sexualidade masculina, encarnada em órgão parecido com uma lesma que solta uma gosma viscosa, torna todos os homens, na visão dos próprios homens, inimagináveis para as mulheres a não ser como uma fonte de horror, um monstro.[64]

TAEDIUM VITAE

A ideia de desgosto com a vida já implica por si mesma o nojo relacionado a um conjunto de disposições, humores e aos estados psicológicos variados descritos como *taedium vitae* — desespero, tédio, depressão, melancolia, *ennui* ou, remetendo à Idade Média, *accidie*, ou o pecado mortal da preguiça.[65] O desgosto com a vida se manifesta em diferentes estilos, a depender do ordenamento moral específico ou do momento histórico. Pode se manifestar como ódio mórbido da carne e todas as usas alegrias, como nas sombrias tradições ascéticas do início e da alta Idade Média. No estilo da melancolia da era jacobina, aparece como uma espécie de fúria moral misantrópica, marcada por um deleite mal disfarçado por sua própria capacidade de causar choque e por sua própria mordacidade e inteligência. Hamlet, o personagem, é um exemplo, e Tourneur, Webster e Ford apresentam vários outros em suas peças. O nojo do sexo e das mulheres, da reprodução, da mutabilidade e da transitoriedade dá origem a um humor ácido, tanto no sentido atual do termo quanto como uma referência à bile escura da melancolia. E esse estilo melancólico é consideravelmente mais atraente a nós modernos do que o estilo mais sombrio do desespero dos cristãos pela salvação. Deixando de lado a mordacidade e parte da misantropia, podemos descrever o estilo de *taedium vitae* capturado pela postura dos existencialistas franceses dos anos 1930 e 1940. Ainda há ironia, mas diluída em meio à pretensão e à autocelebração.[66]

O nojo que encontramos nesses tipos de mal-estares é uma atitude, uma postura diante do mundo. E o estilo autoconsciente que em parte causa esse mal-estar e em parte é um efeito dele torna o sofredor um tanto afetado também. Orwell, à sua maneira tipicamente afiada e direta, expressa sua própria mistura de indignação, desprezo e nojo em relação à pose adotada pelos principais escritores da década de 1920: "A 'desilusão' estava na moda. Todos os que contavam com uma renda garantida de 500 libras por ano se envolviam com a alta cultura e cultivavam o *taedium vitae*. Foi uma época de rapinagem de belas moças, desesperos superficiais, Hamlets de fundo de quintal, passagens baratas de fim de noite".[67] No entanto, a natureza dessa afetação era tal que, muitas vezes, vinha de fato acompanhada pelo sentimento de nojo. O fingimento pode acabar virando realidade. Na verdade, é sabido que falsas expressões de um sentimento são capazes de produzir o sentimento em questão.[68] O Roquentin de Sartre não usa o nojo apenas de maneira metafórica quando descreve seu estado como uma náusea.[69] Ele a sente de fato, e tudo ao seu redor lhe causa nojo.

O desgosto com a vida, sem dúvida, envolve mais do que a predisposição ao nojo produzida por traços como o fastio ou o melindre. O fastio é o medo do nojo; sejam o que forem, o *taedium vitae* e a melancolia não temem o nojo de forma alguma — pelo contrário, entregam-se a ele sempre que possível. O desgosto com a vida parece ser experimentado de forma mais consciente e intelectual do que o fastio, o qual, quando obsessivo, pode ser tão dominante quanto o *taedium vitae*. Mas o fastio é caracterizado por certa trivialidade, certa tolice por demais preocupada com ninharias, ao passo que a disposição que produz o desgosto com a vida abrange todas as coisas e torna repulsivo o que um indivíduo enfastiado poderia considerar aceitável. O fastio gera um pedante; o desgosto com a vida, com mais frequência, faz surgir um filósofo, um estudioso da moralidade, um erudito ou um gênio, ainda que com certa dose de afetação. Pessoas melancólicas sentem uma satisfação perversa quando o universo alimenta sua predisposição, revelando em todos os níveis de existência o caráter contaminado que eles acreditam que tudo possui. Para eles, a existência por si só é uma fonte de contaminação; para o enfastiado, apenas alguns elementos o são. Nada escapa do desgosto com a vida porque, mesmo quando as aparências sugerem que não existam causas para o desespero, o temperamento melancólico tem o talento de retratar o agradável e desejável como uma encenação ou uma farsa.

Minha descrição do desgosto com a vida é mais próxima da melancolia no estilo da era jacobina do que com a depressão clínica moderna. A primeira sempre foi associada a altos níveis de atividade mental e capacidade avançada de fazer julgamentos críticos; era tanto o fator motivador da atividade intelectual como sua consequência; perversamente, servia também para atestar uma afirmação de superioridade moral além de intelectual.[70] A depressão moderna não revela essa mesma satisfação a si mesma, embora já tenha sido demonstrado que os depressivos tendem a ser mentalmente mais argutos do que as pessoas "felizes".[71] Mas eu desconfio que o nojo, uma percepção genuína do caráter do ser, esteja disponível em ambas. A depressão, o desespero e o tédio, no sentido mais amplo do *ennui*, têm pontos em comum com o nojo, em especial o autonojo e a autoaversão. O melancólico renascentista, apesar de todos os seus talentos, também tinha nojo de si mesmo. O fato de ter alta capacidade não significa que o melancólico não sinta um nojo idêntico ao que sentiria se fosse um incapaz. A diferença é que, no segundo caso, não há ação, ao passo que, no primeiro, a ação é inútil. Hamlet maldiz seu hábito de refletir com precisão excessiva antes de se envolver em ações heroicas e não consegue disfarçar seu desprezo (ainda que tingido por uma inveja causada pela admiração) pela disposição do jovem Fortimbrás a partir para o confronto por quase nada. Embora tenha repulsa de si, o melancólico não perde a capacidade de se sentir superior àqueles que considera ter a sensibilidade de uma pedra, por mais felizes que possam parecer. Consideremos isso no caso da pessoa insone da era moderna, que, ao mesmo tempo, sente inveja e nojo do tipo de insensibilidade que, em sua opinião, a distingue de alguém capaz de ter boas noites de sono.

Já se afirmou que o tédio é o nome que nós damos a uma forma menos intensa de nojo. Segundo esse argumento, o tédio tem com o nojo uma relação semelhante à que a irritação tem com a raiva ou talvez que o abatimento tem com a tristeza.[72] Mas é óbvio que existe algo mais que uma gradação de intensidade envolvido aqui. É mais fácil entender a irritação como uma forma menos intensa de raiva do que encontrar sentido no tédio como uma forma menos intensa de nojo. Até mesmo a irritação parece ter uma espécie de vida própria, de modo que faz sentido imaginar uma irritação intensa que não é a mesma coisa que a raiva; a irritação aparenta um caráter dispersivo que a distingue da forte concentração da raiva em seu objeto. Diminuir essa intensidade não produziria um outro sentimento; na verdade, nos levaria a pensar em várias coisas diferentes do que uma simples questão de intensidade. A menor intensidade significa que o objeto do sentimento se tornou mais difícil de identificar ou apenas que a sensação direcionada ao mesmo objeto não prende tanto a atenção? O fato é que, quando nomeamos uma emoção, ela adquire uma vida própria, e o tédio, portanto, é algo bem mais complexo do que um simples nojo que começou a passar. Elevando a intensidade do tédio, o que sentiremos é um tédio intenso, e não nojo.

Permita-me fazer aqui uma distinção entre dois tipos de tédio. Existe o tipo que estamos discutindo: o *taedium vitae* em suas várias manifestações. E existe outro: o tipo de tédio que resulta de se sentir entediado *por* alguém. Todos nós conhecemos pessoas entediantes, cuja mera presença faz nossa mente se sentir entre a cruz e a espada, procurando estratégias apressadas de fuga e desvencilhamento. Sentir-se entediado por alguém inegavelmente tedioso é uma experiência bastante aversiva e, às vezes, beira o pânico, mas não o nojo. O tédio caracterizado como *ennui* também pode ser de uma intensidade excepcional, mas sempre em proporção com a capacidade de se concentrar em um objeto em particular. Quanto mais intenso, menos discerníveis as coisas se tornam. Essa ausência de diferenciação é desconcertante e, com facilidade, pode levar a uma *nausée* generalizada, uma espécie de autonojo autocelebratório. Entediar-se com o que é entediante, porém, tem como foco intenso um objeto em particular, aquilo que é entediante, que é diferenciado de todo o resto e visto como uma forma bem clara de aversão. O estranho é não haver uma diferenciação lexical clara para definir experiências tão diferentes como se entediar com alguém e o tédio que é *ennui*.

DESPREZO

As distinções entre nojo e desprezo são importantes neste livro, em especial nos últimos dois capítulos, nos quais lidamos com os efeitos sociais e políticos dessas emoções cruciais e hierarquizantes. Para tornar a argumentação tão acessível quanto possível, eu adio a discussão mais detalhada para esses momentos em que terão motivações mais urgentes e texturas mais ricas. Para nossos atuais propósitos, eu gostaria de fazer apenas algumas colocações de caráter amplo. Não existem dúvidas de que as formas mais intensas de desprezo têm pontos de intersecção como o nojo. Darwin denominava essa forma extremada de desprezo como "desprezo repugnado".[73] Em suas formas mais habituais, porém, é fácil discernir esses dois sentimentos. Listarei aqui alguns pontos de distinção e reservarei os demais para serem discutidos com minúcia mais tarde.

Tanto o desprezo como o nojo são sentimentos que afirmam um status superior em posição de antagonismo com seus objetos. Mas a experiência de superioridade baseada em um é bem diferente da baseada no outro. Podemos apreciar nossa sensação de desprezo, tantas vezes misturada com a de orgulho e autocelebração. O nojo, por outro lado, cobra seu preço pela superioridade que afirma através de uma sensação desagradável. Enquanto o nojo considera seu objeto repugnante, o desprezo o considera digno de riso. Na maior parte das vezes, o desprezo leva a um tratamento benevolente e cortês ao inferiorizado. O nojo não. A comiseração e o desprezo podem vir lado a lado, ao passo que o nojo é maior que qualquer pena.

Nesse sentido, é preciso assinalar como é diferente a forma como essas duas emoções encontram seus pontos de intersecção com o amor. Não só o amor e o desprezo não são antitéticos como também, às vezes, o amor parece necessariamente imiscuído de desprezo. O que está por trás do julgamento de certas pessoas de que os animais são bonitinhos, se não um apreço por sua subordinação e seu caráter nada ameaçador? Nós amamos nossos bichos de estimação e nossas crianças e os achamos bonitinhos e adoráveis. Até mesmo o amor entre iguais é menos uma questão de admitir a igualdade e mais um exercício de se revezar em uma posição de superioridade e inferioridade, de modo que até o "verdadeiro" amor entre adultos pode admitir julgamentos como bonitinho e adorável, desde que não seja sempre direcionado a apenas uma das partes. Onde existem hierarquias, existe o desprezo cumprindo a tarefa de mantê-las. Não considero que minha afirmação da mistura inevitável do desprezo com formas genuínas de amor seja tão controversa, porém é certo que esse tipo de argumento gera resistências. Mas o fato é que o desprezo tem um lado mais leve, além do mais pesado; e, por mais que não queiramos admitir, existe um bom motivo para suspeitar que o desprezo possa ser tão complexo e variado quanto o próprio amor. Por que não admitir que o desamparo e a carência podem ser fatores motivadores do amor tanto quanto a força de caráter e a autonomia? Talvez um dos traços mais claramente adaptativos da humanidade seja o fato de considerarmos atraentes certos tipos de desamparo, ou sentir que isso produz em nós um dever de ajudar e oferecer socorro. De que outra maneira os pais criariam vínculo com seus filhos, por mais escandalosos e enervantes que eles possam ser, seja por relação sanguínea, seja por adoção? O desprezo é mais do que uma simples demonstração de hostilidade. A ideia de olhar de cima para baixo também é condizente com sentimentos mais gentis e bondosos: pena, graciosidade e amor.

Seja qual for a relação do nojo com o amor, não é a mesma que acabamos de estabelecer com o desprezo. Enquanto algumas formas de desprezo, na verdade, são amor, o nojo é um oponente do amor. Funciona em antítese com o amor tanto quanto o ódio. Podemos amar e odiar o mesmo objeto ao mesmo tempo, mas não podemos sentir amor e nojo pelo mesmo objeto em qualquer sentido não masoquista e não desviante da noção de amor. O nojo não tem um lado agradável, como o desprezo. O nojo é o que causa repugnância, é o que repele; nunca é inofensivo. A não ser que seja perdoado, desculpado ou superado pelo desejo, o nojo aniquila o amor, ao passo que o desprezo muitas vezes o mantém e sustenta.

O desprezo, muitas vezes, se apresenta de modo irônico, daí sua aparição frequente em risadas sarcásticas ou sorrisos sardônicos.[74] O nojo não tem essa conexão com o divertimento abstrato. Sua natureza visceral o impede de ser percebido como irônico, embora, como veremos, o nojo tenha uma boa dose de ironia estrutural e conceitual. Faz sentido que o senso de ironia não esteja misturado com a repugnância de uma forma coerente, como faz com o desprezo. Em algumas de suas formas, o desprezo contém uma complacência genuína condizente com o mundo e a posição do indivíduo nele; o nojo, por outro lado, nunca assume uma visão do mundo por lentes cor-de-rosa, apesar de, às vezes, de forma perversa, se deleitar com as podridões que revela, com as imperfeições e as decadências que detecta.

Existem outras diferenças reveladoras, que deixarei em suspenso; permita-me apenas mencionar de forma breve aqui mais uma que será discutida em detalhes no capítulo 9. Em uma de suas manifestações, o desprezo é indiscernível da indiferença, o que deve ser entendido como um exemplo bastante particular de complacência. A indiferença é o tipo particular de desprezo que considera seu objeto quase invisível. O nojo jamais trata seu objeto dessa maneira, pois se faz sempre muito presente aos sentidos, talvez mais que qualquer outro sentimento. Aquilo que é nojento atrai nossa atenção de uma forma que o desprezível é incapaz, a não ser que seja também nojento. Ao expor essas diferenças, eu não nego que existam áreas significativas de intersecção entre essas duas emoções.[75] Mas, em última análise, elas têm estilos diferentes, causam sensações diferentes e, através do alcance amplo de seus respectivos domínios, são facilmente discerníveis.

VERGONHA E ÓDIO

Nojo, desprezo, vergonha e ódio andam todos de mãos dadas na síndrome de autoaversão. A vergonha assinala o fracasso em atender a padrões coletivos com os quais o indivíduo deve se comprometer de maneira profunda; é a consequência de ser visto como alguém que não se mostrou à altura de sua obrigação.[76] Significa a perda da honra e a consequente perda da autoestima. O nojo em relação a si mesmo não é incompreensível diante das circunstâncias e pode até ajudar a motivar o indivíduo na tarefa de restabelecer sua dignidade. Nosso senso de vergonha incita justificadamente as ações disciplinadoras da ridicularização e da zombaria (desprezo) ou do distanciamento (nojo) em relação aos outros. A vergonha é nossa resposta à desaprovação dos outros. Se a desaprovação é expressa como desprezo ou nojo, depende das variáveis do contexto, da natureza da norma não respeitada, da identidade de quem foi prejudicado por nossas falhas e da gravidade da violação.

O vínculo frequente da vergonha com o recato e a retidão sexual sugere uma outra conexão com o nojo, reconhecida pelo entendimento freudiano de que essas duas emoções compartilham a função de inibir o desejo erótico inconsciente. Nesse contexto, a vergonha que causa a inibição não é o sentimento em si, e sim o senso de vergonha — o senso de recato e a retidão que nos impedem de passar vergonha. Na verdade, esse senso de vergonha é, em grande parte, constituído pelo nojo. O indivíduo sente que, onde as barreiras do nojo são fracas demais, seu senso de vergonha também deve ser. O nojo entra em ação primeiro, e seu fracasso terá como consequência a vergonha, a não ser que o indivíduo seja um despudorado.[77]

O nojo nos faz desejar que a coisa ofensiva desapareça através de sua remoção ou de nosso distanciamento dela; a vergonha apenas faz com que nós desejemos desaparecer.[78] A vergonha é sentida como uma experiência "psicológica" e intelectual, que nos envolve em julgamentos complexos a respeito de nossa posição em relação aos outros e à qualidade de nosso caráter, embora possa ser acompanhada por uma sensação desagradável que é indiscernível do enjoo e do nojo. Na verdade, pode ser que, na medida em que a vergonha é entendida como um nojo de si mesmo, as sensações físicas causadas por ela e pelo nojo são indiscerníveis. Assim como a culpa, a vergonha é percebida como uma emoção que se assenta na consciência. O nojo, por outro lado, seja ou não causado por corpos, é entendido e vivenciado como algo nauseante para nossos sentidos, em vez de uma questão de consciência.

O nojo e o ódio também têm pontos de intersecção em algumas de suas formas. A principal conexão entre essas emoções é assinalada pela noção de repulsa, que traz consigo um senso não apenas de mistura de raiva e nojo, mas também da intensificação que uma sensação provoca na outra. O que o nojo acrescenta ao ódio é sua manifestação física particular, de ser algo desagradável aos sentidos, além de sujeitar a volatilidade do ódio ao ritmo lento de dissipação do nojo. Apesar de ser persistente, o nojo surge com rapidez; o ódio exige uma história. O ódio deseja prejudicar e causar estrago em seu objeto, mas é bastante ambivalente na vontade de fazer desaparecer o que é odiado; o nojo apenas exige que a coisa seja realocada, e depressa. O ódio pode ser combinado no comuníssimo oximoro de amor-ódio, ao passo que o nojo e o amor têm uma relação bem mais complexa, ainda que amplamente antitética. O nojo, conforme citamos, é criador e testemunha de uma afirmação de desigualdade moral (e social), ao passo que o ódio tende a incorporar o ressentimento surgido de uma admissão nada bem-vinda de igualdade. O ódio pode ser energizante de uma forma positiva; o nojo, pelo contrário, causa mal-estar e muitas vezes perturbação.[79]

OUTROS SENTIMENTOS MORAIS DE DESAPROVAÇÃO

O nojo é uma modalidade de desaprovação. Portanto, faz uma parte da tarefa que poderia ser executada por emoções como antipatia, ressentimento, raiva, indignação e ultraje. Só assinalo essa questão aqui porque ela será boa parte do tema do capítulo 8. Por ora, basta dizer que o nojo tem suas áreas especiais de competência. Algumas delas têm pontos em comum com a indignação, mas a indignação tende a ser mais precisa em sua manifestação, concentrando-se em determinados erros, ao passo que o nojo é um sentimento moral mais generalizante, que denuncia conjuntos inteiros de comportamentos e traços de personalidade. O nojo aparece em ambos os extremos da moral: pode se ocupar com aquilo que, no julgamento de outros sentimentos morais, é considerado totalmente trivial, como não cumprir as regras relacionadas, digamos, à postura corporal ou ao volume da voz. Ou então pode ser a forma apropriada para demonstrar a desaprovação pela crueldade. No primeiro exemplo, a indignação é seletiva demais para se envolver. No segundo, por mais furiosa que possa ser às vezes, a indignação parece inadequada para as acusações morais que a crueldade provoca.

A indignação, uma forma especialmente moralista de raiva, funciona às claras, às vistas de todos.[80] É provocada por atos que precisam ser reparados, mas que por si sós muitas vezes são compreensíveis como parte de estratégias de competição e ataque que têm um caráter de certa forma corriqueiro. Nós entendemos que as pessoas discutam, briguem ou até mesmo matem aqueles de quem sentem ódio, caso tenham uma justificativa que lhes dê o direito de agir assim. É esse o hábitat natural da indignação. Os malfeitos devem ser reparados ou corrigidos, pois a indignação nos impulsiona a fazer justiça, a cumprir a tarefa de estabelecer o equilíbrio.[81] O nojo, porém, opera em uma espécie de escuridão miasmática, no reino do horror, nas regiões obscuras do inacreditável, e nunca se afasta muito das entranhas do corpo e, por extensão, do eu. O nojo é acionado para lidar com malfeitos que nos embrulham o estômago só de ouvir falar, para os quais não pode haver justificativa plausível: estupro, abuso de crianças, tortura, genocídio, assassinato predatório e mutilação. O sadismo e o masoquismo também pertencem a esse terreno — inclusive as práticas que estão dentro das prerrogativas de "consentimento entre adultos", cujo prazer depende da ilegitimidade moral daquilo que está sendo consentido. A indignação parece inocente demais para esses domínios e, portanto, deve ser complementada pelo nojo.[82]

A indignação se organiza em torno de metáforas de reciprocidade, de débito e crédito, de propriedade e reparação. A indignação leva à vingança. Já o nojo é conceitualizado de uma forma totalmente diferente. Não há nenhuma metáfora central que o controle, nem mesmo a imagem do vômito, nem a sensação do estômago embrulhado. A única coisa que o linguajar do nojo exige é a referência aos sentidos — a sensação ao tocar, ver, degustar, cheirar e, às vezes, até ouvir certas coisas. Para o nojo, esse processamento sensorial é indispensável. Todas as emoções são desencadeadas por alguma percepção; apenas o nojo torna esse processo de percepção central à sua manifestação.

O nojo, como vimos, é discernível de seus parentes próximos e seus semelhantes, embora eles se envolvam em disputas a respeito dos domínios de cada um de tempos em tempos e compartilhem algumas áreas comuns. Os outros têm seus estilos e suas sensações; o nojo tem uma categoria apenas sua. Nossa psicologia popular já nos oferece um vislumbre da integridade e da extraordinária riqueza conceitual do nojo antes mesmo de embarcarmos no esforço de organização específica e de estabelecimento do conteúdo dos domínios do nojento. O fato de outros idiomas e culturas fazerem esse detalhamento de diferentes formas não é de interesse específico para nossa empreitada no momento. O nojo tem uma integridade conceitual mais do que suficiente para impulsionar o esforço que se segue. Os próximos três capítulos não são recomendáveis aos melindrosos. Eles nos farão descer aos círculos do inferno do nojo e examinar o lado extremamente material e visceral do nojo:

Se acaso fordes gente muito séria,
Basta virar as páginas e achar
Outro conto, que mais possa agradar.
Pois aqui tenho histórias o bastante,
De gentileza e tom edificante.
Quem mal escolha, a mim não vá culpar.
Já vos disse: o Moleiro é um ser vulgar.[83]

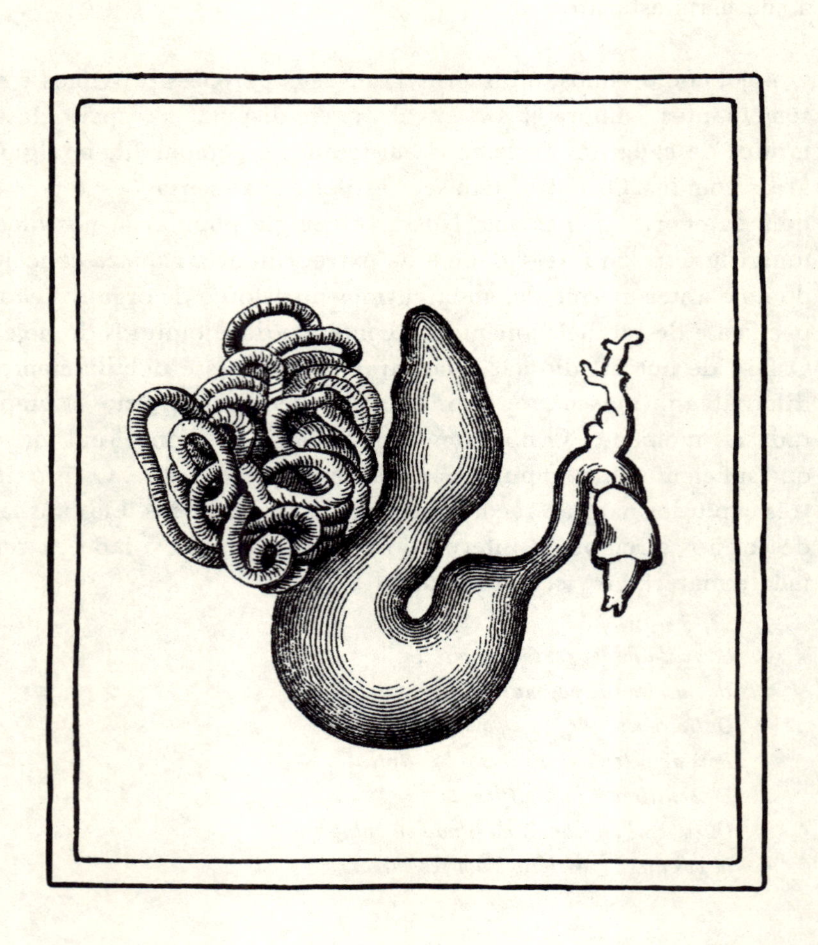

3

O CALDO ESPESSO E GORDUROSO DA VIDA

Como o domínio do nojento é estruturado? Considere os seguintes contrastes, sendo que alguns são mais centrais ao nojo e ao que é considerado nojento do que outros, mas todos se relacionam com o conceito de alguma maneira:

inorgânico vs. orgânico
vegetal vs. animal
humano vs. animal
nós vs. eles
eu vs. você
o que está fora de mim vs. o que está dentro de mim
seco vs. molhado
fluido vs. pegajoso
firme vs. pastoso (ou duro vs. macio e áspero vs. sedoso)
liso vs. grudento
imóvel vs. convulso
não coalhado vs. coalhado
vida vs. morte ou decadência
saúde vs. doença

beleza vs. feiura
de cima vs. de baixo
direita vs. esquerda
congelado/quente vs. derretendo/morno
apertado vs. frouxo
moderação vs. excesso
um vs. muitos (ou uma barata vs. dez milhões)

Esses contrastes têm diversos pontos de intersecção e existem em diferentes níveis de generalização. Alguns têm implicações de nojo mais imediatas que outros. Eles também são reveladores de incoerências e contradições. Também não é o caso de todos os termos à esquerda serem imunes ao nojo, e todos os da direita serem totalmente relacionados a esse sentimento — em especial, como veremos, o contraste entre animais e humanos. As superfícies lisas não são nojentas quando contrastadas com as grudentas, mas, quando essa característica é associada a uma coisa escorregadia e móvel, nossa sensação é outra. A água pode ser purificadora, mas a textura aquosa é um sinal de doença e supuração. O seco costuma ser menos contaminador que o molhado, a não ser quando há a expectativa de algo úmido ou elástico; portanto, as escamas, as peles descascadas e as crostas, embora secas, estão, sem dúvida, no reino do nojento. Mesmo assim, esses pares claramente expõem tendências e probabilidades. Perceba também que eu não listei contrastes que costumam ser abundantes nessa categoria, como fragrância/fedor, delicioso/nauseabundo, limpeza/sujeira e outros contrastes tendenciosos demais para meu gosto, como virtude/vício, moral/imoral, benevolente/cruel.

LÁ FORA

Orgânico vs. Inorgânico O inorgânico quase nunca é nojento, a não ser quando tem características que nos lembrem de coisas orgânicas nojentas. Não é matéria morta, pois nunca foi viva. Quando substâncias inorgânicas sofrem transformações através de erosão ou da transformação de sólido em líquido ou vice-versa, não existe nojo envolvido. Enormes porções de território sem vida, como a tundra ou o deserto, podem nos provocar sensações de assombro, tristeza ou medo, mas não de nojo. As substâncias inorgânicas não são totalmente imunes à contaminação, mas parecem voltar a ficar limpas mais depressa quando poluídas. No entanto, quando nossa imaginação atribui uma vida metafórica ao que nunca foi vivo, o inorgânico pode evocar nojo. Peguemos a ferrugem e os resíduos de mineração como exemplo. Nós atribuímos a essas coisas uma capacidade moderada de causar nojo, apenas por causa da intervenção humana de transformar o minério de ferro em um artefato de ferro e os subprodutos gerados no processo; é por causa da relação peculiar do ferro com a civilização que sua oxidação pode sugerir a decadência, e com a decadência vem o nojo. O óxido de ferro no solo ou em rochas perde esse poder evocativo. Na crença popular, a ferrugem remete à contaminação por tétano; mas, nesse caso, a ferrugem é mais um agente contaminado do que contaminante. Esse é o preço a pagar quando a pureza do ferro entra em contato com o mundo orgânico, em especial o mundo da cultura industrial humana.

Vegetal vs. animal; animal vs. humano O nojo opera no mundo orgânico, mas não de maneira uniforme em todas as suas áreas. É muito mais difícil as plantas causarem nojo do que os animais, e alguns animais causam mais do que outros. E nós precisamos descer bem fundo no reino vegetal para que as plantas se tornem tão nojentas quanto os animais.[84] Quando o pobre Tom bebe o "lençol verde no charco estagnado",[*] ficamos enojados com a imagem da água coberta de algas antes mesmo da menção de bebê-la. Nesses filos inferiores, plantas primitivas e animais primitivos se fundem no limo e no lodo em

* Este e os demais trechos de *Rei Lear* reproduzidos aqui foram traduzidos por Millôr Fernandes.

charnecas, brejos, lamaçais e pântanos escuros, com seus odores de vida vegetal em decomposição, e o fato de as criaturas que compõem esse cenário fétido e estagnado terem ou não clorofila não é nem um pouco crucial para que o ambiente em que vivem seja considerado nojento. A vegetação em estado putrefato pode provocar uma ânsia de vômito similar àquela provocada pela carne podre, e ainda temos as crenças populares segundo as quais esse caldo vegetal apodrecido gera de forma espontânea larvas, lesmas, sapos, lagartixas, salamandras, sanguessugas e enguias. É daí que vêm os ingredientes mais extravagantes das receitas do caldeirão das estranhas irmãs em *Macbeth*: "Um filé de cobra, um olho de salamandra, da rã uma patinha".

E essa é apenas a primeira visão de uma série de imagens que constituem um tema frequente no mundo do nojo. Surpreendentemente, o que causa nojo é a capacidade de gerar vida, e não apenas porque a vida implica uma correlação com a morte e o apodrecimento, mas porque é do apodrecimento que parece vir a vida. Imagens de decadência se transformam, de maneira quase imperceptível, em imagens de fertilidade e, depois, retornam à decadência.[85] Portanto, a morte nos deixa horrorizados e enojados não porque tem um cheiro repugnante, mas porque não é o fim do processo da vida, e sim uma parte de um ciclo de eterna recorrência. Os que já viveram e os vivos se unem para criar um mundo de podridão gerativa — rançosa, fedorenta e desagradável ao toque. A lama gosmenta e a poça imunda são o caldo da vida, a própria fecundidade gosmenta, pegajosa e borbulhante de vida animal sendo gerada espontaneamente da vegetação putrefata:[86]

> *Quando o velho pai, o Nilo, dá-se a transbordar*
> *Com orgulho oportuno sobre todo o vale do Egito,*
> *Suas gordas ondas ao lodo fértil dão lugar*
> *E inundam cada várzea e campo ali circunscrito:*
> *Mas quando a primavera traz tudo o que é bonito,*
> *Pilhas de lama ele deixa para trás, onde hão de nascer*
> *Dez mil tipos de criaturas ao fim de seu rito,*
> *Em parte masculinas e em parte femininas em seu ser;*
> *Formas tão monstruosas que homem nenhum suporta ver.*
> (Edmund Spenser, *Faerie Queene*)

Mais acima na hierarquia das plantas, as trepadeiras e as ervas daninhas que espalham sementes também são suspeitas, capazes de gerar imagens e sugestão de nojo. Elas são indicativas de fertilidade e prodigalidade, um certo tipo de produtividade e reprodutibilidade desordenada que vai além do viço dos arbustos e entra no domínio do excesso.[87] Embora nós não pensemos nas ervas daninhas como nojentas, elas eram vistas assim na era jacobina, portanto, a melancolia, o desgosto com a vida e os pensamentos sobre a sexualidade irrefreada da mãe trazem à mente de Hamlet imagens de ervas daninhas:

> *Como são enfadonhas, azedas ou rançosas,*
> *Todas as práticas do mundo!*
> *O tédio, ó nojo! Isto é um jardim abandonado,*
> *Cheio de ervas daninhas. Invadido só pelo veneno e o espinho.**

O fantasma, seu pai, tem a mesma propensão imagética de associar a morte à fertilidade: "serias mais insensível do que as plantas adiposas/ Que se enraízam despreocupadas nas margens do rio Letes". E o veneno na peça dentro da peça é uma "mistura fétida, destilada de ervas homicidas". É preciso assinalar também que, além do excesso de reprodutibilidade, os maus odores também são elementos presentes no crescimento descontrolado cuja fertilidade é o arauto, e a podridão, a conclusão.[88]

As plantas mais altas participam do mundo do nojo como símbolos de excesso, como fontes de veneno e, portanto, são fonte para metáforas que incutem no discurso moral a noção de nojo que tantas vezes é seu combustível. O fato de até plantas mais altas terem a capacidade de enojar significa que existem outras fontes de nojo que não têm nada a ver com o lodo, como as árvores e a maioria das ervas daninhas. O musgo, por exemplo, não é particularmente nojento porque é seco e tem uma maciez agradável (nem toda a maciez é agradável). Além disso, é improvável que uma única erva daninha ou trepadeira cause nojo; mas seu acúmulo é outra história, assim como a diferença de efeito causada por uma barata ou mil, um indivíduo inferiorizado na escala social e uma

* Este e os demais trechos de *Hamlet* reproduzidos aqui foram traduzidos por Millôr Fernandes.

multidão deles. Em grupo, as plantas, como qualquer grande assembleia de inferiores não autorizada pelos superiores, têm a capacidade de causar inquietação e, às vezes, até nojo. (Será que ainda preciso dizer que elas também têm a capacidade de atrair e dar prazer?) Quando agrupadas como florestas, as árvores se tornam abrigos para o inquietante, o local onde as bruxas se reúnem e ocorrem ritos satânicos, onde misturas parecidas com a do caldeirão das bruxas shakespearianas são preparadas.

Acima de tudo, as plantas se tornam o veículo de expressão do horror e da repulsa à reprodução, à fecundidade e à fertilidade em si. O verde luxuriante pode passar facilmente de base para riqueza, saúde e bem-estar para uma expressão de nojo, podridão e enjoo causado pelo excesso:

> Ele e seus irmãos são como ameixeiras que cresceram inclinadas sobre lagoas; são férteis e carregadas de frutos, mas apenas corvos, gralhas e lagartas se alimentam deles. Se eu pudesse, faria como os alcoviteiros bajuladores e me dependuraria em suas orelhas como uma sanguessuga, e só largaria quando me fartasse. (John Webster, *The Duchess of Malfi*)

Embora as lagartas e sanguessugas, em geral, evoquem nojo por si só e sem nenhuma ajuda, a não ser sua mera menção, essa passagem mostra de forma clara que aquilo que gera nojo é a reprodução em si, a fertilidade descontrolada. É uma inocente ameixa, que em abundância deforma os galhos e redefine o que deveria ser uma plácida lagoa em um criadouro estagnado que, por extensão e licença poética, gera aves carniceiras que consideram a fruta indiscernível da carne podre. É o excesso vegetal que atrai as criaturas repulsivas do mundo animal e redefine tudo o que está embaixo. Os humanos, embora sejam alcoviteiros bajuladores, se tornam sanguessugas, que se saciam até a morte e caem como ameixas maduras no caldo mais abaixo. E o círculo imagético se fecha quando a sanguessuga, despencando como uma ameixa de seu hospedeiro, transforma as ameixas em sanguessugas figurativas que têm uma relação parasitária com a árvore. Esse trecho, no entanto, não pretende ser uma descrição da natureza, e sim de humanos corrompidos e cruéis ("ele e seus irmãos" e os alcoviteiros que o cercam). Comilança desenfreada, parasitas, lagoas infestadas de sanguessugas — esses são sinais indicativos de corrupção moral e social. Mais uma vez, a discussão envolve o alimento, não por ele estar no cerne do nojo, mas porque a alimentação gera a fertilidade, a abundância e a reprodução descontrolada do caldo gorduroso da vida cuja existência necessariamente implica a decadência e o apodrecimento de outras coisas.

Árvores carregadas de frutos, que por si mesmas têm pouquíssimo motivo para gerar nojo, atraem aves carniceiras, parasitas (as lagartas sugam o suco da fruta, e as sanguessugas fazem isso com os mamíferos) para se saciarem até a morte e, assim, produzir mais frutos. O mundo das plantas não escapa dos domínios do nojento, apesar dos argumentos que consideram o nojo uma função relacionada a nossas ansiedades sobre nossa relação com os animais, que fazemos tanta questão de reprimir e negar.[89] O reino animal, visto de forma mais ampla, com certeza aparece com mais frequência do que o reino vegetal em nossa organização básica das noções de nojo. Mas não todos os animais; assim como no caso das plantas, o poder de contaminação dos animais aumenta à medida que chegamos às categorias mais baixas no filo. É notável que a capacidade de produzir nojo seja tão intimamente vinculada à sua posição em uma hierarquia que tem uma única exceção significativa: os humanos. Em geral, são os inferiores e desprezíveis que são contaminantes; é sua inferioridade que tende a causar nojo, seja por estar em uma posição inferior em um sistema de classificação de plantas ou animais ou em nossas próprias hierarquias sociais e morais.[90] A classificação científica, por acaso, inclui nossos arranjos sociais no mundo natural?

Como todas as afirmações genéricas, o que temos aqui é apenas um contorno organizacional básico, que não dá conta de todos os casos dos complexos esquemas conceituais do nojo. De acordo com a conhecida teoria estrutural de poluição e pureza de Mary Douglas, o poluente e, por extensão, o nojento (ela não fala sobre o nojo), é dependente do esquema conceitual que estrutura aquele domínio em particular.[91] O que é considerado perigoso ou contaminante são as coisas que não se encaixam dentro das estruturas ordenantes. Assim, a anomalia se torna fonte de poluição. "A sujeira, portanto, nunca é um evento singular, isolado. Onde há sujeira há um sistema. A sujeira é o subproduto de uma ordenação e classificação sistemáticas da matéria". Sendo assim, "não existe sujeira em termos absolutos"; trata-se apenas de "matéria fora do lugar". As estruturas sociais e cognitivas criam a sujeira menos com a atribuição de algo para fazer esse papel e mais como uma consequência da categorização em si.

Existe uma boa dose de verdade nisso, mas, como veremos, não toda a verdade. Conforme citado antes, as culturas não têm liberdade total quanto ao que excluir do que é considerado poluente, mas têm uma enorme margem de manobra para fazer inclusões. O sangue menstrual, o esperma, os excrementos humanos e outras secreções de nosso corpo parecem ser considerados inócuos apenas em contextos bastante limitados, especificamente assinalados como excepcionais. Como grandes corpos no espaço, essas substâncias têm uma força gravitacional que altera as estruturas sociais e cognitivas dentro de seus campos de atração. Elas criam suas próprias classificações, ou se tornam predominantes classificações em que são incluídas.[92]

No esquema proposto por Douglas, é a anomalia, as coisas que não se classificam nos princípios classificatórios, que é poluente. Por isso, as pessoas recorrem a Douglas para explicar por que ratos e morcegos causam nojo ou por que as proibições alimentares assumiram a forma que têm. Os morcegos não se encaixam na maioria dos sistemas leigos de classificação; mamíferos que voam são aberrações, criaturas noturnas assustadoras e inquietantes.[93] Os ratos parecem sofrer com sua associação com os esgotos,[94] seus excrementos são protagonistas em relatos a respeito da peste bubônica, e sua cauda parece um animal contaminante de um filo inferior preso à sua anca. Como os morcegos, remetem às multidões de criaturas da noite; e por isso nos fazem lembrar de insetos e criaturas que vivem em poças de água estagnada.[95] "Todo animal que se move rente ao chão e se arrasta sobre a terra é uma abominação."[96] Mas por que todas as coisas rastejantes são anômalas? E nós não estamos exagerando ao incluir os ratos e até os morcegos entre as anomalias? Não pode ser apenas porque eles não se encaixam. Eles nos dão calafrios por motivos que não têm nada a ver com a classificação dos mamíferos. Se os morcegos são condenados no esquema proposto por Douglas porque os mamíferos não deveriam voar, então por que golfinhos e lontras não causam igual incômodo por nadarem?

É o risco associado a esse tipo de estruturalismo que leva ao reducionismo e à tautologia. Se alguma coisa é poluente, não se encaixa; se não é poluente, então se encaixa. Portanto, só podemos fingir que chegamos à estrutura através da própria coisa que precisamos que a estrutura explique. Minha impressão é que a ideia de uma anomalia funciona razoavelmente bem para explicar alguns sistemas de classificação bastante explícitos, ou seja, aqueles em que as regras são claras e fazem parte do repertório cultural oficial. Portanto, a teoria de Douglas se aplica bem à área das regras das proibições alimentares e é em grande parte nesse contexto que ela a apresenta, para seu próprio benefício. O verdadeiro problema está na ideia de se encaixar ou não em alguma classificação. Existem coisas que causam estranhamento ou nojo porque não se encaixam, como pessoas deformadas. A maioria das coisas que causam nojo, porém, é muito bem categorizada. O excremento não é uma anomalia; é uma condição necessária para a vida. A questão não é que as coisas não se encaixam; é que se encaixam na parte mais baixa da classificação conceitual. Mas isso também não explica tudo, pois nem tudo que é inferior é poluente, desde que conheça seu lugar e se comporte de forma condizente. E o ponto é justamente esse: o inferior, por ser inferior, sempre implica um risco de ameaça e mau comportamento, de dano ou contaminação ao superior, que, por sua vez, sabe que é superior porque o inferior está lá para proporcionar o contraste necessário.

Acabei me afastando da minha própria argumentação para tratar do esquema de Douglas. Há quem argumente que nossa relação com os animais é um elemento-chave para compreender as estruturas do nojo. Esses argumentos se concentram em duas linhas principais de argumentação, ambas propostas por Rozin: 1) a evidência dos sistemas de proibições alimentares; e 2) a visão pessoal de Rozin de que não queremos ser lembrados de nossos vínculos próximos com os animais.[97] Nós humanos, seja qual for nossa cultura, somos muito reticentes em relação a comer a ampla gama de coisas nutritivas que poderíamos ingerir e digerir. E, em geral, somos mais inclusivos em relação à matéria vegetal do que às calorias animais. Até mesmo as culturas menos restritivas excluem a maior parte das calorias animais comestíveis à sua disposição. As restrições dos judeus ortodoxos e dos brâmanes são, portanto, apenas um pouco mais rígidas que as dos regimes mais permissivos quando comparadas a tudo o que, na verdade, pode ser ingerido sem riscos à saúde.[98] No Ocidente, comemos apenas algumas poucas espécies de animais, e, ainda assim, nós classificamos seus corpos em porções mais desejáveis e menos favorecidas, rejeitando, dessa forma, a maior parte do animal ou direcionando as partes valiosas às pessoas valorizadas e as partes de menor valor aos desvalorizados.[99]

O fato é que, com raríssimas exceções, toda carne animal, das lesmas aos humanos, é nutritiva; mas isso não se aplica às plantas, entre as quais são relativamente poucas as que conseguem ser digeridas pelos humanos. A natureza divide as plantas entre comestíveis e não comestíveis,[100] e a cultura é bem menos participativa na proibição em relação a plantas comestíveis do que em relação aos animais. As plantas que não são comestíveis, por exemplo, o carvalho, não causam nojo quando pensamos em comê-las porque fazer isso não é só impensável, é também uma tolice. Apenas as coisas que sabemos que poderíamos comer com algum proveito para o corpo ou que têm a consistência de coisas comestíveis são capazes de gerar nojo (note que isso também inclui os excrementos). Portanto, toda matéria de consistência macia está na mesa, por assim dizer, à disposição de nossa imaginação.

Conforme argumentei, o mundo vegetal participa do reino do nojento por seu caráter luxuriante, excessivo, prolífico; em termos gerais, porém, as plantas se notabilizam por causar pouco nojo como alimento mesmo entre as que são ingeríveis. A ideia de comer algas marinhas pode enojar alguns, mas o nojo causado por plantas comestíveis proibidas é menos marcante que o provocado por órgãos proibidos de espécies animais. A pessoa que diz sentir nojo de brócolis está provavelmente falando de aversão ao sabor, e não do sentimento nojo: raras vezes os brócolis são vistos como um alimento capaz de causar contaminação, a não ser que sejam servidos com uma associação inconsciente ou fetichista relacionada a outra substância mais próxima do nojo, como as coisas nojentas tão comuns de serem encontradas na região genital.

Já os animais são mesmo outra história. Por quê? É porque nos sentimos ambivalentes em relação ao abate de animais de uma forma que não nos aflige quando o assunto é ceifar e colher plantas?[101] Os sistemas de proibições alimentares são tão restritos em relação aos animais que é possível argumentar que se trata apenas de manifestações superficiais de estruturas conceituais mais profundas e abrangentes que definem nossa relação com o restante do reino animal. É porque somos animais e também comemos animais? O ato de comer carne pode ser entendido apenas como uma versão atenuada de canibalismo? É essa a base de nossas ansiedades sobre nossa relação com os animais que estão abaixo de nós? Mas, nesse caso, seria de se esperar que os animais menos parecidos conosco fossem considerados os menos nojentos, e esse claramente não é o caso.[102]

Os sistemas de proibições alimentares podem nos ocupar por páginas e mais páginas, na verdade até capítulos. Eu me limitarei a alguns comentários de caráter sugestivo. Um princípio de aplicação ampla é que a base da alimentação dos animais que comemos é uma questão importante.[103] É esse o princípio por trás das proibições do Levítico a aves de rapina, predadores mamíferos e comedores de carniça.[104] De acordo com o Levítico, os animais terrestres precisam ser vegetarianos para, então, serem comestíveis: mais especificamente, precisam ser ruminantes (e ter o casco fendido).[105] Os peixes, por outro lado, podem se alimentar de outros peixes e ainda serem aceitáveis. Só precisam atender ao padrão de serem peixes canônicos no sentido atribuído por Douglas, o que no Levítico significa ter nadadeiras e escamas. O Levítico faz objeções contra bichos que enxameiam e que têm asas e rastejam, mas não a louva-a-deus, gafanhotos e grilos, que saltam. A inclusão desses insetos revela, por seu caráter de exceção em meio às práticas dos norte-americanos e europeus ocidentais de classe média, como, na verdade, nós ainda nos guiamos pelo ordenamento listado no Levítico. Nós acrescentamos porcos, frutos do mar e alguns tipos de cavalo, mas pouca coisa além disso. Essa constatação confere credibilidade à visão de Samuel Driver, exposta perto do fim do século XIX, de que as restrições dietéticas do Levítico serviam menos como proibições e mais como sanções para aquilo que os hebreus, um povo pastoril, já comiam.[106] E, como acrescentamos tão poucas espécies às que já haviam sido domesticadas por causa de sua carne e/ou seu leite nos tempos bíblicos, não chega a ser surpreendente que as proibições do Levítico causem tão pouco estranhamento. Além disso, por privilegiar a ideia de comer os herbívoros e não os carnívoros, o esquema do Levítico codificou certas questões sensíveis de eficiência e segurança. Ruminantes de casco fendido tornavam mais fácil a vida dos homens; por se juntarem convenientemente em rebanhos em vez de circularem pela natureza sozinhos, eram de trato fácil e, ao contrário dos carnívoros, não tinham a menor intenção de retribuir o favor de se alimentar daqueles que desejavam se alimentar deles.

Mas por que proibir os animais de caça ou outros que as pessoas provavelmente já não iriam querer comer? A proibição tem o poder de sugerir uma possibilidade de conduta que poderia parecer inimaginável caso a proibição não existisse, para transmitir a ideia de algum prazer secreto. Caso Driver esteja certo, os hebreus estavam comendo exatamente o que queriam e não tinham o menor desejo de consumir alimentos que os povos pastoris não comiam. Mas as proibições logo os fizeram achar que a grama do lugar por onde eles não podiam transitar era mais verde. Daí a explicação de Fílon de Alexandria para as restrições do Levítico (formulada por volta de 40 d.C.) já pressupor que Deus estava negando a seus escolhidos a oportunidade de uma culinária mais rica, em vez de lhes desejar um bom apetite, como propôs Driver: "O legislador proibiu estritamente animais da terra, do mar e do ar cuja carne é mais agradável e gordurosa, como a dos porcos e dos peixes sem escamas, sabendo que são uma armadilha para o mais vulnerável dos sentidos, o paladar, e que são aqueles que produzem gula".[107]

Nenhuma escala unidimensional explica de forma satisfatória todas as distinções culturais que fazemos na construção da categoria de animais comestíveis.[108] E o nojo também não figura de uma forma tão simples e direta nesse esquema de proibições. Algumas proibições são baseadas em culpa e vergonha, e não no nojo. Nas que de fato o são, o nojo pode atuar de diferentes maneiras em diferentes contextos. Compare as seguintes situações: 1) A pessoa come o alimento proibido, aprecia o sabor, mas acha que está comendo um alimento permitido. Depois de descobrir o que havia comido, sente um nojo acachapante. 2) A pessoa come de forma consciente o alimento proibido, gosta muito e, mais tarde, se sente culpada por ter comido (ou, em uma variação, sente vergonha e culpa por não se sentir culpada nem enojada por ter comido). 3) A pessoa come em excesso um alimento de sua predileção que seja permitido, mas passa mal por isso. 4) A pessoa tenta comer um alimento que sabe ser proibido e logo sente ânsia de vômito, cospe fora e estremece ao se lembrar do que fez. 5) A pessoa se sente tentada a comer um alimento proibido, mas se sente mal só de pensar.

Não é nem de longe uma lista completa das maneiras possíveis como as emoções podem se manifestar em violações a proibições alimentares, mas serve para sugerir que a associação do nojo às proibições alimentares diz respeito muito mais a nossa relação com as proibições em geral do que com nossa relação com os animais. O problema do nojo e das proibições voltará a ser tratado no capítulo 6.

O que torna um animal nojento não torna todos os animais nojentos, e o que torna nojentos os animais considerados nojentos não é a ideia de comê-los.[109] Nós fazemos uma distinção imediata entre considerar um animal nojento e considerar nojenta a ideia de comer sua carne. Mesmo assim, é preciso haver uma explicação para o fato de comermos tão poucos entre todos os animais possíveis de serem digeridos por nós. Essa questão será deixada sem resposta, com apenas uma sugestão de que nosso nojo pode ser uma manifestação de alguma culpa primordial, não exatamente por matar o pai, mas por comê-lo. O medo e o nojo, conforme já mencionado, podem ser relacionados ao canibalismo. Isso ajudaria a entender a relutância a comer os animais carnívoros, especialmente os carniceiros, que podem ter se refestelado com nosso pai ou alguma outra carcaça humana, ao passo que o herbívoro faz isso de forma mais discreta e indireta, comendo o capim que nasce sobre as tumbas.

Conforme citado, Rozin argumenta que o princípio mais profundo que motiva o nojo é um desejo universal dos seres humanos de evitar coisas que nos lembrem de nossas origens animais. Não vou negar que o medo de regredir para uma noção culturalmente construída de "bestialismo" esteja por trás de alguns aspectos do nojo, mas esse princípio não dá conta de explicar todas as suas manifestações. Essa questão é uma faca de dois gumes. Se, por um lado, nós fazemos questão de nos afirmarmos como superiores aos animais e temos horror de sermos incluídos nesse grupo, por outro, sentimos admiração e inveja deles em um nível equivalente, um desejo de nos *equipararmos* a eles. Os corpos dos animais são capazes de fazer melhor tudo o que fazemos, e "cobertos". Nós temos apenas alguns pelos esparsos; eles têm pelagens e penas; se não estivessem tão bem cobertos, talvez nós os considerássemos mais nojentos, porque provavelmente lembrariam mais a nós mesmos. É por isso que muitas vezes é mais fácil nos compararmos com vermes, toupeiras, porcos e galinhas depenadas do que com tigres. Os corpos humanos são duplamente amaldiçoados. Nós temos nojo de nosso corpo tanto por ser corpo (ruim) de animal como por ser corpo humano. Ninguém sente nojo ao ter seu corpo comparado ao de uma gazela ou um tigre. Por outro lado, o que costuma acontecer é que, quanto mais pelos temos em nosso corpo, mais nojento o consideramos. Isso está de acordo com o pensamento tanto de Douglas como de Rozin: em nosso corpo, a "pelagem" é matéria fora do lugar, e sua ausência é uma categoria de distinção fundamental entre nós e os animais.[110] Mas a questão não envolve apenas uma regressão ao bestialismo, tem a ver também com o tipo patético de animal que nós somos.

Com certeza, não precisamos do exemplo dos animais para nos lembrar de que nossos corpos fornicam, secretam, excretam, supuram, morrem e apodrecem. É verdade que o fato de os animais fornicarem colabora para desfazer nossas ilusões a respeito da transcendência do ato sexual. Mas, fora isso, temos pouquíssima culpa a atribuir aos bichos. Não é porque os corpos dos animais decaem, excretam, supuram e morrem que esses processos são motivo de nojo para nós, é pelo fato de que nossos corpos também fazem isso. Os animais nos causam nojo não por serem animais, mas por terem características nojentas: são gosmentos, escorregadios, proliferantes. Além disso, o fato de animais em posição superior na escala sentirem emoções que valorizamos (e algumas que não valorizamos), como amor, ciúme, tristeza, raiva, preocupação, medo e alegria, e demonstrarem virtudes que admiramos, como coragem, firmeza, laboriosidade e lealdade, não afeta a valência que esses sentimentos e comportamentos têm para nós. A probabilidade de nos sentirmos enojados por não conseguirmos nos equiparar aos animais é a mesma de nos sentirmos enojados pelo medo de sermos como eles. Vale lembrar também que os dejetos animais não nos causam tanto nojo quanto os dejetos humanos. Nós não consideramos as fezes animais tão nojentas quanto as fezes humanas. As fezes de alguns animais, como as do tipo que chamamos de esterco ou estrume, quase nem nos causam nojo. Nosso corpo e nossa alma são os principais geradores de nosso nojo. O que os animais nos lembram, aqueles dos quais sentimos nojo — insetos, lesmas, larvas, ratos, morcegos, lagartixas, taturanas — é a vida, nossa vida pegajosa, gosmenta, viscosa, borbulhante, suja e estranha. Não precisamos dos animais para nos lembrar disso; basta um espelho.[111]

Nós vs. eles; eu vs. você Estes são contrastes cruciais para uma teoria do nojo completa. A questão do "nós vs. eles" já foi mencionada em nossa discussão sobre a interação de Darwin com o nativo. Junto do desprezo, além de outras emoções em diferentes contextos, o nojo reconhece e mantém a diferenciação. O nojo ajuda a definir os limites entre nós e eles e entre mim e você. Ajuda a impedir que *nossa* conduta seja submetida à conduta *deles*. Junto do desejo, o nojo localiza os limites do outro, seja como algo a ser evitado, repelido ou atacado, seja, em outros contextos, como algo a ser emulado, imitado ou incorporado.

Mas eu gostaria de deixar isso de lado por ora e voltar a esse assunto mais tarde, quando tratarmos de Orwell, do olfato e das questões de classe, no capítulo 10. Também quero ser breve ao falar do "eu vs. você", que abordarei com mais detalhes quando lidarmos com a relação do amor com o nojo, no capítulo 6. Basta dizer que a mesma situação que vale para as culturas vale para os indivíduos. O nojo ajuda a demarcar os limites da cultura e os limites do eu. Os limites do eu vão além do corpo e incluem um território jurisdicional — no que Erving Goffman chama de preservação territorial —, que pode ser definido como qualquer espaço que, caso invadido, possa nos causar indignação ou nojo.[112] O tamanho dessa jurisdição varia de acordo com a cultura, a idade, o gênero, a classe e o status do indivíduo. Em geral, quanto mais elevado for o status de uma pessoa, maior o espaço em que as ofensas a ela podem ser cometidas. Por outro lado, a jurisdição de certas pessoas pode não ir além da pele, ou nem sequer incluí-la: isso é válido em algumas instâncias para prisioneiros, escravizados, trabalhadores sexuais e crianças.

Em outras palavras, o *eu* não pode ser definido apenas pelos limites da pele, embora fique claro que o nojo é desencadeado mais prontamente quando as infrações a nossa jurisdição se dão mais perto de nosso corpo. Quanto mais *você* se aproxima de mim sem meu consentimento ou sem alguma justificativa ou pretexto facilmente discernível, mais alarmante, perigoso e nojento você se torna, mesmo se eu não fizer nenhuma consideração a respeito de sua higiene pessoal. Eu entendo sua atitude como uma violação moral, por causa dos sentimentos morais que isso evoca em mim. A contaminação, a poluição e a capacidade de causar nojo são características inerentes suas. O perigo vem do fato de você ser você, e não eu, ou do fato de ainda não ter obtido o privilégio de fazer coisas nojentas comigo sem causar nojo em mim — ou seja, você não é meu parceiro amoroso nem meu médico. No entanto, eu não tenho nenhum grande motivo para me considerar superior a você em função de sua capacidade de me causar nojo; pois eu deveria saber que eu tenho para você o mesmo poder de contaminação que você tem para mim. Esse conhecimento compartilhado tende a gerar certo respeito mútuo, certa disposição a tomar cuidado com o território do outro e garantir sua inviolabilidade.

Não é apenas o outro que pode violar nossa jurisdição territorial. Nós também podemos nos tornar desconhecidos para nós mesmos e nos envolver em várias formas de comportamentos nojentos que são entendidos como violações do eu. O conjunto de autoviolações é menor que o das ações que causariam nojo e ofensa caso fossem executadas por outros. Sem nenhum sentimento de autodegradação, eu posso tocar partes de meu corpo de maneiras que seriam degradantes caso fossem feitas por outra pessoa sem minha permissão. Essas formas de tocar o próprio corpo, no entanto, devem ser conduzidas com decoro, em geral sob o pretexto de higiene ou necessidade, embora em certo sentido sejam permitidas. No entanto, eu não posso apenas conceder a mim mesmo essa permissão. A masturbação, por exemplo, mesmo para os nossos atuais padrões liberalizantes, ainda é autodegradante; e ao que parece, é o prazer associado a ela o que determina que continue sendo. Algumas pessoas são reconhecidas como especialistas em autoviolação: os doentes mentais e os santos têm uma capacidade extraordinária de elaborar técnicas para causar espanto e ofensa aos outros ao promoverem ofensas contra si. Se a coprofagia é hoje associada aos insanos, o ato de comer dejetos corporais era um exercício de mortificação da carne tornado popular por algumas categorias de santos. A autopoluição e a automutilação são motivadas por uma mistura complexa de desejos de enojar a nós mesmos com o de enojar os outros com esse tipo de demonstração. Nada pode ser mais útil para a autoaversão do que ter suas visões pouco favoráveis de si mesmo compartilhadas pelos demais.[113]

EM CASA

Dentro de mim vs. fora de mim Se nos contrastes mais inclusivos — como orgânico/inorgânico, vegetal/animal — nós humanos acabamos pertencendo ao nojento, podemos nos consolar com a dimensão gigantesca da classe de que fazemos parte. No campo mais estreito da humanidade, podemos adiar o inevitável transformando em objeto de nojo os outros seres humanos, com contrastes como eles/nós e você/eu. No entanto, não podemos evitar isso quando olhamos para o espelho ou apenas para o nosso interior. Somos obrigados a encarar o desgosto dentro de nossa casa, em nosso corpo (e, mais tarde, em nossa alma).

Consideremos a pele, que na psicologia popular figura como um órgão dos sentidos, onde conceitualizamos a localização do tato. Em tese, o tato compartilha com o olfato (e ambos mais do que o paladar) a honra de ser o sentido mais intimamente envolvido com a sensação de nojo. É a pele que se arrepia ao contato com substâncias contaminantes muito antes de sequer pensarmos em colocá-las na boca. A pele nos defende do que está fora de nós e mantém vedados os cheiros e as visões desagradáveis que existem do lado de dentro. E, em certo sentido, é também um tanto mágica, por carregar uma carga simbólica: sua cor, muitas vezes, determina as posições iniciais em muitas hierarquias sociais, e, como uma cobertura para as camadas mais profundas do eu, nos permite a ilusão de não sermos nojentos aos olhos dos outros, e até para nós mesmos. A pele não apenas cobre nossas entranhas pegajosas como também nos permite a ilusão de que o coração pode ser o abrigo do amor e da coragem, e não um órgão pulsante e melado de sangue. Os moralistas consideravam a pele duplamente insidiosa: era enganadora ao fazer os outros pensarem que a beleza superficial era mais importante que a beleza "interior" e perversamente nos impedia de ver que nosso interior não era nada mais que gosma e excremento; a imagem da pele como um saco carregado de excrementos foi evocada com grande verve literária pelos moralistas de Heráclito em diante.[114] A pele, em especial a das jovens do sexo feminino, era considerada o principal componente da beleza, e sua exposição evoca erotismo e sensualidade. Mas sua atratividade frágil e transiente a tornava o lócus para uma das piores formas do nojento. Não existe nada parecido com uma pele que se deteriorou; a mácula ostentada na pele é responsável por boa parte do conteúdo daquilo que é feio e monstruoso.

Se, por um lado, a pele cobre a matéria nojenta que está do lado de dentro, por outro, as entranhas contaminadas se expõem na pele, profanando-a com erupções em sua superfície. Doenças que atacam a pele de formas especialmente grotescas, muitas vezes, são compreendidas como alegorias da condição moral do indivíduo: a lepra e a sífilis (como hoje acontece com a aids) eram entendidas como aflições morais e fardos vinculados ao pecado. A pele também abriga glândulas que secretam suor e óleo; mas, de todas as substâncias poluentes produzidas pelo corpo, talvez aquela que seja a mais poluente (pelo menos entre as substâncias não sexuais) é associada a aberturas na pele. Pois a pele é onde a supuração acontece. O pus, as feridas purulentas e as lesões na pele, que eram comuns na época medieval e ajudavam a definir o status de párias de leprosos e sifilíticos, apenas muito recentemente passaram a ser visões raras no Ocidente, mais ou menos confinadas aos lazaretos e aos poucos e difíceis anos da puberdade.

A pele é perigosa porque nós a carregamos de significados. Somos submetidos a uma complexa estrutura de regras para saber a quantidade exata de pele que deve ser mostrada por quem, para quem, quando e onde. A pele ameaça ou promete (a depender do contexto) a possibilidade da nudez. Na Idade Média e na Renascença, e de diversas formas ainda hoje, pele demais — quando peluda demais, velha demais, ou masculina demais — evocava a imagem ameaçadora do selvagem ou do insano, e o nojo da imagem patética do "homem sem atavios", aquele "pobre animal, nu e fendido", na imagética de Lear.

A pele também gerava desejo, mas em grande parte por ser coberta e proibida. Nós confirmamos esse aspecto perigoso da pele com a regra geral de que, a não ser pelas mãos e pelo rosto, a maior parte dela deve estar coberta, a não ser nas exceções concedidas a determinados contextos, como a praia, ou no caso de status privilegiado, como o desfrutado por crianças pequenas e bebês. A supressão da pele implica a vestimenta, o símbolo carregadíssimo que nos diferencia do selvagem, dos bichos e uns dos outros em questão de classificação e status, e de gênero e idade. Sem as roupas, homens e mulheres estariam deslocados, sem um lugar na ordem cultural, não seriam homens nem bichos, e muito menos desejáveis. As roupas ainda fazem do homem e da mulher o que são, mas não de maneira tão absoluta como ocorria no Ocidente há apenas 75 anos. Nessa ordem mais antiga (e hoje menos, pelo que nos dizem), a quantidade de pele perceptível por baixo do tecido das vestimentas era causa de grandes problemas morais. A calibragem era finamente ajustada, em especial para as mulheres, cuja pele era mais perigosa que a dos homens: a dela punha em risco a moral dos outros e revelava um relaxamento implícito, se não da castidade, pelo menos do compromisso com as normas do recato e da retidão. Dessa forma, podia tanto causar nojo quanto excitação.

A pele também inclui os pelos, a não ser nas palmas das mãos e nas solas dos pés.[115] E, assim como a pele, os pelos são sobrecarregados de significado.[116] Os pelos localizados na cabeça e no rosto têm significado por sua textura, seu comprimento, sua cor e seu estilo de corte. A cultura costuma dar grande significado ao fato de os cabelos das mulheres estarem presos ou soltos[117] e, nos homens, ao fato de estarem lá apenas para ser cortados. Os pelos também são associados a atributos de sexo, raça e idade. No rosto dos homens e na região do púbis e das axilas em ambos os sexos, os pelos, muitas vezes, são vistos como marcadores jurídicos da transição à maioridade.[118] Os pelos quase nunca se distanciam de questões de sexo e gênero e sempre foram, pelo menos no Ocidente, carregados de significação erótica. As barbas eram consideradas indicações de virilidade masculina, e os cabelos femininos eram fetichizados, com mais frequência que as pernas, a pele e os pés, como um dos principais componentes do erótico.[119] No alto da cabeça ou no rosto (no caso dos homens), os pelos são fundamentais para o julgamento da beleza de uma pessoa, sobretudo das mulheres. Quando se diz que uma mulher tem tranças esvoaçantes, não é necessário dizer mais nada para torná-la atraente. A própria palavra "trança" é claramente associada ao gênero feminino e tem uma carga erótica não muito sutil. (Compare o erotismo das tranças com o efeito aniquilador do Eros da descrição de um homem como careca ou, pior ainda, calvo.)

A conexão dos pelos com o nojo pode ser ainda mais complexa que a da pele. Assim como a pele, por se tratar de um componente poderoso da beleza, os pelos são vulneráveis ao nojo da profanação. Mas os pelos não precisam ser profanados por nenhuma outra coisa; eles causam profanação por si sós. Os pelos parecem incapazes de obedecer às regras do recato e da retidão e têm o hábito inquietante de crescer em lugares obscuros, locais que contaminam qualquer coisa com os quais entram em contato. Os pelos pubianos são perturbadores aos adolescentes e vistos com nojo pelas crianças que os veem nos corpos dos pais. O lugar dos cabelos, elas parecem pensar, é na cabeça; a natureza promove uma virada de mesa quando posiciona os pelos abaixo da cintura, ou no peito e nas costas dos homens.[120] E esse tipo de visão não morre na infância. A descoberta de que as mulheres, que ele não conhecia muito bem, não eram impúberes como as das estátuas gregas que conhecia provocou em John Ruskin tamanho nojo que ele foi incapaz de consumar seu casamento e, pelo resto da vida, concentrou suas atenções (inocentes) em meninas pré-púberes.[121]

A recusa dos pelos a permanecer no local onde surgiram no princípio da vida tem uma relação problemática com nossa concepção de inocência. Os cabelos em geral são vistos como inocentes, mas só antes de começarem a se espalhar para além do couro cabeludo. Quando passam a colonizar outras regiões, tornam-se uma fonte de perigo, ou por serem sedutores ou por serem repulsivos. Talvez seja impossível ser decoroso ao tratar do assunto dos pelos pubianos; nesse sentido, eles são ainda mais contaminantes que os excrementos e outras emissões corporais. A linguagem árida do eufemismo científico se vê impotente nesses casos, pois é incapaz de impedir o poder de contaminação do mero pensamento a respeito. Do que os norte-americanos mais se lembram na confirmação de Clarence Thomas para a Suprema Corte? O pelo pubiano na lata de Coca-Cola está entranhado em nossa consciência, e a imagem do ministro Thomas será sempre poluída e banalizada em razão disso.

Os pelos não são problemáticos apenas porque se misturam ao desejo sexual, ou são contaminados porque crescem em lugares nefastos ou cômicos como nariz e orelhas, ou porque parecem ser o ponto focal nas verrugas e manchas na pele; os pelos também demarcam as áreas onde o suor é mais malcheiroso: nas axilas e na virilha. Acima de tudo, porém, pense na sensação de estar com um pelo na boca, ou de encontrar um fio de cabelo comprido em seu prato de comida. O fato de ser um cabelo comprido é uma comprovação de que veio da cabeça e não da virilha, mas seu poder de gerar nojo não diminui em nada quando está em nossa comida ou em nossa boca. Mesmo os pelos inocentes — ou seja, os cabelos que temos na cabeça — são puros apenas quando tomados coletivamente, como uma "cabeleira". Extraia um, e esse único fio de cabelo se torna tão contaminante quanto um tufo de pelos. Nesse sentido, os pelos se assemelham ao nojo causado por animais como insetos, que, sozinhos, podem ser considerados toleráveis ou até bonitinhos, mas, quando aparecem em grandes números, são definidos como uma infestação e encarados com horror e repugnância.

Algumas das primeiras expressões de nojo dos meus filhos — nariz torcido, língua de fora, estremecimentos e cuspes — foram provocadas pela presença de cabelos na boca, e em idades tão precoces quanto os 4 meses de idade.[122] Muito antes do cheiro das fezes, a sensação de um cabelo na boca gera uma expressão de nojo. Poderia ser porque os pelos, e não as fezes, são em algum nível a substância universal do nojo? Em um experimento para descobrir como crianças com menos de 2 anos definiriam o que não colocariam na boca, e se isso de fato aconteceria, 62% dos participantes comeram réplicas de fezes de cães de aspecto realista feitas com creme de amendoim e queijos malcheirosos; 58% comeram um peixe frito inteiro, embora fosse pequeno; 31% comeram um gafanhoto esterilizado; mas apenas 8% suportaram a sensação de ter uma mecha de cabelos humanos na boca.[123] Isso não significa muita coisa, a não ser que mesmo antes dos 2 anos de idade apenas as crianças de desenvolvimento mais lento não sabem que pelos não são comida, algo que, aliás, poderiam descobrir sem a necessidade do nojo. Mas como elas obtiveram essa informação e por que não chegaram à mesma conclusão em relação a gafanhotos e fezes de cães? Imagino que, assim como meus filhos, eles tiveram a experiência anterior de sentir como é desagradável estar com um cabelo na boca e que, quando adquirem as noções de contágio e poluição, essa sensação virá acompanhada do nojo também. O problema, no entanto, é mais relacionado ao tato do que ao paladar, embora reconheçamos que a textura também é um aspecto importante da palatabilidade, para não tomarmos uma concepção estreita demais a respeito de gosto.

A beleza da pele e dos cabelos depende, portanto, da localização. E, também, da visão imprecisa. Olhando mais de perto, o que era atraente pode parecer nojento e horripilante. Daí o que narra Prufrock:

Pois eu já conheci os braços, todos eles—
Braceletados braços, brancos e desnudos
À meia-luz, porém, cobertos de penugem ruiva![124]

Gulliver considerava a pele dos liliputianos excepcionalmente bela, mas tem uma visão bem diferente em Brobdingnag, onde observou uma ama de leite dando de mamar a um bebê:

> Devo confessar que nada me repugnou tanto como a vista do seu seio monstruoso, que não sei a que posso comparar, a fim de dar ao leitor uma ideia do seu tamanho, da sua forma e da sua cor. Mediria uns seis pés de comprimento e nunca menos de dezesseis de circunferência. O bico teria, no mínimo, a metade do tamanho de minha cabeça e ostentava tão grande variedade de manchas, borbulhas e sardas, que não se poderia imaginar espetáculo mais nauseoso [...] Isso me fez refletir sobre a linda pele das nossas damas inglesas, que nos parecem tão belas, por serem do nosso tamanho, e porque só lhes podemos ver os defeitos através de uma lente de aumento; quando sabemos, por experiência, que as peles lisas e mais alvas são ásperas, grosseiras e muito feias de cor. Recordo-me de que, em Liliput e, a tez daquela gente me parecera a mais bela do mundo.[125]

Mais tarde, entre as damas de companhia da corte de Brobdingnag, que não demonstravam a menor vergonha ao se trocar na frente de uma criatura tão insignificante, ele viu algo que o encheu de "horror e nojo": "As suas epidermes me pareciam tão grosseiras e tão desiguais, tão variamente coloridas, quando vistas de perto, com lunares aqui e ali, grandes como cepos, eriçadas de pelos mais grossos que barbantes, para não falarmos do resto de suas pessoas".

Swift antecipa as revelações ainda menos lisonjeiras que o microscópio mostraria a respeito da pele. Uma consulta à enciclopédia nos traz ilustrações de glândulas sudoríparas que parecem vermes ou visco pegajoso, glândulas sebáceas, raízes de cabelos, tecido adiposo subcutâneo, poros que parecem crateras. Cortes transversais ampliados fazem para nós o que as proporções de Brobdingnag fizeram para Gulliver. Swift não precisou desse tipo de auxílio para se desvencilhar das ilusões da beleza da pele, e a meia-luz de um abajur bastou para Prufrock.[126] Uma das razões por que a tela de cinema é uma ferramenta tão poderosa para a criação e manutenção de fantasias é que nos permite ver brobdingnaguianos com peles que possuem texturas de liliputianos. A ampliação da projeção é bem diferente da ampliação do microscópio, pois o projetor amplia de forma mágica, sem tornar poros, folículos, verrugas, pelos e pintas mais perceptíveis. A pele e os cabelos permanecem lustrosos, puros e atraentes. Não é à toa que adoramos as estrelas do cinema.

E quase nem é preciso mencionar, por ser tão óbvio, que os pelos são mais degradantes para as mulheres do que para os homens, em proporção direta com o fato de que os cabelos são mais atraentes nas mulheres do que nos homens. Os pelos apenas têm uma carga sexual maior, seja pelo lado positivo ou negativo, para as mulheres do que os homens. Os homens têm braços e peitos peludos e podem até ser considerados mais atraentes por isso, desde que não sejam excessivos, mas uma penugem fina discernível à meia-luz foi o suficiente para incomodar Prufrock. Os norte-americanos são especialmente obcecados por negar o fato de que as mulheres têm pelos, que lhe são removidos das pernas, do buço, do peito, das axilas e, com a nova moda de trajes de banho da última década, também da região do púbis.[127] Aos homens é permitida uma tolerância muito maior, e os pelos só causam nojo quando crescem nas costas e na parte superior dos braços, ou quando os níveis aceitos na região peitoral são excedidos e os pelos aparecem para fora do colarinho da camisa ou se projetam para fora do nariz e orelhas.[128]

Eu comecei esta seção com a intenção de assinalar um contraste entre o que está fora de mim (menos contaminante) e o que está dentro de mim (mais contaminante), porém acabei mostrando o quanto é variada a capacidade da superfície externa de causar nojo, atrair e contaminar. Nem todas as partes externas do corpo têm o mesmo valor moral ou ritual. Algumas partes são facilmente contaminadas e contaminantes, como os órgãos sexuais. Outras têm pouco poder de contaminar e ser contaminadas, como os ombros e os cotovelos. Estes inclusive são úteis como espaçadores e como ferramentas para abrir caminho e podem se submeter ao contato em elevadores e vagões de metrô sem o risco de causar o nojo que o uso das mãos poderia gerar;[129] os órgãos sexuais, por outro lado, só podem tocar alguém ou ser tocados sob condições bastante negociadas; eles são aquilo que os espaçadores protegem. Nós não suportaríamos a vida em sociedade ou uns aos outros se algumas partes de nós não pudessem servir como elementos de proteção para outras.

O interior de nosso corpo também tem suas variáveis. É poluente, óbvio, por ser um acúmulo de coisas gosmentas, pegajosas, escorregadias e fedorentas.[130] A tradição ascética tratava todo o interior do corpo humano como uma massa indistinta de excrementos, conferindo ao excremento o status de símbolo de tudo o que tínhamos dentro de nós. Por outro lado, também era dentro de nós que a mesma tradição localizava a alma, o caráter e a virtude. É onde a carne pulsante do músculo cardíaco se torna o lar metafórico da coragem; onde a estrutura convoluta do cérebro se torna o abrigo da mente e do pensamento. O lado de dentro do corpo, apesar de fisicamente nojento, é de certa forma honesto, pois não nos atrai com falsas aparências. Apenas o exterior pode ser hipócrita. O interior, quando bem vedado, nos proporciona uma localidade para o imaterial, o espiritual, o caracterológico; é o espaço no qual as metáforas e as imagens associadas com o valor positivo da "profundidade" são imputadas, ao passo que a beleza exterior é associada a coisas rasas e superficiais.[131]

O nojo que surge quando o corpo é aberto com uma lâmina ou perfurado por uma bala não se deve apenas à gosma que escorre para fora, mas sobretudo ao caráter inapropriado do ato de destruir a integridade da vedação do corpo. No entanto, essa vedação do corpo já é enfraquecida por seus vários orifícios, que são obrigados a carregar boa parte do peso do contraste entre o interior e o exterior, pois são onde o perigo da falta de clareza e da desordem se localizam. São as aberturas que permitem que os agentes contaminantes entrem e poluam a alma e são os pontos de passagem através dos quais as substâncias podem entrar e profanar a nós mesmos e aos outros também.

Algumas dessas aberturas — por exemplo, os olhos, as orelhas, o nariz, a boca — também são os pontos de recepção das percepções sensoriais. Os sentidos, alguns mais do que os outros, são cruciais para a fenomenologia do nojo, e é com a linguagem respectivamente associada ao tato, ao olfato e aos demais sentidos que muitas das características daquilo que é nojento são desenvolvidas e conceitualizadas. Por exemplo, é no contexto do tato que contrastes como úmido/seco, pegajoso/fluido, grudento/liso, pastoso/firme são percebidos. Portanto, adiemos a questão dos orifícios como pontos de especial perigo e vulnerabilidade para depois da discussão do papel individual de cada sentido na constituição do nojo.

4
OS SENTIDOS

Desde Darwin, como pudemos observar, a literatura não freudiana sobre o nojo se concentrou no nojo como um efeito ligado original e funcionalmente ao sentido do paladar. Eu atribuí esse foco aos efeitos involuntários da etimologia da palavra da língua inglesa *disgust*. No entanto, se fizermos uma lista das características que tendemos a associar com coisas nojentas, descobriremos que os atributos relacionados ao paladar não se destacam mais do que os do olfato ou do tato.

TATO

As qualidades relacionadas à consistência e sensação constituem o grosso de nosso léxico do nojo. Daí os contrastes pastoso vs. firme, úmido vs. seco, grudento vs. liso, escamoso vs. suave, pegajoso vs. fluido, convulso vs. imóvel. Acrescentemos também algumas qualidades sem pares imediatos, pois o oposto é apenas a ausência de uma característica: oleoso, membranoso, coalhado, gosmento, viscoso, lamacento. Todas essas características merecem algum comentário especial. Por exemplo, é mais fácil encontrar uma palavra para descrever sensações nojentas quando são relacionadas a coisas úmidas, pegajosas e sem consistência firme do que quando são secas, fluidas ou duras. Para cada coisa nojenta escamosa ou cascuda, existem dezenas de coisas nojentas que são babosas, lamacentas, gosmentas, viscosas, leitosas, grudentas, pegadiças, aguadas, pastosas ou membranosas. E até mesmo as escamas e as cascas de feridas só são nojentas por terem sido formadas pela coagulação de substâncias viscosas. Perceba como é difícil encontrar termos não pejorativos para descrever algumas dessas consistências, especialmente as que são relacionadas ao que descrevi aqui como caldo da vida. Como é possível se referir ao lodo ou a uma criatura rastejante sem usar palavras tão carregadas negativamente em termos morais e estéticos?

Consideremos o caso do óleo que, como o lodo, é escorregadio e liso e tem viscosidade similar. O óleo é o melhor que uma substância de consistência viscosa pode ser; tem a capacidade de conduzir a uma vida de pureza ritual, de ser transparente e de fazer as coisas brilharem. Quando vindo das oliveiras, foi usado para ungir reis e heróis de Homero e, quando abençoado, é empregado no sacramento da extrema-unção. Nesse papel, é não apenas puro, mas também purificador. Mas o óleo logo passaria a ter uma vida menos excelsa.[132] Embora a princípio não fosse nojento no mundo material, foi infectado pelo sentido adquirido no mundo moral. As mesmas capacidades que o tornam um bom lubrificante, o fato de ser liso e escorregadio e aderir a superfícies porosas, quando aplicado aos traços morais, servem para descrever um tipo particularmente desagradável: pegajoso, seboso. É no mundo moral que o óleo passa a ser lodo; e uma vez que sua moral tenha sido infectada, perde seu caráter prístino no mundo da matéria.[133] A unção se tornou sebosa e pegajosa pela capacidade humana para a bajulação e a hipocrisia.

A dicção que governa o nojo tátil revela certas suposições e tendências a respeito da maneira como conceitualizamos o nojo, que são capturadas pelos contrastes que apontei no início desta seção. Mesmo se descontarmos as más associações relacionadas às palavras em si, ainda ficamos com a distinta sensação de que coisas que são viscosas, grudentas, rastejantes, convulsas, oleosas ou pegajosas são mais capazes de despertar nojo do que outras que não tenham essas características. Mais uma vez, não estou afirmando que essa categoria de nojo não poderia ser constituída de outra maneira, mas apenas mostrando que existem tendências e probabilidades. Os plantadores de arroz já devem ter se acostumado há muito com a lama;

os pescadores de enguias, com sua textura viscosa e escorregadia; e enfermeiros e médicos, com o cheiro fétido e com a podridão dos corpos. E, como estamos lidando com probabilidades e suposições, essas suposições podem ser desmentidas pelo contexto ou pelo tipo de expectativa gerada por ele. O que deveria ser úmido pode enojar por estar seco, o que deveria ser flexível pode enojar por estar duro, o que deveria ser espesso ou viscoso pode enojar por estar aguado, e a própria palavra aguado é pejorativa quando comparada com outras palavras usadas para se referir a qualidades da água, como clara, fluida, límpida ou translúcida.

Mas as suposições existem, e é preciso perguntar se são geradas apenas pela cultura ou se funcionam para restringir escolhas culturais. Conforme mencionado no capítulo 1, imagino que seja necessário mais trabalho cultural para tornar uma coisa rastejante não nojenta do que para torná-la nojenta.[134] Precisamos fazer uma distinção entre duas características de nojo tátil. A primeira é a das coisas que causam nojo por não atenderem às expectativas. Esse seria o nojo provocado por uma pele humana que tem consistência de pele de réptil ou, da mesma forma, da pele de réptil que tem consistência de pele humana. Na segunda categoria, as expectativas de nojo são plenamente atendidas, a não ser que o amor ou a insensibilização interfiram. É esse o reino do gosmento, pegajoso, grudento, pastoso, convulso e rastejante. O que torna essas qualidades nojentas? O estruturalismo de Douglas não oferece uma resposta não reducionista;[135] com um pouco de engenhosidade, poderia oferecer uma explicação para cada cultura, mas ainda não daria conta das tendências de tantas culturas diferentes a convergirem na concordância de que lodo e limo, fezes e sangue menstrual estão no lado poluente da equação.

Poderia ser porque o nojo em si tem uma estrutura que se impõe aos ordenamentos culturais? Não é exatamente uma proposição absurda. As culturas, sem dúvida, variam no grau em que se valem do nojo para sustentar a ordem moral, mas a medida segundo a qual elas apelam ao nojo (ou algo parecido) em vez de, digamos, à culpa ou ao medo pode nos levar a concluir certas coisas. Até mesmo aqui, a cultura pode falar mais alto que as tendências que surgem com relação ao nojo, mas é preciso muito esforço para isso. Quando uma cultura determina uma classificação de puro/impuro, o límpido e fluido vai ser valorizado em relação ao gosmento e viscoso. Outra restrição imposta pela categoria do nojento pode vir de certas ideias amplamente disseminadas sobre o que a pureza significa. Aqui a influência opera nas duas direções. O nojo limita os eventuais atributos do que é puro, ao passo que a ideia do que é puro, por sua vez, determina o conteúdo do que é nojento. A pureza necessariamente envolve uma certa noção de afastamento, de inviolabilidade e de desconexão com outras coisas. Sendo esse o caso, é de se presumir que as coisas grudentas sejam contaminantes. Então, o que dizer das coisas escorregadias e lisas que são impossíveis de agarrar? Essas, com certeza, não se grudam a nada, mas deixam substâncias membranosas, aquosas ou oleosas que aderem a superfícies. Uma coisa é considerada pegajosa porque não flui com rapidez.[136] Coisas límpidas que fluem com facilidade, portanto, são relacionadas à pureza. Uma cultura pode negar essas suposições ou até invertê-las. Mas seriam necessários mais trabalho e uma explicação mais longa do que, digamos, seguir de acordo com o fluxo.

A pureza deve ser definida em relação ao impuro, e vice-versa; a pureza não pode existir como conceito sem criar seu contrário. A cultura fica restrita aqui pela natureza de certos conceitos mentais, que podem existir apenas como oposições ou contrastes.[137] O preto precisa do branco, o bem precisa do mal, a virtude precisa do vício — caso contrário, o primeiro termo não faz sentido. E, da mesma forma como as qualidades dão origem a seus contrários ou são redutíveis a um conceito com bases estabelecidas, a própria palavra inglesa para indicar limpeza pode dever sua origem a uma coisa grudenta. Em um dos intrigantes casos em que a etimologia mostra que uma palavra revela seu próprio significado e também o seu contrário,[138] o dicionário Oxford informa que alguns filólogos acreditam que o termo *clean* venha de uma raiz indo-europeia com o significado de "grudar", "em uma conexão sugerida com a noção de que coisas grudentas, como óleo, deixam uma superfície mais límpida, ou 'fazem o rosto brilhar'".[139] No meu entender, é mais uma questão de brilho do que da sensação tátil em si. A água e os líquidos límpidos e fluidos são capazes de limpar por meio do enxague e da remoção da sujeira. O óleo, ao contrário da água, deve ser entendido como purificador não por remover a sujeira, mas por aderir e se fixar sobre a superfície. Nesse sentido, ele se comporta como um poluente, mas, com seu extraordinário poder de contágio, tem a capacidade de aderir ou se misturar a tudo o que toca. Para poder combater a impureza, o agente purificador deve ser capaz de aderir ao que toca para isolá-lo, como faz o óleo, ou se misturar ao poluente para removê-lo, como na purificação por ablução. Seja a água ou o óleo, o agente purificador deve modificar a si mesmo em benefício da causa da pureza. O puro, portanto, usa as qualidades nojentas do impuro para combatê-lo. O medo, claro, é que os poluentes acabem aderindo demais, pois é preciso uma dose gigantesca de pensamento otimista para acreditar que a pureza possa ser tão contagiosa quanto a poluição.[140]

A pele é nosso principal órgão do tato, e, estranhamente, algumas das coisas que menos queremos tocar têm a forma e, talvez, até a mesma função que a nossa pele. Peguemos a camada de nata que se forma sobre o leite aquecido como exemplo. Algumas pessoas, como Julia Kristeva, consideram isso a *pièce de resistance* do nojento.[141] Parte dessa repulsa vem da sensação que causa na boca, que não é muito diferente da produzida pelo cabelo.[142] Ao que parece, crostas, peles e membranas que recobrem fluidos interiores têm uma capacidade especial de causar nojo. O fenômeno da coagulação, ou do coalho, traz consigo ideias de coisas borbulhantes, fervilhantes e prolíficas, ideias de fermentação e apodrecimento. A coalhada e a nata, portanto, reproduzem temas centrais da incitação do nojo: a recorrência eterna da reprodução gosmenta e prolífica da vida e a putrefação e a decadência que se seguem. É como se o leite, quando aquecido, gerasse de forma espontânea uma imagem repulsiva de gestação: uma membrana que aparece para cobrir fluidos quentes. A vida deve ser apresentada de uma forma bastante específica para não nos enojar quando a tocamos.

Um subsistema do tato é responsável por processar a temperatura. A frieza se junta à umidade para criar a consistência da morte, e o calor se alia ao fogo infernal para produzir odores sulfurosos. Mas, como regra geral, as temperaturas extremas não causam nojo. (A dor, e não o nojo, é a consequência desses extremos.) A frieza da morte não cai abaixo dos 15,5 °C; abaixo de 0 °C estamos no mundo da pureza cristalina. E bem antes dos 100 °C, entramos no mundo purificado pelo fogo. O fogo não causa nojo, a não ser que venha acompanhado de maus odores, mas o morno, ou a temperatura corporal, são capazes de enojar. Nós nos sentamos em um banheiro público com bem menos inquietação quando está frio do que quando conseguimos sentir o calor do corpo do usuário anterior. O calor corporal é, em certo sentido, mais poluente à medida que houver mais materiais poluídos envolvidos no contexto. A temperatura, ao que parece, causa nojo exatamente nos domínios fervilhantes de vida — ou seja, no alagado do brejo ou na umidade da floresta; é esse o domínio onde existe o lodo, pois o lodo deixa de existir quando congela ou é queimado. A temperatura deve ser suficiente para fazer o velho caldo da vida borbulhar, fervilhar e convulsionar, mas não pode ser alta a ponto de causar a aniquilação. O borbulhar e o fervilhar da vida, a coagulação do sangue, a erupção de feridas supuradas, o acúmulo de larvas — o nojo em si — operam naquilo que nós chamamos de zona de conforto.

Não precisamos engolir as coisas para sermos contaminados por elas. Um conceito de nojo baseado no paladar não dá conta do fato de que a maior parte da contaminação acontece pelo mero contato, e não pela ingestão — e não só no contato com a pele, mas também com coberturas adicionais que incluem nossas roupas (e até as roupas que não estamos usando, mas pretendemos vestir), além do espaço ao nosso redor, que consideramos como limites de preservação do nosso corpo. A aproximação de coisas nojentas faz com que as pessoas se encolham, estremeçam ou se retraiam a fim de evitar os toques ofensivos. Como vimos, algumas áreas de nossa superfície são mais protegidas e sacralizadas do que outras, e todos os orifícios, ainda que em diferentes graus, são pontos de grande vulnerabilidade. Esses lugares que, quando tocados, têm mais possibilidade de causar nojo, também têm mais possibilidade de causar nojo quando são usados para tocar outras pessoas. Tocar ou receber o toque de um ombro ou cotovelo é bem menos problemático do que contatos que envolvem mãos, língua ou genitália.

Ser tocado por alguém em determinadas circunstâncias causa nojo. Tomemos como exemplo uma pessoa que nossos sentidos sentinelas da visão e do olfato, ou nosso senso de moralidade, já indicam ser nojenta. Os toques dessa pessoa causarão nojo se forem tentativas de obter maior intimidade e causarão nojo (por ser a pessoa quem é) e indignação (pelo que foi feito) se o toque não for uma tentativa de intimidade, mas uma agressão sem conotação sexual. Pessoas feias a ponto de causar nojo contam com pouquíssima tolerância. Nós tendemos a lhes atribuir culpa por serem nojentas, e, portanto, a possibilidade de entendermos como mero imprevisto um eventual toque acidental não é das maiores. As pessoas nojentas são acusadas de não tomar os cuidados necessários para evitar o contato que seus status de párias lhes impõem.

Até mesmo pessoas que, a princípio, não são consideradas nojentas podem se tornar, caso se aproximem demais sem nossa permissão. Quando acontece o toque não permitido, nós as tratamos com uma mistura de nojo e indignação similar à dirigida ao pária. A diferença é que essas pessoas têm a oportunidade de explicar que não foi essa sua intenção. Um pedido de desculpas de acordo com as regras de etiqueta pode impedir a ofensa, ou remediar a ofensa produzida se a justificativa for razoavelmente plausível e sincera. A plausibilidade de tais "acidentes", em geral, depende de não se tratar de toques recorrentes e da relativa banalidade da ofensa que está sendo perdoada. As pessoas que não causam repulsa também contam com outro benefício: muitas vezes, têm o privilégio de ter seu toque não permitido entendido como se fosse um pedido de permissão para o toque. Esse tipo de toque é o primeiro avanço no ritual da corte e envolve o nojo de maneira direta. Para o toque ser considerado um pedido de permissão, é preciso avaliar a perspectiva do eventual toque de caráter sexual e decidir se o toque da pessoa em questão seria nojento nesse contexto. Portanto, esse primeiro toque, esse primeiro gesto no meio de uma conversa, quando um encosta de leve no braço do outro, levanta um questionamento muito sério: eu causo nojo em você?

OLFATO

Em termos do caráter difuso da localização de seus sensores, o tato se diferencia radicalmente da visão, do paladar, do olfato e da audição — todos são sentidos centrados em orifícios e órgãos dedicados a receber esses estímulos. Mas, embora o tato seja difuso em termos da localização de seus receptores, o toque contaminador costuma ser muito bem identificável e localizável. No caso do olfato, é o contrário — um receptor bem localizado, o nariz, mas uma emanação vinda de fontes muitas vezes difusas e impossíveis de localizar. Os cheiros são pervasivos e invisíveis, e podem ser ameaçadores como veneno, pois são os próprios veículos do contágio. Os odores são, portanto, especialmente contaminantes e muito mais perigosos do que substâncias isoladas que a pessoa pode optar por levar ou não à boca. Antes da existência da teoria dos germes, odores nauseantes carregavam o fardo de transmitir doenças, ao passo que os cheiros agradáveis eram considerados capazes de curar. A teoria dos germes pouco fez para destruir essa crença, como bem sabem os fabricantes de produtos de limpeza. A assepsia deve ter um cheiro adequado a nossa crença a respeito de qual deve ser o cheiro da assepsia. E os detergentes precisam produzir espuma e ser perfumados, senão não venderão bem, embora as espumas e os aromatizantes poluam os rios e não tenham nenhuma propriedade de limpeza por si sós.

O olfato se combina com o paladar a fim de nos fornecer a ampla gama de sabores que adoramos e repugnamos. Mas o cheiro chega bem antes do sabor, e podemos nos perguntar por que, se nosso olfato estiver bem apurado, nós colocaríamos alimentos capazes de causar enjoo em nossa boca. O problema parece estar no fato de que, embora o aroma seja um componente importante do sabor, o cheiro das coisas fora da boca é bem diferente do efeito olfativo que elas têm dentro da boca.[143] O cheiro, portanto, não é feito para dar uma indicação perfeita daquilo que pode ter um bom sabor. Qualquer entusiasta de queijos de gosto evidente e de peixes de sabor forte sabe que isso é verdade. Se apenas o cheiro controlasse o que tem acesso à boca, nós não só perderíamos os queijos, como também acabaríamos bebendo perfume e comendo flores. Até um amante do café é obrigado a admitir que existe uma diferença decepcionante entre a atratividade do aroma e o sabor da bebida.

Independentemente de qual for o papel do nojo na defesa biológica do organismo, ele seria de pouca valia se fosse necessário esperar o paladar entrar em ação. O paladar funciona como último recurso de defesa; serve para capturar apenas aquilo que passou batido pelas defesas sensoriais externas. Os olhos podem ser enganados por aparências agradáveis, assim como o nariz por aromas hipócritas. Mas o paladar não é uma defesa menos vulnerável do que o tato ou a visão, pois não há garantia de que coisas prejudiciais tenham um gosto ruim. O paladar também pode ser enganado. O veneno pode não ser identificável pelo gosto, e coisas que parecem inofensivas podem ser saborosas e causar danos como a dependência ou a gula. A maior parte do trabalho de defesa contra a ingestão é realizado pelo olfato, e não pelo paladar. Nós seguimos uma regra bem simples quanto à ingestão, à qual admitimos algumas exceções cuidadosamente determinadas: não enfiar nada malcheiroso na boca a não ser que faça parte de uma classe limitada de itens que a cultura e a experiência identifiquem como fedorentas, mas nutritivas e saborosas — daí nosso gosto por queijo, peixe ou vegetais da família do repolho quando cozidos (existe também a exceção do sexo, que será tratada de forma mais genérica e abstrata posteriormente).

Como vimos, o tato nos mune de um rico léxico de termos que podem ser usados na descrição de sensações táteis repulsivas, e as gradações nas sensações são mensuradas com o auxílio dos eixos qualitativos da temperatura, viscosidade, textura, movimentação, adesividade e assim por diante. Já o léxico do olfato é bem limitado e, em geral, depende de tornar uma espécie de adjetivo a coisa que tem aquele cheiro. Excrementos têm cheiro de excrementos, rosas têm cheiro de rosas, carniça tem cheiro de carniça. Às vezes, tentamos variações, com descrições do tipo carniça tem cheiro de fezes, ou tal perfume tem cheiro de rosas.[144] O que falta é um vocábulo qualitativo especialmente dedicado ao odor que seja equivalente à riqueza de distinções que fazemos com aquilo que é tátil com palavras como pastoso, lodoso, gosmento, borrachudo, enlameado, úmido e encharcado. Os qualificadores de odores, e não os nomes das coisas que emitem o odor, em geral, são adjetivos e substantivos simples que expressam o caráter agradável ou desagradável do cheiro em questão, em sua maior parte, distinguindo o bom do ruim: fétido, pútrido, fedor, pestilência, rançoso, horrendo, repugnante, repulsivo, nauseante. As sensações táteis cotidianas estimulam a inventividade vocabular, ao passo que aquilo que é relacionado ao olfatório ou ao gustatório nos leva a dizer pouco mais que "hum" ou "eca".[145] Uma ressalva: se a dor for considerada um subconjunto das experiências táteis e não um sistema distinto de captação de sensações, então, nesse sentido de percepção da dor, o tátil perde sua riqueza lexical para dar lugar a gritos, gemidos, grunhidos e não muita coisa além disso.[146]

No entanto, nossa inabilidade de descrever os cheiros indo além de nomear a coisa que exala o odor não torna o olfato menos relevante que o tato na maneira como conceitualizamos o nojo. Sem os odores de fezes, urina, podridão e suor, nem essas coisas nem a vida em si seriam tão nojentas. É exatamente o odor dessas coisas que afeta com mais profundidade o moralista de estirpe ascética. Mesmo na flor da idade, nossos corpos produzem substâncias repulsivas o tempo todo. À sua maneira tipicamente autodestrutiva, Swift cataloga as visões e os cheiros que o amante encontra no quarto de vestir de sua dama e, para seu horror, descobre a presença do penico dela no recinto. O poeta, então, evoca a culinária para sua paródia do épico heroico:

Os cortes de carneiro, um nobre animal,
Tu deves amaciar bem e temperar com sal,
Como exigem as leis do bom cozimento,
É preciso assar com cautela esse alimento:
Se das promissoras costeletas se desprender
Uma gota de gordura sobre as brasas a arder,
A chama se tornará uma malcheirosa fumaça
Envenenando a carne que sobre ela se assa;
É assim que coisas que não convêm ser mencionadas,
Quando em seu recipiente fétido são despejadas,
O cheiro do excremento fazem se alastrar
E o lugar de onde vieram acabam por macular.
Os perfumes de anáguas e vestidos,
Em meio ao fedor acabam perdidos.
Terminando assim sua expedição grandiosa,
O enojado pretendente se retira de forma vergonhosa.[147]

Swift deixa claro que os odores têm o poder de contaminar; para ele, destroem de maneira irreversível todos os desejos e envenenam sua consciência assumidamente sensível. A comparação com o fedor da gordura queimada (ao que parece, um cheiro que os churrasqueiros já reavaliaram há muito tempo) sugere que as coisas que comemos já começam a emular o processo de sua transformação no excremento fétido enquanto ainda estão sendo preparadas para o consumo. Tudo o que o homem (e sobretudo a mulher) toca vira merda, e então esse mesmo excremento reaparece para nos marinar em seus sucos. Ou, mais precisamente, a visão é que estamos em nosso próprio defumadouro, onde nós fornecemos tanto a fumaça como a carne a ser curada. O cheiro dos excrementos, então, sobe para macular as partes de onde caíram e, em uma visão paranoica de contágio, preenche todo o cômodo e todos os pensamentos com seu fedor.

A cena primordial para Swift não era a do coito, e sim a da defecação, e o horror provocado por esta se deu em função do fedor.[148] A ideia da defecação e seu odor era o único pensamento cujo poder nenhum outro pensamento poderia resistir. Tornava a beleza uma fraude e conferia ao desejo sexual um caráter persistente de autoengano. Para Swift, o desejo não tinha como sobreviver perto do penico. As obsessões de Swift culminam em misoginia, mas o pensamento de que os homens, de igual modo, precisam defecar também pode levar a heresias, como pôr em dúvida a natureza divina do Cristo. O Homem dos Lobos de Freud, atormentado pela ideia de Jesus defecando, resolveu o problema com a sutileza de um escolástico: "Como o Cristo fez o vinho *a partir* do nada, poderia transformar a comida *em* nada e assim evitar a defecação".[149] Temos assim um milagre do pão às avessas. Swift não foi tão engenhoso quanto o Homem dos Lobos — ou, o que é mais provável, não estava interessado em se deixar levar por autoenganos. Para ele, a perda não foi apenas o desaparecimento do desejo, mas também a perda do caráter sublime que o envolve, a perda de uma ilusão — uma perda que traz consigo não a melancolia, mas a sensação de ter sido feito de tolo, ludibriado não só pelo próprio desejo, mas também pela misteriosa capacidade da mulher de ajudar a promover esse tipo de autoengano. É desse pensamento que surgem os célebres versos: "Não à toa senti minha mente naufragar;/ Oh! Celia, Celia, Celia também precisa cagar".[150] O desespero cômico serve para mascarar o sentimento agridoce que não é suprimido em outros trechos: "Devo eu a Rainha do Amor rejeitar,/ Porque revelou tal fedor ao se levantar?".[151]

O desejo exige a supressão total de pensamentos sobre inícios e finais. A gestação e o apodrecimento estão condensados no odor primal das fezes. Seu fedor se expande e se sobrepõe aos odores do sexo, do desejo, da reprodução e do apodrecimento — nos envenena ao defumar nossa carne por fora e nos corromper outra vez por dentro com a inalação dos seus vapores. Lear, que, em breve, há de fazer sua aparição, imaginava que um punhado de almíscar poderia adoçar sua imaginação degradada pelos odores da cópula. A imaginação de Swift, porém, não lhe dá a possibilidade do alívio: a recordação diária dos odores da proximidade do penico espanta os pensamentos mais doces e se fixa permanentemente, evitando o retorno do desejo que faz surgir a ilusão: "Pois boas ideias logo se esvanecem,/ Mas o grosseiro e o imundo permanecem".[152] O cheiro das fezes, suas emanações, produz pensamentos que seguem a lei de Gresham com um entusiasmo semelhante ao do dinheiro. E assim, com sua efusão do terrível odor dos excrementos, Swift se antecipa a Freud na formulação do tipo de personalidade anal-retentivo e sua ligação com o dinheiro, os excrementos e a própria produção cultural.[153]

A vinculação do olfato ao sexo tem um longo histórico, ao qual voltaremos mais tarde. A literatura ascética monástica sobre os maus odores é uma tentativa de aniquilar o desejo; Swift e Freud podem ser vistos em certo sentido como continuadores dessa tradição. A misoginia incessante ainda se faz presente; e são sempre os odores emitidos pelas mulheres que matam o desejo masculino. (Ao que parece, os homens são muito mais propensos a confundir o ânus com a vagina do que as mulheres a confundir o ânus com o pênis.)[154] Nunca ouvimos falar muito a respeito da abominação feminina aos odores masculinos, o que não é nada surpreendente, considerando que, com raras exceções, são os homens que escrevem sobre esse assunto. Mesmo assim, em suas hagiografias sobre santas virgens, esses homens obstinados fizeram questão de indicar a repugnância das mulheres pelo corpo masculino.[155] A diferença entre os monges e Swift e Freud, no entanto, não está na misoginia, mas no fato de que os monges jamais chegaram perto de aniquilar o desejo, ao passo que Swift e Freud foram muito mais eficientes em vilanizá-lo com seus lamentos a respeito.

Freud, assim como Swift, não conseguia manter o nariz longe dos excrementos. Em uma longa e célebre nota de rodapé em *O mal-estar na civilização*, ele sugere grandes consequências ao sentido do olfato que vieram depois de o homem se levantar do chão e começar a andar sobre duas pernas. A postura ereta alterou o posicionamento do nariz em relação à genitália dos outros e mais precisamente a relação do nariz dos homens com a região da virilha das mulheres.[156] Ele discorre de uma forma um tanto extensa sobre o tema:

> A periodicidade orgânica do processo sexual foi mantida, mas o seu efeito na excitação psíquica reverteu no oposto. Essa mudança está ligada antes de tudo à retração dos estímulos olfativos, através dos quais o processo de menstruação atuava sobre a psique masculina. O seu papel foi assumido por excitações visuais, que, contrastando com os estímulos olfativos intermitentes, podiam ter um efeito permanente. O tabu da menstruação deriva dessa "repressão orgânica", como defesa contra uma fase de desenvolvimento superada [...] Este processo se repete em outro nível, quando os deuses de uma era cultural ultrapassada se tornam demônios. Mas a retração dos estímulos olfativos parece consequência do afastamento do ser humano da terra, da decisão de andar ereto, que fez os genitais até então escondidos ficarem visíveis e necessitados de proteção, despertando assim o pudor.
>
> No começo do decisivo processo de civilização estaria, portanto, a adoção da postura ereta pelo homem. O encadeamento parte daí, através da depreciação dos estímulos olfativos e do isolamento da menstruação, até a preponderância dos estímulos visuais, a visibilidade que obtêm os órgãos genitais, chegando à continuidade da excitação sexual, à fundação da família, e com isso ao limiar da cultura humana.*

A nota de rodapé segue adiante, discutindo a preocupação cultural cada vez maior com a limpeza, que origina não considerações quanto à higiene, mas um "afã para eliminar os excrementos, que se tornaram desagradáveis à percepção sensorial". Mesmo assim, as crianças precisam ser socializadas para ter nojo dos excrementos:

> Nisso a educação intervém com particular energia, apressando o estágio seguinte do desenvolvimento, que deve tornar os excrementos sem valor, repugnantes, nojentos e condenáveis. Tal inversão de valor não seria possível, caso essas substâncias expelidas do corpo não fossem condenadas, por seus fortes odores, a partilhar o destino reservado aos estímulos olfativos depois que o ser humano adotou a postura ereta.

* Este e os demais trechos de *O mal-estar na civilização* reproduzidos aqui foram traduzidos por Paulo César de Souza [São Paulo: Companhia das Letras, 2011].

É uma história de transformação do olfato de um sentido que excitava a sexualidade periódica em épocas de cio, ou ciclos menstruais nos casos dos humanos, em um sentido desvalorizado depois que o homem passou a andar de pé. Com a elevação da posição do nariz, o estímulo olfatório tem seu poder de excitação diminuído, e não pela diminuição da sensibilidade ao cheiro, e sim pela reversão da valência do estímulo recebido das partes baixas.[157] O que atraía agora repele; daí a ampla aceitação dos tabus menstruais. Pela traição ao nariz, o homem (e a palavra é usada aqui em seu sentido mais restrito) é compensado pela possibilidade de poder olhar e ficar excitado o tempo todo, não só uma vez por mês. A visão do alto, a certa distância, substitui o farejamento próximo das partes baixas. Agora o homem quer uma mulher por perto o tempo todo; daí surge a organização da família, sobre a qual é erigida a civilização que segue seu modelo. E quanto à mulher? É melhor ficar perto do homem se quiser proteger a si mesma e seus filhos de outros homens, que agora estão em busca de objetos sexuais para controlar de forma contínua, em vez de apenas farejá-la de vez em quando em contatos violentos periódicos.[158]

A postura ereta faz mais do que reverter o valor do odor menstrual; é o que pavimenta o caminho para a desvalorização de tudo o que diz respeito à região genital. O primeiro estágio desse processo é a "repressão orgânica". Essa repressão não deve nada à cultura ou à sociedade, segundo Freud, é apenas a consequência de ficar de pé e diz respeito ao odor da menstruação. O segundo estágio de desvalorização do olfatório é social e diz respeito às fezes. O ímpeto "meramente" social por trás do segundo estágio significa que permanecemos mais ambivalentes em relação ao excremento do que à menstruação, cuja aversão Freud supõe fazer parte de nossa constituição biológica. As crianças muito pequenas consideram seus excrementos "valiosos, uma parte que se desprendeu do seu próprio corpo", e, como consequência, nós nunca desenvolvemos uma repulsa muito intensa aos nossos próprios excrementos: "O fator social, que cuida da posterior transformação do erotismo anal, mostra-se no fato de que, não obstante todos os progressos evolutivos do ser humano, dificilmente ele acha repulsivo o cheiro de *suas próprias* fezes, apenas o daquelas de outras pessoas" (grifo do original).

A inculcação *social* do nojo das fezes recapitula na vida do indivíduo do sexo masculino o progresso do desenvolvimento *orgânico* do nojo dos odores da menstruação de toda a metade masculina da espécie. Mas, em ambos os casos — o nojo orgânico da menstruação e o nojo socialmente originado das fezes —, os aspectos mais primitivos do erótico são reprimidos, e o olfato, antes o motor do desejo, agora passa a ter a capacidade de se enojar com aquilo que costumava desejar. Daí se conclui que o nojo nos mantém de pé e longe da cama. Porém, não se trata apenas de uma conversa sobre fezes e menstruação. Em outra nota de rodapé que vem logo na sequência desta que estamos tratando, Freud assinala que a postura ereta do homem e a depreciação do olfato ameaçavam não só o erotismo anal, "mas também toda a sexualidade [...] Também os genitais produzem fortes sensações olfativas, que para muitas pessoas são intoleráveis e lhes estragam as relações sexuais".[159]

Em última análise, para ser inteligível, o relato de Freud depende de aceitarmos ou não sua explicação para a repressão e a sublimação, o que, por sua vez, depende de nossa desvalorização do que está mais abaixo em relação ao que está mais acima. Esse argumento, como quase todos os propostos por Freud, é provocativo, interessante e sedutor em seu reducionismo confiante e suas possibilidades sugestivas. Mas nem por isso deixa de ser problemático. É preciso questionar, em primeiro lugar, a distinção entre o nojo da menstruação e o do excremento — sendo um programado organicamente e o outro mal e mal se mantendo através de uma construção social segundo a qual devemos considerá-lo nojento. Considerando que o argumento de Freud esbarra na ideia da ontogenia recapitulando a filogenia, é o horror às fezes que deveria preceder o horror ao sangue menstrual no desenvolvimento das espécies. É difícil acreditar que já nascemos com a repulsa à menstruação, ou que a criança a adquire quando fica em pé e aprende a andar. Ao contrário do que ocorre com o excremento, a maioria de nós só aprende o que é a menstruação e só precisa se confrontar com o sangue menstrual, anos depois de se confrontar com as fezes e aprender a ter nojo delas. No fim, os dois nojos não são discerníveis em razão de suas supostas origens orgânicas ou sociais.

A intensidade variável e a diferença de tratamento entre os dois podem muito bem vir do fato de que apenas metade de nós menstrua, mas todos defecamos. E a metade que menstrua não é composta por homens. Freud distribui as cartas do jogo de forma injusta aqui. Ele compara o nojo mais fraco de um homem por "suas próprias" fezes ao nojo implacável de um homem pela menstruação de *outra* pessoa, que é mulher. Uma comparação apropriada a fazer seria averiguar se o homem sente das fezes de outra pessoa o mesmo nojo que sente do sangue menstrual de outra pessoa. A questão de qual nojo é mais forte seria empírica, e imagino que seria sujeita a grande variação entre diferentes indivíduos e culturas. Mas supondo, junto de Freud, que o nojo pelo excremento não seja tão arraigado quanto o nojo pelo sangue menstrual, essa diferença não seria mais bem explicada pelo fato de que a socialização relacionada à menstruação acontece em um estágio de desenvolvimento posterior, bem depois que o mecanismo do nojo já foi instalado, programado e ajustado por suas interações com o excremento? Até hoje, o processo de sair das fraldas vem antes da educação sexual. Mais uma vez, o relato de Freud é limitado por sua intenção de descrever apenas os nojos e desejos masculinos.[160]

O relato também parece se voltar contra si mesmo de uma outra maneira. O que acontece com o sentido do olfato nesse argumento? Ele se torna mais fraco? Ou apenas muda de função? Freud deixa claro que o olfato perde sua capacidade de impelir o desejo sexual e sugere que o sentido em si, em termos gerais, enfraqueceu, perdendo em força e funcionalidade para a visão. Perversamente, porém, o olfato, por agora ser associado ao que é vil e repulsivo, parece estar bem mais afiado do que quando era descrito como um sentido relacionado ao desejo. Freud abandona seu costumeiro estilo não adjetivado a fim de empilhar adjetivos em seu esforço para capturar nosso pânico (e seu também?) diante das fezes; os excrementos não são apenas "sem valor", mas também "repugnantes, nojentos e condenáveis". O olfato não ocupa mais o papel glorioso assumido pela visão, mas, quando a questão é o poder de provocar o nojo, não tem nada de fraco. Cabe perguntar se o atraente provoca uma reação tão forte quando em igual quantidade em relação ao repugnante (o exemplo da colher de chá de água de esgoto vs. a colher de chá de vinho volta a ser útil aqui). Ou seria mais apropriado perguntar se a cultura não reforça muito mais as aversões do que as atrações? O desejo pode ter que não só superar a aversão que se opõe a sua realização para ser concretizado, mas também, depois de superar o nojo, confrontar outros escrúpulos antes de ser posto em prática.

Discutir de forma adequada a nota de rodapé de Freud nos afastaria demais de nosso tema, porém eu gostaria de fazer mais algumas observações rápidas a respeito. Freud faz a analogia da substituição do olfativo pelo visual citando como novas deidades se impõem sobre as antigas: "Este processo se repete em outro nível, quando os deuses de uma era cultural ultrapassada se tornam demônios".[161] Os antigos não desaparecem; o que muda é sua valência. Antes eram deuses, e agora são diabos ou demônios. A visão, o deus que está no céu, baniu o olfato para o inferno, onde ele se tornou o deus do submundo. Isso se encaixa muito bem na cosmologia cristã convencional, em que a Luz é associada à salvação, o fim apropriado do desejo, e o inferno é um lugar das trevas visíveis, onde o fogo não fornece luz, mas odores fétidos, malignos e repulsivos, uma mistura de enxofre e excrementos cuja fonte são as entranhas de Satã, que em sua encarnação como Mefistófeles tem seu nome derivado do termo em latim para se referir à pestilência.[162]

O olfato ocupa um posto inferior na hierarquia dos sentidos. A existência de visões e sons desagradáveis pouco afeta a glória dos "sentidos mais elevados" da visão e da audição; e a existência de fragrâncias deliciosas pouco faz para tirar o olfato da vala. O olfato é tão baixo que o melhor dos cheiros não é um cheiro bom, mas cheiro nenhum. E esse sentimento é anterior à obsessão norte-americana do século XX pela desodorização. No século XVI, Montaigne cita autores clássicos para fazer o mesmo argumento: "Até a suavidade dos hálitos mais puros nada tem de mais perfeito do que não ter nenhum odor que nos ofenda".[163] Quando um diabo ou um condenado aparecem na hagiografia medieval, eles deixam clara a condição com seu mau cheiro. A visão e a audição pertencem às alturas. São as portas de entrada para os prazeres intelectuais e contemplativos; o olfato (e o paladar) e, com certeza, o tato como forma de percepção de dor são sentidos infernais, talvez por serem mais próximos do nosso ventre e por serem os sentidos que explicitam nossa vulnerabilidade corporal.

O contraste entre de cima/de baixo faz do nojo o domínio do que está abaixo, seja na forma da genitália e do ânus ou do obscuro e do primitivo. O fato de o nariz estar no rosto não representa nada a seu favor. Na verdade, sua posição o torna perigoso ao extremo, porque o fato de o sentido estar ali localizado pode nos levar a ter que nos agachar e engatinhar, com os olhos bem próximos ao chão.[164] Na tradição ocidental, o olfato acabou associado ao obscuro, ao sujo, ao primitivo e ao bestial, à bestialidade cega e subterrânea que se arrasta no lodo. Isso nos leva de volta a Freud e à associação do olfato à genitália (sobretudo a feminina). A imagética de *Rei Lear* é insistente nesse tema. A cegueira moral e a real são compreendidas como consequências de vaginas. Edgar diz ao bastardo Edmund sobre a cegueira de seu pai: "Ter-te gerado em lugar escuro e vicioso custou-lhe os olhos". E sem os olhos só é possível farejar as coisas: "Joguem-no fora das portas da cidade e que ele fareje o caminho para Dover". O mundo cego de *Lear* é um mundo de desesperança, aleatoriedade, caos moral e desespero. Apenas o olfato funciona, e é por isso que a atmosfera é tão envenenada, deprimentemente assustadora e repleta do mais puro desgosto pela vida. Portanto, o olfato existe em uma espécie de guerra moral contra a visão, em que a visão representa as forças da luz, e o olfato, as forças das trevas.[165]

Em sua guerra contra o olfato, a visão depende de sua virtude de olhar para cima ou para fora, ou metaforicamente para dentro, mas nunca para baixo. Quando Lear começa a ter alucinações visuais com cópulas por toda parte — "o rouxinol o comete e a mosquinha dourada fornica diante de mim" —, as imagens da visão logo são transformadas em referências olfativas. O nojo, para Lear, significa maus odores, e as visões são ruins na medida em que sugerem maus cheiros. Para ele, o nojo é sobretudo uma questão de procriação, da vida em si — a produção da ingratidão filial e de filhos parricidas —, e isso significa ir parar naquele lugar escuro e vicioso que custou os olhos de Gloucester. Por mais estranho que possa ser, nenhuma mulher na peça é fértil; toda a procriação ocorreu antes dos acontecimentos narrados e com mulheres que estão mortas, ou ocorre na imaginação. No entanto, isso já é mais que o suficiente, porque o mero pensamento já envenena a imaginação. Lear não só se antecipa a Freud nesse ponto, ele vai além:

> Só pertencem aos deuses até a cintura; embaixo é tudo do demônio. Ali está o inferno, a treva, o poço sulfuroso — queimando, ardendo, fedendo, consumindo. Que asco! Asco! Dá-me uma onça de almíscar, meu boticário, para desempestar minha imaginação.[166]

As exclamações deixam claro que não é um nojo dos mais leves. Lear sente ânsia de vômito só de pensar no lugar escuro. A memória produz o nojo. A memória de odores (e gostos e toques) é diferente das lembranças que envolvem os chamados sentidos mais elevados da audição e da visão. Quando nos lembramos de uma visão, nós a enxergamos de novo; quando nos lembramos de sons, nós o ouvimos de novo; podemos evocar essas lembranças, conjurá-las de propósito; ou, então, elas podem surgir sem nenhum motivo especial. Por outro lado, o que significa se lembrar de um cheiro, de um gosto ou de um toque? Não temos como evocar a lembrança de um cheiro da mesma forma que nos lembramos de um rosto.[167] E os gostos e cheiros experimentados anteriormente não podem ressurgir do nada sem que moléculas dessas coisas sejam percebidas pelos sentidos no presente. Se quiser me recordar de um odor que me provocou ânsia de vômito cinco anos atrás, ou do gosto da carne estragada que me provocou uma intoxicação alimentar, eu não consigo. Só consigo me lembrar de como me senti; consigo me recordar do nojo, e até reproduzi-lo. Consigo me lembrar do enjoo e do vômito, de ser dominado por uma sensação desagradável, e com força suficiente para garantir que nunca mais vou comer aquela comida ou me aproximar daquele cheiro de novo. Mas não faço isso sentindo de novo o cheiro na minha imaginação nem sentindo outra vez o gosto da mesma forma como podemos reconstituir visões e sons. As lembranças de sabores e cheiros só podem ser desencadeadas por experiências reais do mesmo cheiro ou sabor. A presença imediata da sensação parece conferir às memórias desencadeadas pelo olfato e pelo paladar seu poder gerador peculiar: uma lembrança visual de Swann e Odette teria para Proust o mesmo poder evocativo que o ato de cheirar e comer uma *madeleine*?

Voltemos a Lear. Com um eloquente gestual retórico, ele nos faz acreditar que está sentindo o cheiro da excitação sexual feminina. Mas não há nenhuma mulher por perto. Sentir de fato tal cheiro poderia ser sem dúvida uma alucinação, e Lear está de fato alucinando pesadamente durante essa cena. Suas alucinações, no entanto, são visuais, e não olfativas. Pois louco ele não é. Até ele sabe que o almíscar que pede ao boticário é para desempestar sua imaginação, não o ar que respira. O almíscar é figurativo, e ele sabe disso. O que Lear está reproduzindo não é a experiência dos odores sexuais, mas a aversão que sente ao se deparar com esses cheiros. Essa sensação ele consegue recriar; é inclusive essa a essência de como o nojo funciona para nos impedir de repetir algo que nos enojou antes. Lear, portanto, pode não estar sentindo o cheiro de vaginas e poços sulfurosos, mas está experimentando de novo uma sensação profunda de repulsa e nojo. O gestual de nojo indicado por suas exclamações não é fingido. E, ainda que fosse, esse fingimento tem um poder peculiar de gerar os sentimentos que está expressando. Fingir ânsia de vômito, caso não se tome o devido cuidado, pode levar a pessoa a vomitar.[168]

Lear e Swift (e até mesmo Freud pode ser lido assim) mostram que é quase impossível afastar os maus odores do domínio da moralidade. A linguagem do pecado e da perversão é a linguagem do lado ruim do olfato. A visão e a audição, os sentidos mais elevados, não têm esse papel na articulação de nossa sensibilidade moral. "Sente o cheiro do pecado?"[169] Maus odores são malignos, têm o cheiro do mal; e maus atos são malvistos no céu porque têm o cheiro do inferno: "Oh, meu delito é fétido, fedor que chega ao céu".[170] Se, por um lado, a dicção moral do toque desagradável conta com eixos qualitativos para mensurar e categorizar a ação moral, o cheiro, por sua vez, só pode ser bom ou ruim. Mas, pelo visto, não é preciso mais nada.

Como uma última observação sobre o olfato, vale lembrar que a palavra fedor tem uma potência expressiva que a torna um tanto imprópria em conversas mais polidas. As pessoas costumam evitá-la, preferindo formulações mais suaves, como "mau cheiro". Ou a palavra é usada com um certo receio de quebra de decoro, ou então é usada por quem deseja se posicionar como vulgar sem precisar recorrer ao que costumamos chamar de "palavrões". Nenhuma palavra relacionada a sensações nojentas experimentadas por outros sentidos tem esse poder. É difícil precisar quando foi que falar em fedor ganhou essa característica de forma de expressão um tanto imprópria. Na língua inglesa, o termo *stink* é usado com frequência no discurso público de condenação moral nos séculos XVI e XVII, evidenciando sua potência, mas não sua vulgaridade. Segundo o dicionário Oxford, ele pode ter se tornado um tanto impróprio já no fim do século XIX.[171]

A que podemos atribuir a mudança? Essa impropriedade é claramente mais um passo na marcha do "processo civilizador". Mas talvez tenha a ver com algo mais concreto. Um dos grandes feitos do século

XIX foi livrar as cidades do mau odor onipresente com a construção em larga escala de sistemas públicos de esgoto. Quando o homem começou a andar sobre duas pernas, não se elevou acima dos odores fétidos que emitia. No fim, pode ser possível afirmar que a teoria de Freud sobre a desvalorização definitiva do olfato dependesse também da construção de esgotos no subsolo, além do afastamento do nariz do homem do chão.[172] Pode ser possível afirmar inclusive que a construção de esgotos no subsolo não era um símbolo de repressão, mas sim a própria repressão, o ato de enterrar o perigo. Os esgotos assumem o caráter do novo inferno, a base gastrointestinal inferior sobre a qual a civilização se assenta, conforme capturado nos versos livres de Francis Newman, o irmão menos famoso de John Henry:

> *Eis que sob nossas cidades, por artes curiosas e periclitantes,*
> *Uma nova cidade é construída, de uma repugnância tartárica,*
> *Uma rede de tijolos-entranhas, em estado de podridão perpétua.*[173]

VISÃO

Para a tradição antissexual e misógina do ascetismo, o nojo era uma função odorífera, dos odores do sexo, da reprodução, da putrefação e da defecação. Sugeri aqui que Swift e Freud, de certa forma, podem ser entendidos em grande parte como continuadores dessa tradição. Para Freud, os cheiros são o que arruína o sexo — o mesmo sexo para o qual os olhos nos direcionam desde que aprendemos a andar eretos. No mundo de Freud, a visão é o sentido de primeira ordem do desejo. Ver nos permite o distanciamento de que o desejo precisa para operar, com um recuo suficiente para que os odores sejam mascarados e as coisas vergonhosas sejam cobertas de modo a se tornar atraentes.

Ao contrário do olfato, a visão precisa de certa distância para funcionar de maneira adequada. Perto demais, as coisas se tornam borradas ou obscurecidas pelas sombras que projetamos; longe demais, a visão deixa de ter a nitidez necessária para gerar o desejo. Entre uma coisa e outra, porém, dentro do alcance do desejo, o olho pode ser enganado pela miopia, pelo pensamento esperançoso e pelas estratégias do objeto de desejo, como os recursos cosméticos e as vestimentas. A essa meia distância, fora do alcance do olfato e com os olhos em foco, a visão funciona para motivar o desejo em níveis suficientes para superar o nojo que os odores da proximidade podem provocar e antes que os prazeres do tato sejam mobilizados para justificar o desejo incitado pela visão. A meia distância, também permite a construção de uma verdade alternativa para contrapor a verdade microscópica que causou tanta repulsa em Gulliver em Brobdingnag. Além disso, mascarar as fontes dos odores por baixo das roupas nos impede de observar os órgãos ativados pelo desejo incitado pela visão. Que estranho truque faz com que a atração que a beleza causa acabe quando se depara com órgãos como o pênis, o saco escrotal e a vagina? Seria por acaso que o senso de vergonha nos força a cobri-los?[174]

Se, digamos, a cópula sexual fosse executada com o beijo, ou com a troca de olhares, nós consideraríamos os lábios e os olhos visões não desejáveis, como fazemos hoje com a genitália? O Adão de Milton fez uma pergunta desse tipo ao anjo Rafael, provocando um rubor angelical e uma resposta evasiva (até mesmo os seres incorpóreos, ao que parece, devem conhecer o rubor do constrangimento e da vergonha e, com a vergonha, a possibilidade do nojo):

> *Dizei-me então, se for apropriado o que pergunto;*
> *Os espíritos celestiais acaso amam, e como o amor*
> *Eles expressam, por olhares apenas, ou se misturam*
> *Em irradiância, ou com o toque virtual ou direto?*
> *Ao que o anjo, com um sorriso que reluzia*
> *O vermelho rosado celestial, o matiz do amor,*
> *Respondeu: Basta te dizer que tu sabes que*
> *Somos felizes, e que sem amor não há felicidade.*[175]

Para nós, não menos do que os anjos, o que pode provocar nojo em outros quando visto por eles é o que deve ser protegido pela vergonha. O observado deve se cobrir, e o observador deve cobrir os olhos. O olhar, o exibicionismo e a vergonha andam de mãos dadas no mundo freudiano e envolvem o nojo apenas porque o que é vergonhoso muitas vezes também é nojento.

O mundo está cheio de visões nojentas, e apenas uma ínfima fração tem a ver com a cópula. Qualquer ato capaz de gerar vergonha em quem o comete é capaz de provocar nojo a um observador. Qualquer violação séria das normas do recato, da dignidade e da boa apresentação pessoal pode causar nojo aos olhos. Nessa esfera, o nojo opera como um sentimento moral, um motivador da disciplina e do controle social. Nem todo nojo visual está diretamente envolvido nesse tipo de policiamento das normas; em parte, ele só serve para reforçar os nojos gerados pelo olfato e pelo tato. A visão de um vaso sanitário deixado cheio sem dar descarga em um banheiro público, de uma lesma gigante, de enguias, de larvas rastejando em movimentos convolutos pode causar um nojo intenso. Nesses cenários, nós reconhecemos que a visão funciona para sugerir a possibilidade de toques incômodos, sabores nauseantes e odores fétidos, ou então para aludir a processos contaminantes como o da putrefação e da reprodução. Essas coisas são ofensivas por seus poderes de contaminação; seu caráter ofensivo não se deve a sua aparência, e sim ao que são — a suas falhas morais, se assim preferir. Em certos casos, estamos inclusive dispostos a admitir uma beleza abstrata em termos de forma e proporção, cor e sinuosidade em taturanas, salamandras, águas-vivas e afins, mas isso serve apenas para tornar seus poderes contaminantes ainda mais misteriosos e inquietantes.

A visão é o sentido através do qual grande parte do horror é acessado. Os filmes que definem o gênero terror horrorizam e enojam sem poder contar com o paladar, o olfato ou o tato (embora não possamos subestimar o poder da música para evocar o terror e a inquietação). A visão ativa nossos poderes imaginativos de sentir empatia, mas isso não se estende ao olfato, que não tem praticamente nenhum papel nesse caso. Com uma simples observação, as coisas abomináveis e repulsivas ao tato podem gerar em nós movimentos de contorção em solidariedade ao personagem; da mesma forma, observar alguém comer matéria podre, carne humana ou excrementos produz fortes sensações de empatia, mas ver alguém sentir cheiros ruins não reproduz em nós a mesma resposta de solidariedade. Coisas malcheirosas são mostradas em filmes porque têm má aparência, ou porque sabemos, só de ver, que são desagradáveis ao tato.[176]

O motivo por que o olfato não se traduz tão bem através dos meios visuais é que a presença visual de um objeto torna seu cheiro desnecessário para causar o nojo. Na verdade, nós costumamos pensar em odores como algo que vem até nós de alguma fonte oculta ou de um vazamento através de um orifício que deveria estar vedado. Coisas belas podem emitir mau cheiro; inclusive foi isso que abalou tanto Swift. Coisas que têm sabor ruim também podem ser atraentes aos olhos, mas, nesse caso, nosso horror não é desencadeado pela visão dessas coisas, e sim pela visão de pessoas as comendo. Vemos a coisa sendo mastigada e engolida; em outras palavras, existem ações musculares que podem levar a reações de empatia através da visão. O mau odor não nos permite uma forma de nos solidarizar com a pessoa que está sofrendo por causa daquele cheiro. E coisas gosmentas e rastejantes que são ofensivas ao tato são processadas de forma imediata como perigosas e repulsivas; o fato de tocarem alguém nos provoca calafrios, mas o nojo, em geral, já foi instalado muito antes disso.

O visual também pode horrorizar por si só, sem as implicações sugeridas pelos outros sentidos. É a visão que processa a feiura, a deformidade, a mutilação e grande parte do que percebemos como violência: sanguinolência, indignidades, violações. A questão mais complicada em relação ao horror da feiura e da deformidade é saber se essas coisas ou criaturas feias são horripilantes independentemente da perspectiva de contato íntimo com elas. As pessoas grotescas e horrendas são nojentas apenas na medida em que nós a imaginamos em termos sexuais, ou em algum outro tipo de intimidade conosco ou com outras pessoas? Imagino que a resposta seja não, apesar do rico tema romântico medieval da bruxa repugnante que continua viva por várias reencarnações até o presente. Nós consideramos nojento e horripilante aquilo que é feio e hediondo independentemente de fantasias sexuais e medos de intimidade. O visual do corpo tem seu próprio padrão estético, e por consequência moral, que quando violado pode evocar horror, nojo, comiseração e medo. A questão não é temer nossa intimidade com eles ou sua intimidade com os outros; nós sabemos como os vemos e não suportaríamos ser vistos assim. O horror, portanto, não é de ter intimidade com eles (embora isso também desempenhe seu papel), e sim de *ser* como eles.

A deformidade e a feiura são ainda mais inquietantes porque provocam desordem; desfazem a complacência que acompanha o abandono; forçam-nos a olhar e reparar, ou nos provocam o constrangimento de não saber se devemos ou não olhar. São visões que produzem alarme ou ansiedade por seu poder de horrorizar e enojar. Ainda assim, parece haver um pavor psicológico tremendo que o feio e o hediondo provocam apenas através da visão, sem levar em conta o problema social relativo a como nós nos comportamos em sua presença. Algumas visões apenas causam nojo: sanguinolência e mutilação, os efeitos da violência sobre o corpo, especialmente quando é infligida de forma cruel e sem uma justificativa. Algum elemento pré-social parece nos provocar uma forte sensação de nojo e horror diante da perspectiva de um corpo que não se parece com um — seja por ter sido grotescamente deformado por um acidente, seja por ter sido desorganizado pelo caos.

AUDIÇÃO

A audição é o sentido que desempenha o papel menos relevante no processamento do nojo, e, portanto, só pode enojar em razão de associações anteriores com visões desagradáveis, náusea ou toques repulsivos. O som de alguém vomitando ou com engulhos pode causar o contágio solidário do enjoo. Ranger os dentes também causa reações solidárias de cerrar a mandíbula e sentir nojo. Os ruídos que acompanham qualquer emissão corporal nojenta são contaminados por si sós: os sons da defecação, do pigarro, do nariz sendo assoado, e até de unhas sendo cortadas, para algumas almas mais sensíveis.[177] Os sons de outras pessoas fazendo amor, embora sejam absurdamente cômicos e constrangedores, também podem ser repulsivos — e o cômico e o repugnante por si sós costumam bastar para induzir alterações no volume de nossos ruídos. Se o contágio opera nesse contexto, para alguns é através da excitação; mas, para outros, uma violação das normas do recato, do decoro e da restrição pode causar nojo. Para outros ainda, esses ruídos tornam difícil, por evocar a ideia de animais "fazendo aquilo", sustentar as ficções sentimentais que criamos sobre a transcendência do sexo e do amor físico.

Certas qualidades vocais causam nojo por causa dos traços de personalidade que indicam ou colaboram para criar. Os tons associados ao resmungo e à bajulação são desse tipo — assim como, conforme me disseram, minha maneira insistentemente anasalada de pronunciar as vogais, como um nativo do norte de Wisconsin. Os sotaques que indicam classe e origem geográfica podem causar nojo em razão de um julgamento relacionado a sua feiura ou vulgaridade, mas esse julgamento envolve sempre mais que uma mera questão de um nojo essencial relacionado aos sons. Os julgamentos sobre a beleza de um sotaque e de uma fala são bastante influenciados por julgamentos anteriores de classe, hierarquia, etnicidade, nacionalidade e rivalidade ancestral. Mas, por outro lado, a diferença de apelo estético entre o inglês falado em Dublin e o inglês falado pelos irlandeses de Boston não pode se dever apenas a isso.[178] Nós claramente apreciamos mais o som de uma língua do que de outra por variáveis que não são apenas sociais. Certos defeitos e deficiências de fala podem causar desconcerto, constrangimento e até nojo. Aqui, a classe, a região e a etnia não têm envolvimento; o simples fracasso em se colocar dentro dos domínios do normal e do inteligível é considerado bastante para macular e marginalizar.

É nesse contexto que analisamos o riso. O som de certos jeitos de rir condena a pessoa que ri dessa determinada maneira à repulsa.[179] Sem dúvida, o riso também pode incomodar e enojar por motivos não relacionados ao som. A risada mais agradável aos ouvidos pode causar desaprovação e nojo caso seja direcionada de maneira imprópria. A pessoa pode estar rindo de algo que consideramos depravado ou maldoso; ou pode ser apenas uma questão de rir na hora errada, ou por muito tempo, ou com frequência demais. Os hábitos relacionados ao riso são pistas cruciais que usamos para avaliar a competência moral e social de uma pessoa.

Nosso julgamento não se limita à motivação para o riso, ou sua pertinência e duração; é também influenciado pelo *som* da risada do indivíduo. Algumas risadas apenas soam desagradáveis. Nem sempre nós consideramos uma risada repulsiva porque, em nossa opinião, a pessoa que está rindo é odiosa e nojenta. O estilo da risada por si só pode gerar o tipo de incômodo e predisposição que nos levará a considerar a pessoa irritante. É verdade que irritação não é nojo, mas, quando prolongada, pode gerar o tipo de aversão que acaba usando o vocabulário do nojo para se expressar e acaba se metamorfoseando nesse sentimento. O nojo não é um acompanhante incomum da irritação.

Não posso afirmar que sou capaz de captar exatamente o que existe em certos tipos de risadas a ponto de provocar tamanha aversão. Os guinchinhos nervosos e as gargalhadas de hiena sugerem que a pessoa seja nojenta porque podem ser descritos remetendo a ruídos de animais. O riso, afinal, é uma das poucas coisas que nos distinguem dos bichos; tornar essa distinção menos clara pelo que consideramos ser uma imitação vulgar pode ser o que causa nosso ressentimento, por ser degradante tanto para nós como para o animal? É por isso que o humor que se vale da imitação de ruídos de animais é classificado como infantil ou irreversivelmente vulgar e, em geral, causa mais constrangimento do que diverte? Eu não acredito que essa explicação esteja correta (não dá conta do nojo evocado pelo riso estridente, por exemplo), mas deve-se notar que se adapta bem à teoria de Douglas de que o nojo é uma questão de violação de categorias e de anomalias nos sistemas estruturais de significado.

Nós, com certeza, temos um código de risadas apropriadas a cada gênero; as mulheres não devem rir como homens, e vice-versa. Mas o exagero em ambos os gêneros causa nojo. O tipo de gargalhada hipermasculina emitida por razões não muito engraçadas que parece ser um ritual frequente para criar vínculos entre homens (ver, por exemplo, o uso do riso no filme *Meu ódio será tua herança*) pode causar tanto nojo quanto os guinchinhos ou cacarejos femininos. Mas o nojo associado a esses exemplos não se refere tanto ao riso em si, mas sim ao tipo de masculinidade ou feminilidade que representam. Deixemos essa questão por isso mesmo, embora o assunto mereça mais atenção do que tenho motivos para dedicar aqui.

Assim como as imagens, os sons têm papel importante para gerar o nojo que costumamos sentir diante de ações violentas. Gritos e berros provocam inquietação e, apesar de talvez não causarem nojo, podem provocar desconcerto e evocar o espectro de atos que provocam nojo. O som de uma perna ou um braço se quebrando pode embrulhar o estômago de forma quase imediata. O baque surdo da cabeça de minha filha Eva se chocando contra o deque do quintal quando ela tropeçou enquanto corria a toda velocidade fez meu estômago ir parar na boca (ao passo que ela, durona como é, se limitou a espernear e bater os pés de raiva e indignação por sofrer uma queda tão vexaminosa). Existe uma dose atenuadíssima de autoviolência no som de estalar os dedos, mas isso não impede que muitas pessoas se enojem ao ouvi-lo.[180]

O papel menor desempenhado pela audição na evocação do nojo é compensado pelo fato de ser o principal sentido (com uma boa ajuda do tato) usado a fim de processar aquilo que é incômodo e irritante. O paladar, a visão e o olfato têm uma participação limitada nesse domínio. É o som de pernilongos e mosquitos, de torneiras pingando, de resmungos, da autossatisfação implícita na frase "eu avisei" que irrita; e, embora isso possa acabar levando ao nojo, só pode fazê-lo com a ajuda de associações ancoradas em outros sentidos, inclusive nosso senso de propriedade.

PALADAR

Eu sei que me envolvi em uma ligeira polêmica contra a literatura da área da psicologia que supõe que o cerne do nojo seja uma função relacionada ao paladar e à rejeição de alimentos, de coisas ruins que são colocadas na boca. Portanto, deixo para lidar com o paladar por último, depois de mostrar que o nojo é associado não apenas ao tato e ao olfato, mas também à visão. Acredito que a importância dada ao paladar no tratamento desse tema se dê à custa de duas confusões. Uma delas, já citada, é a etimologia da palavra inglesa *disgust*, que põe o paladar em primeiro plano por sugestão linguística. A outra é a noção de que o paladar se destaca como metonímia em razão do fato de que o nojo, muitas vezes, é indicado por expressões faciais e interjeições que dizem respeito a cuspir, vomitar ou rejeitar agentes contaminantes que cruzaram a barreira dos lábios. A etimologia, as expressões faciais e as interjeições, portanto, se combinaram para levar erroneamente os pesquisadores a enfatizar de forma excessiva o paladar na fenomenologia do nojo. Nós não sentimos enjoo e vomitamos só por causa de gostos ruins. Odores fétidos, visões apavorantes e toques repulsivos causam o mesmo efeito. Esse fato torna as expressões faciais usadas para indicar um gosto ruim apropriadas também para demonstrar o nojo sentido através de qualquer fonte sensorial. Nós cuspimos quando sentimos um gosto ruim na boca; mas Lear usa uma interjeição como "pah", um som que imita o do cuspe, para se referir a um mau cheiro; nós franzimos o nariz ou os lábios não apenas diante de maus odores, mas também de sabores e visões que causam nojo.

Em suma, as expressões faciais para o nojo não se concentram apenas no sabor; algumas sim, mas outras se referem ao cheiro. Se incluirmos gestos manuais e corporais, como Darwin fez, e não nos concentrarmos apenas no rosto, como tantos pesquisadores hoje fazem, o léxico somático do nojo se expande para incluir retrações e calafrios.[181] Estes dizem respeito em especial ao tato, mas também são usados para assinalar aversão à perspectiva de sentir sabores desagradáveis e odores fétidos. O nojo nunca foi apenas questão de gosto, e sim uma forma de incorporar (no sentido de incutir no *corpo*) os meios disponíveis à nossa espécie com a intenção de fazer julgamentos abrangentes sobre preferências e desagravos, o bem e o mal, e o que e quem está dentro e o que e quem está fora. Considero mais plausível em termos evolucionários acreditar que o nojo incluiu o paladar relativamente tarde em seu domínio e processo de desenvolvimento. Eu diria que o olfato e o tato vieram primeiro. E isso faria todo o sentido em termos adaptativos.[182] Nós, sem dúvida, iríamos querer ter algum sentido — ou sentidos — que nos alerte sobre a presença de coisas podres *antes* de colocá-las na boca. A rejeição pelo sabor é o último recurso de defesa.

Das sensações gustativas estreitamente determinadas no entendimento popular do paladar — amargo, doce, salgado, azedo —, nenhuma sequer parece ter a função de um indicador prévio de uma reação de nojo. O amargo e o salgado não têm papel nenhum na manifestação do nojo. O amargo, como todo apreciador de cervejas bem sabe, não é um sabor desagradável por si só. O excesso de amargor ou de sal pode ser desagradável, mas não nojento. O azedume, no sentido da forma de processar sabores ácidos, também não torna um sabor nojento. As coisas azedas podem amarrar nossa boca, um gesto que remete à sucção, e não ao cuspe. Esse efeito causado pelo azedo, muitas vezes, se deve ao fato de um fruto não estar maduro, o que quase nunca provoca nojo; portanto, não devemos ficar surpresos se, como vimos, o fato de algo estar excessivamente maduro ou passado do ponto causar nojo, e não o fato de estar verde.

Mas o azedume tem também uma outra carga semântica. Em termos de sabor, remete ao que está verde ou é ácido; nesse contexto, é visto como o oposto do doce, em seu contraste do não amadurecido com o maduro. Mas, se o processo de amadurecimento passa do ponto e chega ao apodrecimento, nós ressuscitamos a noção do azedume para descrevê-lo, mas não para os mesmos itens alimentares que descrevemos como azedos quando não estão no ponto certo de consumo. É daí que vêm expressões como leite azedo e hálito azedo. Aqui o azedo é sinônimo de rançoso e, claramente, não expressa o mesmo conceito usado para se referir ao azedume de um fruto não amadurecido.

O problema do azedo não é tanto o sabor das coisas ácidas, e sim o fato de que há mais de um milênio é usado como um contraste para o doce. Como resultado, o azedume acabou ganhando o sentido de traços desagradáveis de personalidade que representam a ausência da doçura e da boa disposição: rabugice, mau humor, contrariedade e amargura. E talvez o azedo sofra mais porque a expressão facial que o denota quando comemos uma fruta ainda azeda ou muito ácida é a mesma que caracteriza uma pessoa rabugenta, embora o sabor que leve a essa expressão possa, inclusive, ser apreciado.

A doçura tem uma relação interessante com o nojo porque, inicialmente, atrai e começa a repelir quando começa a ser exagerada. Falarei mais a esse respeito quando tratar dos excessos, no capítulo 6. Todos nós já sofremos por causa da capacidade atrativa e sedutora de um sabor doce. É uma das coisas que, em geral, consegue sobrepujar as vontades poderosas das crianças pequenas e torná-las suscetíveis ao suborno. Ou, mais exatamente, a monumental força de vontade dos pequenos é mobilizada pelos prazeres da doçura, com o tempero adicional de saber que é preciso dobrar um dos pais para obtê-lo. Mas até as crianças são capazes de sentir os efeitos do exagero, embora tenham uma tolerância extraordinária ao doce. Poucas coisas são mais enojosas que o excesso de doçura, mas isso quase nunca impede nosso próximo ataque ao pote de balas. Trata-se de um desejo capaz de se reerguer mesmo depois de quedas gigantescas.

Quando a doçura vai além dos domínios do paladar e é usada no restrito léxico das descrições de odores, tende a servir na mesma medida para descrever cheiros agradáveis — como, digamos, o aroma das flores — e odores ofensivos de um tipo específico de cheiros enjoativos.

Daí o cheiro nojento da urina em banheiros públicos ser um dos muitos tipos de odores que achamos por bem descrever como nauseantemente adocicados. Como uma referência ao caráter, no entanto, a doçura é em grande parte positiva, a não ser quando a ideia de exagero torna certos tipos de doçura desagradáveis. Como atores sociais, nós somos bastante eficientes em discernir entre a doçura real, a qual é sempre uma virtude e nunca enjoa, e um certo tipo fingido de doçura melosa, que remete a um caráter raso, fútil ou algum outro tipo de qualidade que sugere um comportamento excessivamente grudento ou invasivo.

Se, por um lado, o paladar não figura de forma tão enfática em nossa construção do nojo quanto o tato e o olfato, por outro, o processo de comer é inegavelmente relevante e nos dá mais uma razão para entender por que o nojo é interpretado de forma errônea como um sentimento relacionado ao gosto. A comida e o nojo estão relacionados de forma íntima porque boa parte da linguagem que usamos para distinguir pureza e perigo e pureza e impureza está associada a alimentos. Mas as questões de pureza são motivadas com mais intensidade por outros orifícios que não a boca. A questão aqui é menos de paladar, em sua definição mais estreita, e mais a violação de um orifício vulnerável, e a boca é apenas um entre os diversos orifícios vulneráveis que envolvem questões problemáticas relacionadas ao nojo. É disso que vamos falar a seguir.

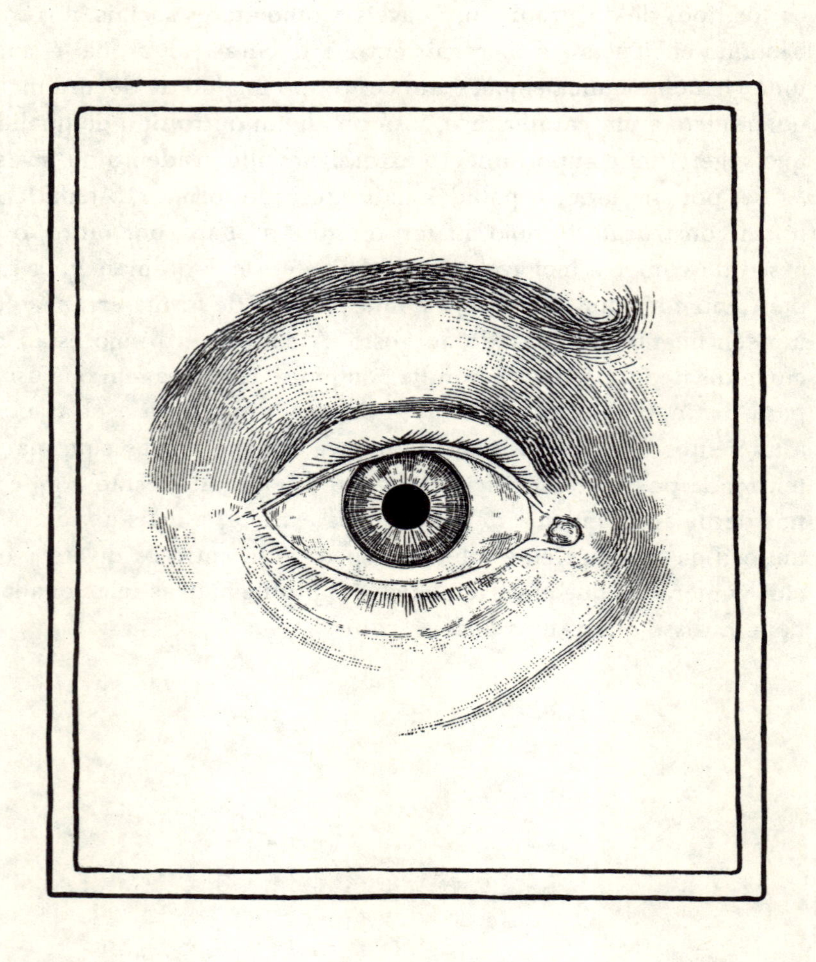

5
ORIFÍCIOS E DEJETOS CORPORAIS

Aquilo que consideramos nojento é absolutamente incrível em termos de sua promiscuidade e onipresença. Causa estranhamento e induz ao afastamento, mas se mantém próximo a ponto de ameaçar fazer contato; é como um hóspede familiar até demais, que está sempre ameaçando não ir embora ou voltar em breve. Quando nosso interior é compreendido como nossa alma, os orifícios do corpo se tornam áreas extremamente vulneráveis que permitem nossa profanação de fora para dentro. Mas, quando nosso interior é visto como uma gosma viscosa e horrenda, ou como um depósito de excrementos, os orifícios se tornam pontos de emissão de materiais poluentes, perigosos tanto para nós quanto para os outros. Nem todos os orifícios são perigosos na mesma medida, em termos de capacidade de poluir ou de vulnerabilidade à entrada de poluentes, e também não são as únicas fontes de secreções que poluem: afinal, a pele abriga glândulas que produzem suor e óleo, substâncias que têm capacidades muito variáveis de provocar nojo.

Em termos de sua relação com o nojo, podemos dividir os orifícios em dois grupos. O primeiro é o trio freudiano de zonas erógenas — genitália, ânus e boca; o segundo é composto pelos principais órgãos localizados dos sentidos — olhos, ouvidos e narinas. Note que essa divisão varia de acordo com o fato de o nojento ser entendido como algo que envolve a admissão de matéria bruta — em forma líquida e sólida — ou ser entendido como algo formado por visões, sons e cheiros repulsivos ou invasores mais etéreos ou espirituais. Tratemos primeiro dos olhos, dos ouvidos e do nariz, os orifícios mais suscetíveis à invasão espiritual.

OLHOS

O olho — que, imagino eu, deve ser considerado um orifício — costuma ser visto como o mais valioso dos órgãos. Vale lembrar que Édipo decidiu ficar cego, e não se castrar, e não estava querendo se safar de nada ao fazer isso. Estava pensando na única coisa que teria valor suficiente para expiar seus malfeitos; não estava tornando manifestamente seus olhos um símbolo de seus testículos, nem os transformando em bodes expiatórios para os pecados de seus órgãos sexuais.[183] Seus olhos sofreram por seus próprios feitos e omissões.[184] O olho, embora gelatinoso, é o único orifício que imaginamos não levar ao muco e à gosma, e sim a um interior espiritual; é uma janela, e até um portal, para a alma. Os olhos também são o único orifício de onde flui uma secreção não nojenta: as lágrimas, que devem seu status privilegiado à sua fonte, sua clareza, sua liquidez, sua textura não grudenta, sua ausência de odor e seu sabor limpo.[185]

Mas isso não significa que o olho não possa ser nojento. Concebido como uma parte amputável do corpo, é a "gelatina nojenta" e sem brilho na imagem arrebatadoramente brutal do duque da Cornualha, e nada causa um nojo mais horripilante do que pensar em arrancá-lo, em penetrar o espaço do olho. Mesmo quando o olho está intacto em seu espaço mucoso, aquela "goma de âmbar e resina de ameixa" da imagem nojenta e inspirada de Hamlet pode vazar de dentro dele. E o olho, sem dúvida, pode causar horror; exatamente por ser um espelho da alma, é perigoso ao extremo, pois, se a alma for maligna, o olho também pode ser. A associação do olho com o sobrenatural, o olhar dos mortos, aquela expressão idiota e vazia, a possessão pela loucura — tudo isso tem a capacidade de horrorizar, considerando que o horror, como vimos, é uma mistura peculiar de medo e nojo.

Nós esperamos muito mais do olho além de sua capacidade de ver; esperamos que sinalize nossas intenções aos outros, que transmita nossos pontos de vista a eles (como quando olhamos de soslaio, damos uma encarada em alguém ou quando lançamos olhares de interrogação), e ainda mais que isso, para assinalarmos quem somos. Mas isso é arriscado, porque os olhos nos revelam quando podemos não querer ser revelados; nós tememos que, como consequência de ser uma janela, eles contem verdades quando as mentiras nos beneficiariam mais. Peguemos o sorriso. Todos nós somos capazes de fazer a boca abrir um sorriso falso; são os olhos que resistem. Eles só participam de forma convincente no sorriso falso com enorme esforço. O olho, em outras palavras, é visto tão bem quanto ele mesmo vê e precisa suportar a visibilidade como o preço do poder da visão.[186]

O olho, como um orifício, como uma janela, é um lugar fragilizado pelo perigo. Pode ser penetrado figurativamente pela visão de outros, que é uma fonte de medo e inquietação; e corre o risco de penetração física, que, assim como a penetração física não consentida de qualquer outro orifício, é nojenta ao extremo. O olhar dos outros pode nos enojar em ambos os sentidos; não gostamos do que vemos quando olhamos para eles e tememos o que eles possam ver quando olham para nós. Essa visão penetrante é, em grande parte, a gênese da nossa autoconsciência, com toda a vergonha e a autoaversão que isso pode ocasionar.

ORELHAS

Em comparação com os olhos, as orelhas e o nariz são bem menos perigosos. Tanto a psicologia popular quanto a ciência da psicologia não classificam a orelha de forma tão elevada quanto o olho. As orelhas têm uma aparência engraçada; sua beleza é negativa — a beleza de não ser feia. As orelhas não proporcionam nenhum prazer por estarem próximas da cabeça, apenas alívio por não se projetarem para fora como alças de um jarro. Quando o decoro estipulava que mais partes nossas deveriam ser cobertas, no entanto, as pessoas conferiam às partes menos visíveis mais capacidade de atração. As orelhas em forma de concha das heroínas do século XIX são um caso interessante. A cegueira quase parece cancelar a alma, enquanto a surdez só a torna obtusa.[187] Quando a cegueira total ou parcial chega com a idade, nós sentimos pena da pessoa; mas, quando a idade avançada maltrata a audição, nós nos irritamos com essas pessoas idosas ou as consideramos cômicas. A orelha sofre a indignidade de produzir o cerúmen, uma substância em geral menos ameaçadora que os demais dejetos corporais, porém igualmente nojenta.[188] O cerúmen é nojento independentemente de como e em que lugar o consideremos, ao passo que a urina, as fezes e o catarro são relativamente inócuos quando estão em segurança dentro do corpo. Por quê? Porque o cerúmen não é lágrima? Em razão de outras características mais fundamentais, como odor, cor, sabor ou sensação? Ao que parece, o princípio básico é que todas as secreções e emissões dos orifícios são maculadas pelo nojo, a não ser as lágrimas. São as lágrimas, e não o cerúmen, que exigem uma explicação.

Da mesma forma, a orelha não é sacralizada por ser alvo de palavras da mesma forma que o olho o é por ser alvo de olhares. Mas as orelhas mesmo assim são portais, e os portais podem permitir a entrada de substâncias perigosas. Um incidente desse tipo se tornou uma parte sugestiva de nossa herança cultural:

> *Teu tio entrou furtivamente, trazendo, num frasco,*
> *O suco da ébona maldita,*
> *E derramou, no pavilhão dos meus ouvidos,*
> *A essência morfética*
> *Que é inimiga mortal do sangue humano,*
> *Pois, rápida como o mercúrio, corre através*
> *Das entradas e estradas naturais do corpo;*
> *E, em fração de minuto, talha e coalha*
> *O sangue límpido e saudável,*
> *Como gotas de ácido no leite. Assim aconteceu comigo;*
> *Num segundo minha pele virou crosta leprosa,*
> *Repugnante, e me surgiram escamas purulentas pelo corpo.*[189]

Uma teoria do nojo está contida nessa passagem: venenos agindo dentro de nós e fazendo o sangue coalhar, como vinagre no leite, e causando erupções externas em uma pele antes lisa que, depois, se converteu em escamas purulentas e crostas.

NARIZ

Considerando que está envolvido com o sentido do olfato, o nariz tem um papel crucial no nojo, sobretudo no nojo relacionado ao sexo e aos excrementos. Como porta de entrada para matéria, parece menos carregado de perigo do que qualquer outro orifício a não ser, talvez, as orelhas; mesmo assim, estremecemos de horror ao pensar em, digamos, uma agulha comprida sendo inserida pela passagem nasal[190] ou pelo ouvido, mas não quando contemplamos uma intrusão semelhante no tecido muscular. Nós suspeitamos, com uma boa dose de razão, que a dor nos dois primeiros casos seria indescritível, e, apenas no contexto justificável de uma cirurgia com anestesia, essa intrusão seria aceitável.[191]

Mas o nariz enoja não pelo que pode entrar, mas pelo que sai. O catarro é contaminante, e não quero entrar em muitos detalhes porque os leitores, com certeza, vão achar difícil levar esse assunto com alguma dose de seriedade. Eu me restrinjo, então, a sugestões vagas. Nem todo catarro é nojento da mesma forma. Sua relativa clareza, viscosidade, firmeza e cor entram no cálculo. Nosso próprio catarro não nos degrada, desde que continue dentro do corpo; quando expelido, deve ser descartado com discrição. Podemos inclusive contemplar a ideia de fungar e engoli-lo sem muita hesitação. Já o catarro dos outros é outra história, e, quando chama nossa atenção através de fungadas ou até mesmo de um nariz sendo assoado, não gostamos nem um pouco.[192] Certos defensores do celibato nos primórdios da Igreja consideravam um remédio supremo para os desejos sexuais intrusivos meditar na presença do catarro no interior de corpos femininos atraentes. Daí o que João Crisóstomo escreveu no século XIV:

> Se refletires atentamente sobre as coisas escondidas sob a pele que te parece tão bela, o que está escondido dentro das narinas e na garganta e no estômago, essas características externas aparentes (repletas de todo tipo de indignidades) proclamarão a beleza de tal corpo como nada além de um sepulcro caiado. E, se tu pudesses ver a fleuma sob essa cobertura, ficarias horrorizado. Ou se pudesses tocá-la apenas com a ponta do teu dedo, tu te sentirias repugnado e te afastarias às pressas. Como podes, portanto, amar e desejar a horrenda morada dessa fleuma.[193]

O muco é uma dessas substâncias que constrangem além de enojar e serve como combustível para vastas quantidades de humor e gracinhas infantis. Os teólogos medievais o consideravam tão desprezível que, segundo sua teoria, junto do suor, só passou a fazer parte de nossa espécie depois da Queda. O sangue e as fezes eram relutantemente aceitos no Paraíso, mas o muco era banido com toda a convicção.[194]

BOCA

A boca fica perto do nariz e compartilha de certas funções e características com ele. Ambos são usados para respirar, ambos são usados para expelir o muco das passagens nasais e ambos, pelas sinergias entre olfato e paladar, são necessários para construir o sabor. Porém o que mais evidencia a afinidade entre bocas e narizes é a associação que se faz entre eles e os orifícios mais abaixo. Não precisamos culpar Freud por arrastar a boca e o nariz lá para baixo ou por puxar o que está lá embaixo para cima. Ele é só mais um caso entre vários povos e tradições que viam homologias entre boca e ânus, boca e vagina e nariz e pênis. A vagina pega emprestada da boca sua nomenclatura e o conceito de lábios (e dentes); e, assim como a boca, executa atividades orais: nos *fabliaux* medievais obscenos e em outras formas mais rasteiras de humor, é comum retratá-la falando.[195] O ânus também fala: a ideia de que os peidos são uma espécie de discurso é bem comum: "'Amada moça, diz algo para eu saber onde tu estás.'/ E Nicolau peidou — peido loquaz".[196]

O pênis sempre foi visto como um nariz nas partes baixas, sendo que o comprimento de um supostamente corresponde ao do outro, com ambos expelindo substâncias de consistência similar. Essa correspondência está por trás de uma boa dose de convicção caprichosamente manifestada em *Tristram Shandy*:

> Pois pela palavra *Nariz*, ao longo de todo este capítulo de narizes, e em todas as outras partes de minha obra onde a palavra *Nariz* ocorra — eu declaro que por essa palavra me refiro a um Nariz, e nada mais, ou menos [...]

> Belo e cordato e gentil leitor — onde tua fantasia te está levando? — Se existe verdade no mundo dos homens, pelo nariz de meu bisavô, eu me refiro ao órgão externo do olfato, ou à parte do homem que é mais proeminente em seu rosto — e que segundo dizem os pintores, em caso de bons narizes e rostos bem proporcionados, deve ocupar um terço de sua dimensão — isto é, medindo de cima para baixo a partir da linha dos cabelos.
>
> — Que situação, a de um autor, nesta passagem![197]

(Pois é, que situação!) As simetrias pré-freudianas se moviam mais na direção da assimilação do anal e do genital ao oral, em vez do oral e do anal ao genital. A questão aqui é de prioridade. Comer é mais relevante que fornicar? Em última análise, uma coisa leva à outra, mas onde o processo começa tem consequências conceituais. Na época medieval e no Renascimento, considerava-se que o ciclo começa com a ingestão.[198] A boca vem primeiro, e não como um orifício sexual, mas como devoradora de comida. A comparação pode ser feita de forma a celebrar a vida, como em Rabelais e em certas passagens de Chaucer, ou pode provocar melancolia e reflexões amargas sobre o aspecto repugnante da reprodução. Reflexões desse tipo dão à tragédia da era jacobina sua aura peculiar de nojo sexual e *taedium vitae*: banquetes, comidas, glutonarias e bebedeiras são vistos como capazes de amortecer a sensibilidade ao nojo o suficiente para permitir a fornicação, que leva os seres amorais que comem e crescem a se reproduzir em segredo, entregando-se à luxúria e à embriaguez, para então apodrecer e morrer, levando outros seres condenáveis a perpetuar o processo:

> *Eu fui gerado*
> *Após um jantar de comilança; algum prato tentador*
> *Foi meu primeiro pai...*
> *O pecado dos banquetes, o adultério embriagado!*[199]

Em termos históricos, entende-se que comer e beber levam de forma mais rápida ao sexo do que o sexo ao comer e beber. O sexo segue a batida acelerada da luxúria, enquanto a alimentação é ditada pelos ritmos mais lentos do crescimento e desenvolvimento. Comida primeiro, depois a luxúria, assim como na história de Adão, Eva e a maçã, ou em uma imagem mais evocativa da Mulher de Bath: "Se o corpo frio gera granizo, a boca quente/ Inflama o corpo e deixa o rabo ardente".[200]

Colocar os genitais como principais motivadores ou conferir essa prioridade à boca e ao ato de comer é uma ênfase que sugere preocupações culturais latentes de importância significativa. Um materialista vulgar poderia notar que no Ocidente, durante esses séculos em que a fome era sempre uma possibilidade real e a produção de alimentos era absurdamente baixa, a comida ocupava mais espaço na consciência e na cultura do que quando a alimentação passou a ser vista como algo garantido. As condições para considerarmos o sexo tão fundamental para a personalidade e o caráter, portanto, podem depender, de uma forma um tanto estranha, da disponibilidade de batata. Ironias à parte, devemos pensar em como uma cultura conceitualiza a existência social. As companhias com quem você come têm mais peso social e simbólico do que as companhias com quem você dorme? Ao longo da Idade Média, com certeza, sim. É possível questionar pertinentemente o quanto a centralidade da sexualidade na formação do caráter foi determinada pelo desenvolvimento da privacidade e dos espaços privados, longe do ruído e da agitação dos convivas. Com certeza, essa agitação levava ao sexo, porém era mais uma questão de quanto e o que você comia do que com quem ia se deitar em um estupor de embriaguez que definia quem você era.

A boca e o ânus têm uma ligação inquestionável. São literalmente conectados, estando cada um em uma extremidade de um tubo que percorre o corpo. Não é necessário nenhuma grande metáfora e imaginação cultural para mostrar que aquilo que entra por um sai pelo outro. Ambas as extremidades são vulnerabilíssimas à contaminação e agentes contaminantes altamente perigosos. E um, muitas vezes, representa o outro. É isso que permite ao Vendedor de Indulgências de Chaucer evocar a imagem de que aqueles que bebem em excesso transformam a própria boca em cloaca.[201]

Quando o alimento entra na boca, é magicamente transformado em algo nojento. A comida mastigada tem a capacidade de ser ainda mais nojenta do que as fezes. A pessoa que costuma verificar a produção de suas entranhas não tem o mesmo interesse em conferir se a comida que escapou de sua boca estava bem mastigada: não faz sentido ver o alimento mastigado com o mesmo orgulho de criação com que se examinam as fezes. A visão da comida mastigada, seja dentro da boca ou ejetada dela, é repugnante ao extremo. Alguns pais que não veem problemas em trocar as fraldas dos filhos precisam fazer um grande esforço ao tocar na comida que foi cuspida. Até os poucos alimentos que por definição podem ser tirados da boca ou podem ser aceitavelmente apenas lambidos são tratados com certo distanciamento. Inclusive os amantes precisam superar alguma resistência ao lamber um sorvete já lambido pelo outro. Algumas pessoas ficam incomodadas em devolver os caroços de azeitona ao mesmo prato em que estão comendo. Muitas vezes, pratos separados são designados para esses rejeitos contaminados, e, quando não há nenhum, os caroços são empilhados com cuidado em um canto para não tocar os alimentos ainda não ingeridos.

Embora a saliva seja claramente contaminante e evoque nojo, a comida mastigada deve seu poder de contaminação não apenas ao contato com a saliva. O ato da mastigação, a redução de coisas com formato definido a uma gosma, também tem sua participação, mas é o simples fato de entrar na boca que transforma a substância.[202] O que é cuspido nunca mais pode voltar a ser a mesma coisa.[203] A verdadeira regra parece ser que, uma vez que a comida entra na boca, a única saída apropriada é na forma de fezes.[204] Isso ajuda a explicar por que o vômito pode ser mais nojento que as fezes (pelo menos as fezes estão seguindo as regras). Até os indivíduos que têm o hábito de cuspir, que, com certeza, enojam aqueles que não cospem e que, provavelmente, o fazem de propósito, reconhecem que as substâncias passíveis de ser cuspidas são limitadas e constituem exceções especiais à regra geral de não cuspir: caldo de tabaco, saliva, fleuma. O restante de nós tem permissão de cuspir semente e cascas, que são consideradas aceitáveis porque, embora contaminadas pela saliva, não foram mastigadas, e, portanto, retêm parte de sua integridade pré-ingestão.[205]

Com a possível exceção do cerúmen, que precisa ser removido quando sua presença é notada, as outras excreções são inofensivas em seu local dentro do corpo. A saliva na boca, o catarro no nariz, o sangue nas veias, as fezes no cólon e a urina na bexiga são quase imperceptíveis e podem ficar em segurança no lugar onde pertencem, desde que não se chame a atenção para isso. A transformação mágica que ocorre quando essas substâncias deixam seus domínios naturais pode ser ilustrada por um experimento mental que Gordon Allport propôs na década de 1950:

> Pense primeiro em engolir a saliva na sua boca e faça isso. Depois, imagine que a expele em um copo e a bebe! O que parecia ser natural e "meu" de repente se torna nojento e alheio. Ou, imagine-se sugando o sangue de um pequeno corte em seu dedo; depois, imagine sugando o sangue de um curativo ao redor de seu dedo! O que é percebido como separado do meu corpo se torna, em um piscar de olhos, distante e alheio.[206]

Uma vez fora, não há mais volta. Mas todo mundo que tem filhos sabe que é necessária uma boa dose de trabalho social para inculcar o nojo que nos impede de reincorporar oralmente vários tipos de dejetos, como catarro, cerúmen, unhas e a sujeira debaixo delas. Quantidades consideráveis de energia socializante e civilizatória são mobilizadas a fim de suprimir essas tentações. Algum tipo de reflexo perverso provoca nas pessoas a vontade de encarar essas coisas como uma espécie de alimento: canibalismo e autocanibalismo? Ou apenas lembretes da manifestação oral convencional e infantil da curiosidade que leva a pôr as coisas na boca em vez de apenas olhar? Inclusive, podemos encarar a Presença Real na Eucaristia como uma concessão a essa vontade (voltaremos a isso no capítulo 7). Ou talvez, como os gatos que lambem sua pelagem, nós ainda usemos instintivamente a boca em nossos cuidados corporais.

Vale lembrar também que o olho, a orelha e o nariz não são considerados culpados ou poluídos pelo fato de absorverem constantemente visões desagradáveis, palavras maldosas ou cheiros ruins. Isso demonstra um materialismo arraigado em nossos medos de poluição quando relacionados aos orifícios. É a ingestão ou a penetração por líquidos e sólidos que põe um orifício em perigo. Visões, sons, a maior parte dos gases e espíritos intangíveis, sem dúvida, são poluentes, mas não a ponto de nos fazer culpar os orifícios por sua absorção. Os órgãos "ingestivos" — boca, vagina e ânus —, que em vários esquemas simbólicos, não só no freudiano, acabam representando uns aos outros, são postos em risco mais pela matéria do que pelo espírito.

Não é só a incorporação oral que produz nojo; a incorporação anal e vaginal também. A ingestão, por ser crucial nas crenças de pureza, é mais importante que o portal de ingestão em si, embora claramente alguns orifícios sejam mais apropriados que outros para determinadas substâncias. Quando lidamos com o canal alimentar, como estamos fazendo agora, a incorporação oral parece mais relevante, mas o outro extremo do canal, como veremos em breve, também não é poupado quando a questão é associar a incorporação ao nojo.

Gordon Allport nos pediu que considerássemos que o critério contextual central em relação à periculosidade de um fluido corporal é se ele está dentro ou fora do corpo que o produz. E supôs que a maneira de comprovar o caráter nojento dessas substâncias era contemplar sua *re*incorporação oral. A questão proposta por Allport, no entanto, não é determinada pelo fato de os fluidos serem nossos; beber nossa própria saliva em um copo não é menos nojento do que beber a de outra pessoa. Ele apenas usou nossos próprios fluidos para enfatizar a transformação mágica e irreversível provocada por sua expulsão do corpo. Nem todas as excreções corporais representam o mesmo risco; elas são avaliadas de forma distinta e encaradas com sentimentos de intensidade diferente. Alguns podem sair (fezes, sangue menstrual, urina, sêmen). No entanto, quando permanecem dentro além do tempo devido não provocam nojo, e sim irritação, nervosismo, incômodo ou desespero. Algumas excreções não podem ser reingeridas sem desafiar os limites da loucura e da santidade; outras são simplesmente associadas à impureza e imundice. O nojo faz parte da equação em todos os casos, mas com consequências distintas.

ÂNUS

O ânus é o final de um tubo; a boca é o início, embora o Vendedor de Indulgências nos lembre que o conteúdo das entranhas são "pelas [ambas] extremidades expelidos". Um orifício é apropriado para o ingresso; o outro, para o egresso. A boca rotineiramente se arrisca à contaminação apenas por fazer seu papel de ponto de entrada. É sua função admitir coisas e fazer o julgamento final sobre a pertinência de ser engolida. O ânus não corre um risco de tão variadas fontes. Embora haja uma ampla gama de tabus para classificar os alimentos que entram na boca, essas substâncias estão todas niveladas quando são expelidas pelo ânus. O ânus, como ponto final do processo redutivo da digestão, tem um caráter democratizante. Ele não só nivela todos os alimentos como também nos lembra (para horror de Swift) que nós, que os comemos, também não estamos imunes de seus poderes niveladores. Os odores que ele emana destroem as sublimes ilusões construídas pela visão e audição e pelos sistemas de classe e classificação. Se João Crisóstomo meditava sobre o catarro para se livrar do desejo, houve outros que ofereceram meditações sobre os orifícios contaminantes inferiores: *inter urinas et feces nascimur*. Alguns, porém, não ficavam tão satisfeitos ao constatar a destrutividade contida nessa visão capaz de aniquilar o desejo. Swift, como vimos, ficou traumatizado:

> *Ó Strephon, se naquele dia malfadado*
> *Em que teu coração foi por Chloe conquistado,*
> *Tu tivesses podido espiar por uma abertura*
> *Na tranquilidade do seu lar tua noiva futura,*
> *Em todas as mais diversas contorções,*
> *Que a natureza dá ao rosto em tais situações;*
> *Distorções, grunhidos, suspiros, esforços posturais;*
> *Tu terias preferido lamber o que ela deixou para trás,*
> *A fazer tardiamente a descoberta que ninguém quer*
> *De que a tua deusa virou uma imunda qualquer.*[207]

O excremento e o ânus rebaixam o corpo todo, tornando-o subserviente ao anal. O corpo não é só um parceiro passivo no processo. Mesmo as regiões mais puras — o rosto, a voz (distorções, grunhidos) — participam. A contemplação da coprofagia (sugerida hipoteticamente: "Tu terias preferido lamber o que ela deixou para trás") é preferível ao nojo de ter sua ilusão desfeita. O que ela deixou para trás de forma nenhuma são elementos enganadores: aparecem como são de fato, e, portanto, não nos proporcionam nenhuma base para o autoengano quanto a seu sabor, odor ou caráter. O ato de lamber, portanto, ao contrário do casamento, jamais aconteceria: a não ser, claro, que a pessoa se deleitasse de verdade com a ideia de virar o mundo do avesso, de obter prazer na indulgência total à autodegradação.

Não é difícil explicar em que medida o ânus é contaminante e nojento. Ele é a essência do que há de mais baixo e intocável e por isso deve ser cercado de proibições. O ânus só é apropriado como ponto de saída para os alimentos que entraram pela boca. É claro que também pode ser penetrado, e é aí que mora o perigo. Mesmo as penetrações consentidas e não forçadas rebaixam o status da pessoa assim penetrada. Isso funciona de uma forma um tanto paradoxal. A maioria das culturas, e com certeza a nossa, entende que o ânus não é tão contaminante quanto é contaminável, pois o penetrador do ânus não perde seu status na mesma medida que o penetrado — se é que o perde em alguma medida. O penetrador está realizando um ato de dominação, profanação e humilhação de outra pessoa e, dessa forma, permanece relativamente sem máculas.[208] Isso sugere que o ânus seja, na verdade, bastante sacralizado, até mais que a boca. As bocas são bem abrangentes no que podem admitir, e coisas que passam pela boca na direção errada, como o vômito, não a deixam maculada por mais de algumas horas; mas o ânus não deve admitir a entrada de nada, e, caso admita, essa mácula pode durar a vida toda. A boca tem os dentes para se defender; o ânus é bem patético em suas defesas, embora o advento da aids o tenha transformado na prática em um *anus dentatus*.[209]

No entanto, mais do que qualquer outro orifício, ele é o portão que protege a inviolabilidade e a autonomia dos homens e, indiretamente, das mulheres também. Só fezes e gases devem passar. Esse fato o torna indelevelmente uma parte do corpo de status inferior, tornado nojento pelas fezes e, ainda, bufão e cômico pelos gases. Está soterrado no fundo da hierarquia, e a língua inglesa conta inclusive com uma palavra com esse sentido — *bottom* — para se referir eufemisticamente à região no centro da qual o ânus está localizado. Em sua acepção mais antiga, *bottom* se referia ao fundamento, à fundação.[210] Fundamento é um termo relativo, por isso depende do que existe acima para que seu sentido se complete. Implica a função de manter algo de pé, suportar, prover a base para algo. O fundamento pode ficar abaixo de tudo, mas o que está acima depende de sua firmeza e de sua sustentação, caso contrário não tem como se manter. As regiões superiores, portanto, são beneficiárias das inferiores, não apenas por se apoiarem sobre elas, mas também por dependerem delas até para tornar possível a existência de uma posição de elevação e superioridade. A fundação é algo carregado de significado. Em função da amplitude dessa metáfora, o ânus é visto como a base da qual depende nossa dignidade. Deve ser mantido em segurança, ou todo o resto desaba. Por essa razão, no entanto, o ânus também é uma tentação. Pode ser visto como a porta de entrada para o mais íntimo, o mais pessoal dos espaços, representando a remoção de todas as barreiras.

Claramente, essa associação de ideias é uma questão cultural, e dentro de cada cultura se dá de maneira distinta a depender do gênero. Se uma das noções principais vinculadas ao feminino é a acessibilidade através da penetrabilidade, e a noção correspondente ao masculino é a inacessibilidade por meio da impenetrabilidade, então o ânus feminino não carrega o mesmo peso do significado do masculino. As mulheres esperam uma certa medida de penetração ao explorar o território da feminilidade. É uma condição necessária para a ação feminina mais definitiva: o parto. Como o corpo feminino é penetrável por princípio, a discussão sobre onde a penetração deve ocorrer é mais uma questão de pertinência do que de penetrabilidade em si. O ânus feminino jamais é equivalente à vagina; é no máximo uma segunda opção, mas o ânus do homem é sua única vagina: penetrável e capaz, em um sentido tornado possível por Freud, de dar à luz, com as fezes fazendo o papel do bebê.[211]

O ânus, portanto, é o centro, o olho a partir do qual a inversão de gêneros possivelmente se irradia. Afinal, qual é o fundamento e a fundação não só da noção de humanidade, mas também de masculinidade? Mas isso funciona em outro sentido também, pois a feminilidade também entra em questão aqui. Se penetrar o ânus de um homem o feminiza, penetrar o de uma mulher faz mais do que enfatizar brutalmente sua penetrabilidade — mostra que ela é penetrável como homem. Ele é feminizado, e ela é masculinizada em certo sentido, pois o ânus dele é uma vagina figurativa, mas o dela está sendo usado como se ela fosse um homem sendo usado como uma mulher.[212] Em ambos os casos, como o gênero é algo tão enraizado na noção de humanidade, as fundações da própria humanidade do indivíduo são abaladas, degradando o homem de uma forma e a mulher de outra.

GENITAIS

Os órgãos genitais, masculinos e femininos, também são extremamente perigosos e vulneráveis. Voltarei ao tema do sexo, do amor e do nojo com mais detalhes no próximo capítulo. Aqui basta dizer que tanto os genitais masculinos como os femininos produzem substâncias bastante poluentes: sangue menstrual e sêmen.[213] A urina, embora contaminante, não chega nem perto de ser tanto quanto as substâncias abertamente sexualizadas (e também se vale de sua liquidez e claridade). Os órgãos em si também são altamente contamináveis, embora a cultura considere os órgãos femininos mais em risco do que os masculinos. Com a vagina, vem a bagagem cultural da virgindade, de quem controla o acesso sexual da mulher, de toda a tradição misógina que culpa as mulheres pelo desejo masculino por mulheres e até pelo desejo masculino por outros homens. A vagina é o ponto de acesso, o portão para a alma da mulher pelo qual a entrada apropriada em seu corpo é obtida, daí a noção de que possuir e conhecer uma mulher significa fazer sexo com ela.

Os homens desejam acesso à vagina, mas também a temem e sentem nojo dela. Eles a veem como uma bocarra aberta, às vezes dentada, assustadoramente insaciável. Em outros tempos, uma certa literatura de sedução culpa as mulheres por serem reticentes ou escrupulosas demais em disponibilizar sua vagina. O argumento é o conhecido "receba seus botões de rosa enquanto pode", que mistura ao ritual da corte a ameaça do horror e do nojo que, em última análise, está por trás de tal escrúpulo. Uma vagina honrada (em um conceito peculiar de honra), no fim, deve admitir uma criatura com aspecto de verme, querendo ou não:

> *então os Vermes hão de atentar*
> *Contra a longamente preservada Virgindade:*
> *Então sua peculiar Honra será reduzida a pó.*[214]

Mesmo em meio ao desejo de acesso, o argumento para tanto é incapaz de se desvencilhar de imagens que evocam horror e nojo. Mas o nojo não é das vaginas, é da decadência. É quando as vaginas se tornam acessíveis que evocam nojo e horror por si mesmas.[215] É então que o homem temeroso as torna lugares monstruosos, infernais, hediondos e nojentos. Lembremo-nos de Lear:

> *Embaixo é tudo do demônio.*
> *Ali está o inferno, a treva, o poço sulfuroso —*
> *queimando, ardendo, fedendo, consumindo. Que asco! Asco!*

Mas eu imagino que o motivo para as vaginas serem capazes de evocar nojo dependa de algo além do fato de que o "amor ergueu sua mansão na morada do excremento", ou de serem cercadas de pelos pubianos, ou de secretarem substâncias viscosas, ou de serem vítimas de séculos de misoginia. A questão não é o que secretam nem sua aparência, mas o fato de serem receptáculos da mais poluente das substâncias masculinas, o sêmen.[216] O sêmen polui de diversas maneiras. Primeiro, pela fertilização. Ele torna a vagina o local da fecundidade rançosa e do processo de reprodução que a incorpora à constelação de imagens que tornam o caldo borbulhante, úmido e gosmento da vida uma fonte de nojo. Em segundo lugar, o sêmen tem o poder extraordinário, conferido pelo patriarcado, de feminizar tudo aquilo com que entra em contato. Em certo sentido, o sêmen é mais feminilizante que a própria vagina. Tudo que o recebe se torna mulher. O poder feminilizante do sêmen pode reduzir homens a mulheres e rebaixá-los ainda mais que as mulheres em alguns ordenamentos morais, já que, como os homens biológicos, eles tinham a opção de não se tornarem mulheres sociológicas. O sêmen é perigoso para seu emissor tanto quanto para os outros, já que autodegradação também é degradação. As comunidades ascéticas que temiam os poderes contaminantes das mulheres também consideravam as poluções noturnas contaminantes. Os penitentes com frequência pediam penitência por suas emissões noturnas.[217]

Ainda hoje os homens se veem aprisionados entre diferentes medos em relação ao próprio sêmen, que se manifestam na literatura médica antiga tanto quanto na literatura sobre virtudes e vícios. Reter o sêmen emitiria vapores venenosos para o cérebro e o coração (e feminizaria o homem que fizesse isso); liberá-lo significaria se arriscar a ataques de nervos e desidratação; e ambas as ações eram vistas como causa de melancolia.[218] O sêmen provoca nojo não só por ser gosmento e viscoso, um "lodo detestável", nas palavras do conde de Rochester,[219] mas também porque sua aparência é associada a uma pequena morte, um orgasmo, que é a perda do autocontrole acompanhada de expressões faciais indignas, como aquelas que repugnaram Swift quando imaginou uma mulher defecando. Ou quando Rousseau notou a expressão no rosto de um homem que se excitou a ponto de ejacular de desejo por ele: "E eu realmente não conheço [...] nada mais repugnante do que um rosto assustador inflamado pela mais brutal luxúria [...] Se é assim que parecemos às mulheres, elas devem ser de fato fascinantes por não nos considerar repulsivos".[220]

Eu sou da opinião de que o sêmen é, entre todas as substâncias que causam nojo relacionadas ao sexo, a mais repugnante para os *homens*: não porque compartilha o mesmo canal com a urina, nem mesmo por suas outras características nojentas (sua textura gosmenta, grudenta e viscosa),[221] mas porque aparece em condições que destroem a dignidade, como um prelúdio aos pequenos vexames associados à tristeza pós-ejaculatória. A aparição do sêmen sinaliza o evanescer e o fim do prazer. O nojo dos homens pelo sêmen também tem uma ligação considerável com a misoginia. Os ataques moralistas inflexíveis contra as mulheres, muitas vezes, incluem a repugnância do sêmen e o poder profanador do contato sexual masculino (que as mulheres são culpadas por aceitar): "O que são vocês além de pias e bacias que engolem a imundície dos homens?".[222] Os homens não conseguem acreditar que as mulheres não se sentem repelidas pelo sêmen como eles acham que deveriam. Essa ausência de repugnância, ou a superação dessa repugnância, seria um sinal não só da insaciabilidade feminina, mas também da motivação primitiva das mulheres de se preencher com o caldo fecundo da vida, por maior que seja o custo disso para sua pureza.[223]

Como regra geral, a cultura ocidental acredita que a vagina é mais contaminada ao ser ejaculada do que o pênis que a penetrou para ejacular. Parte disso é um reflexo das metáforas de invasão, de penetrador e penetrado, que orientam a concepção mais habitual da mecânica do coito. Mesmo o conceito oposto e menos consciente, segundo o qual a vagina é uma boca devoradora e engolidora, considera que a vagina sofre mais risco de contaminação pelo que ingere do que o objeto engolido por ser ingerido. O risco sofrido por este é de aniquilação, não de poluição. A metáfora da penetração é, de certa forma, uma defesa masculina desesperada contra o medo masculino de ser engolido — um tipo de medo que considero diferente da ansiedade corriqueira em relação à castração. Como o pênis penetra, sofre menos estrago do que provoca ao seu alvo, assim como uma faca. E existe também a crença de que pode ser limpo com mais facilidade, pois é mais fácil lavar a superfície do instrumento penetrante do que o interior da "vítima" penetrada.[224]

O fato de que essas imagens ainda hoje têm efeito é confirmado pela enorme variedade de medicamentos, produtos de "higiene" pessoal e anúncios publicitários de coisas destinadas a limpar esse terreno. Consideremos também a diferença da importância que se dá à virgindade feminina em comparação com a castidade masculina. Apenas em comunidades ascéticas a virgindade masculina é prezada na mesma medida que a feminina, e, por consequência, nesse mundo o pênis é colocado mais em risco pela vagina do que a vagina pelo pênis. Fora de tais comunidades, no ambiente social cotidiano, a virgindade feminina (até nestes dias mais liberados) tem uma relevância social e moral muito maior que a masculina, que costuma ser quase desabonadora da masculinidade, ao passo que a feminilidade da mulher sobrevive muito bem com a virgindade.

O pênis, embora penetrável em circunstâncias médicas ameaçadoras à dignidade, é a imagem do penetrador contaminante, degradante e dominante. Embora seco, emite uma gosma e é condenado por sua localização a sofrer com a ignomínia dos pelos pubianos e o nojo gerado pelo local onde está situado. Mas o perigo para o pênis e os testículos não é a penetração, já que seu orifício parece pequeno demais para instigar os outros órgãos penetrantes.[225] É sua excisão, um tema no qual não tenho desejo de embarcar, pois, ao que parece, todo mundo já fez isso, considerando que a castração é predominante em boa parte do discurso acadêmico nos jargões lacaniano e freudiano. A esse respeito, só me permitirei algumas rápidas observações.

Eu sugeri que o horror ao sêmen pode ser devido ao seu potencial de feminização, mas isso um bisturi também tem. A lâmina castradora "deforma" o masculino e o transforma no feminino, fazendo-o sangrar na região genital em uma paródia da menstruação. A misoginia por trás dessa conceituação é o que torna a castração mais relevante que outros tipos de decepações, mutilações e deformidades que não exigem levar em conta a misoginia para serem inquietantes e nojentas.

Afinal, também as mulheres, além dos homens, podem ter olhos, nariz e outros membros arrancados. A castração, no entanto, não depende da misoginia para ser nojenta. Só precisa da misoginia para explicar por que é mais nojenta do que a perda de braços, pernas e nariz por homens e mulheres, ou do que a clitorectomia, no caso das mulheres. A decepação causa nojo e horror sem a necessidade de nenhuma teoria psicossexual para explicá-la. O sêmen, por outro lado, enoja porque é sexual, fertilizante e reprodutivo. É uma forma de feminização bem diferente da castração, mas não menos sádica.

Nós entramos no terreno do nojento no capítulo 3 nos servindo de vários contrastes categorizadores. Alguns são classificados com base em 1) grandes abstrações — inorgânico vs. orgânico, vegetal vs. animal, animal vs. humano, nós vs. eles; outros são classificados com base em 2) sensações, em sua maior parte táteis — macio vs. firme, molhado vs. seco, convulso vs. imóvel, pegajoso vs. fluido e assim por diante; e outros ainda com base em 3) classificações hierárquicas, morais, sociais e estéticas — de cima vs. de baixo. No primeiro grupo, verificamos que, embora o contraste de inorgânico vs. orgânico capture uma verdade incontestável sobre o nojo, à medida que os contrastes foram se afunilando, suas ambiguidades cresciam. Os vegetais, com certeza, são menos passíveis de gerar nojo que os animais, mas, como plantas e animais apodrecem, cheiram mal e têm relação com tudo o que é inquietante e eram quase indistinguíveis nos filos inferiores, o contraste só poderia ser usado em termos de indicação de maior ou menor propensão a enojar. Quando os animais foram comparados aos humanos, as fronteiras se mostraram ainda mais porosas, em especial quando nos voltamos para nós mesmos e a diferença do poder de contaminação do que está dentro e fora de nós.

O segundo tipo de contraste capturou características que, embora dependam, em certa medida, das expectativas relacionadas ao contexto, pareciam transcender o contextual ou então moldar o contexto a seus parâmetros. Esse tipo de contrastes — os produzidos pelo pegajoso, pelo gosmento, pelo úmido, pelo viscoso — se mostraram elementos capazes de prever poderosamente o nojo. Essas características foram abstraídas de uma estrutura profunda segundo a qual a vida em si é causadora de ansiedades e, em última análise, processos que geram nojo: comer, fornicar, excretar, morrer e apodrecer. O caldo gosmento, pegajoso e borbulhante da vida, seja ele frio ou morno, é o elemento enojoso — e não porque termina na morte, mas porque não tem ponto fixo. Tudo é fluxo e está em fluxo, em eterna recorrência. Nada permanece imóvel. O cristianismo, portanto, inventou um céu em que os corpos são estáticos e imutáveis para escapar do nojo; e na terra a pureza imutável e cristalina não tem nenhum poder de provocar nojo. O problema não é, como afirma Douglas, as coisas estarem fora de lugar; é haver fluxo demais para alguma estrutura fixa ser capaz de dar conta de tanta turbulência.[226]

O terceiro tipo de contraste — de cima vs. de baixo — superou todos os demais e, como ainda examinaremos, incutiu em toda manifestação de nojo uma dimensão moral. E não poderia ser diferente, já que o nojo se relaciona intimamente com a determinação do que é puro e impuro, contaminante e contaminável. Isso significa que a cultura determina em grande medida o que é nojento, além de delinear os limites do nojento, para os quais a pureza é um valor importante. Mas as culturas sempre tiveram muito mais margem de manobra para incluir coisas na categoria do nojento do que para excluir. Não importa quando e onde, é sempre mais difícil tornar não nojento o que é úmido e gosmento do que aquilo que não é úmido nem gosmento. Daí a afirmação de que o nojo, uma característica especificamente humana e um dos sentimentos que viabilizam a cultura, impõe suas ambivalências e seus valores ao mundo.

A relação do nojo com a pureza é complexa por si só. Trata-se de um sentimento de defesa contra o impuro que nos pune por nossos fracassos em manter a pureza. Mas nem todos os rituais e as regras da pureza são reforçados pelo nojo. Alguns são mantidos pela vergonha, a culpa, o dever, ou por mero hábito. Portanto, onde existe nojo, existe uma noção correspondente de contaminação, mas, onde existe pureza, a perspectiva de sua profanação nem sempre gera nojo. No entanto, apesar de outros sentimentos serem capazes de reforçar as regras da pureza, nenhum parece mais qualificado para essa função do que o nojo. Ele pode não ser absolutamente necessário para a manutenção da pureza, mas, ao que parece, a importância da pureza seria menor se não fosse reforçada pelo nojo.

No capítulo 4, observamos como a gramática, o léxico e as características específicas do nojo variam de acordo com o sentido através do qual aquilo que é nojento é percebido. A variação de precisão da conceitualização do nojo na dependência de qual sentido o percebe não é observada em outros sentimentos morais, com a exceção parcial do medo. Os diferentes sentidos não desempenham nenhum papel tão discernível na culpa, na indignação e na raiva.[227] Mas nós notamos que, seja qual for o sentido alertado para a presença daquilo que é nojento, e sejam quais forem os atributos do que provocou nojo, todos os nojos compartilhavam uma função em comum (a defesa do corpo e da alma contra a poluição) e sensações e reações em comum (um sentimento de asco, violação e contaminação e o desejo de se livrar daquilo que o causa). Vimos também que o nojo é muito mais que uma defesa contra a incorporação oral centrada no paladar. O tato e o olfato processam o nojo tanto quanto ou mais que o paladar, e não apenas como um alerta prévio para a boca, mas como uma forma de defesa atuante e de primeira grandeza. O tato, conforme foi observado, vem acompanhado do rico léxico de sensações que compõem a segunda categoria de contrastes. Mesmo como defesa contra a incorporação oral, tanto o tato como o olfato são protetores mais eficientes da pureza do que o paladar. O paladar faz seu julgamento bem perto do limiar da contaminação ou, considerando que essa avaliação é feita na boca, já depois de ultrapassá-lo.

Se o nojo muda de estilo na dependência de qual sentido é mobilizado, o presente capítulo demonstrou também que o sentimento assume diferentes níveis de relevância social e psicológica a depender da parte do corpo (e, por implicação, da alma) envolvida. O nojo como defesa contra a incorporação oral não levanta as mesmas questões que o nojo como defesa contra a incorporação anal. As diferentes emanações corporais, apesar de serem todas contaminantes, não são contaminantes da mesma maneira. O sêmen tem um efeito diferente do catarro, que, por sua vez, não causa um efeito idêntico ao das fezes. Apesar das diferenças, porém, é possível notar uma sensação predominante de que a categoria do nojento sensatamente nivela todas essas coisas distintas como igualmente perigosas e contaminantes, como fontes que nos levam ao domínio do inquietante e do inexplicável.

A história até aqui se limitou à matéria; nós lidamos com *coisas* nojentas e mal tocamos no assunto das ações e personalidades nojentas. Os aspectos morais, históricos e sociais ainda serão abordados. Agora nós voltaremos nossa atenção ao paradoxo central do nojo: o poder de atração daquilo que é nojento.

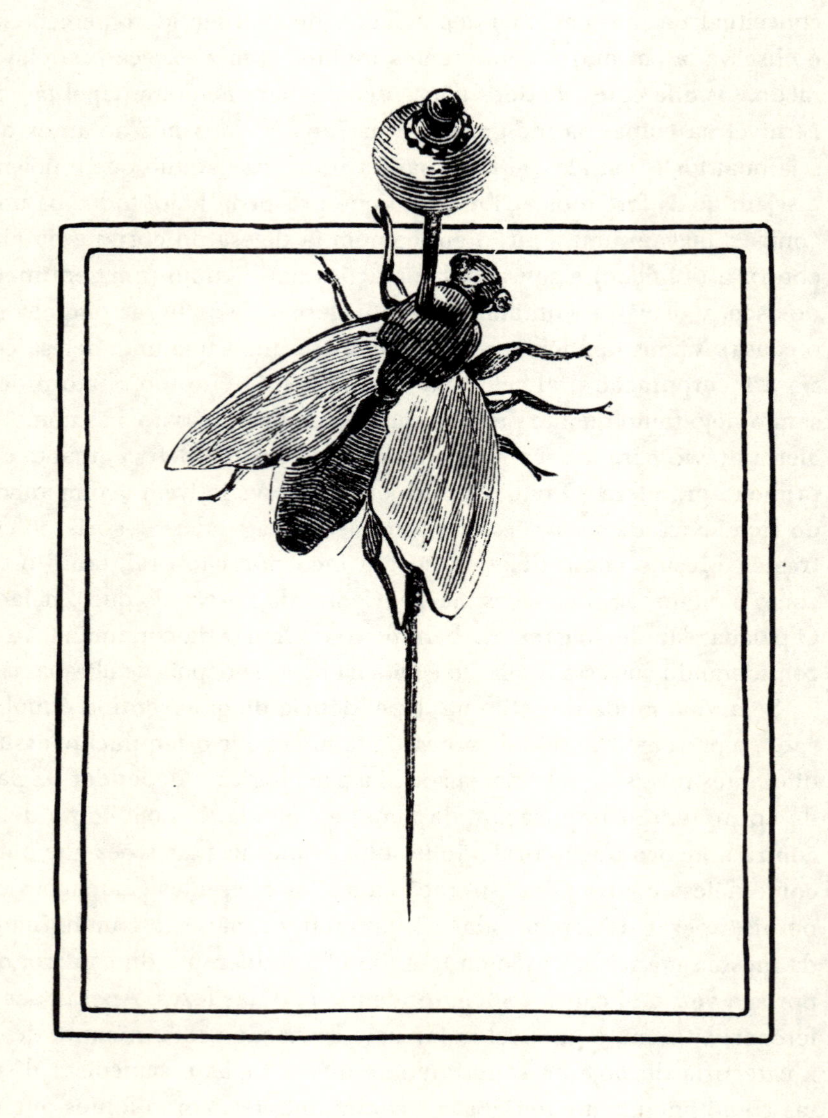

6
O BELO É PODRE, E O PODRE É BELO

O reino do nojento é notavelmente inclusivo. Ele contempla o nojo em tudo o que tem de ofensivo — desde o que tem origem no tato, no olfato e no paladar até os sentimentos de maior complexidade moral e estética. Nós reconhecemos tudo o que origina o nojo como pertencente à mesma síndrome. Tudo termina em uma sensação que conhecemos bem até demais. Mesmo assim, eu gostaria de fazer uma distinção entre dois tipos principais de nojo. Ambos os tipos são tremendamente familiares, mas apenas um, por estar incluído no freudianismo, que orienta tantos aspectos de nosso pensamento, é considerado digno de atenção séria. O outro quase nunca é objeto de atenção, a não ser em livros de dieta.

DOIS TIPOS DE NOJO

O primeiro tipo, o freudiano, funciona como uma barreira à satisfação do desejo inconsciente. Esse é o nojo, conforme mencionei antes, que Freud chamava de formação reativa, em que o nojo se junta à vergonha e à moralidade para agir como uma barragem (de acordo com a imagem de Freud)[228] para conter o instinto sexual. O nojo faz os genitais do outro cheirarem mal e parecerem feios e os nossos próprios se tornarem uma fonte de vergonha. O nojo está lá para impedir a ativação do desejo inconsciente — ou, mais exatamente, o nojo é parte do próprio processo de repressão que torna esse desejo inconsciente.[229] Seja como for, o nojo concebido dessa forma age para impedir nossa indulgência aos atos ou às coisas que o provocaram. O nojo evita que cheguemos perto demais, obrigando-nos a virar as costas ou torcer o nariz. Em que medida esses desejos são inconscientes, vamos questionar mais adiante. No entanto, embora o desejo talvez seja um conceito forte demais, a curiosidade ou a fascinação pelo nojo é algo que muitas vezes sentimos de forma bastante consciente, até mesmo quando viramos a cara de nojo.

O nojo que funciona como uma barreira para os desejos inconscientes, fascínios não assumidos ou curiosidades furtivas é apenas uma parte da história. Existe também o nojo ao qual aludi no capítulo 3, que tem origem na noção de excesso. Não há nenhum desejo inconsciente ou atração furtiva em ação aqui. A indulgência descontrolada em relação a vários tipos de alimentos, bebidas e atividades, sexuais ou não, para os quais o desejo é completamente consciente e atendido, também leva ao nojo — ao enjoo e o mal-estar gerado pelo excesso. Aqui o nojo não é uma barreira, e sim uma punição pela bebedeira — ou, para tornar a coisa menos negativa, apenas uma barreira ativada pelo tempo que julga (em geral tarde demais) o quanto já está bom, ou seja, o limite.

Ambos os tipos de nojo sugerem que o belo é podre e que o podre é belo, mas estruturam essa confusão de opostos de maneiras um tanto diferentes. O primeiro tipo de nojo sugere que a podridão é uma ilusão; o segundo sugere que é a beleza que tem esse caráter ilusório. Nesta segunda categoria — o nojo que se origina do excesso —, o que no início parece belo se revela bastante frágil. A beleza inicial está sujeita à possibilidade de vários tipos de reavaliações desabonadoras. Uma delas é que a beleza pode levar às dores e angústias de ter os prazeres diminuídos cada vez mais pelo vício; a bebedeira apenas aumenta o desejo pelo consumo de álcool até chegar ao inevitável adoecimento e à autodestruição do agente de tal desejo. Outra reavaliação pode ter a ver com a própria satisfação, que transforma o antes desejável em repulsivo:

Dentro da própria chama da paixão
Vive um pavio ou abafador que arrefece sua luz.
E nada mantém a qualidade inicial:
Pois a qualidade, tornando-se pletórica,
Morre do próprio excesso.

Cláudio captura, usando o léxico do exagero, da podridão e da doença que caracteriza o mundo de *Hamlet*, a noção de se afogar no excesso de coisas boas que transforma o que é bom e desejável em nojento. O desejo, morrendo do próprio excesso, sugere que o nojo tem uma espécie de conexão inevitável com a satisfação do desejo — sejam desejos abertamente assumidos ou que só vêm à tona como negação.

O nojo que opera como uma barreira inicial deve funcionar assim por causa da necessidade de admitir que o que está por trás do nojo não é podre, e sim belo. Desse ponto de vista, o nojo não é uma característica do objeto desejado, e sim algo que permanece distante dele, interposto entre o objeto e o indivíduo atraído pela curiosidade ou sobreposto ao objeto como uma espécie de verniz.[230] A imagem de barreiras, vernizes e barragens tem uma consequência positiva; ela nos poupa do absurdo conceitual de chamar o aversivo de atraente. Essas imagens permitem àquilo que é atraente permanecer distinguível da barreira repulsiva de nojo atrás da qual é colocado. Mas e se dispensarmos essas imagens de barreiras e vernizes? Suponhamos, em vez disso, que nos debrucemos a sério sobre a imiscuição e a confusão transmitidas pela afirmação de que "o belo é podre, e o podre é belo", o que nos leva forçosamente à ideia de que o nojento em si tem seu poder de atração. Dessa perspectiva, o belo não se esconde atrás de uma parede de nojo; o nojento é justamente o que é belo.

Se o repulsivo atrai, então pode ser mesmo repulsivo? Não faz muito sentido afirmar que aversivo significa atrativo, mas pode fazer bastante sentido compreender que o sentimento que chamamos de nojo não motiva apenas reações de aversão.[231] A complexidade de julgamentos embutida no nojo, a maneira como o nojo de fato funciona, significa que é preciso sujar as mãos. Como poderia ser diferente?[232] Considerando que o nojo nos defende contra a poluição, é preciso estar sempre alerta aos agentes poluentes; é preciso estudá-los e conhecê-los bem. É preciso inclusive ter uma curiosidade ou um fascínio a respeito deles para fazer isso direito, tornar-se íntimo deles depois de um tempo.

O nojo deve sempre repelir em algum sentido, ou não é nojo.[233] A repulsa, no entanto, pode trazer consigo efeitos que funcionam no sentido de reaproximar o indivíduo daquilo do qual acabou de se afastar. Esses efeitos podem ir da curiosidade e fascínio até um desejo de se imiscuir. A repulsa também causa no indivíduo um ressentimento por se sentir repelido e o consequente desejo de reconquistar o território perdido. E isso o impele a se aproximar de novo.

Em última análise, porém, saber se o nojento é belo apenas quando escondido atrás de uma barreira de nojo ou se o nojento em si é atraente não faz tanta diferença. Em ambos os casos, o nojento deve ser entendido como algo que repele, e superar a repulsa é uma parte importante da história. É apenas uma questão de a barreira ser vista concretamente como uma obstrução ou se tornar mais abstrata. As barreiras (ou resistências) nós temos de qualquer forma; o que muda é a maneira como concebemos o que está atrás dessa obstrução: objetos de desejo inconsciente pré-social ou pré-cultural, ou desejos mais confusos que não são assim tão inconscientes e extraem sua força do conhecimento de que aquilo que a cultura declara proibido se torna desejável justamente por esse fato.[234]

Se o nojo que proporciona a barreira inicial funciona como uma formação reativa freudiana ou como um simples componente do nojo concebido como um sentimento mais complexo, então pode ser distinguido do nojo como uma consequência do excesso. Os dois principais estilos de nojo — o que tenta impedir o acesso, e o outro que entra em ação depois da indulgência — reforçam um ao outro de maneiras significativas e se unem para confirmar mais uma vez que a estrutura profunda do nojento é central a processos cruciais da vida, como a alimentação (e suas consequências) e a fornicação (e suas consequências).

Por acaso, não existem coisas puras e nojentas que não nos envolvam em "um vórtice de atração e repulsão", nas palavras de Kristeva,[235] que não implicam atração, desejo, fascínio ou interesse, seja inconsciente, como no nojo que é resultado de formação reativa, ou consciente, como no nojo que é resultado da consequência do excesso? Sem dúvida, dizemos a nós mesmos que sim; e elas são quase vulgares demais para ser citadas. Entrar em uma cabine de banheiro público sempre causa uma ansiedade que surge de não querer ver o que alguém nem um pouco respeitável deixou para trás sem dar a descarga. Mas ainda assim precisamos verificar, pois a inspeção é uma tarefa necessária de monitoramento do perigo no ambiente; mas existe um desejo inconsciente atrás da tarefa consciente desse monitoramento? Mesmo aqui, não há um leve toque de duplicidade, que surge não do desejo, mas do fascínio da descrença? Alguma coisa nos obriga a olhar um acidente automobilístico grave, a ver filmes de terror, sanguinolência e violência; alguma coisa torna a pornografia um grande negócio e ainda atrai espectadores para as apresentações de aberrações circenses. Não existe ofensa moral que, por algum processo obscuro, não desperte fascínio, no mínimo na forma do horror, do assombro e do atordoamento que essa depravação evoca? E o nojo relacionado ao cômico, ao deleite rabelaisiano com o excretório, o emissivo e o fecundo, é relacionado à excitação de superar o nojo que impede o desejo ou ao risco de cortejar com o nojo do desejo satisfeito? O nojo motiva uma aversão mais complexa do que a causada pela dor (embora a aversão à dor muitas vezes também seja uma questão psicológica bem complicada), pois o nojo envolve julgamentos sociais e morais mais complexos que a dor.[236]

Como entender a estranha associação entre desejo e nojo? Embora eu me concentre aqui mais no sexo, também poderíamos tratar de violência, sanguinolência ou horror, que, embora possam ter pontos de intersecção com o sexo, não são congruentes com a atividade sexual nem seguem o mesmo tipo de impulso. A atratividade da violência, da sanguinolência e do horror nos incita mais a ser espectadores do que participantes. O sexo supostamente provoca o efeito inverso — nós deveríamos querer mais participar do que assistir, se não somos rotulados como anormais. O contraste com a violência não poderia ser mais marcante. Isso já basta. Como não temos como escapar de Freud nesse tópico mesmo se quiséssemos, devemos nos apropriar de seu assunto favorito também. Então, falemos de sexo.

Em primeiro lugar, não é, de forma alguma, nossa intenção opor o chamado desejo inconsciente (e eu uso desejo aqui de modo a incluir estados motivacionais como curiosidade e fascínio) ao nojo, e sim vê-los como elementos necessários um ao outro, como parte da mesma síndrome complexa. Freud reconheceu, por exemplo, que o nojo e as demais formações reativas não existiam só para impedir o prazer, mas eram necessários para intensificá-lo e até para criar as condições de sua existência. Em outras palavras, a barragem funciona tanto para obstruir o acesso ao objeto desejado como para proporcionar meios de armazenar quantidades suficientes de desejo a fim de superar tal obstáculo:

> Alguns obstáculos são necessários para elevar o nível da libido até seu ápice; e em todos os períodos da história, quando as barreiras naturais para a satisfação não bastaram, a humanidade erigiu outras com base nas convenções para ser capaz de desfrutar do amor. Isso vale tanto para indivíduos como para nações. Em tempos em que não havia obstáculos à satisfação sexual, como, digamos, durante o declínio das civilizações da Antiguidade, o amor se tornou sem valor, a vida se tornou vazia e formações reativas poderosas foram necessárias para que o valor emocional indispensável ao amor pudesse ser recuperado.[237]

O prazer sexual era uma função destinada a superar o nojo, além da mera satisfação de um impulso instintivo: "O instinto sexual em sua plenitude aprecia a superação desse nojo".[238]

O nojo que funciona para tornar o desejo possível, tornando a coisa desejada rara e inacessível, é bem diferente do nojo provocado pelo excesso. O nojo que vem do excesso transforma o que era atraente em nojento, ao passo que o nojo como formação reativa se vale do nojo para criar o desejo — ou não exatamente criá-lo, mas, sem dúvida, intensificá-lo a ponto de fazê-lo romper barragens. Além de tornar o que era nojento antes ser atrativo agora, faz o que é nojento, mesmo agora, também ser atrativo. Trata-se de um argumento em grande medida relacionado à economia. O nojo ajuda a criar as condições de escassez que elevam a demanda e aumentam o valor.

Mas nem todos os prazeres obedecem à lei da oferta e procura. Nem é a simples escassez que explica todas as altas valorizações do prazer. A maneira como a escassez é criada é importante. Se as coisas não são produzidas em quantidade suficiente, isso é uma coisa; mas, se a escassez é criada pela intervenção de uma proibição, é outra bem diferente, pois desrespeitar a proibição é um prazer em si mesmo, independentemente dos demais prazeres que possam vir acompanhados do objeto proibido. Daí a sugestão de um perspicaz bispo do século XII a uma mulher que foi buscar conselhos sobre o que fazer a respeito da impotência do marido: "Vamos torná-lo um sacerdote, e sua potência será restaurada de imediato".[239] Violar regras exerce uma atração inquestionável, mas se trata de um prazer no mínimo complexo que costuma ser recompensado com punições. Nossa situação é peculiar. Boa parte do prazer é vinculada à violação das regras com as quais estamos comprometidos, e esse comprometimento é o que proporciona a base para o prazer de sua violação. E, então, somos punidos; às vezes, por uma autoridade externa, mas na maioria das vezes internamente, através de sentimentos dolorosos como vergonha, culpa ou nojo.

Sem dúvida, existe algum elemento econômico aqui também. Nós pesamos a possiblidade da dor da punição contra a probabilidade de obter os prazeres de violar a regra e de conseguir a coisa obtida com a violação. Qualquer um que não seja economista vai fazer objeções contra um relato assim tão racional e desprovido de emoções. Algumas normas sociais e culturais nos dominam com tamanha intensidade que não conseguimos nem cogitar esse cálculo; somos impedidos pela norma até de avaliar as possiblidades, e ainda mais de fantasiar a respeito, a não ser em condições excepcionais e raríssimas. Algumas regras nós não desrespeitamos, nem sentimos prazer ao fazer isso. E quais são? As que são reforçadas por fortes sentimentos negativos com maior relação com a moralidade: culpa, vergonha e, sim, nojo.

Mas nós continuamos insuportavelmente curiosos e fascinados por aqueles que superam tais restrições. Esses violadores de normas profundamente entranhadas povoam nossos mitos, livros e filmes, seja como deuses ou criminosos. O traço definidor tanto de deuses como de criminosos, ao que parece, é ser capaz de ofender as normas de moralidade e decência social que são bem-sucedidas em nos manter dentro de certa normalidade. Os deuses contam com um status mais elevado que os criminosos por ofender normas mais sérias (eles são traidores, além de predadores) e por ter feito isso muito tempo atrás, de uma maneira que desafia a maioria dos padrões de comprovação. Já os que violam as normas que nos governam são objetos de medo, repulsa e espanto — exatamente os sentimentos que motivam a tragédia, o horror, o suspense e certos tipos de devoção religiosa.

Que criaturas estranhas somos nós! Precisamos de regras sociais e culturais para promover a ordem e dar sentido a nossas vidas, mas somos constituídos de tal forma que nos sentimos incomodados nas condições que permitem nossa sobrevivência. Não é difícil ver que existem vantagens adaptativas para essa peculiaridade e que acabam compensando as desordens que provoca. O desejo de exercer pressão sobre nossas restrições e nossos limites é o que nos move a nos esforçar, a nos aprimorar e a ser criativos. Nós reconhecemos isso em nós mesmos e transformamos essa característica em tema de nossas narrativas fundacionais, como as que relatam as ações de Eva, Satã, Prometeu, Fausto e até Édipo, por um lado, e o desespero de Don Juan, por outro. A satisfação insatisfaz e decepciona, e assim nos impele a novos esforços e desejos. Nós encapsulamos esse pensamento em ditos populares que transformam a questão trágica da impossibilidade de obter satisfação em algo menos ameaçador. Daí vem que a grama é sempre mais verde no quintal do vizinho. O mesmo pensamento pode se tornar infinitamente mais desesperador na formulação sombria de Charles Baudelaire: "Esta vida é um hospital em que cada paciente é motivado por um desejo de trocar de leito [...] Minha impressão é que só vou estar contente lá, onde não estou".[240]

A sabedoria popular em termos tão ambíguos não nos incute uma visão definitiva e torna a visão oposta igualmente convincente. Se, com a história de Fausto, entendemos a necessidade do esforço e, com o relato de Don Juan, compreendemos o desespero de buscar uma satisfação que nos escapa assim que parecemos alcançá-la, temos também uma narrativa de aversão que parece bem menos grandiosa: a da raposa e as uvas. Quando não podemos ter o que queremos, com um bom autoengano deixamos de desejar o inatingível, redefinindo-o como nojento. As uvas que pareciam tão boas quando a perspectiva de consegui-las era plausível se tornam azedas, e só de pensar em mordê-las sentimos calafrios.

Uvas azedas implicam desagrado e nojo.[241] Como o nojo freudiano, a aversão defende o eu restringindo a gama de atividades permissíveis ou realizáveis.[242] Mas as uvas azedas não têm nada a ver com Freud. As uvas azedas não reprimem o desejo e o colocam atrás de uma barreira de nojo para, em última análise, tornar maior o prazer de consegui-las. A coisa desejável se torna nojenta por si mesma; o desejo morre por completo; o mundo de possibilidades se encolhe, eliminando inclusive o desejo de contemplar as uvas — pelo menos de forma consciente. Aqui parecemos ter encontrado parte do mecanismo através do qual o desejo se torna inconsciente e podemos até prestar um pequeno serviço em benefício da narrativa freudiana. O mecanismo das uvas azedas, no entanto, leva à repressão pela via da resignação, e não do medo da castração. As uvas azedas são o elemento que evoca a virtude da prudência, que nos impede de fazer um esforço exagerado para que possamos continuar vivendo para amar; um pássaro na mão é melhor do que dois voando, explica tão bem a repressão do desejo quanto o mito de Édipo.

Até aqui venho evocando uma espécie de sentimentalismo romântico ao estilo de Byron — Fausto, Don Juan —, que é um tanto constrangedor para mim. As coisas não são assim tão trágicas, pois o processo de encontrar prazer e fascínio na violação das normas que nos expõem ao nojo também permite uma boa dose de humor. Trata-se de uma observação trivial notar que boa parte do que é cômico depende da irreverência transgressora, de uma celebração que permite desvios de comportamento e que privilegia, se não a violação, pelo menos a ridicularização de certas normas. Nenhum aspecto da capacidade de gerar nojo é tão imediato quanto tornar a própria substância do nojo em motivo de piada. Meus filhos não achavam as fezes engraçadas antes de sair das fraldas, nem consideravam o catarro tão cômico antes de ter nojo dele — ou, mais precisamente, antes de perceber o nojo que o catarro despertava em seus pais.[243] As piadas de teor sexual, que aparecem muito mais tarde que as de "cocô", dependem da aquisição do nojo do sexo e do desejo sexual. E a piada realmente doentia, o atentado contra a santidade da vida humana ou contra a preocupação que deveria se manifestar diante do infortúnio humano, depende da aceitação das normas morais cuja violação causa nojo. Portanto, o nojo está envolvido em mais do que apenas o estilo de comédia rabelaisiana grotesca sobre o corpo. Junto da culpa, a indignação e a vergonha, o nojo também ajuda a manter a ordem moral mais elevada e menos corporal.

É possível obter uma pequena percepção sobre o motivo por que as normas reforçadas pelo nojo são tão apropriadas à transgressão cômica refletindo a respeito de um contraste significativo entre o nojo e a vergonha. Na narrativa freudiana, tanto a vergonha como o nojo operam para inibir a libido, reprimindo o desejo e tornando-o inconsciente, mas envolvem diferentes riscos quando são acionados. A experiência da vergonha nunca é divertida para nós; a experiência do nojo, porém, pode ser, e sobretudo, como acontece de forma tão comum no caso da comédia, quando é desencadeada pelo descaramento ou pela inaptidão do *outro*. O nojo nos permite brincar com a violação das normas em certos cenários restritos; a vergonha não. A vergonha só pode ser sentida como um reconhecimento bastante desagradável de nosso fracasso moral ou social,[244] embora de forma alguma seja impossível para alguns masoquistas perseguirem esse desprazer. O nojo, por outro lado, pode ser levado na brincadeira, sem grandes riscos. E isso vale não apenas para a transgressão cômica como também para o entretenimento derivado de gêneros que se valem da violência e do horror.

As transgressões contra as normas do nojo são divertidas desde que sejam autorizadas de alguma maneira.[245] Em épocas passadas, as transgressões eram confinadas, em grande parte, a celebrações formais e tradicionais que permitiam desvios de comportamento, ou ao risco diário assumido pelos bobos da corte. Para nós, as transgressões autorizadas não são institucionalizadas de maneira tão formal; em vez disso, são permitidas por outras normas que definem o domínio do risível e do ridículo; essas normas exigem que a zombaria assuma uma forma tal que revele seus limites e, portanto, demonstre seu respeito àquilo que está sendo ridicularizado. Quando não autorizadas, as transgressões são atos de rebelião ou insanidade. Mas por que essas brincadeiras permitidas divertem? Se a transgressão libera a energia que gera o riso e o desfrute cômico, como nós nos deixamos enganar pela ideia de que estamos transgredindo quando essas transgressões nos são permitidas?

Desconfio que as normas de que zombamos tenham tamanho poder sobre nós que apenas brincar de transgredir já basta para nos energizar, e Olivia proclama algo que é quase uma meia-verdade quando afirma que "não existe difamação se o bobo tem autorização para tanto".[246] Perceba como o humor nojento é bem-comportado. As pessoas não comem fezes por brincadeira, nem mesmo como uma brincadeira doentia; o que elas fazem é falar sobre comê-las ou ridicularizar quem as come. A transgressão é limitada à suspensão das regras do decoro sobre *falar* a respeito de tais coisas.[247] As normas contra a coprofagia exercem tanto domínio sobre nós que apenas a liberação para imaginar tal ação já é mais do que suficiente para ser considerada uma transgressão. Nós, então, convertemos nossa repulsa em risos de descrença quando ouvimos falar de uma criança ou de um lunático que se refestelou com fezes.[248]

O fascínio e a curiosidade, se não o desejo, que demonstramos em relação ao nojento, muitas vezes, surgem em um ambiente bem mais íntimo, e não só em espetáculo de humilhação ou violência dionisíaca. Sem dúvida, nossas próprias fezes, catarro e urina são contaminantes e nojentos para nós. Caso não fossem, não sentiríamos tamanho fascínio ou curiosidade a respeito. Temos orgulho de nossa produção e ficamos bastante satisfeitos se quantidades especialmente elevadas dessas substâncias são expelidas em um único esforço. Ficamos ainda mais satisfeitos se o processo de limpeza após o fato logo restaurar nossa pureza anterior. Examinamos nossas criações com mais frequência do que muitas vezes estamos dispostos a admitir, ou, se não as olhamos, pelo menos imaginamos com prazer nossa extraordinária capacidade produtiva. Temos esquemas de classificação privativos para consistências, odores, colorações e quantidades. Sempre fico impressionado ao constatar como é corriqueiro a pessoa observar o lenço depois de assoar o nariz, quase sempre se permitindo pelo menos uma rápida espiada. Em outras palavras, além de emitirmos nossas excreções, nós também nos interessamos ativamente e nos orgulhamos pelas nossas produções bem-sucedidas, e ficamos vexados, preocupados ou decepcionados pelas menos bem-sucedidas ou por aquelas que prometiam muito, mas produziram pouco. Essas coisas são temas comuns de conversas durante a infância e a adolescência, mas, depois dessa fase, passam a ser menos apropriadas e se tornam mais uma questão pessoal, porém mais presentes em nossas reflexões pessoais do que estamos dispostos a admitir até para nós mesmos.

Apesar de todo esse interesse, e até amor, por nossas excreções, não existe a menor dúvida a respeito de seu poder poluente. O que nós excretamos é tão danoso quanto o que as demais pessoas excretam. Como vimos no capítulo 5, as nossas excreções são ainda mais perigosas para nós do que as dos outros. O que distingue meu excremento do seu é o orgulho que sinto do meu, não a aversão de tocá-lo. Também não é verdadeira a afirmação de Freud de que nossos próprios excrementos não cheiram mal.[249] Se fosse esse o caso, nós não teríamos nem metade do interesse que temos neles. Não podemos nos esquecer de que é o fato de nossas fezes serem nojentas que lhes confere o poder de nos fascinar. Nós não consideramos o cheiro delas nem de longe tão perigoso quanto o odor das fezes de outras pessoas, é verdade, mas isso se deve em grande parte à familiaridade, não a alguma lembrança inconsciente de desejos infantis. Apesar de o cheiro não nos enojar, nós reconhecemos que estamos na presença de algo nojento e, portanto, ficamos alertas ao perigo e cientes da necessidade de tomar um cuidado especial com a empreitada em que estamos envolvidos. Basta uma mudança de dieta para causar um grande estranhamento em relação ao odor, o que pode ser desconcertante, se não nojento.

A narrativa freudiana de que as fezes representam variadamente bebês e pênis ajuda a explicar uma parte do fascínio pelas fezes,[250] embora eu desconfie dessa prioridade automática conferida ao sexual e ao reprodutivo. É a produção, além da reprodução, que nos impressiona. Nós transformamos e imprimimos nossa marca pessoal às coisas perigosas que comemos. Assim como nos banquetes orgiásticos, comer vem antes de fornicar. Caroline Bynum faz um relato brilhante que demonstra a prioridade do nutritivo e do produtivo em relação ao sexual e reprodutivo na devoção medieval. Não é possível argumentar que nós voltamos a esse modelo (ou que nunca o abandonamos)? Consideremos os cálculos quase inconscientes que fazemos quando comparamos a massa ingerida com a massa excretada e secretada, e, no caso das pessoas preocupadas com o peso, esses cálculos são, na verdade, bastante conscientes. Produção — não reprodução.

Nós lidamos até aqui com o tipo de nojo que funciona como uma barreira inicial ao desejo ou opera tornando nojento aquilo que é inconscientemente desejado de modo a nos afastar e impedir qualquer contato. Eu também propus a existência de um nojo de funcionamento diferente, o nojo causado pelo excesso, trazido pela consequência de conseguir aquilo que pensávamos que queríamos. Os dois estilos de nojo são contrastantes nas formas como envolvem o status consciente ou inconsciente do desejo. O primeiro trata de barreiras para desejos não admitidos por completo, isso quando são admitidos em alguma medida. O segundo é uma consequência de um desejo consciente. O primeiro é sentido antes da bebedeira e funciona para impedi-la; o segundo é sentido depois da bebedeira e funciona para impedir que a indulgência se repita. Os dois também podem operar juntos, como quando a transgressão da barreira produz uma sensação de ter ido longe demais que impede o prazer e causa nojo e vergonha, tudo sentido em uma estranha simultaneidade — prazer e aversão intensificando um ao outro em uma espécie de êxtase. Os dois tipos básicos de nojo têm similaridades em termos de função. Ambos atuam na moderação dos apetites.[251] E, quando o nojo causado pelo excesso é sentido, tem a capacidade de funcionar como barreira inicial para futuras ocasiões de consumo ou indulgência. Em tais casos, o nojo 2 (o causado pelo excesso) converge com o nojo 1 (a barreira proibitiva inicial). Mas o fato de esses dois nojos, às vezes, convergirem não os torna indistintos de maneira alguma.

O nojo causado pela proibição, conforme vimos, tem uma relação paradoxal com o desejo. A proibição, na verdade, aumenta, e até ajuda a criar, o desejo que pretende evitar. O nojo 2, o que é causado pelo excesso, também tem uma relação paradoxal com o desejo, mas o paradoxo é uma piada cruel, em vez de uma atração irônica. Ele nos incute a percepção desoladora de que o prazer, muitas vezes, termina em dor, seja porque o desejo em si nunca pode ser satisfeito e leva à frustração ou ao vício, seja porque a satisfação em si tem um lado negativo — pode nos deixar sem um propósito, ou constrangidos com nosso desejo anterior, ou entristecidos por sua conclusão, ou apenas nauseados por uma sensação de que o êxtase da satisfação, caso tivesse mais que uma duração efêmera, nos deixaria doentes de tão saciados. Eu estou exagerando esse lado mais sombrio. Mas exageros não são invenções; nós reconhecemos a triste verdade sobre a qual são construídos. No entanto, muitas vezes consideramos essas satisfações descomplicadas de tal forma que ignoramos que têm um lado negativo, seja gustativo, seja sexual, e nos entregamos ao esquecimento do sono; é de se perguntar se isso se deve ao prazer da exaustão ou a uma fuga da decepção trazida pelo obscurecimento da sensação de satisfação.

O nojo causado pelo excesso consegue aniquilar o desejo de uma vez por todas porque não opera através da proibição, que incita o desejo, e sim pela punição, infligindo dor. Se fizermos uma analogia dos dois nojos em termos de processos legais, o nojo causado pela proibição inicial seria o estatuto, e o produzido pelo excesso seria o sentenciamento e a execução da pena. Essa distinção começa a entrar em colapso, conforme destacamos antes, quando a lembrança da punição trabalha como uma barreira para a infração seguinte, um obstáculo que não parece muito diferente da barreira imposta pelo nojo 1. Mas os dois nojos não têm as mesmas áreas de competência. O excesso tem uma margem de operação mais estreita, mais claramente associada a alimentos, bebidas e sexo; o nojo 1 tem participação em toda a ordenação física e moral. Semelhantemente, as lembranças do nojo causado pelo excesso não funcionam da mesma forma em toda a gama de experiências possíveis. O excesso tem suas próprias complexidades.

Façamos uma distinção entre dois tipos mais amplos de excesso. Um tipo implica absorver coisas demais de uma só vez, o que leva a ressacas, enjoos e outras sensações relacionadas ao nojo. O outro tipo é a indulgência habitual àquilo que se percebe como meros deleites dos sentidos, uma espécie de excesso pela repetição; esse tipo equivale à compulsão por reviver, por exemplo, a experiência da bebedeira, mas sem que a indulgência em si seja necessariamente excessiva. Esse segundo sentido provoca o nojo que vem do excesso apenas quando a indulgência em questão pode ser justificadamente vista com desaprovação.[252] Ambos os tipos de excesso, no entanto, são igualmente atacados pelos moralistas; ambos ofendem certa ideia de moderação e temperança. O primeiro envolve o consumo intenso que associamos ao vício da gula; o segundo envolve uma fraqueza de vontade um tanto diferente, que associamos ao conceito de hábito (em geral um mau hábito). Trata-se do vício de não negar o prazer carnal, algo bastante próximo da preguiça.

No primeiro tipo de excesso, devemos notar que nem todas as indulgências exageradas têm as mesmas consequências e que algumas coisas são bem mais propensas a produzir aversões de longo prazo do que outras. Uma ressaca de um bom vinho ou uma boa cerveja é menos culpa do vinho e da cerveja e mais de nossa falha em aderir às normas de moderação e saúde. Quando passamos mal por causa de cerveja ou vinho, sentimos enjoo e nojo de nós mesmos, mas a sensação de contaminação tem um efeito curtíssimo. O álcool tem o benefício de sua fluidez e pureza, de sua consistência não nojenta. A visão de uma garrafa de cerveja no dia seguinte pode nos incomodar, mas dois dias depois não mais. Em algum nível, acreditamos que nosso organismo é autopurificante em relação ao veneno que é o álcool e que esse processo de purificação é o enjoo e a dor de cabeça provocados pela ressaca.

Compare esse nojo com o consumo excessivo de alimentos gordurosos e de doces. Ao contrário do álcool, essas substâncias são contaminantes por causa de sua consistência, apesar de sermos incapazes de resistir a seu sabor. Gordura, óleo e xaropes adocicados são relacionados ao conceito de se empanturrar. O álcool não causa a sensação de estar empanturrado, a não ser que seja açucarado ou tenha uma consistência mais leitosa. Nós não vemos nosso organismo como muito eficiente na autopurificação de coisas que causam empanturramento, que, por sua própria consistência, "grudam" e "se agarram", o que as tornam coisas difíceis de se livrar. A gordura e a oleosidade evocam imagens de indolência, ócio e letargia, de pessoas sebosas e grudentas. Os doces também não se saem muito melhor. Apesar de toda a energia moral despendida para tornar os norte-americanos abstêmios, o fato é que a gordura e o açúcar nos ofendem moralmente muito mais que o álcool.[253]

Mas o gorduroso e o doce continuam a nos atrair com seu sabor. Eles têm a capacidade de nos fazer comer mais do que desejamos; têm um efeito enfraquecedor e desviante sobre a força de vontade. Seu sabor, por algum motivo, nos faz comer mais do que precisamos até que o nojo entre em cena para pôr um fim na situação — ou seja, até que o empanturramento, enfim, fale mais alto que a alegria. Alguns outros sabores também são capazes de levar à indulgência exagerada, mas não causam empanturramento e, portanto, não provocam nojo: framboesas frescas, por exemplo. A indulgência exagerada a framboesas é bem diferente da indulgência exagerada a batatas fritas ou chocolate. Esta envolve uma sensação de nojo que é sinal da indulgência exagerada. As framboesas, por outro lado, serão mais provavelmente associadas à ideia de comer mais do que a porção inicialmente destinada a nós ou a consumir mais do que seria prudente considerando seu preço ou, apenas, a ir além do que o decoro permite. Nesse caso, a indulgência exagerada é apenas social; com alimentos gordurosos e doces, é também fisiológica e moral.

Precisamos distinguir, também, mais um nojo que surge depois de certas ocorrências, um que, por uma generosa extensão da noção de excesso, pode ser definido como parte de seu domínio: a aversão a alimentos que acreditamos ter nos provocado vômitos. É raro comermos de novo com a mesma vontade qualquer comida que nos provocou uma intoxicação alimentar. Até mesmo o vômito provocado por uma virose, caso mal interpretado e associado a um alimento, vai fazer com que essa comida caia em nosso conceito por um bom tempo, inclusive depois de o engano ser desfeito. Nesse caso, não há nenhum desejo, inconsciente ou não, a nos impelir a reviver a experiência de um prazer recém-proibido, pois não há nenhum prazer para proibir. A experiência do nojo, por não ser uma consequência do prazer, não pode servir como base para uma barreira que proíbe um prazer nunca vivenciado. Esse é um exemplo de aversão pura e simples. Enfim, descobrimos um exemplo de nojo em que não há curiosidade, nem fascínio, nem atratividade. A lembrança do mal-estar físico acaba com o desejo através do nojo.

O segundo sentido do nojo causado pelo excesso, o de repetir a indulgência aos sentidos em casos que não levam à ressaca ou ao mal-estar, tem uma sociologia e psicologia diferentes, mas ainda assim faz parte da mesma anatomia do nojo. Se o indivíduo tem o hábito de, digamos, fazer sexo sempre com o mesmo parceiro, chamamos isso de virtude em caso de um relacionamento exclusivo, mas se trata do tipo de situação que transforma em virtude algo que pode ser visto como um vício relacionado à autoindulgência. A cópula monogâmica dos outros pode causar nojo quase tanto quanto a cópula que envolve a infidelidade. É esse o nojo que Lear manifestou na famosa passagem citada no capítulo anterior diante da ideia da fornicação desenfreada. O drama da era jacobina está cheio de melancólicos que sentem repulsa em relação à lascívia, mesmo que seja monogâmica e dentro dos laços matrimoniais, e essa aversão é uma continuação do que os teólogos vinham pregando por toda a Idade Média.[254] Lembre-se da reprovação de Hamlet à mãe na famosa cena do Ato III. A questão não era só ela viver "No suor azedo de lençóis ensebados/ Empapados na corrupção, arrulhando e fazendo amor/ Numa sentina imunda" com o usurpador Cláudio, pois Hamlet se sentia apenas um pouco menos nauseado ao pensar na avidez com que ela e seu pai se entregavam ao ato:

É preciso lembrar?
Ela se agarrava a ele como se seu desejo crescesse
Com o que o nutria.[255]

A preocupação é que tal avidez é menos uma demonstração de amor pelo outro do que um impulso cego que precisa encontrar uma válvula de escape. O amor é pela sensação, não pela pessoa. O fantasma descobre, em uma referência bastante conveniente, que a avidez de Gertrudes em relação a sua pessoa era, na verdade, mais generalizada:

Também a lascívia, mesmo ligada a um anjo refulgente
Continua devassa nos lençóis celestes
E goza na imundície".[256]

A repulsa de Hamlet ao sexo, por mais desconcertante que possa ser para nossas romantizações em relação à beleza e à atratividade, não se compara à do herói de *The Revenger's Tragedy*, de Tourneur, que, como Lear, imagina um mundo em que a cópula nunca cessa, tanto que até os esqueletos a praticam. Nesse mundo sombrio e nojento, "juntadores de ossos" fazem os cadáveres se unir uns aos outros, e um "velho voraz" morre por beijar o "belo lábio dependurado" de um crânio envenenado de modo a parecer que estava vivo.[257] Boa parte dessa epidemia de fornicação é motivada pela comilança e a bebedeira, pelo excesso da gula, mas essa luxúria se distingue pelo fato de que nunca é descrita de modo a causar nojo nos atores, apenas nos espectadores enojados pela ideia de tamanha indulgência.

O fracasso dos outros em inibir novas indulgências provoca nojo no observador melancólico, que funciona como o nojo 1 — o nojo que opera para impedi-lo de realizar seus desejos inconscientes. Assim, os nojos 1 e 2 figuram em uma mesma espécie de economia moral, na qual os fracassos imaginados do excesso em limitar o desejo em outras pessoas funcionam para construir barreiras inibidoras no observador melancólico, que, por sua vez, deve ver seus próprios desejos poluídos por imagens de sexo inapropriado em proporções epidêmicas. Incesto, fornicação entre velhos e jovens, "reis inchados em beijos imundos",[258] "adultério de cabelos brancos" e "ossos ocos estufados de desejos amaldiçoados"[259] envenenam seu pensamento e poluem suas fantasias. Esse também é o caso quando seu nojo inibitório o torna suscetível a considerar nojentas as indulgências dos outros. Em outras palavras, ele está se projetando. É isso que costumamos dizer quando minimizamos esse tipo de barreira. Mas é mesmo só a projeção que torna o excesso dos outros repulsivo? Dificilmente. A paixão e o desejo suspendem nossas faculdades críticas quando nos inebriamos na cópula, mas, quando analisamos a situação com olhar frio do observador neutro, não temos esses véus sobre nosso julgamento, apesar de todo o sucesso que faz a pornografia.

O excesso motivado pelo hábito e pela dependência funciona de diferentes maneiras em diferentes domínios. Freud discute a relação simbólica entre o desejo e sua frustração e se "o valor mental de um instinto invariavelmente desaba com sua gratificação":

> É possível pensar, por exemplo, na relação do bebedor de vinho com o vinho. Não é um fato que vinho sempre proporciona ao bebedor a mesma satisfação inebriante — que a poesia com frequência vincula ao erótico e que a ciência também considera comparável? Alguém já ouviu falar de um bebedor sendo forçado a trocar constantemente seu vinho por se cansar de sempre beber o mesmo tipo de vinho? Pelo contrário, o hábito prende o homem cada vez mais ao tipo específico de vinho que bebe. Nós costumamos encontrar um bebedor disposto a ir a outro país onde o vinho é mais caro ou onde o álcool é proibido para estimular com esses obstáculos seu prazer em processo de diminuição? Nada do tipo [...] Por que a relação do amante com seu objeto sexual é tão diferente?[260]

Freud subestima o grau com que a escassez é capaz de intensificar o prazer de vinhos e cervejas cujos preços e procedência geográfica os tornam artigos raros. Isso, no entanto, não afeta a questão mais ampla que ele está discutindo, sobre a diferença entre vinhos e mulheres. Sua resposta é que os homens são fiéis a seu vinho predileto porque é exatamente isso que eles desejam. Mas objetos sexuais são diferentes. A satisfação com o mesmo objeto sexual não pode ser obtida porque o objeto é apenas um substituto para o verdadeiro objeto amoroso, cujo acesso é barrado pelos tabus do incesto. Qualquer um ou qualquer outra coisa não passa de um substituto frustrante e inadequado ao verdadeiro objeto de desejo.

Essa busca pelo inatingível é uma explicação adequada para as satisfações com o mesmo vinho e as insatisfações com a mesma mulher? Por que no amor o excesso costuma significar o dom-juanismo, ao passo que no vinho é possível encontrar o deleite na mesma bebida?[261] A relação da bebedeira com o nojo não é a mesma do sexo com o nojo. Não existem normas poderosas que nos obriguem a ser fiéis aos vinhos; e também não obtemos prazer no ato de seduzir o vinho, uma ideia absurda por si só. O prazer do vinho é em grande parte o prazer físico de beber, saborear e cheirar, além da embriaguez que vem em seguida. É um prazer sensorial. Sim, existem aficionados por vinho que fazem rituais elaborados e acrescentam o prazer de se dizer especialistas nos prazeres do bem viver que acompanham o ato de beber o vinho em certos contextos, mas isso não afeta o argumento em si. Quando a idade legal para beber é atingida, o vinho não oferece nenhuma oportunidade real para os prazeres de violar proibições que a sexualidade tantas vezes proporciona.

Além disso, os riscos morais, sociais e psicológicos com o vinho são bem menores do que com as mulheres, o que torna os prazeres do vinho e das mulheres em grande medida incomparáveis. O prazer do sexo é sensorial apenas em parte, porque esse prazer é inseparável do denso arranjo de normas e proibições que governam as questões sexuais. Muitos consideram a conquista, o risco, a excitação da sedução e o ganho de autoestima que vêm com o favor sexual conseguido (pois, já que estamos tratando de Freud, eu presumo aqui o homem como o sedutor) um prazer muito maior do que a união desajeitada de corpos, que é sua meta final.

A não ser que haja a intervenção do amor, os simples prazeres sensoriais do sexo tendem a saciar de uma forma que o vinho não é capaz. E, nesse sentido, ao que parece, não faz diferença se o sexo é com uma única pessoa amada ou várias pessoas não amadas. Em ambos os casos, o desespero é o risco associado à repetição do ato. Don Juan consegue seguir em frente porque ainda obtém prazer com a sedução, mas até isso começa a entediá-lo. Ou ele descobre, como o Don Juan de Byron, que é tanto a presa como o predador, e seu orgulho em relação a suas habilidades estratégicas e seu poder de sedução é mantido através de um engenhoso autoengano quanto à ausência de habilidades similares nas mulheres que são seus alvos; ou ele de fato é um sedutor tão irresistível que na enésima sedução não sente mais nenhuma surpresa nem prazer além da mera sensação física. Um jogo com resultado pré-definido não tem como ser tão interessante quanto um cujo desfecho ainda está em dúvida. No entanto, a questão da intervenção do amor é fundamental; pois, quando isso acontece, algo é acrescentado à mera sensação física e, embora não proporcione o prazer da estratégia e da corte que é inerente à sedução, se torna um algo a mais. Ir para a cama com a própria mãe pode ser a mesma coisa, a não ser que o amor intervenha. E Freud supõe que o amor intervém no caso da mãe e do vinho, mas não no de qualquer outra mulher.

Existem outras diferenças cruciais. A curva de prazer do vinho, por exemplo, tem uma decaída menos abrupta que a do sexo. O vinho nos abandona de maneira bem suave quando bebemos com moderação. O sexo tem o orgasmo; o vinho não tem nada que seja comparável. A curva de prazer suave, tanto na ascendente como na descendente, significa que o vinho proporciona a possibilidade do prazer com moderação. Ele oferece a oportunidade do prazer sem o excesso, embora o perigo do excesso e da dependência seja alto.[262] Uma das características mais peculiares da satisfação sexual, no entanto, é que a indulgência se torna indistinguível do excesso e da indulgência exagerada. O orgasmo é excessivo por definição. E isso é, em parte, a razão para a decaída de sua curva de prazer ser tão abrupta.

Portanto, não é incomum que para algumas pessoas o sexo venha acompanhado pelo vinho, por duas razões: o vinho ajuda a dessensibilizar nossos receptores gustativos, a embotar nossa capacidade de autocrítica e a desfazer nosso comprometimento com as normas de decoro e nosso senso de vergonha, para que possamos superar o nojo inibitório que impediria a indulgência sexual; e depois, no pós-coito, ajuda a atenuar a decepção, a amenizar o nojo que vem com o excesso representado pelo orgasmo, que deixa o indivíduo desorientado sobre o que fazer, em pânico, sentindo-se vazio e enojado por seu próprio desejo prévio. O vinho nos ajuda a confundir a lascívia com uma sensação de bem-estar. Quando não há a intervenção do amor, recorremos ao vinho para cumprir esse papel e tornar o sexo menos intimidador e suas consequências menos desesperadoras.

Os prazeres do vinho não nos provocam esse tipo de confusão, a não ser em caso de indulgência exagerada. O vinho nos dá a escolha do prazer com moderação. A explicação de Freud do motivo por que o mesmo vinho satisfaz e o mesmo objeto amoroso não consegue fazer isso ignora as curvas de prazer bastante diferentes de cada um, e suas respectivas consequências. A indulgência ao vinho pode ser prazerosa sem gerar nojo e apenas evoca a ameaça do nojo caso exageremos na dose; o sexo, por outro lado, precisa lidar com o nojo tanto antes como depois do ato, pois se trata de um aspecto incontornável do prazer orgástico. Se o vinho produzisse orgasmos, ou se o orgasmo tivesse a capacidade de gerar prazeres moderados como o vinho, à maneira como os teólogos medievais imaginavam o sexo decoroso e racional de Adão e Eva antes da Queda,[263] Adão se contentaria com Eva todos os dias, assim como Freud com seu Bordeaux.

O que concluir a partir do fato de que boa parte da sexualidade (masculina) é construída em torno do desejo de indulgência ao nojo — de rolar na lama, por assim dizer?[264] O sexo é percebido como uma coisa suja, bestial, malcheirosa, grudenta, gosmenta, pegajosa, e para muitos é exatamente esse o seu poder de atração. Eu sugeri que a satisfação sexual implica o excesso e, deste modo, envolve o nojo que provoca. Existe também o problema previamente mencionado de como entender a reação formativa freudiana. É uma barreira atrás da qual o belo se encontra ou o belo, na verdade, é podre e é essa a razão de sua atratividade?

Em *Três ensaios sobre a teoria da sexualidade* (1905), Freud retratou as reações formativas como barragens de nojo, vergonha e moralidade que funcionam para represar os desejos por objetos proibidos. Já em "Sobre a mais comum depreciação na vida amorosa" (1912), o nojento em si se torna um objeto de desejo.[265] Por que, ele se pergunta, existem homens com tanta frequência impotentes com as mulheres que respeitam e admiram e bem-sucedidos em desempenhar seu papel com "um objeto sexual que em sua avaliação é depreciado e de pouco valor"? Os homens precisam de um objeto sexual depreciado para obter prazer. Daí escolherem suas amantes entre mulheres que são "eticamente inferiores" e "que não lhe causem nenhuma preocupação estética". Em outras palavras, os homens procuram mulheres indistintas que não parecem sentir repulsa pela feiura dos órgãos sexuais. Como Freud coloca em uma afirmação bastante direta: "os genitais em si não acompanharam o desenvolvimento do restante da forma humana na direção da beleza".[266]

A narrativa freudiana se assemelha a uma etnografia específica do desejo sexual dos burgueses vietnamitas, para quem a sexualidade era inseparável das imagens de mulheres das classes inferiorizadas — as amas de leite, servas e babás que os criaram.[267] Freud, no entanto, atribui uma maior aplicabilidade a suas observações. A depreciação do objeto sexual não era uma patologia localizada, mas uma característica "da vida erótica dos povos civilizados". As origens desse impulso depreciativo, segundo ele, estão na divisão entre "duas correntes de sentimentos" — "os sentimentos ternos e afetivos e os sensuais", sendo que estes não eram exatamente ternos. A primeira corrente permanece vinculada a membros da família, ou seja, mães e irmãs, enquanto os sentimentos sensuais eram desviados do objeto de sua escolha (de novo, mães e irmãs) pela barreira do tabu do incesto e pelo nojo, a vergonha e a moralidade que a reforçam.[268] A consequência é que "o sentimento sensual que permaneceu ativo busca apenas objetos que não evoquem nenhuma lembrança de pessoas incestuosas e proibidas". Aquelas que o fazem lembrar de sua mãe e irmã, ou seja, as mulheres de sua própria (respeitável) classe social, serão amadas ternamente, mas não sensualmente; aquelas que não têm semelhanças com sua mãe serão sensualizadas e esvaziadas de ternura. Assim, o prazer sexual está divorciado dos sentimentos ternos, e os sentimentos ternos aniquilam o desejo sexual.

A sensualidade, portanto, busca objetos depreciados, ou objetos que sejam aceitavelmente depreciáveis. Mas qual dos dois? O prazer é dependente da depreciação prévia do objeto ou depende de depreciar o objeto através do sexo? Freud em nenhum momento deixa clara essa questão e parece desejar essa ambiguidade. O ato sexual parece depreciar o objeto, torná-lo poluído. Mas o desejo por esse objeto já se dá em função de sua inferiorização.[269] Ele já é depreciado. A depreciação da cópula, portanto, pode ser entendida como uma ratificação, uma confirmação de uma classificação já em vigor em razão de determinantes sociológicas como classe, etnia e nível educacional. Mas isso não parece ter força suficiente para explicar o problema. Como a satisfação pode estar em dessacralizar o que já foi dessacralizado? Nesse ensaio, Freud não sugere que o prazer está na autodepreciação do homem; o prazer está em depreciar outra pessoa.[270] Para Freud, a "satisfação sexual plena" que essas mulheres inferiorizadas proporcionam não é relacionada ao fato de que o homem em questão não as ama e pode ir embora com sua alma intacta e gratificada, pois ela "não pode criticá-lo".

Freud não sugere que essas mulheres de classes inferiorizadas sejam atrativas porque são nojentas; é, na verdade, uma questão de terem mais tolerância ao nojo e, portanto, suportarem coisas que mulheres respeitáveis não toleram. Existe a inferioridade que atrai e a inferioridade que impede o desejo. Ele admitia uma diferença entre as relações com uma jovem pobre e as relações com uma velha repulsiva. Seu relato depende daquilo que alguns podem considerar uma noção convencionalmente sexista de violabilidade dessas mulheres inferiorizadas, caso contrário, não haveria a possibilidade de depreciação para servir de base ao prazer.

É possível questionar se as mulheres de classes inferiorizadas que fazem esse papel para os homens da classe dominante não são atrativas independentemente de sua vulgaridade — em outras palavras, se um observador neutro seria capaz de entender o que causa essa atração no homem. Não é o mesmo tipo de indulgência ao nojo que leva os homens a procurarem pessoas feias, deformadas, doentes e velhas para aliviar seu desejo sexual. A estética ainda é importante; portanto, a "mais *comum* depreciação na vida amorosa" não é ir para a cama com leprosos. É fazer uma coisa suja com alguém que supostamente ainda tem algum tipo de inocência ou pureza (juventude, beleza e vulnerabilidade) que possa ser poluída, mas as mulheres que possuem uma disposição ética inferior não veem sentido em não se sujeitar a tal poluição; ou seja, é sua natureza eticamente inferior que as torna sensuais.

A narrativa freudiana trata de homens que buscam mulheres que são moral e socialmente desprezíveis, não fisicamente nojentas. Não é que não existam pessoas que, de fato, procurem o prazer sexual na feiura, na doença e na deformação, mas não é disso que Freud está falando.[271] Tanto ele como nós reconhecemos a diferença entre as "deformidades sociais" de gosto e vulgaridade das classes inferiorizadas e a feiura corporal que não tem nenhuma relação com questões de classe quando descontamos os efeitos da posição social sobre a saúde física. É possível inclusive suspeitar que aqueles que se entregam a preferências, em geral consideradas pervertidas, por pessoas pouco saudáveis e deformadas, o fazem pelos poderes transformadores do amor genuíno ou, de forma menos nobre, por um gosto irônico, irrefreável e quase vanguardista pela violação de proibições poderosas.

Se o ato de depreciação da parceira fosse a causa da excitação, presumivelmente os homens se divertiriam mais dessacralizando mulheres da mesma classe de suas esposas, mães e irmãs. Freud afirma que os sentimentos amorosos e ternos intervêm para impedir isso. Essa pode ser a explicação para poupar a própria esposa, irmã e mãe, mas por que a ternura pouparia as esposas, irmãs e mães de outros indivíduos em condições de igualdade social? Não é o tabu do incesto que salva essas mulheres da depreciação, nem o amor. Freud sugere de maneira indireta que, em sua maioria, elas se salvem por serem frígidas, ou que sejam salvas pelo mesmo tipo de impotência que levou seus maridos ao divã do psicanalista. Na verdade, elas parecem ser salvas por uma simples questão de classe, que seria tão prevalente que toda mulher da mesma classe leva o indivíduo a associá-la a sua mãe apenas por esse mero fato. No entanto, a mera feminilidade das mulheres inferiorizadas não parece ser suficiente para torná-las parecidas com sua mãe e o fazer com que sejam poupadas. O componente de classe é mais determinante nessa narrativa do que o edipiano, e o sociológico se sobrepõe ao psicológico de uma forma nada freudiana.

É possível questionar também como a economia social atua para fundamentar a visão de Freud de que o desejo de depreciar é parte da vida sexual de todos os homens civilizados. Onde os homens da classe trabalhadora encontram mulheres para desejar que não sejam suas mães e irmãs? Presumivelmente, eles não são civilizados, e por isso a aplicação dessa forma comum de prática sexual não se aplica a seu caso. Ou será que, nesses estratos mais baixos, o simples fato de ser uma mulher já implica inferioridade suficiente para um homem chafurdar na lama moral que ela oferece? A depreciação prevalente que Freud está discutindo depende da hierarquia de classe para sua especificidade, e não da hierarquia de gênero, nem do complexo de Édipo, aliás; ao que tudo indica, portanto, os homens das classes inferiorizadas devem ter seu desejo de depreciar seus objetos sexuais estruturados de maneira diferente, ou deixar de lado por completo as gratificações eróticas disponíveis aos homens das classes dominantes.

Em vez de encontrar mulheres inferiorizadas, esses homens inferiorizados não podem apenas olhar para cima? Os homens da classe dominante, na verdade, temiam que os homens das classes inferiorizadas pudessem fazer exatamente isso. Uma longa tradição literária que remonta ao amor cortesão do século XII, passando pelos criados domésticos bem-dotados dos séculos XVII e XVIII e se estendendo até bem depois de Lady Chatterley, sugere que se acreditava que esses homens inferiorizados se deleitavam com as mulheres da classe dominante, cujos maridos consideravam preciosas demais para poluir. Mas, nesse caso, quem está depreciando quem? Essa história nunca foi contada (pelo menos até o século XIX) de uma forma que retratasse o homem inferiorizado agindo de acordo com um desejo depreciativo.[272] No amor cortesão, eles buscavam elevar a mulher, não depreciar. E a narrativa quase nunca é contada de uma forma que dê ao homem inferiorizado alguma voz. Ele apenas atendia ao pedido de sua senhora, que o considerava mais ávido que seu arredio marido. Era com esse tipo de depreciação que os homens das classes dominantes acreditavam que suas mulheres estivessem envolvidas. As esposas das classes dominantes depreciavam os maridos indo para a cama com os criados, em uma forma de indulgência a seu próprio fascínio pelo desprezível e nojento, enquanto os maridos depreciavam as criadas, cuja inferioridade, por sua vez, os depreciava. Que mundo mais cheio de disputas de desprezo e nojo!

A narrativa de Freud é diferente em relação às mulheres. "As mulheres" — isto é, as burguesas que ele tratava, ou as mães, esposas e irmãs dos profissionais liberais ou burgueses que ele tratava — "demonstram pouca necessidade de depreciar o objeto sexual." A divisão entre o terno e o sensual é resolvida por ela com a repressão ao sensual. Assim, a frigidez é o sintoma correspondente à impotência psicológica de seus maridos. Trata-se de um retrato bastante sombrio. O sexo ou é nojento demais para ser praticado, ou, quando é praticado de uma forma que não seja nojenta, não é gratificante, a não ser que a pessoa possa fazer uso de empregados e criadas. O nojo tem uma tripla função: primeiro tenta impedir a cópula, mas nisso acaba se tornando quase uma incitação a burlar a proibição. Uma vez superado, o nojo se junta à diversão e a intensifica, tanto por ter sido vencido como por se tornar parte integrante do processo, fornecendo os fluidos e a gosma que tornam o ato sexual temporariamente tão libertador. E então chega combalido ao final do fato consumado, acompanhado pela vergonha, para punir a indulgência e o excesso. O nojo tem uma vida bem movimentada no mundo do sexo.

O que se apresentou aqui foi um resumo simplificado para mostrar a força do nojo no contexto do sexo, em que os riscos são altos e a curva de prazer, com sua queda acentuada, atua para complicar a questão. As coisas se apresentam de uma forma um tanto distinta quando as transgressões ocorrem em contextos em que os riscos são menores, como no caso da comida, ou quando os problemas morais implicados são diferentes. E o que foi dito também não encerra a discussão sobre o sexo; eu tive que acrescentar um agente qualificador nada trivial à questão: "a não ser que haja a intervenção do amor". O amor altera todo o cálculo do nojo sexual, além de muitos dos nojos que surgem da incapacidade de manter uma presença pública apresentável e não poluente. O amor supera quase tudo.

O AMOR E A SUSPENSÃO DAS REGRAS DO NOJO

Agora, eu desejo tratar de uma narrativa menos sombria. É momento de falar mais de amor do que de sexo, de trocar fraldas e de cuidar de pessoas da família, de lealdade, além do amor sexual. Essa narrativa opera tanto social como psicologicamente, e o sexo é apenas uma de muitas áreas de comportamento envolvidas.

Uma das formas de descrever a intimidade (e/ou amor) é como o estado em que várias regras do nojo são flexibilizadas ou suspensas. Consideremos os seguintes exemplos genéricos e, às vezes, interconectados sobre a capacidade de outra pessoa de nos causar nojo: no primeiro, nós perdoamos ou suportamos coisas que ainda são consideradas nojentas; no segundo, não nos enojamos com coisas que normalmente causariam nojo, mas essas coisas não implicam prazeres ou atrações especiais por aquilo que para nós deixou de ser nojento, que ainda continuam reconhecíveis como pertencentes ao reino do nojento; e, no terceiro, nós entendemos a substância ou o comportamento nojento como um privilégio da intimidade, que seria uma ofensa grave caso não fosse entendida dessa forma; neste último, com frequência aparece a intersecção do nojo com o prazer sexual (mas não necessariamente).

Para o primeiro tipo, o das coisas que devem ser perdoadas ou suportadas, mas que ainda causam nojo, consideremos o mau hálito. O mau hálito de um desconhecido, muitas vezes, é entendido como uma espécie de fracasso moral de menor relevância; pode tanto ser compensado por muitas outras virtudes como aniquilar desejos em caso de evolução para relações que exijam mais proximidade. O mau hálito em uma pessoa amada será perdoado, relevado ou negociado com o adiamento da proximidade, deixando claro que o distanciamento é temporário e desimportante em qualquer medida, além de evitar um desconforto momentâneo que ninguém, nem mesmo a pessoa assim distanciada, acharia que o outro deveria suportar. Se o hálito não for perdoado nem puder ser negociado, eu desconfiaria que o amor está no fim ou acabará em breve. O mau hálito é um daqueles problemas nojentos que não têm muito peso como indicador do status de um relacionamento. Não pode ser percebido por terceiros que não têm nenhuma informação prévia a respeito, deste modo, seu poder de indicar ao próprio casal ou a observadores externos um status especial é reduzido a nada. Por exemplo, o hálito não tem o mesmo poder sinalizador dos toques permitidos. O mau hálito é uma cruz empurrada para a outra pessoa carregar sem nenhum benefício, a não ser uma pequena pontada de satisfação íntima por estar suportando algo em nobre silêncio, indicando, assim, uma capacidade de saber aguentar o sofrimento. E, considerando que a competitividade é parte das relações íntimas, trata-se de algo que permite um pequeno desprezo que proporciona um alívio momentâneo dos fardos tão santificados do amor e da devoção.

Para o segundo tipo — as coisas que, em razão de um status especial, perdem o caráter nojento sem conferir prazer ou atração especial pelo que está sendo superado —, os melhores exemplos são os atos de cuidado e devoção intergeracional: trocar fraldas, limpar comida regurgitada e dispensar atenção a parentes doentes ou inválidos. Ao contrário do ato de suportar o mau hálito, trocar fraldas é em parte um ato definidor de um status: o parental. Mas trocar fraldas é mais do que uma simples parte de ser mãe ou pai. É um ato fundamentalmente emblemático do tipo de comprometimento envolvido na relação, a ponto de ter um significado simbólico e constitutivo. Pais são pessoas que vão cuidar da criança em qualquer situação; vão descartar o excremento; vão se arriscar a sujar as mãos ou as roupas; vão correr o risco de acabar cagados. Dessa forma, os pais se envolvem em ações rebaixadoras que, ao mesmo tempo, elevam seu status, afirmando e adquirindo, assim, o direito de ir além dos cuidados já inclusos no dever de cuidar.

Para um pai ou uma mãe, amar significa se rebaixar diante de um mero bebê (sem dúvida como preparação para o rompimento final do arbítrio parental que se dá com a chegada da criança à puberdade). Esse rebaixamento ritual (e muitas vezes real) das pessoas que amam é facilmente reconhecível como o modelo de um tipo especial de devoção. O cristianismo fez com que Deus passasse a amar a humanidade dessa forma. Antes do ato supremo de rebaixamento e humilhação da crucificação, Jesus empreendeu atos menores de autodepreciação e autodegradação lavando os pés de seus inferiores. A maioria de nós reconhece esse autorrebaixamento como uma estratégia inteligente de afirmação de superioridade. Gandhi e Jesus souberam usar isso muito bem. O fiel também se vale desse mesmo movimento para afirmar sua dominância com um ato que a esconde? Nesse sentido, consideremos a homenagem prestada ao *menino* Jesus no Natal. Que ameaça Deus pode representar na forma de um bebê? Ou esse culto é um sinal de que temos a consciência de que nosso arbítrio e nossas declarações de autonomia são inibidos por nossos filhos da mesma forma que eram por nossos pais?

Nem todo amor do mais forte pelo mais fraco assume a forma do rebaixamento voluntário, de servir ao inferior, livrando-o da sujeira e purificando-o das emissões que lançou sobre seu próprio corpo. É possível amar de forma mais fria e distante e delegar o serviço sujo; isso inclusive servia, com frequência, para diferenciar o amor paterno do amor materno até bem pouco tempo atrás, se é que ainda não serve.[273] Ao que parece, é exatamente a superação do nojo normal que torna o amor materno o modelo de todo amor altruísta, enquanto a costumeira relutância do pai a fazer a mesma coisa é parte do que torna o amor paterno uma coisa ambivalente, que muitas vezes não faz falta para a criança.[274]

Trocar fraldas, superar o nojo inerente a substâncias contaminantes, é emblemático da característica de cuidado incondicional do amor parental. Sem essa superação, o ato em si não teria um significado emblemático. O amor implica uma espécie de autossuperação nesse contexto — a superação de aversões poderosas e a suspensão de regras de pureza que têm forte domínio sobre as pessoas. O amor significa que seu fastio, a pureza de seu ser, deve se subordinar ao bem-estar da geração seguinte.

O leitor há de suspeitar, pelo grande significado que atribuo a esse ato, que não foi um esforço pequeno superar meu próprio nojo de trocar fraldas. Admito que essas coisas são mais fáceis para alguns do que para outros e que seus significados maiores se perdem com a rotinização e a repetição da tarefa. (A sensibilidade, porém, ainda que embotada pelo contato diário com o excremento, permanece surpreendentemente intacta diante da tarefa menos frequente de limpar o vômito de um filho doente.) Mas o significado maior de lidar com os dejetos corporais de um filho, embora seja obscurecido pela rotina, ainda se faz presente. E, muitas vezes, é confirmado por terceiros, que prestam uma homenagem involuntária ao poder simbólico dessa devoção que leva à superação do nojo por parte dos envolvidos na tarefa. Com frequência, quem não tem filhos parece espantado, horrorizado e/ou enojado, e muitos mal conseguem cogitar a ideia da paternidade ou maternidade diante desse custo. Para observadores que já são pais ou mães, o ato não tem esse significado, pois já foi codificado como rotineiro, a não ser quando são lembrados do nojo que tiveram que superar com os próprios filhos ao serem abruptamente obrigados a lidar com o excremento do bebê de outra pessoa. A autossuperação, embora incondicional em relação a nossos próprios filhos, ainda é, em larga medida, bastante condicionada ao fato de o bebê ser nosso. Sem amor e devoção, o nojo ainda está presente; um ato de amor se torna uma simples tarefa ingrata.

A natureza é bastante compreensiva com o fastio dos pais de primeira viagem, tornando o excremento dos recém-nascidos relativamente pouco contaminante, não muito grudento nem muito malcheiroso, sendo mais reconhecível por sua coloração e forma do que qualquer outra coisa. A distinção das fezes do bebê confirma seu status especial e talvez seja parcialmente constitutivo desse status. Se certa uniformidade na ofensividade das fezes humanas é um grande fator democratizante, apagando as distinções entre nós, a característica especial das fezes dos bebês os separa do restante da massa humana ofensiva. Deve haver alguma narrativa evolucionária interessante aqui, mas não sei como contá-la. Diz respeito à seleção de um tipo particular de leite ou da seleção de algum tipo particular de mecanismo de nojo? Se o nojo já existia, a mudança poderia vir na forma da constituição das fezes, favorecendo as mães cujo leite produzia fezes que não provocavam nojo violento. Ou seria o nojo um reflexo desenvolvido de forma a tornar uma exceção parcial as fezes dos bebês?

O amor intergeracional dos pais pelos filhos e dos filhos pelos pais idosos depende de deixar de lado ou superar o nojo, o que por si só já define a noção de cuidado e consideração. O confronto com o nojo não ativa nenhum prazer especial que estava escondido dentro do nojento. Alguns tipos de amor intrageracional também assumem essa forma. Amigos em situação de necessidade geram esse tipo de demanda às vezes, assim como amantes. Quando estamos caídos no chão do banheiro de um restaurante com intoxicação alimentar, o que fala mais alto: a dor e o enjoo ou a sensação de humilhação por precisar dos cuidados de uma pessoa amiga? Os outros serão capazes de nos ver como pessoas dignas de novo? E, por maior que seja a solicitude demonstrada, nós algum dia poderemos voltar a confiar na maneira como os outros nos enxergam? Caso exista amor envolvido, trata-se de um grande teste; caso não exista, nós tememos que nunca mais possa vir a existir. É por isso que nós admiramos os animais que têm a presença de espírito de se arrastar para longe a fim de lamberem suas feridas ou morrerem sozinhos. Apenas os filhos têm o direito absoluto de fazer exigências que nos obriguem a ignorar o nojo; os outros precisam conquistar esse direito, ou retribuir isso de alguma forma que sirva como reconhecimento de uma reciprocidade na relação: eu já cuidei de você, agora você cuida de mim; eu já vi você em um estado que não gostaria de ser visto, e agora é sua vez.

A afirmação de que o amor é a suspensão das regras do nojo pode significar muitas coisas. Conforme mencionado, o amor implica uma disposição a perdoar falhas normais em outros corpos, como mau hálito ou as visões desagradáveis que vêm com a puberdade e a velhice. Implica também superar o nojo em favor do cuidado e da consideração.

Aqui eu gostaria de abordar a noção de conceder ao outro o privilégio de ver, tocar ou desfrutar de nosso corpo de formas que seriam nojentas, vergonhosas ou humilhantes para nós se essa pessoa não tivesse esse privilégio. Não são apenas as intimidades sexuais que estão em questão, e sim toda uma gama de comportamentos e práticas que definem a intimidade entre iguais. Por falta de um nome melhor, chamarei isso de amor.

A intimidade do amor é diferente da simples proximidade e coabitação, situações em que nos resignamos com os hábitos nojentos e com a proximidade com as excreções corporais de um simples colega de quarto. A resignação que nos permite tolerar colegas de quarto não é um privilégio relacionado à intimidade, e sim um fardo que, muitas vezes, termina em desprezo e, às vezes, até em repulsa pelo outro. Essa resignação misturada com desprezo é semelhante à que médicos e enfermeiros adquirem para poder lidar com o nojo normalmente despertado pelas pessoas doentes e idosas a que atendem. Isso claramente não surge de um comprometimento positivo, mas de uma familiaridade que alimenta o desprezo. Nesse sentido, o contexto amoroso é bem diferente, pois a superação do nojo é necessária (mas não suficiente) para a manutenção de um relacionamento em que a indulgência mútua a certos tipos de coisas nojentas é distinção de privilégio e oferece meios cruciais para demonstrar e provar nosso amor.

Nós já tratamos das formas como o desejo sexual depende da ideia de um domínio proibido do nojento. A língua de alguém dentro de nossa boca pode ser considerada um prazer ou uma intrusão repulsiva e nauseante a depender da relação existente ou dos termos negociados entre nós e a pessoa em questão. Mas a língua de alguém em nossa boca pode ser um sinal de intimidade exatamente *porque* também pode ser uma agressão nojenta. Os sinais de intimidade dependem da violabilidade dos "territórios do eu" propostos por Goffman. Sem esse território com fronteiras rigorosamente monitoradas, não haveria nada de especial no acesso a nosso corpo.

Isso nos leva de volta ao paradoxo da transgressão permitida, mas com um toque a mais. Consideremos que a fronteira do eu é protegida em seus pontos mais cruciais e vulneráveis pelo nojo. O sexo consensual significa a transgressão mútua das fronteiras defendidas pelo nojo. Mas onde fica a excitação da violação com essa permissão? Em outro contexto, eu sugeri que o nojo tenha tamanho poder sobre nós que até mesmo as transgressões permitidas têm seu impacto. Agora sugiro que analisemos não o transgressor autorizado, e sim o concessor da permissão. A excitação de transgredir a fronteira do outro se adiciona à excitação de permitir ter sua fronteira transgredida. Um tanto estranhamente, a concessão da permissão pode ser mais transgressiva do que a transgressão autorizada, pois é a permissão que suspende a regra do nojo, não a violação permitida da fronteira.

Dessa forma, a excitação da transgressão permitida acaba se dando em cumplicidade com quem concedeu a permissão. O transgressor autorizado ajuda e incentiva o concessor a passar por cima de algo extremamente forte — as defesas do nojo. Mas o verdadeiro violador contra as regras todo-poderosas do nojo é o concessor da permissão. É a pessoa que autoriza a violação das regras do nojo, redefinindo a violação dela como uma experiência de transfiguração do nojo. Em geral, a violação da fronteira e a concessão de permissão no sexo são atitudes mútuas, então ambos os parceiros sentem igualmente a excitação relacionada ao nojo e a sensação de ofensa aos deuses da pureza — uma celebração da desordem em estado bruto. No amor e no sexo, nós apenas fazemos ou deixamos que façam conosco coisas que violam todas as normas que desencadeariam o nojo em caso de acesso não permitido, coação ou até mesmo a presença de testemunhas.[275] E fazer isso e permitir que isso seja feito constitui boa parte da intimidade sexual.

No entanto, eu não quero limitar esse tema ao sexo. Minha afirmação é que o *amor* significa a suspensão das regras do nojo, não só o sexo. Pelo contrário, o sexo, como já vimos, não é exatamente a suspensão do nojo; é a indulgência ao nojo. O amor é uma coisa menos drástica. Quando afirmo que o amor significa a suspensão das regras do nojo, estou me referindo às intimidades mais mundanas, as que de fato demarcam o terreno da familiaridade e o eventual desprezo que isso pode gerar. Comparemos nossa persona pública e o esforço que dedicamos ao automonitoramento e ao monitoramento de nossos arredores e o monitoramento do eu e de nossos próprios comportamentos quando estamos sozinhos ou na presença de pessoas íntimas, sejam formalmente classificados como familiares ou amigos. Imagine se nos deixássemos ver em público como nossa família e, em especial, nossos cônjuges e parceiros nos veem. Imagine ver os outros dessa maneira. Seria vergonhoso para nós sermos vistos assim e nojento ver os outros dessa forma sem ter esse privilégio concedido.

O sexo é apenas uma maneira de cruzar fronteiras envolvendo alguma forma de nudez. Existem outras formas de exposição e conhecimento que geram intensa intimidade — a intimidade do contato próximo, prolongado e amoroso. Nesse sentido, pensamos mais imediatamente em compartilhar e revelar dúvidas, inseguranças, preocupações; admitir aspirações, confessar falhas e fracassos, ou apenas revelar defeitos, fraquezas e necessidades. Esse é o retrato mais tocante. Mas é possível remodelá-lo. Poderíamos definir como amigos e pessoas íntimas aqueles que nós permitimos que nos exponham suas queixas e, em troca, ouçam nossas queixas, com ambas as partes compreendendo que esse queixume é um privilégio da intimidade, algo que nossa dignidade e nosso nojo não permitiriam na ausência do privilégio.

Esses privilégios, muitas vezes, não são prazerosos por si só, a não ser pelo caráter de intimidade e comprometimento que carregam consigo. A intimidade tem seus custos, além de benefícios. Uma parte desses custos implica vermos o outro e nos deixarmos ver como pessoas feias, inapresentáveis, covardes, entediantes, irritadiças, rabugentas, indiferentes, medrosas, doentes, falíveis, pretensiosas, tolas etc. Significa tolerar a flexibilização de certas civilidades que usamos com estranhos, e aqui voltamos a Swift: significa a incapacidade de ocultar boa parte dos gases, excrementos, odores, secreções e comportamentos relacionados a tais coisas.

Mas não devemos ir tão longe. Afinal, em algum momento, o relaxamento em privado de nosso comprometimento com as normas públicas de discrição, restrição, limpeza, distanciamento e boas maneiras será considerado excessivo e desrespeitoso à pessoa íntima. Se não nos monitorarmos em nada, é improvável que o amor possa resistir à suposição implícita de tolerância infinita por parte do outro. Alguns costumes podem ser flexibilizados, mas nem todos podem ser dispensados. Podemos comer direto da tigela, mas isso não nos dá o direito de mastigar com a boca aberta ou arrotar sem sequer tentar abafar um pouco o som. Existem normas de civilidade que atuam com tamanha força que não concebemos ignorá-las nem quando estamos sozinhos, muito menos na presença de pessoas amadas.

O amor, como podemos ver, não é de forma alguma a suspensão de todas as regras do nojo. O que certos tipos de intimidade necessariamente implicam não é tanto o relaxamento das defesas, e sim a quase impossibilidade, a não ser em caso de indivíduos obsessivos, de mantê-las sob vigilância constante na vida privada. O trabalho envolvido na produção de nossa persona pública acontece fora do palco, é invisível à plateia. Nesse sentido, vida privada significa a convivência com pessoas selecionadas que estão atrás do palco e podem acompanhar os ensaios e os preparativos.[276] Esse tipo de acesso privilegiado aos bastidores pode ser entendido como uma honra, quando é assim concedido. Mas a presença do outro impõe algumas exigências mínimas de manutenção de alguma dignidade, mesmo em condições em que isso é muito difícil. Pessoas íntimas podem exigir respeito e têm o direito de fazer isso. Portanto, não são todas as barreiras do nojo que voam pelos ares com a intimidade. Alguns comportamentos nojentos são permitidos (e nós sabemos mais ou menos quais são) e funcionam como confirmações do status de intimidade, enquanto outros parecem mais um sinal de indiferença e desprezo pela outra pessoa, e outros ainda, como os maus odores que emitimos, nem sempre podem ser evitados. Estes últimos são os custos inevitáveis da intimidade, não confirmações, e também não podem ser vinculados a nenhum tipo de privilégio.

Não é um privilégio da intimidade suportar um mau hálito como se isso fosse equivalente a ver o outro baixar a guarda e se mostrar fraco, vulnerável, doente, temeroso e feio — condições que, se manifestadas em público, causariam desprezo e nojo no observador. É esse o limite tênue que separa as coisas que causam nojo das que despertam preocupação, amor, comiseração e afeto. Alguns desses privilégios são concedidos voluntariamente, na forma de uma confissão e demonstração de confiança. Outros se dão de forma involuntária.

Imagine o sofrimento de ver uma pessoa amada se comportar de forma humilhante e causar nojo nos outros, tendo a consciência de que esse nojo é justificável e nos dando conta de que amamos uma pessoa tola. O amor pode sobreviver a uma visão como essa? Segundo Hume, como veremos no capítulo 8, apenas o amor parental é capaz de sobreviver a esse conhecimento, que aniquila todas as outras formas de amor.[277] Mas os tolos vulgares também não são amados por pessoas que não são seus pais nem outros tolos vulgares? Ver uma pessoa amada provocando nojo de forma justificada causa grandes prejuízos ao comprometimento, é verdade, mas os compromissos são mantidos mesmo assim. Testemunhar uma inaptidão dolorosa impõe a quem ama o fardo de educar o tolo para que corrija seu comportamento; isso exige reprimir tal visão de modo a restabelecer uma certa cegueira para amar alguém desse tipo — ou será que a pessoa se apaixonou por um tolo justamente por ele ser quem é? É possível encontrar mulheres dignas apegadas a homens tolos a quem parecem amar, e em quantidades muito maiores do que quando invertemos os gêneros. É possível se sentir tentado a explicar isso recorrendo à ideia de um desejo obscuro da parte da mulher de amar homens que estão abaixo dela em todos os sentidos, para se regalar com o desprezo que sente por eles. Esse desprezo seria uma forma comum e particularmente feminina de depreciar o objeto do amor? Mas o desprezo é a explicação do observador, em sua aflição para dar conta da disparidade; na verdade, a mulher pode muito bem ser devotada a seu porco nojento. Esse deve ser o significado da frase "o amor supera tudo".

Em suma, o amor, da maneira como o entendemos, permite ao outro o privilégio de nos ver de formas que nos causariam vergonha e provocariam nojo nos outros se não houvesse a intervenção do amor. Nem todas as normas reforçadas pelo nojo estão liberadas no amor. Mesmo assim, podemos aceitar a afirmação um tanto óbvia de que o amor, muitas vezes, se manifesta na forma de posturas especiais em relação ao nojo e em atos que ou reduzem a sensibilidade ao nojo ou, como no sexo, encontram naquilo que é nojento uma fonte de prazer.

Uma afirmação mais forte seria que a suspensão do nojo é tão fundamental para o amor que o torna parasitário e dependente do domínio anterior do nojo. Isso significaria que um determinado tipo de amor seria dependente de conquistas do processo civilizador. (Anteriormente, eu argumentei que a visão de nossa obsessão pelo sexo poderia dever algo à disponibilidade da batata; seria possível que as batatas também precisassem ser comidas com garfos e guardanapos para manter essa obsessão?) Essa afirmação mais forte, que o leitor com razão há de ter considerado suspeita e que analisaremos no próximo capítulo, em última análise, não se sustenta.[278] No entanto, parece provável que os parâmetros mais altos de nojo têm consequências discerníveis para nosso senso de individuação e, portanto, também para aquilo que entendemos como amor.

Talvez eu tenha enfatizado demais os aspectos da violação de fronteiras do amor, concentrando-me no processo e nos significados da conquista da intimidade e do amor e, assim, deixando de lado o conjunto bastante distinto de expectativas e arranjos que refletem um estado já consumado de intimidade e amor. Por exemplo, podemos nos perguntar o que a suspensão das regras principais do nojo pode significar com o tempo para a identidade individual e a autonomia dentro do contexto amoroso e em condições de intimidade. O vocabulário legal de direitos, privilégios e concessões que tenho usado aqui exige que tanto quem concede como quem recebe a concessão continuem sendo entes distinguíveis e autônomos, pois concessões e privilégios podem ser revogados e devem ser reavaliados com frequência. Desse ponto de vista, o amor ao mesmo tempo dissolve e confirma as fronteiras do eu. O amor, portanto, individualiza a pessoa amada muito além da individuação que conferimos a qualquer outro ser humano.

Mas suponhamos que usemos outro tipo de imagética orientadora, encarando a suspensão do nojo como um enfraquecimento do senso de individualidade da pessoa, de forma a fazê-la se fundir com outro ser — a imagem paulina da união em uma só carne. Nesse constructo, o nojo dissolve as fronteiras do eu não por concessões e renovações de privilégios, mas pelo enfraquecimento da separação do eu com o outro, tornando sem sentido a ideia da concessão de privilégio. Não à toa, o divórcio é proibido no regime da doutrina de Paulo; a ideia da união em uma só carne o torna uma impossibilidade conceitual.

É possível se arriscar a sugerir a ideia de que, em seus estágios iniciais, as relações de intimidade e amor parecem mais governadas pelo regime de direitos e concessões, mas, com a passagem do tempo e com a rotinização das transgressões permitidas, a pessoa amada acaba passando de um outro ser autônomo com quem temos intimidade a algo mais parecido com um órgão vital, uma parte de nós. No fim, portanto, haveria a união em uma só carne. Isso pode ajudar a explicar a frequente ocorrência da morte de um cônjuge logo depois do falecimento do outro em matrimônios de longa duração.

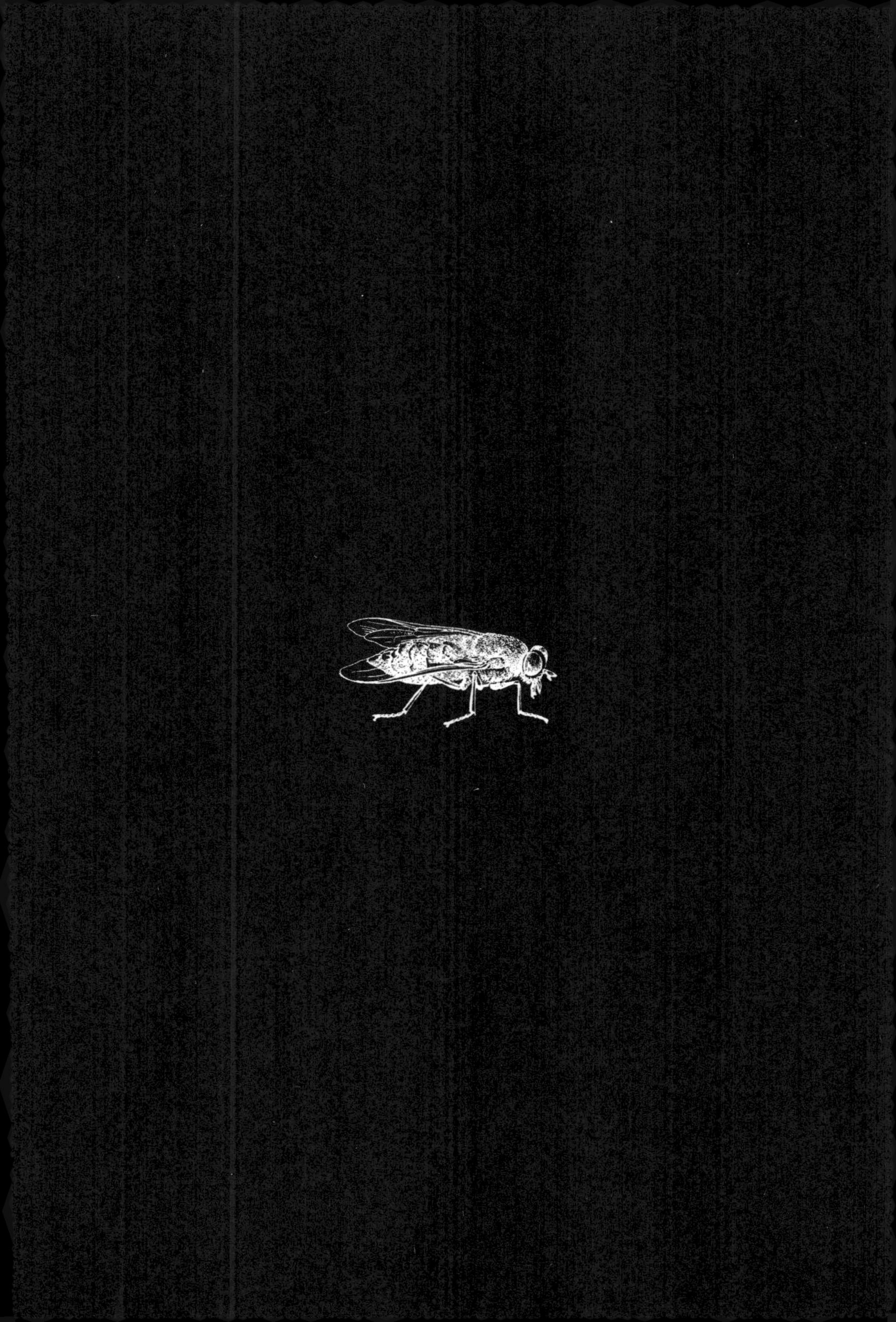

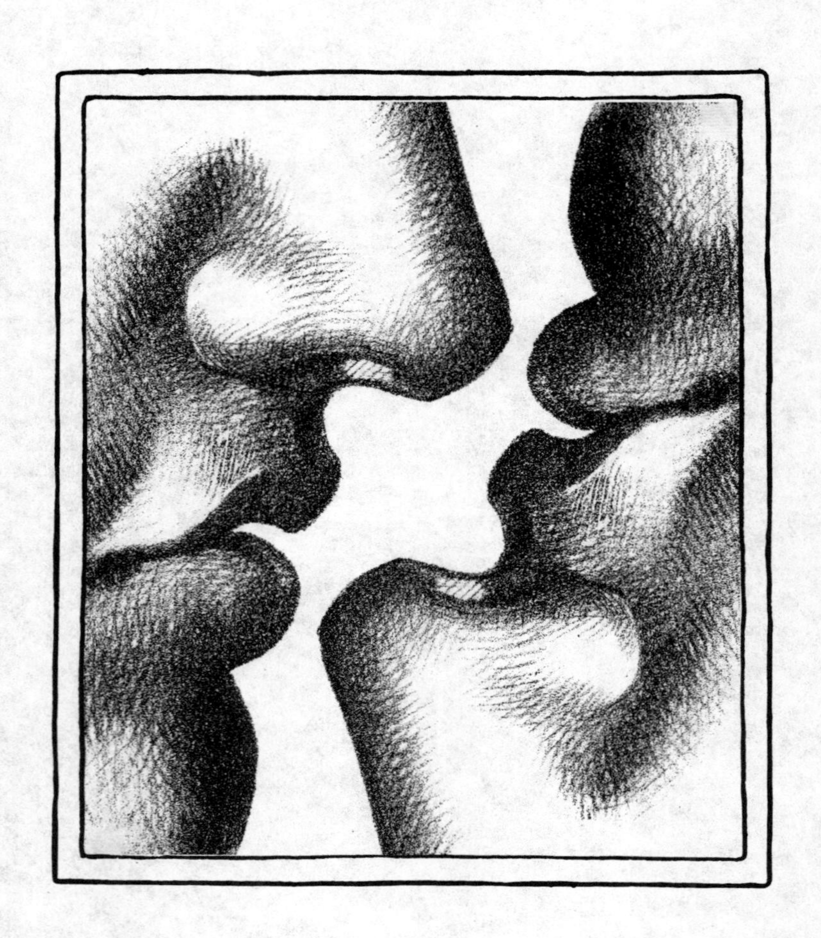

7

GUERREIROS, SANTOS E DELICADEZA

Como o nojo pode ter se constituído em um mundo de pobreza inominável, mortalidade e disseminação de doenças altíssimas, onde a privacidade era conseguida a duras penas, isso quando era possível, onde o amor, o sexo, a morte e a defecação quase sempre aconteciam ao alcance dos ouvidos e do nariz, e talvez até dos olhos dos outros? Um mundo onde apenas os ricos tinham a possibilidade de trocar de roupas, onde lavar mais do que as mãos e o rosto era algo incomum, onde os dentes apodreciam e as substâncias desinfetantes eram quase desconhecidas? Aqui vamos seguir três linhas de investigação. A primeira será analisar com atenção diversos textos da Idade Média e do Renascimento que nos proporcionarão pontos de partida para discernir como o nojo pôde se encaixar em um mundo onde os maus cheiros, as visões repugnantes, as doenças e as deformidades eram predominantes de uma forma como não são mais nos dias de hoje. A segunda será um mergulho no léxico do nojo na língua inglesa. Como o nojo era discutido antes que a palavra *disgust* passasse a defini-lo? E a terceira será encarar a obra crucial e fecunda de Norbert Elias, o teórico do processo civilizador, em questões pertinentes à anatomia do nojo.

A HISTORICIZAÇÃO DO NOJO

Começo tratando do que conheço melhor: a cultura heroica. As culturas heroicas são inevitavelmente apresentadas como pré-culturais, menos como algo vivido e mais como uma coisa para ser vista em retrospectiva. Os livros heroicos da Bíblia — partes dos livros de Gênesis, Juízes e todo o livro de Samuel — são, portanto, o Antigo Testamento, que, por sua vez, é organizado para que os livros com características distintamente heroicas fiquem na primeira metade, bem no início da linha do tempo. As culturas heroicas são culturas de honra, de conflitos de clãs e de uma autoridade central fraca ou inexistente, então quando enfim são adquiridos os meios para colocar as histórias no papel, em geral, a chegada da tecnologia da escrita coincide com os desenvolvimentos culturais e políticos que marcam o fim dos conflitos e do estilo heroico. Portanto, narrativas como a *Ilíada*, as sagas islandesas, *Beowulf*, *A canção de Rolando* e outras circularam oralmente por um tempo até serem, enfim, reduzidas à sua forma final escrita em um mundo onde já tinham um ar de antiguidade.[279] Nossas melhores produções no estilo heroico, embora, muitas vezes, implacáveis e notavelmente astutas em sua identificação e crítica aos aspectos disfuncionais da cultura heroica, estão sempre embrenhadas de uma sensação de nostalgia, uma impressão de que se referem a um mundo mais nobre que já se perdeu.

Nós pensamos nas culturas heroicas como pertencentes a tempos mais brutos, com costumes mais brutos; como culturas em que as pessoas tinham relativamente poucas coisas materiais com que ocupar o tempo e, portanto, se ocupavam com preocupações a respeito de como eram vistas pelos outros — se eram temidas, respeitadas, estimadas.[280] Em disputas envolvendo a honra, a preocupação do indivíduo com sua posição em relação aos demais era prevalente; havia pouquíssimas ocasiões em que a pessoa pudesse relaxar longe dos olhares e dos julgamentos de gente invejosa. As pessoas eram irritadiças e sensíveis; as conversas se davam no limiar do insulto. A honra do indivíduo era frágil e violável com facilidade; seu estado de saúde (no caso de homens e, também, de mulheres) era monitorado de perto por seu senso de vergonha e por uma capacidade acurada de discernir se era mais invejado pelos outros do que tinha inveja deles. As emoções mais prevalentes nessa cultura são a vergonha e a inveja. A vergonha regula o automonitoramento, mantendo a ética da reputação e da coragem; a inveja motiva a competitividade na disputa pelo artigo raro da honra. Pelo que vemos nesses relatos, o nojo dispõe de um espaço bastante restrito na vida pública em uma cultura na qual havia pouquíssimas partes da vida que não eram públicas. Mas não podemos descartá-lo tão facilmente.

Depois de traçar essa caricatura apressada de um regime moral complexo tanto psicológica quanto sociologicamente, apresentarei ao leitor duas rápidas passagens registradas nas sagas familiares da Islândia medieval. Na primeira, extraída da *Saga de Laxdœla*, Kjartan e seus seguidores, envolvidos em um conflito que vai ficando cada vez mais sério, cercaram a casa de fazenda onde viviam as pessoas de Laugar e lhes negaram acesso aos banheiros externos por três dias. "Naquele tempo", diz a saga, "era costume a latrina ficar localizada a uma boa distância da casa [...] Kjartan bloqueou todas as portas e se recusou a deixar qualquer um sair, e eles precisaram se aliviar lá dentro por três dias." Kjartan, então, voltou para casa. Os moradores de Laugar não ficaram nem um pouco satisfeitos e disseram que "acharam uma desonra muito pior, maior ainda do que se Kjartan tivesse matado um ou dois deles em vez disso".

O segundo trecho precisa ser narrado em maiores detalhes. Egil e seus companheiros, depois de sobreviverem a uma nevasca congelante, chegam exaustos à fazenda de um homem próspero chamado Armod Beard, que os convida a passar a noite lá e lhes serve generosas porções de uma substância, um pouco parecida com iogurte, chamada skyr. Armod se diz decepcionado por não ter cerveja para oferecer. Depois de Egil e seus homens consumirem quantidades consideráveis de skyr, a esposa de Armod manda sua filha de 11 anos dizer a Egil que reservasse espaço na barriga para coisa melhor. Egil, então, se recusa a consumir mais uma gota de skyr. Depois de repreender a filha com uma bofetada, Armod serve a Egil e seus homens uma comida melhor, além de um bom suprimento da cerveja mais forte que eles poderiam beber. A bebedeira, como não é incomum no mundo viking, tem um caráter competitivo. Depois de começar, o indivíduo perde sua reputação se não continuar. Egil vai bebendo rodadas e mais rodadas e vê seus homens irem tombando. No fim, nem mesmo Egil consegue continuar. Ele se levantou e atravessou o salão até Armod. Ele pôs a mão nos ombros de Armod e o empurrou contra a coluna. Depois, Egil sentiu uma ânsia tamanha que vomitou no rosto de Armod, em seus olhos, suas narinas e em sua boca. O vômito escorreu pela garganta, e Armod não conseguia respirar. Quando recobrou o fôlego, Armod, então, começou a vomitar em tudo. Os servos de Armod, todos presentes, disseram que Egil era o mais vil entre os homens; apenas o pior deles poderia fazer algo assim, não sair da casa para vomitar, mas fazer uma coisa tão terrível dentro do salão.

"Não se zanguem comigo por isso", disse Egil. "Não estou fazendo nada de diferente de seu patrão. Ele está vomitando com todas as forças, assim como eu." Em seguida, Egil voltou a se sentar e pediu mais bebida.

Pode parecer difícil de acreditar, mas, apesar do comportamento de Egil, as sagas em si são notáveis por seu decoro e hesitação ao tratar do que hoje consideraríamos emissões corporais constrangedoras e nojentas. De modo surpreendente, há pouca vulgaridade e obscenidade. Quando a vulgaridade vem à tona, é através de insultos que conscientemente fazem parte dos diálogos em que o contato é estabelecido, o caráter é testado e a honra é afirmada. Nesses momentos, homens e mulheres questionam a orientação sexual dos homens e, em um exemplo raro, a de uma mulher; às vezes, um homem zomba de outro, afirmando que dormiu com sua mulher, mas esses insultos costumam ficar escondidos nos versos mais obscuros e quase nunca aparecem em trechos inteligíveis em prosa.[281]

A narrativa mais rotineira das sagas é caracterizada por um recato decoroso em que as emissões corporais são mencionadas apenas quando um personagem traz isso à tona para insultar alguém. As milhares de páginas do *corpus* das sagas islandesas, por exemplo, demonstram pouquíssima preocupação com fluidos corporais contaminantes. As menções a odores, sabores e toques repulsivos são raras e, quando ocorrem, estão no contexto da troca de insultos, de modo que o mau hálito de alguém se torna a causa para versos insultantes a respeito de sua condição.[282] Alguns peidos são mencionados, porém, como costuma ser nesses casos, menos em tom de nojo do que de humor.[283] Até mesmo a dor, apesar da quantidade de mortos em batalha na literatura heroica, quase não é mencionada. Os corpos se empilham, membros são decepados, e nenhuma menção é feita à agonia. O caos da violência ou é glorificado em uma forma quase cartunesca ou é apenas um fato da vida, algo comum em um mundo que tem como força propulsora a defesa da honra. O mundo heroico é mais um mundo de ação do que de sensação, e os sentimentos que se manifestam de forma mais proeminente são incitados por ações em público, por sucessos e fracassos.[284]

O que significa o fato de o nojo e o domínio habitual do nojento terem tão pouco espaço nesse estilo? É uma indicação de que a tolerância ao nojo é tão alta que quase extingue o nojo das emissões corporais da economia emocional? Ou o nojo estaria tão assimilado aos mecanismos e às estruturas da vergonha que não existe muita separação entre nojo e vergonha? Ou apenas pode ser que o nojo de maus odores, sabores desagradáveis e a ligação do nojo com o desejo sejam luxos que dependem de uma pacificação mínima da sociedade e da garantia de fontes confiáveis de alimentos, vestimentas e calor? Esses astutos estrategistas da interação interpessoal não poderiam estar apenas pressionados demais pelas demandas da vida para se debruçar sobre os sofrimentos bastante específicos que produziram Swift, Proust, Freud e suas reflexões sobre o desejo e a proximidade de penicos?

Encontrei apenas dois exemplos em todo o *corpus* das sagas em que as pessoas são obrigadas a fazer suas necessidades em seu ambiente de convívio. Um desses, porém, é indicado apenas pela expressão *dreita inni*, que significa, literalmente, fazer sujeira do lado de dentro, ou defecar em casa, e descrever a cena parece bastar, dispensando qualquer detalhe adicional: "e eles forçaram Markus a fazer sujeira do lado de dentro". Isso significa que se trata de um termo técnico, equivalente a uma menção em jargão legal a uma prática conhecida, indicando uma possível, ainda que nem sempre confirmada, manobra em um conflito, cujas regras aparecem no contexto mais amplo da *Saga de Laxdœla*: bloquear as portas, promover um cerco de três dias com o único propósito de fazer as pessoas da casa viverem no meio dos próprios excrementos e, então, ir embora, sujeitando-as dessa forma ao ridículo. O ritual é de uma sagacidade perversa. Dura três dias, o número exato que o costume na Islândia permite que um hóspede permaneça na casa do anfitrião quando aparece sem ser convidado.[285] Os agressores se colocam como hóspedes indesejados, valendo-se da ambivalência do papel do hóspede, que pode ser um amigo ou um rival, uma alegria ou um fardo — uma ambiguidade, aliás, capturada na etimologia do termo inglês *guest*, derivado de uma raiz indo-europeia que deu ao idioma também uma palavra para se referir a um inimigo: *guest/host/hostile*.[286]

Essa tática sugere que o nojo exista, mas está tão entranhado na política da vergonha que não tem um léxico próprio, separado da vergonha. Claramente, a defecação é degradante e contaminante. É mediada por regras que determinam os lugares apropriados para isso.[287] E violar essas regras é motivo para cair em desgraça e vergonha, uma desgraça tamanha que seria melhor perder alguns membros do clã em um combate em vez de sofrer tamanha indignidade: eles "acharam uma desonra muito pior, maior ainda do que se Kjartan tivesse matado um ou dois deles em vez disso". Poderíamos questionar quem estaria disposto a perder a vida em vez de ter que defecar dentro de casa por três dias. Esse sentimento é atribuído a um clã. É de se suspeitar que nenhum indivíduo dentro do grupo se voluntariaria a fazer isso — é um simples cálculo de que a vergonha e a desonra que recai sobre todos é um desfecho pior do que seria o outro. Ainda assim, essa hipérbole captura o nível de indignação e humilhação sentidas pelos homens de Laugar.

O nojo e a vergonha funcionam juntos aqui. Defecar dentro de casa é vergonhoso porque força as pessoas a violarem as normas do nojo em um contexto em que essa violação é motivo de vergonha. Trata-se de uma dupla vergonha: a vergonha de ser coagido e vencido na dinâmica do conflito e a vergonha de ser forçado a fazer algo nojento. Esta última é o que torna a situação pior do que perder um ou dois homens, que seria o tipo normal de vergonha sofrida nesse tipo de incidente. Vale assinalar, no entanto, que o nojo deles não é exatamente como o nosso. O tabu não é tão enraizado a ponto de as violações terem passado para o reino do inimaginável. Trata-se de uma estratégia aceitável no conflito; Kjartan não tem por que se envergonhar de ter obrigado os outros a violar essas normas do nojo. Ele fica com o crédito de ter envergonhado os outros, só isso. Pode ser um ato ríspido, cruel e cômico, e por isso especialmente humilhante para os oponentes, mas de forma alguma é considerado um comportamento sádico e perverso, como seria se alguém coagisse os outros a se degradar dessa forma em nosso mundo. Kjartan faz uma brincadeira maldosa e vulgar, mas o ônus fica todo para os moradores de Laugar.

O episódio de Egil fornece uma imagem um pouco mais detalhada. Egil mostra claramente que até os salões de bebedeira dos vikings tinham suas regras de decência, embora fossem bastante minimalistas: não trapaceie na hora de beber e não vomite do lado dentro, principalmente em cima de seu anfitrião. O episódio também revela que o vômito era nojento, já que o fato de ser atingido pelo vômito é nauseante a ponto de provocar uma reação equivalente. O nojo está presente, mas sua tolerância é bem alta, embora Egil tenha conseguido superar esses limites ao enojar Armod por completo, assim como seus servos. Eles consideram Egil repugnante, vil e bestial, não exatamente um homem. Ele é chamado de *undr*, um prodígio, o que nesse contexto significa um homem prodigiosamente nojento. O nojo, portanto, é motivado pelo contato com uma substância contaminante e, o que é mais importante, pelo fato de esse comportamento vergonhoso e nojento ter sido testemunhado. Entre nós, o nojo é um sentimento social e moral que reforça as normas do comportamento apropriado. O vergonhoso e o nojento andam lado a lado novamente.

Como no trecho anterior, o nojo é também incorporado a questões que envolvem honra e insulto. Armod não trata seus hóspedes com a dignidade que eles julgam merecer, e por isso eles não o tratam com a dignidade que um anfitrião decente merece. Egil leva as normas da hospitalidade um pouco mais a sério do que a maioria de nós. Sua reação é exagerada. Mas, assim como no caso de Swift, que é extremado em suas reações, é possível entender e reconhecer suas motivações. Além disso, Egil não se deu por redimido pela ofensa de inicialmente terem lhe servido skyr e não cerveja. Ele arrancou o olho de Armod na manhã seguinte, antes de ir embora. Isso para nós é nojento, sem dúvida. Mas e para Egil? A cena ainda se prolonga, mas nós nos afastaríamos demais de nosso tema. O que vale assinalar é que as normas de hospitalidade falaram mais alto na mente da mulher e da filha de Armod do que a obrigação de obedecer ao chefe da casa, seu marido e pai.

Vômito e fezes também eram considerados perigosos e contaminantes no mundo nórdico antigo, embora fossem mais presentes e menos escondidos do que entre nós. Afinal, a familiaridade não significa necessariamente se acostumar com o que é nojento. A urina também degrada, e é por isso que os opositores do bispo Gudmund urinavam nos poços que ele abençoava.[288] Com essa menção a Gudmund, nós saímos do mundo nórdico e voltamos ao ambiente mais "civilizado" e cristianizado da Europa Ocidental, onde o decoro da cultura heroica dá lugar à morbidez da doença, tanto espiritual como física. A intersecção entre santidade e nojo é algo que vale a pena analisar de forma breve. Em *A Vida de Santo Anselmo*, uma narrativa escrita por Eadmer, um monge que teve contato em primeira mão com seu biografado, encontramos o seguinte relato (*c.* 1090):

> Havia na época um certo nobre, um homem ativo e importante, no território entre Ponthieu e Flanders. Seu corpo foi afligido pela lepra, e isso lhe causou ainda mais tristeza quando se viu desprezado e abandonado até por seus próprios homens, apesar de sua dignidade de berço [...] Então, certa noite, um homem lhe apareceu em uma visão e o aconselhou que, se quisesse recobrar a antiga saúde, fosse a Bec e convencesse o abade Anselmo a lhe dar para beber a água que tivesse usado para lavar as mãos durante a Missa. Ele confiou nessa visão e fez o que lhe foi aconselhado sem demora. Contou a Anselmo reservadamente sobre o motivo de sua visita. Anselmo ficou perplexo com aquelas palavras e o admoestou de forma enfática a desistir de tal plano. Mas ele insistiu em suas súplicas e implorou que tivesse misericórdia e não o fizesse sofrer, privando-o do remédio com que acreditava que Deus lhe tinha prometido uma pronta cura. E qual foi o resultado? A piedade prevaleceu sobre a humildade, e de manhã Anselmo rezou uma Missa particular com uma oração a Deus pelo doente, que pôde estar presente e receber das mãos de Anselmo a água que queria. O homem bebeu na mesma hora e se recuperou da doença para a mais perfeita saúde.[289]

Deixando de lado por um momento a repulsa evocada pela lepra, que é perfeitamente compreensível para nós, examinemos um detalhe que chama nossa atenção. O leproso, em uma visão, é instruído a procurar Anselmo e beber a água em que ele lavou as mãos durante a missa. Anselmo fica perplexo e desconcertado com o pedido. Não porque é incapaz de conceber a ideia de ajudar alguém fazendo algo tão degradante, até mesmo nojento, embora esteja aí uma sugestão de parte da resposta, mas porque o pedido parece inconsistente com a virtude do abade. A piedade entra em conflito com a humildade. A condição do homem doente causa pena; mas como Anselmo pode concordar com esse pedido sem assumir para si uma condição de santidade, ou seja, sem ceder à honraria inerente à solicitação? As normas da modéstia, o comprometimento com a humildade que motiva esse tipo de conduta em relação ao sagrado, leva Anselmo a recusar. Aceitar significaria aceitar para si o papel de santo. Imagine o nível de presunção necessária para imaginar que seu corpo tem poderes especiais apenas pela força da virtude de sua alma.

O poder de cura da santidade não opera exclusivamente no mundo espiritual. Exige matéria, eflúvios corporais, toques reais, ingestões efetivas. A cura e a purificação imitam exatamente os processos nojentos de poluição e contaminação, com a diferença de que regenera, enquanto os outros destroem. As pessoas do período medieval não se incomodavam de usar a água em que os outros se banharam para se lavar;[290] mas não tinham o hábito de beber a água em que os outros se lavavam. Em outras palavras, o leproso está pedindo para se submeter a uma degradação, da qual obteria um poder curativo. A magia na cerimônia, portanto, não cabe apenas a Anselmo. O leproso precisa se rebaixar, precisa fazer algo nojento (ainda que minimamente), a fim de mostrar que tem em relação a Anselmo a postura que se espera de alguém capaz de realizar o milagre que está pedindo. Assim, não é que o nojo não desempenhe nenhum papel aqui; pelo contrário, o nojo é parte da magia. Existe uma conexão entre as duas crenças: o sagrado é capaz de curar porque o nojento é capaz de poluir. Ambos devem sua magia aos poderes de contágio e às emoções — nojo, medo, espanto — que tais poderes evocam.

Para ser santo, o homem santo precisa se preocupar com sua humildade e afirmá-la antes de ceder à piedade. O leproso lhe fornece a saída perfeita: pede ao homem santo para participar de uma cerimônia que este julga desconcertante. A exaltação presente no pedido é contrabalanceada pela experiência de se rebaixar ao lidar com alguém nojento. Porém, é preciso assinalar que a visão do leproso não exige que Anselmo o toque. A visão aceita certos limites à demonstração de piedade de Anselmo: que o leproso execute o ato de autodegradação bebendo a água, para que Anselmo não se degrade tocando o leproso. As mãos não se tocam em nenhum momento.

A santidade de Anselmo mantém certo decoro; não se manifesta no mesmo estilo de rebaixamento repugnante-mas-cômodo, e autocontaminante, que associamos a São Francisco e aos santos que bebiam pus de que trataremos em breve. E, também, não faz do milagre um espetáculo: ele reza uma missa particular para o leproso. Até mesmo a autodegradação do leproso é decorosa, uma mera sombra do tipo de ação que se tornaria mais generalizada dois séculos depois. Ele não está bebendo o "lençol verde no charco estagnado", e sim a água usada para lavar as mãos de um homem santo em uma missa.

Norbert Elias faz um retrato caricatural da Idade Média em que a civilidade era mínima, e a vergonha e o nojo, em relação às emissões corporais, quase inexistentes. Os trechos que examinamos mostram que esse retrato não é muito exato. Embora onipresente, o excremento ainda era degradante. E, ainda que a presença constante dos maus odores de excreções e podridão tenha levado as pessoas a se acostumarem com isso, em certa medida, isso nunca chegou a ponto de impedir que o fedor, em especial o de excrementos e putrefações, fosse associado à essência do pecado. O pecado fedia; e, portanto, o inferno era imaginado como uma enorme latrina: "que fedor e que corrupção, que imundície e abominação existem lá [no inferno]".[291] As fezes não são tão familiares a ponto de seus odores deixarem de incomodar; a familiaridade não as torna menos nojentas para nós, e não devemos esperar que com eles também não fosse assim; ainda se tratava de um símbolo de podridão e vilania. Não é inteiramente verdade que, nesses tempos brutos, não havia vergonha em relação aos excrementos. Os ataques virulentos e quase desesperados à luxúria e ao vício da carne dificilmente teriam como dispensar a intensificação e o caráter passional que o léxico do nojo proporciona; sem recorrer aos maus odores, os sermões seriam um tanto inócuos. E usar os excrementos como parte da dicção das maldições faz sentido apenas se eles forem terríveis e poderosamente mágicos em sua capacidade de degradação. Um exemplo célebre do fim do século XIV capta a energia que orienta a estranha mistura de excremento e sacramento no ato de amaldiçoar:

Me farias beijar tuas ceroulas
Pintadas pela tinta do teu cu,
Dizendo ser mortalha de Jesus!
Em vez dessas relíquias inventadas
Vou pegar as tuas bolas e esmagá-las!

Sim, que tal? Teus colhões vou decepar;
Te ajudo a carregá-los! Num altar
De estrume de suíno vou guardá-los![292]

O excremento era associado ao pecado e à punição exatamente por ser matéria vil e vergonhosa do corpo. Consideremos o relato de Guiberto de Nogent sobre um monge cuja disenteria letal é vista como um castigo por um pecado não confessado (*c.* 1085):

> No momento em que o abade apareceu, porém, o monge foi impelido pelo chamado da natureza. Como não podia andar, um barril foi trazido até ele, e o abade o viu, em uma condição nojenta, sentado ali sofrendo dores. Depois que se olharam nos olhos, o abade ficou envergonhado de encontrar o homem em tais circunstâncias.[293]

Guiberto também indica que, apesar da onipresença do excremento e das excreções e da inviabilidade da privacidade, era inevitável desviar o olhar diante de alguém fazendo suas necessidades. Delicadeza pode não ser a palavra certa para descrever esse nível modesto de aversão e de circunspecção, mas o abade demonstra um pequeno fastio socialmente apropriado, assim como o próprio Guiberto ao recorrer ao eufemismo "chamado da natureza".[294] O eufemismo revela que estamos na presença do tabu, do perigo e do nojo que isso causa. O que Guiberto não percebe, porém, é que essa pequena história por si só já mostra uma certa falta de delicadeza. Ainda estamos muito distantes do tempo em que a mera menção ao excremento seria considerada inapropriada.

Não, eles não eram como nós nesses assuntos. As pessoas não eram tão circunspectas em relação a suas excreções como nós. Cerca de quinhentos anos depois desse relato, vemos que a delicadeza em relação ao excremento demonstrava um progresso não muito disseminado. Elias, citando passagens de manual de boas maneiras, mostra que nem mesmo no século XVI as pessoas se preocupavam muito com essas questões. De 1589: "Que ninguém, seja quem for, antes, durante e depois de refeições, de dia ou de noite, polua as escadas, os corredores e os armários com urina ou outras imundícies, mas que vá aos lugares adequados e destinados a esse tipo de alívio".[295]

E, mais surpreendentemente, de 1558:

> Não é condizente com um homem de honra e recato se preparar para se aliviar na presença de outras pessoas, nem ajeitar as roupas depois disso na frente dos outros. Da mesma forma, ele não deve lavar as mãos ao voltar à convivência decente depois de vir dos locais privados, pois o motivo para ter lavado as mãos despertará pensamentos desagradáveis nas pessoas. Pela mesma razão, não é um hábito refinado, quando se cruza com algo nojento na rua, como às vezes acontece, virar-se para seu acompanhante e lhe apontar o que viu. É ainda menos apropriado estender a matéria fétida para o outro cheirar, como alguns gostam de fazer, ou mesmo incentivá-lo a fazê-lo, erguendo a coisa malcheirosa até suas narinas e dizendo: "Veja como isso fede", quando o mais apropriado seria dizer: "Não cheire isso porque fede".[296]

Esse não é o comportamento de pessoas ignorantes do século XI, e sim um relato do auge do Renascimento italiano. Anselmo e Guiberto eram muito mais decorosos. Os exemplos do século XVI revelam que havia lugares apropriados para ir fazer as necessidades, mas as pessoas, às vezes, preferiam burlar a inconveniente tarefa de procurá-los e aceitá-los como os *únicos* locais apropriados para fazer isso em um ambiente fechado. A segunda passagem revela conflitos notáveis de sensibilidades. As pessoas demonstram tamanho fastio que preferem que o indivíduo não lave as mãos depois de excretar para não serem lembradas do que ele estava fazendo antes de lavá-las.[297] Mas também há gente pegando coisas nojentas na rua, provavelmente fezes, e enfiando debaixo do nariz de seus amigos. Esse comportamento já tem o ar de uma grosseria irônica e calculada, dependente de noções de inaceitabilidade social já estabelecidas. A pessoa que faz isso está querendo chocar e consegue, chocando o autor do tratado e, também, a nós, que consideramos tais fatos destrutivos a nossas ilusões a uma época tão romantizada em romances e filmes.[298]

É digno de nota para nós que o desejo do brincalhão de chocar não tenha sido sublimado com piadas verbais, em vez de permanecer vinculado à comédia física retratada nessa passagem. As fezes, por mais presentes que fossem, ainda eram dignas de ser apontadas na rua; causam fascínio e atraem atenção. Trata-se de algo que ninguém consegue ignorar por completo; Guiberto já considerava necessário usar um eufemismo para falar a respeito; na época de Chaucer, quase trezentos anos depois, a palavra privada já tinha o sentido de latrina, um eufemismo que sugere alguma privacidade e discrição em relação ao que é feito ali. Mas, fosse qual fosse o nível de delicadeza demonstrado, não era suficiente para impedir, por exemplo, que certos peregrinos do fim do século XV, que viajavam pelo mar para Jerusalém, despejassem seus penicos cheios sobre as velas acesas de companheiros de viagem cujas conversas os impediam de dormir à noite.[299]

Voltemos a Anselmo. Mesmo em uma época de comodidades mínimas, o excremento, o vômito e a urina, embora onipresentes, eram considerados substâncias contaminantes. As fezes e os maus odores das excreções eram associados ao fedor do pecado, mas também vimos que as pessoas não se afastavam delas da mesma maneira que nós fazemos; os excrementos podiam ser contaminantes, mas eram tão inevitáveis que se tornava impossível manter uma postura delicada demais a respeito.[300] A organização social do nojo relacionada a substâncias corpóreas era incutida na economia moral e social da vergonha e da honra, mas podemos começar a notar o surgimento de uma vida própria. O milagre de Santo Anselmo envolveu mais do que a dificuldade de manter a humildade de um santo ao ser exaltado como santo — também tinha relação sobre o que significava ser leproso. No mundo da alta Idade Média, em alguns contextos, o nojo se tornou tão grande que se desprendeu da vergonha e passou a orientar certas situações. O nojo intenso nesse período não se concentra em substâncias como excrementos, mas em pessoas que inspiram horror, medo e repulsa: o leproso, o judeu, o herege e, para monges e padres e para boa parte do discurso oficial, a mulher. Sobre esse tema tão complexo, vou me limitar a um comentário brevíssimo e tratar de apenas algumas questões envolvendo leprosos e judeus.[301]

Os leprosos eram os mais poluentes dos seres; ao contrário dos judeus, que podiam passar despercebidos caso não usassem símbolos e trajes específicos, eles enojavam pela aparência. Nem mesmo a hierarquia foi capaz de salvar o leproso que procurou Anselmo de ser abandonado por amigos e parentes. As regulamentações da época obrigavam os leprosos a se posicionarem contra o vento ao conversar com as pessoas; eles eram proibidos de andar por ruas estreitas para que os outros não precisassem se aproximar demais quando cruzassem seu caminho; eram banidos da companhia de todos, a não ser de outros leprosos. O jurista inglês Bracton, escrevendo no século XIII, afirma que um leproso poderia ter negada sua reivindicação de herança caso "seja tão deformado que a visão dele se torne insuportável".[302] A aparência e o cheiro grotescos de sua carne em apodrecimento tornavam os leprosos nojentos e horripilantes, pertencentes ao sobrenatural, como se fossem cadáveres. Eram mortos-vivos e ritualmente separados da comunidade por uma cerimônia que lembrava o rito dos mortos; mas, como ainda andavam, eram forçados a, como assombrações, alertar sobre sua chegada com um sino ou outro dispositivo sonoro.

Se não o excremento, então os leprosos e, se os leprosos não proporcionassem nojo suficiente para criar o contraste distintivo entre o puro e o impuro, o leprosário podia ser ampliado a fim de incluir judeus e hereges. "Os judeus também se parecem [...] com leprosos em sua associação com a sujeira, o fedor e a putrefação, em sua voracidade sexual excepcional [...] e na ameaça que representam [...] às esposas e aos filhos dos cristãos honestos."[303] Em 1321, na França, os judeus foram acusados de se juntar aos leprosos em uma conspiração para envenenar a água dos poços.[304] A associação entre judeus e leprosos ainda estava viva e respirando no século XVIII, quando Voltaire escreveu que "os judeus são mais sujeitos à lepra do que qualquer outro povo que vive em climas quentes, porque não têm roupas de cama nem banheiro em casa. Essas pessoas são tão negligentes em relação à limpeza e às decências da vida que os legisladores precisaram criar uma lei para obrigá-los até a lavar as mãos".[305]

Mas é possível notar uma diferença de ênfase entre os nojos e os estilos de repulsa provocados pelos judeus e pelos leprosos. Mais que os leprosos, que eram associados a carne podre e cadáveres, os judeus eram associados a excrementos e sangue menstrual. A demonização dos judeus pelos cristãos era tamanha — assim como o horror incompreensível dos cristãos pela circuncisão — que se dizia que os homens judeus menstruavam.[306] Os judeus do sexo masculino eram, portanto, feminizados, e assim todas as mulheres eram judaizadas para tornar ambos mais nojentos e mais perigosos do que nunca. Mesmo sem levar a distinção muito longe, é possível notar que o nojo físico despertado pela aparência e o odor dos leprosos levava a uma crença em sua repugnância moral; ao passo que, no caso dos judeus, a repugnância moral levou a uma crença de que seu corpo deveria ser tão desfigurado quanto sua alma. Sendo assim, acreditava-se que o judeu fedia.[307] Seu cheiro de excremento era a verdadeira substância do dinheiro que emprestava;[308] ele cheirava a sexo e a mulher por causa de seu desejo diabólico pela carne e pelo sangue dos cristãos. Ele era o Drácula antes da existência do Conde Drácula, o europeu do leste com nariz em forma de gancho que ficou para sempre gravado no imaginário ocidental.

O nojo aparece no ódio aos judeus de formas engenhosas. Em 1215, a Igreja declarou que a doutrina da transubstanciação — a crença de que a hóstia e o vinho da eucaristia eram transformados na Presença Real de Cristo — era um dogma. Tratava-se de uma doutrina que continuou enfrentando contínua resistência por todo o período medieval e foi um ponto central na Reforma. Com o dogma, vieram novas formas de atacar os judeus, que passaram a ser acusados de profanar a hóstia, que era o corpo e o sangue de Cristo. Diziam que eles cagavam, cuspiam, queimavam e até cravavam pregos nas hóstias, entre outras coisas. Segundo Lester Little, os cristãos projetavam nos judeus suas próprias dúvidas em relação à doutrina.[309] Mas não podiam ser apenas meras dúvidas, pois deram origem a um nojo quase alucinógeno — o nojo do canibalismo, de ter que ingerir carne e sangue humanos para ser um bom cristão.[310] Essa projeção não é minha, e sim os pensamentos deles a respeito: "Se tu vires a semelhança com a carne e o sangue no abençoado sacramento, tu hás de repelir e abominar a ideia de recebê-lo em tua boca".[311] Se a doutrina da transubstanciação obrigava os cristão a comer a carne de um judeu e beber seu sangue, os cristãos retaliavam imaginando que os judeus estavam fazendo o mesmo com os cristãos.[312] A doutrina também coloca cada um dos comungantes na situação de autodegradação do leproso na história de Anselmo contada por Eadmer. É preciso ingerir substâncias contaminantes sagradas — sangue e carne — para ser curado e salvo. É preciso comer algo que ninguém comeria em sã consciência, ou em plena saúde física. O materialismo da doutrina é notável em sua admissão implícita da dúvida em relação a curas puramente espirituais.

Em um regime moral e espiritual em que a humildade era uma virtude e o sofrimento tinha um valor moral por si só, a lepra, na verdade, poderia até causar inveja. Exatamente por ser repugnante, por causar ânsia de vômito, por cheirar mal e ser grotesco em sua feiura, o leproso poderia estar bem na frente dos demais na corrida pela felicidade futura. Seu inferno, ou pelo menos seu purgatório, era nesta vida. O dos demais só viria quando pudessem se degradar da mesma forma que o destino havia feito com o leproso. A condição dele era uma meta a ser buscada, por ser tão ofensiva à sensibilidade de todos. Para expiar seus pecados, um monge rezou para pegar lepra. Sua prece foi atendida.[313] Inevitavelmente, Deus parece mais disposto a ouvir nossas preces para ganhar na loteria no sentido negativo do que no positivo. E, caso Deus não concedesse a doença, era sempre possível mergulhar no horror do nojo cuidando dos leprosos, beijando-os e lavando-os e fazendo curativos em suas feridas purulentas. Ninguém, no entanto, invejava os judeus nem rezava para se tornar um. A repugnância do judeu não lhe rendeu nada além de *pogroms* e morte; a do leproso lhe valeu a vida eterna.

A humildade é uma virtude que não tem como escapar do paradoxo psicológico no qual está inserida. Se a concessão de recompensa se baseia no quanto o indivíduo é humilde, então se trata de um sistema em que a busca pela humildade proporciona meios de ser admirado pelos demais e se saber superior a eles. A pessoa se torna orgulhosa de sua humildade e desfruta do prêmio recebido por vencer o concurso de humildade. Anselmo já demonstrava a dolorosa consciência de que a santidade punha a humildade em risco e também que era a humildade que levava à santidade. Mas Anselmo era um homem contido e decoroso. Como encarregado de administrar abadias e mais tarde de assumir funções episcopais, sabia que as virtudes, às vezes, comprometiam umas às outras.

A busca pela humildade, porém, acabou levando a uma competição cada vez mais intensa para provar quem era mais humilde, pois uma humildade sem dificuldades era inevitavelmente suspeita de não ser um verdadeiro teste para virtudes. E, ao encarar com repulsa os leprosos, o indivíduo constata em seu íntimo que não é depreciado como eles, nem desprezado como eles, e que nada pode ser maior prova de humildade do que ser visto da maneira como os vê. A motivação de ser humilde, o esforço por parte da pessoa para mostrar que não tinha nenhum orgulho de sua riqueza, beleza e posição hierárquica, gerou alguns comportamentos estranhos e incentivos perversos. Acima de tudo, levou ao cultivo do nojo, a um comportamento que, se fosse bem-sucedido, seria tão repugnante àqueles que se sentissem tentados a admirar uma prova de humildade que os faria sair correndo, cobrindo a boca com as mãos. Sem uma noção de nojo enraizada de maneira firme, as estratégias para a humildade e o autorrebaixamento que começaremos a discutir não fariam o mínimo sentido.

Permita-me apresentar de maneira um tanto extensa um acontecimento da vida de Santa Catarina de Siena (*c.* 1370), ocorrido mais ou menos dois séculos e meio depois de Anselmo. Uma freira foi acometida por um câncer de mama que emitia um fedor tão horrível que ninguém conseguia lhe prestar assistência na doença. Catarina se ofereceu para cuidar dela, mas, um dia, "quando estava prestes a abrir a ferida para fazer o curativo, sentiu um cheiro tão horrível que mal conseguiu suportar e achou que precisava vomitar".[314] Catarina ficou incomodada com a própria sensibilidade e resolveu superá-la. "Ela se abaixou e aproximou a boca e o nariz da ferida por tanto tempo que pareceu ter aplacado seu estômago e superado o incômodo que sentiu antes." A mulher doente ficou desconcertada com esse comportamento e pediu que Catarina parasse de inalar aquele "aroma infectante". A partir desse momento, a mulher doente passou a nutrir uma antipatia por Catarina. A princípio irritada, mais tarde passou a repugná-la, difamando-a e afirmando acreditar que quando "a santa criada estava longe de suas vistas [...] estava prestes a cometer algum ato pútrido de prazer carnal". A repugnância da supuração da ferida da paciente era um teste para Catarina, assim como a difamação: um se destinava a fazê-la superar sou nojo; o outro, a superar a indignação pela ingratidão e a falsa acusação.

Catarina perseverou, e a mulher acabou se convencendo e implorou por seu perdão, mas o Diabo ainda não havia terminado o que começara. Ele ainda tinha alguma influência sobre as reações do estômago dela. Em outra ocasião, quando estava fazendo o curativo da mulher, o mau cheiro ficou forte outra vez, e Catarina vomitou. Ao ver que aquilo era obra da serpente, ela cometeu "um sincero desprazer contra sua própria carne", descrito com as seguintes palavras: "Eu farei com que não apenas toleres o aroma, mas também que o incorpore a ti. Depois disso, ela levou a água usada para limpar a ferida, junto da matéria poluída e da imundície; e, ao entrar, despejou tudo em um copo e bebeu com vontade. E, ao fazê-lo, ela superou de uma só vez tanto a relutância de seu próprio estômago quanto a malícia do Diabo". Nessa noite, Jesus apareceu para ela em um sonho e, como uma recompensa por beber pus, ato pelo qual "ela desprezou o deleite da carne, deu as costas para a opinião do mundo e subjugou por completo [sua] própria natureza", levou a boca de Catarina à chaga do lado esquerdo de seu corpo e a deixou beber até se saciar.[315]

Como é possível explicar esse tipo de exercício de devoção? Em parte, é a escalada, à maneira de um confronto físico, dos movimentos inerentes à competição da humildade: "Você fez isso? Pois bem, agora iguale isto!". Em parte, é a conclusão nada natural de uma obsessão pela mortificação da carne quando acrescida das implicações mais sombrias da doutrina da substanciação: comer e beber do corpo humano.[316] E, em parte, é a consequência de buscar desesperadamente superar o paradoxo inerente à virtude da humildade: a indulgência a uma repugnância tão repugnante, tão abertamente degradante que orgulho nenhum pela obtenção da humildade é capaz de superar o sofrimento incutido no processo. E, assim, ela "deu as costas para a opinião do mundo".

Catarina, sem dúvida, cortejou com o nojento porque, em sua busca pela humildade, era o último obstáculo a superar para provar seu nível de comprometimento, para testar até onde era possível ir no exercício de abrir mão das normas mais enraizadas e fundamentais de dignidade, inviolabilidade corporal e respeito próprio. Mesmo na Idade Média, com sua suposta alta tolerância ao nojo, as normas reforçadas pelo nojo eram as mais difíceis de violar. A pessoa não bebia pus, nem naquela época.[317] É possível fornicar apesar das restrições do nojo e da vergonha porque o prazer é atrativo, e todos sabem que o prazer e o nojo se alternam, ora um, ora outro conquistando a predominância e, às vezes, se aliando em ações conjuntas. Mas lamber feridas purulentas?

O que, de fato, é preciso fazer quando se quer superar as imposições do corpo? O celibato é a estratégia habitual, mas existem celibatários demais, e eles desvalorizaram a cotação dessa virtude. O celibato, na verdade, tornou mais relevante o tipo de violação corporal que Catarina se sentiu tentada a fazer. A obsessão por trás do celibato é a pureza do corpo, que de tão valorizado não pode entrar em contato com as emissões corporais contaminantes do sexo. Além disso, um cálculo racional feito por interesse próprio é capaz de concluir que a vida eterna vale a troca por uma vida de negação sexual e busca de apoio em comunidades que ajudam a garantir a manutenção de tal voto. Mas o impulso sexual não é nada em comparação com o reflexo de aversão causado pelo ato de beber pus. E quem seria capaz de afirmar que optou por tal atitude racionalmente? Ninguém faria isso a partir de um cálculo racional.[318] É preciso ter uma inspiração, ou uma arma apontada contra a cabeça. E, embora o comportamento de Catarina não tenha se dado a troco de nada, uma violação tamanha das regras do nojo, com certeza, parecia pôr o interesse próprio em último plano. Catarina elaborou uma estratégia à qual apenas alguns poucos eleitos teriam comprometimento para aderir; e em sua época, pelo menos, seu valor não foi banalizado (mas seria, e até mesmo esse tipo de devoção se tornou batida).[319] A diferença entre nós e as pessoas da Idade Média não está na capacidade de sentir nojo. O comportamento de Catarina é inteligível apenas se o nojo for uma parte bastante ativa tanto da vida dela como de todos que a cercavam. Ela encontrou a única substância corporal que pouca gente, ou ninguém, seria capaz de conceber como uma fonte de prazer. Mas para ela, paradoxalmente, foi um prazer. Foi o que lhe garantiu o que queria, e Catarina sabia disso: "ela não se lembrava de ter comido ou ingerido uma carne ou bebida tão agradável ou delicada".

Ela estava sedenta pela santidade, o que não é uma honraria pequena. E foi bem-sucedida ainda em vida, o que lhe rendeu notoriedade e honra. Catarina arrebanhou discípulos e pregou para papas. Ou seja, nem todo mundo ficou perplexo com suas ações — ou, mais precisamente, nem todos os que ficaram perplexos com suas ações as consideraram um motivo para condená-la; muitos acharam que era uma razão para exaltá-la. Mas as mulheres moribundas acometidas por doenças repulsivas de quem ela cuidava, muitas vezes, eram tentadas pelo Diabo a se incomodar com seus cuidados e criar ressentimentos contra ela. Embora se beneficiassem de sua atenção, ao que parece, eram capazes de perceber que Catarina tinha outras intenções além de cuidar delas, que, na verdade, faziam o papel de coadjuvantes de seu espetáculo. As doentes também duvidavam que alguém com tamanha capacidade de superar o nojo pudesse se manter sexualmente casta como ela se dizia: não era totalmente inconcebível que a paciente imaginasse que a "santa donzela [...] estava prestes a cometer algum ato pútrido de prazer carnal" quando estava longe de suas vistas, considerando o prazer manifesto que Catarina aprendeu a sentir com os odores da carne podre de um corpo doente. Nem mesmo uma hagiografia bastante lisonjeira conseguiu eliminar por completo as suspeitas justificadas de seus oponentes a respeito de suas motivações. Eles pressentiam a presença da autodramatização e sabiam que o rebaixamento da carne escondia uma obsessão maior pelos prazeres carnais.

Jesus também comenta a esse respeito, mas na forma de um elogio, dizendo que ela "subjugou por completo sua própria natureza". Isso dá a entender que Cristo entende a natureza humana como o reflexo do vômito e o afastamento instintivo diante de coisas nojentas. Superar isso exige uma tremenda força de vontade, e a visão de Catarina parece sugerir que Jesus reconhece que a atitude dela era uma provação maior que a própria paixão de Cristo. Vale lembrar que Jesus não a mandou beber pus. Isso foi ideia dela; Catarina fez o que fez pela raiva e o nojo que sentiu por ter vomitado quando estava tentando dar uma demonstração de autocontrole e resistência. Ele apenas ratificou o comportamento dela após o fato consumado.

Catarina foi digna de nota em sua época, e sua história é digna de nota na nossa, mas não exatamente pelo mesmo motivo. Tanto para nós como para os contemporâneos dela, a história não faz sentido sem uma sensação marcante de nojo. Nesse sentido, nós e os contemporâneos de Catarina concordamos. A diferença é que nossas regras de violação e superação apropriadas dessas normas são diferentes. Ambas as culturas consideram o pus repugnante e capaz de provocar ânsia de vômito. Apenas uma tinha uma teoria de santidade ou estava comprometida com uma noção de humildade de acordo com a qual fazia remotamente algum sentido bebê-lo. Nós internaríamos Catarina em um hospício. Muitos na época de Catarina concordariam, e outros encaravam suas motivações com bastante desconfiança. Mas havia uma ideologia oficial para dar sentido às atitudes de Catarina e associar seu comportamento a outros — autoflagelação, autonegação, automortificação — que eram mais disseminados ou no mínimo parte das conhecidíssimas narrativas das vidas de santos ambientadas em diferentes lugares e épocas para causar admiração no fiel, embora não tivessem sido feitas para gerar um comportamento imitativo. Beber pus não é algo que estejamos preparados para fazer nem mesmo em nome do amor, embora a maioria dos outros fluidos corporais tenha algum espaço de respeitabilidade variada dentro do espectro do amor. O amor nos motiva a cuidar dos doentes e até produz uma vocação profissional para fazer isso, mas certas coisas permanecem insuperáveis para pessoas sãs. Poderíamos dizer que Catarina bebe pus por amor a Deus e que seu comportamento, deste modo, confirma nossa visão do amor como a suspensão, e em alguns casos a superação, do nojo.

Com os leprosos, os judeus e as autodegradações de Catarina, o nojo, embora ainda vinculado à vergonha, adquire uma vida própria, expandindo enormemente o papel minúsculo que desempenhava na cultura heroica. A vergonha, assim como antes, permanece pública e orienta as relações entre as pessoas respeitáveis. É vinculada à honra e à vida pública. O nojo atua para reforçar a vergonha em público, mas tem uma vida secreta e mais privativa, operando em lugares mais obscuros. Na verdade, o nojo começa a tornar a vida privada possível. Vai além da arena da hierarquia social e da apresentação pública do eu para incluir a postura do indivíduo em relação à vida, à morte, ao próprio corpo, às relações entre os sexos e a Deus. O nojo, como um sentimento entranhado e visceral, surge para dar suporte a uma metafísica do físico de uma forma que a vergonha não é capaz, apesar de sua forte ligação com a sexualidade feminina e o decoro corporal. O nojo é condizente com a política de poluição e pureza, e por isso não chega a ser surpreendente que o cristianismo, com sua antissexualidade obsessiva e sua enorme ambivalência em relação ao corpo, tenha tornado o nojo central à sua fé adotando a doutrina da Presença Real na Eucaristia; ou que essa devoção tenha levado a um rompimento com a hesitação e o decoro e produzido uma Catarina, que ainda assim permaneceu imersa no mundo da honra e da vergonha a ponto de fazer de suas devoções espetáculos dedicados a causar admiração no público.

Catarina incluiu em seu caldeirão da bruxa um dos mais terríveis e enojosos ingredientes mais de dois séculos antes de as estranhas irmãs anunciarem ao mundo sua receita especial. Mas, em vez de *Macbeth*, nosso texto para discutir isso é uma variante de *The Duchess of Malfi*, de Webster, em que um personagem melancólico ataca uma mulher por ser velha e se pintar para disfarçar a idade:

DANIEL DE BOSOLA: Estás vindo da pintura?

MULHER IDOSA: De quê?

BOSOLA: Ora, do maldito médico do rosto. Ver-te sem pintura seria uma espécie de milagre...

MULHER IDOSA: Tu pareces conhecer muito bem meu guarda-roupa.

BOSOLA: Que poderia ser confundido com uma loja de bruxarias, onde se encontra gordura de serpente, crias de cobras, cuspe de judeu e as excreções dos filhos deles; e tudo isso para o rosto. Eu preferiria comer um pombo morto tirado da sola do pé de um contaminado com a peste a beijar uma de vocês. Aqui temos duas de vocês cuja juventude se deve inteiramente ao médico [...] Eu me pergunto se não sentem repulsa de si mesmas.[320]

O tema da mulher repugnante aqui une bruxas, judeus, pântanos, vermes, excrementos, lepra, sífilis e sexo. Pintar o rosto se torna uma reencenação perversa das autodegradações de Catarina com a chave invertida. O que Catarina faz é engolir contaminantes para se mortificar, ao passo que mulheres mais mundanas recorrem a esfregar na pele curas cosméticas e disfarces.[321] O nojo medieval e renascentista, se não for completamente motivado por uma misoginia implacável, com certeza nunca perde esse sentimento de vista. A lepra dá lugar à sífilis, e ambas as doenças são associadas à voracidade sexual e, por consequência, a mulheres e judeus.[322] Há uma verdadeira epidemia de nojo, repulsa e autorrepugnância; ódio do sexo, do crescimento, da maturidade e do envelhecimento — ódio da vida em si, que por si só é vil e repugnante porque obriga a lidar com a decadência, o apodrecimento e a morte. Mas, como o sexo e a reprodução estão no cerne dessa deprimente economia do nojo, as mulheres carregam a maior parte do fardo.

É preciso uma dose absurda de otimismo para imaginar que as mulheres poderiam conseguir para si espaços produtivos e positivos em meio a essa atmosfera envenenada. Catarina pode ter se engajado em um tipo especificamente feminino de devoção, mas a que custo? O preço é a destruição de seu corpo. Ela come tão pouco que se torna amenorreica (e, no fim, acaba morrendo de fome), prende uma corrente de ferro com força ao redor dos quadris para marcar e inflamar a pele[323] e faz uma paródia do cuidado materno tornando a indulgência ao nojo um fim desejável, não um custo inevitável, de tratar dos doentes e moribundos. O caldeirão da bruxa das mulheres mais mundanas que pintam o rosto, mesmo aos olhos de um moralista melancólico misógino, nunca deixa de ser um meio para obter um fim. As incursões das mulheres mundanas ao reino do nojo são puramente racionais, pois levam em conta a superficialidade dos homens a quem tentam enganar. No entanto, tanto Catarina como as mulheres mundanas, cada qual à sua maneira, buscam escapar da sentença imposta pela natureza através de uma espécie de indulgência mitridática a substâncias consideradas nojentas. Que alívio em relação à agressividade da cultura heroica.

O LÉXICO DO NOJO

Shakespeare não usa a palavra *disgust*, mas suas tragédias seriam incompreensíveis sem uma forte noção do que esse sentimento significa. As reprimendas de Hamlet a si mesmo e aos outros, os acessos de fúria de Lear, o pobre Tom, as estranhas irmãs, o crânio de Yorick, e a misoginia e a repulsa ao sexo de Lear, Hamlet e Iago são temas movidos pelo nojo e que produzem nojo, mas sem usar a palavra em si. O caldeirão das bruxas, uma indulgência grosseiramente cômica ao nojo do horror e do sobrenatural, traz uma receita de nojo que não precisa de muita explicação para desencadear em nós os sentimentos que foi designada para produzir na época. Tudo gira em torno dos suspeitos de sempre: o estrangeiro, o Outro, imagens grotescas de nascimento, morte, crescimento e decadência; referências a excessos sexuais, água parada, cloacas, lodo, desmembramento e deformidade, orifícios do corpo e até um judeu profanando a hóstia:

> *Fígado de judeu blasfemo*
> *Bílis de bode, e lascas de teixo*
> *Cortadas no eclipse lunar.*
> *Nariz de turco, beiços de um tártaro,*
> *Dedinho de um bebê estrangulado ao nascer,*
> *Nascido ao relento, uma prostituta por parteira.*[324]

Mas o nojo sem uma palavra para designá-lo não é a mesma coisa; as palavras de que dispomos e as que escolhemos para descrever as coisas ajudam a estruturar o mundo, a constituir a própria coisa de que se fala. Portanto, faz diferença se o conceito em questão é designado como nojento em vez de pútrido ou repugnante ou abominável. Um alerta: estou tratando diferenças entre o nojo antes de ser definido como tal e o nojo como o concebemos hoje, e de fato existem algumas, mas pode ser que essas diferenças não sejam tão evidentes diante das continuidades observáveis dentro da categoria do nojento como um todo em seu desenvolvimento nos últimos mil anos no Ocidente. Catarina e Anselmo não eram insensíveis a coisas que nós consideraríamos nojentas, e o relativamente recente caldeirão da bruxa deixa pouco a perder em relação aos filmes de terror atuais.

Primeiro, consideremos brevemente o vocabulário específico do nojo antes de discutir a palavra *disgust* em si. Os termos usados para descrever reações ao que é nojento podem ser divididos em dois agrupamentos principais. Esses agrupamentos refletem os dois tipos gerais de nojo que delineei antes: a formação reativa freudiana, em que o nojo atua para obscurecer o desejo e impedir a indulgência, e o nojo causado pelo excesso, que aparece depois que os desejos são plenamente satisfeitos. No primeiro grupo, estão as noções de abominação, ojeriza, fastio, repulsa, rejeição e incômodo. Nesse grupo, eu também incluiria as interjeições usadas na época de Shakespeare, como *pah*, *fie*, *fut*. No segundo grupo, estão as ideias de ranço, excesso, demasia e enjoo, entre outras coisas.

Seria um abuso à paciência do leitor tratar em detalhes cada uma dessas palavras, mas um comentário breve vem a calhar. Peguemos a palavra abominação. Para nós, esse termo remete à fulminação bíblica contra a sodomia e outras coisas que irritavam e enojavam o notavelmente irritadiço Deus do Antigo Testamento. No período histórico do inglês médio, abominação era usada como termo médico para se referir à náusea: *"The pacient feleth abhominacioun [...] and ache in the mouth of the stomak"* [O paciente sentiu abominação (...) e dor na boca do estômago].[325] Mais tarde, seu sentido foi generalizado para se referir a ações repulsivas, odientas ou nojentas que desencadeariam tais reações.

Como costuma ser o caso, vale a pena se debruçar sobre a etimologia. Abominação vem do latim *ab + omen*, para se referir ao horror a algo ominoso, que, quando passou a ser grafada com um h em inglês médio como *abhominacioun*, foi incorretamente entendida como se tivesse o sentido de "afastado do homem", ou seja, inumano. Essa má interpretação denota a intensa aversão e repulsa associada à palavra.[326] A grafia é posta em questão por Shakespeare em *Trabalhos de amor perdidos*: "*I abhor [...] such rackers of orthography as to speak [...] 'det' when he should pronounce 'debt' — d, e, b, t, not d, e, t [...] This is abhominable, which he would call 'abominable'*".* Assim como *abomination*, a palavra *abhor* era usada para registrar o tipo de ojeriza associada à reação física de se encolher e se afastar de nojo. Lembremos a passagem de Wycliffe a respeito da transubstanciação: "Se tu vires a semelhança com a carne e o sangue no abençoado sacramento, tu hás de repelir [*loathe*] e abominar [*abhor*] a ideia de recebê-lo em tua boca".

Repelir e abominar: a primeira é uma palavra mais comum; e a segunda, mais culta para expressar o mesmo nojo. O conceito de nojo foi formulado sobretudo em torno da ideia de sentir repulsa e repelir. O conceito de repulsa foi se estreitando depois que o nojo passou a ocupar seu espaço. Mas, para o falante da língua inglesa dos séculos XIII a XVI, o termo *loathing* abrangia todas as coisas que causam repugnância em nós. Ao contrário de *disgust*, porém, não tinha uma raiz etimológica associada a nenhum dos cincos sentidos do corpo humano. Na verdade, era menos provável sentir repulsa de um sabor do que de uma visão. Até os sons podiam ser considerados repulsivos.[327] O conceito de *loathsomeness* juntava tudo o que era feio, podre, odioso e hediondo e concentrava em uma vontade visceral de se afastar, se encolher ou vomitar.

Palavras como *abhor*, *abominate* e *loathe* não são estranhas ao falante de inglês atual. Elas tiveram seus registros e alcances alterados, mas ainda são usadas para tratar de porções significativas do nojo hoje em dia. Já outras tiveram destinos diferentes; algumas apenas caíram no esquecimento. No final do século XV, poucas pessoas entendiam o que a palavra *wlate* significava, se é que alguém sabia, mas também era um termo que podia ser usado para se referir à náusea ou, de forma mais geral, às falhas morais tidas como repulsivas ou abomináveis.[328] A palavra *irk* tinha também no século XIV, assim como hoje, uma relação

* Na tradução de Carlos Alberto Nunes: "Não suporto [...] esses sujeitos insociáveis e meticulosos, esses torturadores da ortografia, que pronunciam [...] *anhelo*, em vez de anelo, *adatar*, em vez de adaptar, com todas as letras, a-da-ptar [...] É abominável! Eles diriam: *abomináveu*!". [William Shakespeare, *Trabalhos de amor perdidos*. São Paulo: Peixoto Neto, 2017]

com a ideia de uma coisa cansativa, tediosa, irritante, mas também era usada como substituta do termo latino *fastidium*, ou seja, náusea. Um livro de culinária do fim do século XVI cita que comer nêsperas demais pode ter como efeito "extremely irck, and loath you",[329] e nesse contexto tanto *irk* como *loath* se referem a enjoo ou náusea. Se por um lado *irk* teve sua abrangência reduzida, o termo *fastidious* passou a significar quase seu oposto. No século XVI, era usada para se referir a sensações de enjoo e nojo, mas, no século XVIII, passou a designar alguém preocupado demais com a ideia de evitar tudo que fosse nojento e nauseante.[330]

As interjeições, como o *pah* e *fie* de Lear, e o *pah* de Hamlet ao sentir o cheiro do crânio de Yorick, nos proporcionam uma boa forma de reconhecer a presença dos aspectos viscerais do nojo mesmo na ausência de uma discussão aprofundada sobre a sensação. Um *pah* vale mais que mil palavras e mostra como era sério o comentário de Hamlet sobre o crânio de Yorick: "E agora me causa horror só de lembrar! Me revolta o estômago". Mesmo com o estômago revirado, ele ainda leva o crânio ao nariz! Teríamos aqui mais um exemplo de ambivalência em relação ao nojento, outra história de aversão e atratividade, ou uma evidência de que o nojo culturalmente condicionado era menor em outros tempos, quando o que é aversivo, ainda que inequivocamente aversivo, era ainda tolerado para que não fosse mencionada a absoluta falta de sentido da existência humana? Hamlet se envolve de forma consciente em um tipo vulgar de comédia física quando cheira o crânio de Yorick, não menos vulgar que a do homem não nomeado que dá "a matéria fétida para o outro cheirar [...] erguendo a coisa malcheirosa até suas narinas e dizendo: 'Veja como isso fede'". Hamlet está zombando de sua própria sensibilidade excessiva, mas sem negar que de fato se trata de algo nojento. Não existem dúvidas de que o cheiro da carne podre horrorizava as pessoas na Idade Média tanto quanto hoje; mas esses odores pútridos não eram tão fáceis de evitar, considerando a localização e a manutenção dos cemitérios, isso sem mencionar os cheiros dos animais e dos abatedouros.[331]

As interjeições têm significado. Pode ser interessante conhecer os elementos sociolinguísticos e psicolinguísticos por trás do uso de *yuck* por um falante de inglês, em vez de *phew* ou *ach* ou várias outras expressões que não têm uma representação gráfica apropriada.[332]

Na obra de Shakespeare, o *pah*, ao que parece, expressa uma reação menos estudada, mais visceral, quase involuntária a algo nojento. O *fie*, por outro lado, serve para admoestar, além de registrar a aversão; é controlado de forma mais consciente e, portanto, é um pouco menos interjectivo do que o *pah*. O *fie* serve primeiramente à vergonha; mas conhece o nojo, da mesma forma que a vergonha também conhece. Dobrando e redobrando os *pah* e os *fie*, Lear pode se mostrar enojado além do que é capaz de expressar, e as interjeições ainda lhe dão o tempo necessário para conseguir retomar seu discurso.

O nojo causado pelo excesso sempre foi expresso com uma dicção rica pelos moralistas que investiam contra a gula e a luxúria e condenavam os prazeres dos outros, ou pelas almas melancólicas atormentadas pelos custos do prazer. Na língua inglesa, a medicina e a moral se misturam com o uso da palavra *surfeit*, que pode significar tanto a indulgência excessiva como o mal-estar físico que vem como consequência de se empanturrar. Já o termo *rankness*, que, de início, indicava de forma não pejorativa a perda de viço e de vigor, em pouco tempo passou a ser associado ao crescimento excessivo e, depois, ao cheiro de tais excessos e ao ranço e a podridão que são suas consequências. A história da palavra *rank* segue o mesmo processo biológico que descreve, rumo à podridão e à repulsa. Assim como a vida, o sentido do termo nasceu do vigor, da saúde e da força, floresceu e, então, começou a ser estrangulado pela própria exuberância até se misturar aos odores do ranço e do apodrecimento.[333] A história de outra palavra usada para se referir ao que é excessivo, *fulsome*, é um tanto diferente. Ela começa significando abundância e, em pouquíssimo tempo, passa a ser associada a tudo o que existe de ruim no excesso: enjoo, empanturramento, mau cheiro, nojo, repulsa. Mas esses significados infelizes foram se perdendo, e hoje *fulsome* sobrevive na língua inglesa com o sentido menos enojoso de se referir a um certo tipo de mau gosto: o de se exceder em uma coisa boa.

O paladar tem um papel diferente nesse antigo léxico do nojo. O que fazia um alimento ser considerado enojoso nesses tempos não era seu sabor ruim, mas o contrário; a mesma inversão vale para o tato, já que eram os prazeres sensoriais, e não os desprazeres, que evocavam nojo.[334] O tocar, assim como o comer, foi imiscuído ao nojo como consequência do exagero em relação a uma coisa originalmente boa: o mal-estar físico do sempre tardio nojo causado pelo excesso era acrescentado ao mal-estar espiritual de um pecado capital. Os vícios da gula e da luxúria tinham uma conexão tão próxima — com o primeiro, como vimos, servindo como motivador e auxiliar do segundo — que São Tomás de Aquino entendia a gula como algo referente aos "prazeres do tato".[335]

A ênfase medieval e pré-moderna nesses casos é bem diferente da nossa. O excesso de comida e de sexo gera nojo em nós tanto quanto neles, claro, mas o nojo deles era por falhas do espírito diante dos prazeres da carne; nosso nojo é pela falha da carne em desfrutar dos prazeres como achamos que devemos. A preocupação deles era não transformar os meios necessários para a manutenção da vida — comer e fornicar — em um fim em si mesmo, já que sua meta era a aproximação com o divino ou a salvação. Nossa preocupação é que a reação visual e tátil provocada pela gordura humana, por exemplo, possa interferir em nossas oportunidades de comer mais e fornicar mais. Não estou sugerindo que eles fossem mais profundos por terem seu nojo em relação ao sabor e ao tato conceitualizados de forma diferente do nosso. Nós podemos ter, por exemplo, bons motivos para desconfiar que a preocupação deles com a salvação não era muito menos autoindulgente que os pecados da carne que os impediam de alcançá-la.

A incorporação oral, sem dúvida, era uma característica relevante do nojo pré-moderno, mas não da maneira proposta pelos teóricos do nojo a partir de Darwin. A incorporação oral dizia mais respeito à questão moral da gula do que à questão da proteção corporal envolvida no ato de rejeitar substâncias com gosto de podre. Mas eu não quero enfatizar muito esse ponto; afinal, as pessoas da Idade Média tinham uma aversão pronunciada à ideia de colocar certas coisas na boca. Nem o ato de Catarina de Siena nem a resistência à doutrina da transubstanciação fariam sentido se a qualidade, além da quantidade, do que era ingerido não fosse parte crucial do nojo. A questão não é que as pessoas pré-modernas não reconhecessem que o caráter nauseante de várias substâncias também poderia ser reconhecido pelo gosto, além do aspecto visual e do cheiro; a questão é que eles conceitualizavam o nojo sem privilegiar o paladar.

No entanto, é impossível não notar que uma preocupação cada vez maior com o gosto começou a se fazer presente no século XVII. Seria coincidência o fato de a palavra *disgust* ter aparecido mais ou menos na mesma época em que gosto passou a se referir também a uma capacidade de refinamento, de discernimento em questão de estilo? Esse novo sentido da ideia de bom ou mau gosto, por acaso, não depende de uma noção correlata de nojo, que, por sua vez, é o elemento definidor desse "gosto"? Essa visão acompanha a leitura que Pierre Bourdieu fez de Kant, segundo a qual o "gosto puro" — ou seja, a capacidade de apreciação estética — é "puramente negativo em sua essência". É o que define o que deve ser rejeitado e evitado; é sobretudo um "nojo que com frequência é chamado de 'visceral' ('embrulha o estômago' ou 'causa ânsia de vômito') por tudo o que é 'simplório'".[336] O nojo, portanto, é o gosto estético em estado puro, a capacidade de julgar e reconhecer o que é espalhafatoso, vulgar, excessivo. O nojo rejeita o simples prazer aos sentidos, o agrado fácil à língua, privilegiando, em vez disso, uma postura mais exigente.

Uma distinção, assim, é feita entre o gosto pela reflexão e o gosto por agradar aos sentidos — sendo o primeiro um talento raro e cultivado, e o segundo uma coisa simplória que leva à indulgência excessiva. Pessoas vulgares são aquelas dadas ao excesso, ao exagero e à simploriedade; as refinadas são aquelas que são capazes de identificar a vulgaridade e rejeitá-la de imediato pelo mecanismo do bom gosto, ou seja, do nojo. O gosto, portanto, se manifesta pela recusa, pela rejeição através do nojo, pelo afastamento de tudo o que é vulgar, fácil, excessivo e simplório. O nojento é o que não apresenta resistência; é o mais fácil, aquilo que toma conta a não ser que cultivemos e treinemos nosso gosto para evitá-lo e rejeitá-lo; é o caminho da menor resistência, a tentação de mandar tudo para a barriga. Mais exatamente, o nojo dos que são refinados, seu bom gosto, é uma repulsa à falta de gosto dos demais; em outras palavras, é a repulsa pelos não refinados que se entregam à indulgência sem sentir nojo. É algo parecido com o horror do melancólico da era jacobina pela epidemia de fornicação que acontece bem diante de seus olhos.

Eu gostaria de elaborar um pouco mais essa questão. A palavra *disgust* se incorporou ao vocabulário da língua inglesa no século XVII, logo depois de ter aparecido no idioma francês, em meados do século

XVI.[337] Como vimos, não havia uma escassez de palavras na época para transmitir as várias expressões de nojo. Esse termo não pareceu fazer falta para Shakespeare. Mas a importação da palavra *disgust* parece fazer parte de uma tendência geral que, no século XVI, expandiu o sentido de termos como *rank*, *fulsome* e *surfeit* para além de uma menção inofensiva ao excesso, passando a se referir a uma noção mais prejudicial de náusea e repulsa. Ao que tudo indica, o nojo já estava se tornando mais uma questão de articulação refinada durante o século XVI, a ponto de, em meados do século XVII, a língua inglesa ter toda uma variedade de termos para se referir a esses tipos específicos de desprazer e aversão.

É bem atrativa a sugestão de que a ideia de gosto como uma capacidade de discernimento refinado deu origem a uma palavra baseada no paladar para descrever sua "essência negativa". Desde o início, a noção de gosto embutida tanto na palavra francesa *dégoût* como na inglesa *disgust* não era uma referência estreita à sensação provocada por comidas e bebidas, e sim uma homenagem à ideia mais ampla e recém-surgida de "bom gosto".[338] Esse novo gosto, mais abrangente, dizia respeito à distinção, classe, educação, riqueza, talento; era a capacidade de rejeitar a feiura na arte, na arquitetura, no falar e no vestir, de desaprovar a superficialidade na música e na poesia; em termos de sua capacidade de envolver todos os sentidos, esse novo sentido de gosto não era tão diferente da antiga forma de conceitualizar o nojo.[339] Com o surgimento do bom gosto, porém, o nojo foi solicitado a reforçar distinções mais refinadas do que nunca à medida que o processo civilizador ampliava o escopo das questões relacionadas à decência, civilidade e privacidade.

O PROCESSO CIVILIZADOR

É uma característica das grandes obras a possibilidade de serem refutadas em certas questões específicas, mas ainda assim serem capazes de oferecer uma verdade sobre o panorama mais amplo, de um modo que não seria possível caso todos os detalhes estivessem corretos. Muitos acreditam ser esse o caso de Freud e Foucault, e com certeza é o caso de *O processo civilizador*, de Norbert Elias. Os medievalistas reprovam o retrato caricatural das pessoas medievais infantis e desinibidas que Elias toma como ponto de partida e são capazes de comprovar que se trata de um relato parcial e equivocado.[340] Todos os meus exemplos da primeira seção deste capítulo mostram mais nojo, eufemismo e delicadeza na Idade Média do que Elias admitiria, e Anselmo no século XI deixa essas questões ainda mais evidentes do que Catarina no século XIV. Outros historiadores culturais podem questionar por que os dois volumes de Elias mal mencionam a Igreja ou a religião, a não ser para minimizar seu efeito sobre o processo civilizador.[341] No entanto, apesar dessas lacunas e falhas, seu trabalho continua sendo um relato contundente de um processo através do qual uma economia emocional se transformou ao longo de seiscentos anos, de uma na qual a vergonha e o nojo desempenhavam um papel pequeno para uma em que dominavam a vida interior das ordens aristocráticas e burguesas.

Na narrativa de Elias, as transformações na estrutura social, sobretudo nas estruturas de dependência e relacionamentos interpessoais, têm consequências inevitáveis sobre a vida emocional. A remodelação dos guerreiros medievais em homens renascentistas e cortesãos do século XVII, segundo o autor, os tornou menos volúveis em seus humores, menos propensos a grandes demonstrações emocionais, mais moderados, contidos e "civilizados". Elias transcreve a narrativa freudiana do desenvolvimento da psique individual em um processo social e histórico em que o espalhafato infantil do homem medieval passa por uma metamorfose para assumir o estilo reprimido e decoroso do adulto burguês contemporâneo. As sanções que se valiam da ridicularização em público e da desaprovação manifesta dos outros se tornaram tão internalizadas que o social é transformado no psicológico. A restrição externa passa a ser uma restrição interna e, como consequência, deixa de ser percebida como uma convenção e é sentida como uma imposição da própria natureza. Quanto à exposição e às funções naturais do corpo, ele escreve que primeiro

> torna-se uma infração repugnante mostrar-se de qualquer maneira diante de pessoas de categoria mais alta ou igual. Mas, no caso dos inferiores, a seminudez ou mesmo a nudez pode até ser sinal de benevolência. Porém, depois, quando todos se tornam socialmente mais iguais, a prática pouco a pouco se torna malvista em qualquer caso. A referência social à vergonha e ao embaraço desaparece cada vez mais da consciência. Exatamente porque a injunção social de não se mostrar ou desincumbir-se de funções naturais opera nesse momento no tocante a todos e é gravada nesta forma na criança, ela parece ao adulto uma injunção de seu próprio poder interno e assume a forma de um autocontrole mais ou menos total e automático.*

Esse desenvolvimento tem consequências bastante abrangentes; em primeiro lugar, boa parte dos ensinamentos relativos ao controle social passa dos espaços públicos para o doméstico. O processo civilizador como um todo representa um encolhimento, uma volta para a toca, de modo que aquilo que antes era executável e sancionável em público se torna permitido apenas em privado (e, às vezes, nem mesmo assim) e sujeito às sanções internas da consciência, da culpa, do constrangimento e do nojo. Um efeito interessante desse processo que Elias reconhece é que a infância se torna psicologicamente bastante distinta da vida adulta, já que a vida adulta se torna marcada pela repressão dos comportamentos que passaram a ser tolerados apenas nas crianças. É possível ver uma implicação intrigante dessa teoria de Elias. Em vez da infância e do culto à criança, que teria sido uma invenção do século XVIII, de acordo com a narrativa convencional, no esquema de Elias é a vida adulta que é inventada. A condição de adulto é a novidade, caracterizada por novos comportamentos reprimidos. As pessoas da época medieval não eram tão diferentes das crianças em termos de restrições impostas.

* Este e os demais trechos de *O processo civilizador* reproduzidos aqui foram traduzidos por Ruy Jungmann [São Paulo: Zahar, 2011].

Elias enfatiza em sua narrativa que as emoções são afetadas pela estrutura social. O processo civilizador testemunha grandes transformações na economia emocional da sociedade cortesã. A civilização exige o estreitamento da tolerância ao nojo e ao constrangimento — ou seja, exige que esses sentimentos se manifestem com mais facilidade. A civilização, no entanto, exige mais do que grandes demonstrações de nojo e constrangimento; exige que essas emoções governem domínios específicos dos quais antes não faziam parte. Atividades como comer, assoar o nariz, soltar gases e excretar se tornam sujeitas a constrangimento e nojo. Começa a surgir um comportamento regido por regras complexas em torno das ações de se alimentar e cuidar do nariz.

Consideremos o nariz. Em um livro de etiqueta do século XV, vemos que: "É indelicado assoar o nariz na toalha de mesa". No século XVI, o conselho é sobre o que fazer com o lenço: "Tampouco é correto, após assoar o nariz, abrir o lenço e olhar dentro dele como se pérolas e rubis pudessem ter caído de sua cabeça". No final do século XVII, torna-se difícil para os livros de etiqueta até mesmo mencionar um tópico que passou a ser constrangedor demais para ser discutido em detalhes mais explícitos. Em vez disso, o conselho se concentra em eufemismos apropriados para indicar tal comportamento: "Uma vez que a expressão 'assoar o nariz' dá uma impressão muito desagradável, as senhoras devem chamá-los de lenço, e não de lenço para assoar o nariz". No fim do século XVIII, todos os detalhes são suprimidos: "Você deve observar, ao assoar o nariz, todas as regras da propriedade e da limpeza". E esse processo não acabou. Os lenços de tecido hoje deram lugar aos de papel. O que antes era colocado de volta no bolso, lavado e reutilizado se tornou nojento demais para alguns, e assim surgiu o lenço descartável com um nome, Kleenex, que faz referência à limpeza e às normas de pureza de que seu sucesso comercial dependeria.

Diferentes emoções atuam em diferentes estágios do processo de internalização das normas. A primeira instância de controle social depende do vexame público e da instilação da noção de constrangimento: não assoe o nariz na toalha de mesa; isso é o que os camponeses fazem. Depois, surgem regras mais refinadas de como evitar o constrangimento. E, no fim, o processo do código de conduta é implementado mais pela ideia de constrangimento do que por nojo, o que torna o assunto incômodo demais até para ser mencionado. A vergonha empurra o que é exposto de volta para dentro, e o nojo o mantém trancafiado por lá a sete chaves. A vergonha é crucial para a conquista do novo território, e o nojo garante sua manutenção através da repressão. A mudança da vergonha para o nojo acompanha o movimento do público para o privado, do externo para o interno, da criança para o adulto, do expansivo para o repressivo. Trata-se também de uma narrativa que reforça o desenvolvimento do bom gosto, que, como vimos, era uma função relacionada a uma aplicação refinada e generosa da reação de nojo aos comportamentos e às preferências dos outros. Vale assinalar também que, quando o mecanismo de nojo se cristaliza, as pessoas passam a entender as práticas reconhecidas como convencionais como sendo racionalmente higiênicas. O "argumento da higiene" obviamente não explica a origem ou a seleção de tais práticas; trata-se apenas de um reflexo do sucesso psicológico e social dos mecanismos que as sustentam. O argumento da higiene é uma forma decorosa de discutir o nojo.[342]

Existem várias ironias inerentes à narrativa de Elias. A primeira é o próprio fato de ele ser capaz de contar essa história. Os mecanismos repressivos que tornaram impossível discutir em detalhes os comportamentos corporais à maneira como era feito no século XVI não chegaram ao ponto de impedir que Norbert Elias escrevesse sua obra. Dentro das regras do regime repressivo mantido pelo nojo, existem maneiras de permitir que aquilo que é reprimido volte à tona. O primeiro é através de humor rasteiro e piadas sujas, que permitem que as pessoas se soltem um pouco, mas não são aceitáveis para pessoas de bom gosto como Elias. Para ele, a forma apropriada de se soltar é com o uso das aspas. É essa a válvula de escape do erudito. E, também, há o tom impessoal do estilo de escrita dos acadêmicos, que busca transmitir a impressão de ser direto, bem-informado e clínico, mas sem que isso torne o texto monótono ou desprovido de charme. Elias nunca quebra o decoro, o que mostra que mesmo em meio à repressão existem regras que nos permitem falar a respeito dessas coisas em determinadas subculturas, desde que certos critérios sejam obedecidos.

Mesmo assim, alguns assuntos seguem sendo tabu. As mulheres, por exemplo, mal se fazem presentes na narrativa de Elias, a não ser como as primeiras guardiãs do estilo civilizado. Ele não consegue imaginar mulheres assoando o nariz na toalha de mesa ou cuspindo no chão e esfregando o cuspe com o sapato. Nenhuma menção é feita ao processo da transição para o privado da questão de como lidar com a menstruação; ou as mulheres teriam se sujeitado a um processo civilizador nesse aspecto muito antes de os homens começarem a tentar restringir seus comportamentos corporais? Elias parece constrangido demais para tocar nesses assuntos.[343] Pensar nas mulheres assim é nojento demais. As mulheres, portanto, só podem entrar na narrativa quando o processo civilizador tiver feminizado o suficiente os homens para que o comportamento de homens *e* mulheres esteja nivelado de tal forma que as maneiras das mulheres à mesa e os cuidados dedicados a seu nariz possam ser mencionados sem constrangimento. Ou seja, as mulheres só podem aparecer quando chegamos ao século XVII.

O conceito de bom e mau gosto, como vimos, necessita de um conceito correlato de nojo estruturado de uma determinada maneira — um nojo concebido como uma faculdade do discernimento mais refinado. O nojo, no entanto, não necessita de um conceito de bom ou mau gosto, e sim dos conceitos de limpeza e pureza que se mantêm ao longo do tempo em diferentes épocas e culturas. Quando, pela teoria de Elias, a tolerância ao nojo se tornou menor, e assim o sentimento passou a ser evocado com mais facilidade, seria de se esperar alguma movimentação correspondente na aplicabilidade das noções de pureza e limpeza. A pureza e a limpeza estavam expandindo seus domínios a regiões em que antes não pairava o espectro da pureza. Essas áreas, segundo o relato de Elias, foram as relacionadas às maneiras à mesa e, também, à forma de apresentação do corpo em público.

Mas eu gostaria de analisar a ideia de Elias de *expansão* do nojo e do constrangimento e a correlação necessariamente no mesmo sentido das noções de limpeza e pureza. Existe alguma espécie de conservação de limpeza envolvida aqui? A nova expansão para as áreas da limpeza corporal significa abandonar outras áreas que se tornaram ritualmente insignificantes? Não se pode afirmar que os ascetas no estilo de Catarina de Siena, que mortificavam a carne bebendo pus ou usando roupas empesteadas de piolhos, não estivessem preocupados com a pureza do corpo; essa era uma obsessão para eles, que entendiam a limpeza de uma forma que nós julgaríamos mais abstrata e mais espiritual do que a nossa. A pureza deles era interior, uma pureza espiritual que ainda se manifestava de modo bastante materialista na forma de demandas relacionadas ao corpo, seus desejos e os comportamentos que lhes eram permitidos. Eles podiam dizer sem ironia que estavam aderindo ao verdadeiro significado do provérbio que para nós é entendido como lavar bem o rosto e limpar atrás da orelha: "A limpeza aproxima da divindade". Também não devemos pensar que, quando David Hume lista a limpeza corporal como uma virtude, ele esteja se referindo a algo que passaria pelos nossos testes mais rigorosos de higiene.[344] Para ele, isso se resume à condição de "nos tornar agradáveis aos outros", o que pode ser um padrão bastante relativo. Hume não esperava um banho por dia, e sim, provavelmente, roupas limpas, rosto limpo e mãos limpas, além de uma peruca com bom ajuste e empoada da maneira apropriada.[345]

A narrativa de Elias poderia ser reinterpretada não como um relato de como a limpeza expandiu seus domínios, mas como transformou seu estilo e significado. No regime anterior, a questão principal eram os riscos impostos pelo desejo corporal, sobretudo o sexo. Limpeza, porém, significava em primeiro lugar castidade, e depois o conceito foi ampliado de modo a abranger o abandono dos outros vícios também. No ordenamento civilizado subsequente, o corpo é visto menos como o lócus do desejo e mais uma fonte de ofensa, em razão das coisas que faz, e apenas algumas têm implicações sexuais. O suor, a defecação, o cuspe e a mastigação, quando é barulhenta e desagradável aos olhos, põem a limpeza à prova diariamente, ao passo que a limpeza da castidade impunha testes menos frequentes, embora houvesse mais coisas em jogo e a intensidade do risco fosse maior. O ordenamento civilizado não dispensou a virtude da castidade, mas redefiniu sua relação com esse novo entendimento da limpeza. As falhas em manter a limpeza eram punidas, tornando o indivíduo indesejável, e, por extensão, casto. Não havia virtude envolvida. A castidade só era virtuosa para quem era desejável. O casamento, e não uma vida de virgindade, passou a ser o objetivo virtuoso.

Tanto no regime cristão como no da civilização, o corpo ainda permanecia uma questão central da limpeza, mas a limpeza passou por uma mudança de estilo e qualidade, e até de quantidade.[346] Em ambos os regimes, a limpeza classificava as pessoas em hierarquias. No cristão, os inferiores eram tachados de pecadores e condenados; no mundo civilizado, os inferiorizados eram tachados ou de camponeses ou de burgueses novos-ricos.[347] Os ocupantes de posições dominantes no regime civilizado ganham reconhecimento se abstendo de escândalos, mantendo a compostura e o tato, confirmando as expectativas em relação ao ordenamento social do mundo. No ordenamento cristão medieval, a busca pela humildade levava a grandes demonstrações públicas e a um autorrebaixamento de alta visibilidade a fim de chamar a atenção para a separação entre os eleitos e os demais; era desejável incomodar e provocar, causar desconcerto e perturbação, romper com as expectativas das normas sociais.

Contar a história dessa maneira pode parecer uma afirmação forte, um argumento de que a quantidade de pureza (e, por consequência, de nojo)[348] disponível para uma cultura é conservada; ou uma afirmação mais fraca, um argumento de que as alterações nos níveis de nojo em uma cultura podem ser reinterpretadas como transformações na distribuição do nojo para diferentes domínios culturais — como, digamos, do religioso para o secular, de *o que* é comido (levando em conta os tabus da proibição ritual) para *como* as coisas são comidas (levando em conta as boas maneiras à mesa). Mas eu ainda acho que Elias está correto em grande medida na questão principal; a quantidade de nojo em vigor não é invariável ao longo do tempo.

Embora o argumento da conservação que acabei de apresentar não seja sustentável em sua versão mais forte, não podemos perder de vista o fato de que aquilo que parece ser uma alteração no nível de nojo pode ser mais bem entendido como uma consequência de diferentes ideias de limpeza e pureza e de diferentes aplicações das regras de limpeza e pureza. Parece estranho para nós considerar que nossa época seja mais apegada a regras de pureza e limpeza do que a de culturas mais inclinadas à religiosidade. Mas deve ser esse o caso, pois o nojo é necessariamente vinculado a regras correspondentes de limpeza. Nós secularizamos a limpeza ao torná-la uma questão de água e sabão, mas ela não se torna menos mágica por isso.[349] Para nós, a limpeza também se aproxima da divindade; é uma questão de pureza hierárquica, não de regras de higiene validadas pela ciência. As sensibilidades mais elevadas ao nojo que costumam ser evocadas pelo processo civilizador funcionam para reencantar um mundo desencantado através da racionalidade burocrática. O nojo ajuda a tornar o nosso mundo um lugar mágico, misterioso e perigoso, não da mesma forma que a religião, mas de maneira suficientemente comparável, para que, no fim das contas, a violação das regras de pureza também signifique contaminação e degradação e uma mistura de medo, repulsa e nojo.[350]

As regras do nojo que compõem a própria substância do processo civilizador mudam de densidade e nem sempre apontam na direção de maiores proibições e mais nojo. As sociedades, assim como os indivíduos, aprendem a modificar e suspender o alcance e o objeto a que certas regras do nojo costumavam ser aplicadas. A maior aceitabilidade da linguagem vulgar, da sexualidade explícita em manifestações artísticas e "nem tão artísticas" é um exemplo disso. Essas questões podem ter uma relação sociológica complexa com a elevação do nojo moral em relação ao sexismo e ao racismo, mas a correlação não é perceptivelmente fluida, como o nível da água que se eleva em uma área quando baixa em outra de um sistema hidráulico. É bastante notável a variação nas normas do nojo à qual conseguimos nos ajustar ao longo de uma vida, com maiores ou menores medidas de choque e resistência. No entanto, nem todos os nojos são igualmente superáveis.

Na narrativa de Elias, o nojo precisava crescer à custa de outras emoções cujas demonstrações passaram a ser vistas como inapropriadas e nojentas. O nojo entrou em conflito com expressões de raiva, fúria, necessidades sexuais e corporais e com a gula e obteve grandes vitórias para a civilização e a repressão. Mas algumas pessoas temiam que a civilização não tivesse discernimento suficiente para isso e acabasse transformando todas as formas de demonstração de sentimentos, até mesmo as mais positivas e sociáveis, em uma quebra nojenta de decoro. Daí a afirmação de George Orwell: "Um dos efeitos da vida segura e civilizada é uma imensa hipersensibilidade, que torna todas as emoções primárias um tanto nojentas. A generosidade é tão dolorosa quanto a maldade, a gratidão é tão odiosa quanto a ingratidão".[351] Podemos ler isso de forma estreita, como um britânico reservado comentando os custos de um recato especificamente inglês, ou podemos fazer a leitura mais abrangente que essa reflexão parece exigir. Orwell claramente não está disposto a incluir o nojo entre as emoções primárias, mas, na mesma época que Elias, percebe os efeitos do nojo expandido sobre a economia emocional. A repressão não tem o discernimento que nós gostaríamos que tivesse.

Uma última questão sobre as teorias de Elias. De acordo com ele, o processo civilizador significa a expansão da esfera privada à custa da esfera pública. As novas normas exigem espaços privados em que a pessoa se prepara, se arruma e faz coisas que enojariam as outras caso fossem vistas.

Mas as duas esferas, a pública e a privada, são interpermeáveis. A esfera privada surge como um espaço necessário para a produção do comportamento civilizado. É a área de ensaios onde as preparações desagradáveis são feitas, que uma vez estabelecida garante sua invisibilidade na esfera pública — a não ser para aqueles como Swift, que não conseguem tirar de sua consciência torturada as imagens do que aconteceu em uma área de ensaio. A esfera privada possibilita um espaço público civilizado.

Por outro lado, o público interfere no privado. Os comportamentos demonstrados nos espaços públicos acabam se tornando mais difíceis de suspender nos espaços privados. Quando aprendemos a comer com a boca fechada, em geral não passamos a mastigar de boca aberta quando fazemos um lanchinho sozinhos à noite. Meu pai, um produto de uma geração mais formal, ainda usa calça social nos fins de semana. Nem todas as normas têm um poder tão grande sobre nós, e podemos julgar que algumas violações causam nojo apenas em público, e não em privado, ao passo que algumas enojam em ambas as esferas. O que constitui o domínio do privado também varia de acordo com a prática em questão. Pessoas que enfiam o dedo sem cerimônia no nariz no carro quando estão paradas no semáforo ao nosso lado não fariam isso se estivessem em um conversível ou com as janelas abertas. Da mesma forma, o confinamento dentro do próprio carro pode torná-lo um espaço privado o suficiente para cantar, falar sozinho e cutucar o nariz, apesar da transparência das barreiras de vidro. Para essas atividades, o vidro parece opaco, mas recobra sua transparência para comportamentos que mesmo a sós nós monitoramos como se estivéssemos em público.

Em outras palavras, nem todas as normas de civilidade estão embrenhadas em nossa consciência ou em nosso inconsciente com a mesma força ou exatamente da mesma forma. Algumas normas causam constrangimento, outras provocam nojo. As primeiras nós consideramos fazer parte do domínio das boas maneiras, no sentido mais leve do termo;[352] as segundas nós vinculamos ao domínio da moral e do impensável, ou seja, a área do espaço moral cuja violação rende não apenas o rótulo de incivilizado, mas também o de despudorado e pária social. Isso nos leva ao tema do próximo capítulo, em que abordarei de forma mais sistemática a afirmação implícita que vem se mostrando de forma latente na maior parte de minha narrativa até aqui: que o nojo é crucial para o discurso moral e para a construção de nossa sensibilidade moral.

8

A VIDA MORAL DO NOJO

No quarto número de seu *The Rambler*, Samuel Johnson dá conselhos sobre como o vício deve ser tratado na narrativa ficcional:

> O vício, pois é necessário retratar o vício, deve sempre provocar nojo; as graças da alegria, ou a dignidade da coragem, não podem ser associadas a ele, de modo a considerá-lo aceitável pela mente. Sempre que aparece, ele deve despertar ódio pela crueldade de suas práticas e desprezo pela malícia de seus estratagemas; pois, se for apoiado pelo espírito, ainda que em parte, raramente será abominado de todo o coração.[353]

Para Johnson, nossa capacidade moral depende da ativação apropriada de sentimentos aversivos, sobretudo nojo e abominação, apoiados por infusões de ódio e desprezo em circunstâncias particulares. Moralistas como Johnson não chegam a definir como vício aquilo que causa nojo, pois, para moralistas dessa estirpe, nossos mecanismos de nojo nunca têm a sensibilidade que deveriam. Nosso desejo de desaprovar ou é implacável ou então tolerante demais, inclinado demais ao perdão. Misture a isso prazeres como a alegria ou virtudes como a coragem, e o vício nunca será abominado como se deve — isso sem mencionar aqueles para quem o vício, mesmo sem esse verniz, já exerce uma atração inegável. No entanto, um novo estilo de moralista, que considere a tolerância e o respeito às pessoas como virtudes fundamentais, pode desejar que nossa sensibilidade ao nojo seja atenuada, para que sejamos menos suscetíveis a ver a diferença e o estranhamento como fontes de nojo. Ainda assim, sejamos nós puritanos ou não, expressamos boa parte de nossos julgamentos cotidianos usando a linguagem do nojo. A questão não é se o nojo opera no domínio da moral, e sim qual é seu escopo apropriado, seu objeto apropriado e sua confiabilidade nesse domínio.

Consideremos como é difícil, em uma conversa normal, dar voz aos julgamentos morais sem recorrer à linguagem do nojo ou fazer referências ao conceito de nojento. Sobre pessoas e atitudes, conforme observado anteriormente, dizemos coisas do tipo: *Ele me dá asco. Me causa calafrios. Eca! Isso embrulha meu estômago. Você é asqueroso (repulsivo, nojento)!* Em um registro mais elevado, falamos de personagens e ações vis, odiosas, abomináveis e repugnantes. Johnson, claro, não teria nenhum motivo para se agradar com isso, a não ser que estivéssemos dirigindo esses julgamentos aversivos a pessoas e comportamentos genuinamente viciosos. Ele sabia o que era o vício e que precisava ser encarado com nojo;[354] nosso discurso parece inverter essa ordem. Nós percebemos o que causa nojo e tendemos a lhe atribuir um status de moralmente falho apenas por isso.[355] Os escritores, muitas vezes, recorrem a esse poder moralizador do nojo quando dirigem seus julgamentos morais a ordenamentos sociais inteiros com descrições circunstanciais do esgoto de uma cidade, da poluição de um rio ou da imundície e podridão de uma instituição de ensino: "Londres, tu és o jardim do pecado, o Mar que suga todos os canais que transportam a escória do Reino".[356] A irritação de Johnson é com o fato de que o nojo não surge com a facilidade que ele gostaria de ver em relação a coisas que considera viciosas; o vício, muitas vezes, é atrativo demais e, de fato, representa uma tentação e uma ameaça à ordem social e moral. Mas eu desconfio que Johnson esteja pedindo demais, pois, sem dúvida, o nojo faz um trabalho admirável contra determinados vícios, só não atua contra todos eles.

Por ser tão visceral, a linguagem do nojo tem certas virtudes na expressão de avaliações morais. É indicativa de seriedade, comprometimento, irrefutabilidade, apresentabilidade e realismo. Derruba a moral das alturas onde tende a pairar, a arranca das mãos de filósofos e teólogos e a traz de volta para nós com toda a força. O trabalho cotidiano envolvendo decisões morais, policiamento moral, educação moral e diálogos sobre a moralidade muito provavelmente envolve mais referências ao que é nojento do que àquilo que é bom e certo. Nosso discurso moral sugere que estejamos mais certos de nossos julgamentos quando reconhecemos o que é ruim e feio do que quando tratamos do que é bom e belo. E isso se deve pelo menos em parte ao fato de que o nojo (que é o meio que costumamos usar para perceber o ruim e o feio) tem um aspecto de veracidade. O nojo é inferiorizado e despretensioso. Daí nós o considerarmos confiável, apesar de sabermos que ele atrai para seu domínio coisas sobre as quais deveríamos pensar melhor. A linguagem do nojo faz nosso corpo dar peso a nossas palavras de modo a assegurar que nossas palavras não são *meras* palavras.

Eu pretendo abordar três questões principais neste capítulo. Em primeiro lugar, existem falhas morais e vícios específicos que parecem provocar nojo de forma rotineira e apropriada? Nesse caso, o que dizer a respeito desses vícios? Vamos nos concentrar na estupidez e na hipocrisia, em especial na maneira como elas atuam entre os males necessários e as concessões morais que conferem às práticas da advocacia e da política sua reputação moral um tanto duvidosa. A segunda questão é uma tentativa de discernir os mecanismos com os quais o nojo cumpre sua função moral. Com Adam Smith como nosso guia, vamos nos concentrar na facilidade com que o nojo pode ser experimentado no lugar do outro com quem simpatizamos. Na terceira, lidaremos com as falhas morais do nojo como um sentimento moral. O nojo tende a ser um pouco zeloso demais em seu trabalho moral. Quer atrair para o domínio moral coisas que nós sentimos que seria melhor deixar de fora. Aqui a discussão vai se concentrar no dever moral da ignorabilidade esquematizado por Goffman, de nossa obrigação de passarmos totalmente despercebidos em determinados contextos sociais.

VÍCIOS NOJENTOS

Que tipos de vícios tendem a evocar nojo em vez de indignação, ou pelo menos a mesma dose de nojo e ultraje? Em alguns contextos, não precisamos nomear um vício; em vez disso, nomeamos o papel ou o cargo que representam algum vício em particular: o advogado e o político. Determinados traços de personalidade tendem a provocar nojo.[357] Hume considera "nojento e desprezível" um caráter que seja abjeto em todos os sentidos. Ele segue adiante e descreve esse indivíduo em mais detalhes como do tipo que "se curva aos superiores" e é "insolente com os inferiores".[358] Servil com os de cima, cruel com os de baixo: entre aqueles que Judith Shklar chamou de vícios comuns, com certeza esse defeito de caráter é um dos mais nojentos. Infelizmente, também é um tipo de defeito que não é nem um pouco raro, e todos nós já precisamos conviver com pessoas assim ou tivemos uma experiência de autoaversão ao percebermos essa falha em nós mesmos. Existem aqueles que são apenas grosseiros, verdade, mas alguns também consideram nojentas as pessoas melindrosas demais,[359] talvez porque seus melindres acabem chamando a atenção para o nojo com seu zelo excessivo em evitá-lo. O objetivo das boas maneiras da sociedade civilizada é reprimir aquilo que é nojento, afastá-lo de nossa mente, ou no mínimo ser capaz de afastá-lo de nossa mente em espaços públicos. Isso exige um ajuste finíssimo de comportamento. O melindroso chama a atenção para si apenas com relação às facetas da vida que o decoro nos obriga a fingir que não existem quando estamos em público.

Muitos dos vícios comuns citados nos escritos de Shklar e Montaigne causam nojo: crueldade, traição, hipocrisia, gula, luxúria. Hume incluiria nessa lista o vício comum da tolice e da estupidez ostensiva:

> Negócios, livros, conversas; para tudo isso, o tolo é absolutamente incapacitado e, exceto quando condenado por sua própria condição ao trabalho braçal mais pesado, permanece sendo um fardo *inútil* sobre a terra [...] A não ser pela afeição dos pais, o laço mais forte e indissolúvel da natureza, vínculo nenhum tem força para segurar o nojo que surge desse caráter. O próprio amor, que pode sobreviver à traição, ingratidão, malícia e infidelidade, é logo extinto pela tolice, quando é percebida e reconhecida; nem mesmo a deformidade e a idade avançada são mais fatais ao domínio desse sentimento.[360]

O nojo de Hume é reservado àqueles que são companhias tediosas ou cujas inaptidões destroem as bases para uma boa conversa. Nada causa mais nojo, segundo ele, do que o tolo.[361] Seria melhor ser conhecido como alguém injusto ou detentor de falhas morais terríveis do que como tolo. Apenas o amor parental, garantido pela própria natureza, pode sobreviver ao nojo poderoso que o tolo provoca.

Eu citei no capítulo 6 que Hume está sendo um tanto hiperbólico; mas ele identifica de maneira correta a boa dose de autoengano, otimismo ou outras formas de cegueira necessária para superar a incompatibilidade mútua de amor e nojo que um tolo é capaz de gerar. O tipo de nojo provocado pela estupidez destrói o desejo[362] e torna inviável a afirmação de virtudes em geral por parte da pessoa burra: "Quem alguma vez foi capaz de dizer, a não ser por ironia, que esse era um homem de grande virtude, apesar de ser um grande cabeça-oca?".[363] Hume torna a estupidez desprezível também fora dos domínios do cômico. Quando se define virtude e mérito pessoal, como faz Hume, pela capacidade de ser útil ou agradável, a estupidez só pode ser encarada como vício. É possível assinalar que ela se distingue de outros vícios por ser uma ofensa contra uma noção bastante específica de gosto em termos de sagacidade e possibilidade de diálogo, mas isso não significa que a estupidez, aos olhos de Hume, não seja uma questão moral.

O nojo de Hume nos parece excessivo.[364] Parece ser usado como recurso hiperbólico ao se referir às irritações de curto prazo, aos constrangimentos e às frustrações que o tolo (e talvez o melindroso) provoca. É algo bem diferente do ataque direto à nossa sensibilidade ao nojo nos atos do pobre Tom de beber água podre ou de Catarina ingerindo um copo de pus. Muitas vezes, nós nos dizemos enojados por pequenos gestos, certos estilos de apresentação pessoal ou comportamentos menores que apenas nos incomodam. Para alguns, isso pode incluir o estereótipo do rapaz de fraternidade ou da moça de sororidade das universidades norte-americanas, ou o tipo de falta de consideração pelos outros que leva alguém a passar 300 dólares em compras no caixa rápido do supermercado. Em tais situações, sentimos que a linguagem do nojo está sendo usada deliberadamente em sentido figurado, com a intenção do exagero. É uma espécie de incursão ao cômico, a um certo auto-humor que acompanha a narração dessas situações, com frequência, designadas como "implicâncias pessoais" na linguagem do nojo. São coisas assinaladas como triviais; são irritações e incômodos que despertam os tipos normais de desprezo que orientam boa parte de nossa existência social. Esses tipos de desprezo ajudam a definir nosso caráter; eles se somam para compor nossas políticas para a vida cotidiana; e apenas sugerem, sem serem taxativos, uma afirmação de nossa relativa superioridade moral por um breve momento. Esses sentimentos não são orientados pelo nojo, a não ser quando têm uma veia irônica bastante clara e consciente, o que nos coloca mais decididamente no terreno do nojo, que, com muita frequência, adota o registro irônico para se expressar: o revirar de olhos que denota impaciência e irritação, o estalar da língua em desaprovação, o sorriso torto — tudo isso é capturado pelo estilo irônico que tantas vezes caracteriza determinadas formas de desprezo.

De qualquer forma, essas hierarquizações cômicas fazem parte do ordenamento moral, e é justamente para isso que serve a linguagem do nojo; estamos julgando uma pessoa e a rebaixando no ordenamento social com base nisso. Mesmo assim, apesar do uso que Hume e nós fazemos da dicção do nojo para registrar nossa opinião sobre os tolos, somos mais complacentes com a tolice do que Hume, que mal se preocupa em distinguir os insidiosos dos tolos, dedicando a ambos a mesma desaprovação intensa que vem na forma do nojo. A maioria de nós faz essa distinção entre indivíduos insidiosos, como advogados e políticos, e os tolos, sendo que em relação aos primeiros sentimos indignação, medo, cautela, nojo e ojeriza, e aos segundos dedicamos um desprezo que vai da má vontade ao divertimento indulgente.

Mas a tolice e a estupidez humanas podem enraivecer os moralistas tanto quanto a insidiosidade. Certas formas de estupidez colaboram com a perpetuação da crueldade e da atrocidade. Somos ainda mais capazes de distinguir entre o desprezo que sentimos de um tolo consumado e a repulsa que sentimos por um brutamontes obtuso e transgressivo, apesar das tentativas dos estudiosos pós-modernos de valorizar as crueldades dos brutamontes como uma celebração carnavalizada do "empoderamento" do oprimido.[365] Para os judeus assassinados, as mulheres estupradas e os animais queimados e torturados durante os carnavais medievais, não seria muito consolo saber que eruditos do final do século XX encontraram motivos para admirar esses "ritos autênticos", "pontos de resistência" ou "práticas contra-hegemônicas". Existe uma imensa diferença entre a estupidez do pomposo e oficioso Polônio e a estupidez depravada do camponês bêbado que tortura seu cavalo até a morte no pesadelo de Raskolnikov.

Vale assinalar que um número considerável dos vícios que provocam nojo — crueldade, hipocrisia, traição — tende a ser institucionalizado política e socialmente. Tomemos como exemplo os carrascos, os advogados e os políticos. Todos eles poderiam ser definidos como males necessários. Sem os carrascos e os advogados, o sistema judicial não teria como cumprir sua missão; sem os políticos, a ordem pública seria quase inalcançável e imaginável apenas na forma de uma fantasia utópica. Eu defino essas pessoas como *serventes da moral*;[366] eles cumprem no ordenamento moral funções similares às executadas por lixeiros e abatedores de animais no setor da alimentação, pelos ajudantes de operário no setor da construção, e pelos animais carniceiros em vários ecossistemas.[367] Essas pessoas fazem o trabalho sujo da moral, ou se tornam moralmente sujas por fazer o que se exige delas. E, apesar do fato de precisarmos atrair gente para esse tipo de trabalho, nós ainda culpamos quem se deixa atrair. Ninguém é forçado a se tornar um servente da moral. As pessoas são seduzidas por seus benefícios; elas escolhem esses trabalhos. No entanto, não é sua escolha que provoca nojo; a escolha é citada apenas como uma justificativa parcial para culpá-las por nos enojarem por outros motivos.[368]

A posição de servente da moral é notavelmente fértil em sua capacidade de gerar nojo, pois oferece mais de uma base de repugnância. No nível mais elementar, nosso nojo se mistura com a inveja das recompensas que nossa cultura oferece a alguns serventes, sobretudo os advogados e os políticos. Eles evocam o espectro aversivo da virtude volúvel, da vulnerabilidade da virtude a um determinado preço. No ordenamento moral, o sistema de recompensa aos serventes é invertido em relação ao ordenamento social. Os lixeiros ganham salários ridículos em comparação com os médicos, embora seja difícil determinar quem contribui mais para a saúde pública. Os serventes da moral, no entanto, tendem a ser bem remunerados, muitas vezes em proporção direta com que fazem as concessões morais que, com tanta frequência, enojam o observador imparcial ou aquele que prega a justiça.

A vulnerabilidade da virtude, sua conivência com o vício e a percepção de que os males necessários são bem recompensados vinculam o servente da moral com a fenomenologia do nojo exposta nos capítulos anteriores. Nós nos enojamos com o fato de nosso mundo tornar a pureza transiente, vulnerável e, em última análise, inatingível. A existência de males necessários e de pessoas que fazem o trabalho sujo da moral causa nojo porque implica que as fronteiras que separam o vício da virtude, o bem do mal e o puro do poluído são permeáveis e, o que é ainda pior, precisam ser. Para nosso eterno nojo, o bem nos obriga, o tempo todo, a concessões desagradáveis. A imagem do caldo da vida — do turbilhão incessantemente borbulhante, do fluxo ininterrupto de alimentação, fecundação, apodrecimento e regeneração — reproduz características do domínio da moral em que o mal e a frouxidão moral em uns geram a possibilidade do bem e da firmeza moral em outros.

Nós somos pegos nesse vaivém. Pois, se a necessidade de fazer concessões morais nos enoja, não fazer concessão nenhuma também é um vício que provoca nojo; trata-se do vício do puritanismo, uma rigidez irracional na manutenção dos princípios que tantas vezes acaba flertando com a crueldade, sucumbindo à hipocrisia e cedendo ao vício no fim das contas. É bastante apropriado que o nojo, que, como vimos no capítulo 6, precisa sujar as mãos para nos proteger do nojento, seja o sentimento que motiva nossa desaprovação pelos serventes da moral que, como consequência inevitável de sua função, também fazem um trabalho sujo.

O problema não é só os males serem necessários, é também a percepção de que os males necessários envolvem com frequência vícios que provocam nojo: os vícios comuns da hipocrisia (advogados e políticos), traição (políticos), bajulação (políticos e advogados) e crueldade (carrascos e políticos). A indignação não parece adequada para lidar com a traição e a crueldade e não muito apropriada para lidar com a hipocrisia: o nojo demonstra uma aptidão especial nesse terreno. Farei algumas breves considerações sobre a relação do nojo com a hipocrisia, que, em termos sociológicos e psicológicos, é um vício extremamente complexo cujo aspecto fascinante eu decidi deixar de lado. Também optei por ignorar a traição, que pode ser vista como um caso específico de hipocrisia, e adiar a crueldade para uma discussão posterior.

• • •

O que existe na hipocrisia que a torna tão apta a provocar nojo? Quando se apresenta na forma de um rebaixamento pegajoso, bajulador e servil, a hipocrisia proclama sua repugnância. Esses comportamentos são tão repulsivos que é difícil acreditar que são capazes de atingir seu objetivo, a não ser que sejam auxiliados pelo vício correspondente da vaidade e suscetibilidade à bajulação por parte da outra pessoa.[369] Essas características e práticas causam nojo porque nós as entendemos como manifestações morais do que existe de repugnante no mundo material.[370] São escorregadias, oblíquas, exalam pegajosidade. Existe um despudor inerente a esse estilo de hipocrisia; a pessoa se sente insultada pela demonstração excessiva, pelos indicadores óbvios de rebaixamento servil.[371]

Incorporemos essa hipocrisia não a alguém fisicamente repulsivo como o seboso do Uriah Heep, de Dickens, mas a uma pessoa mais atraente; troquemos a camisa de poliéster do vendedor de carros usados por um traje mais respeitável, em que a virtude aparente parece se tornar indistinguível da virtude de fato. A hipocrisia sofisticada imita com perfeição o estilo da virtude. Ainda mais pernicioso, como Shklar aponta, é o fato de a hipocrisia ter evoluído tanto que não precisa assumir o risco de fingir sinceridade, já que muitas vezes é de fato sincera.[372] O hipócrita calculista foi superado por um novo modelo que sinceramente se acredita virtuoso e comprometido com as opiniões que declara: muitos bajuladores servis, de fato, acham que estão fazendo elogios merecidos. Essa hipocrisia absoluta enoja tanto quanto a de Uriah Heep, e pelos mesmos motivos? Ou o nojo só reage aos indicadores da hipocrisia mais vulgar? Em outras palavras, seriam a vulgaridade e a incompetência, mais do que a hipocrisia em si, que nos causam nojo? O mecanismo de nossa repulsa moral, de nosso nojo moral, é assim tão raso?[373]

Um dos prejuízos reais causados pela hipocrisia de qualquer estirpe, e em especial da variedade que envolve sinceridade através do autoengano, é que os hipócritas não só nos enganam, nos fazem de tolos e ridicularizam princípios que prezamos; eles também impõem vícios sobre nós: desconfiança, cinismo e paranoia. Eles tornam toda virtude suspeita; nos dão uma razão para duvidar que a virtude aparente seja mesmo virtuosa. Os hipócritas são parasitas do ordenamento moral, que minam a força do organismo do qual se alimentam. Mas, como todo parasita, precisam da viabilidade de longo prazo e da manutenção da virtude do hospedeiro. De uma maneira perversa, o hipócrita tem mais interesse em valorizar a virtude do que a pessoa virtuosa, pois, em última análise, sua conduta depende dessa valorização, ao passo que a pessoa virtuosa vai continuar comprometida com seus princípios independentemente de viver em meio à virtude ou ao vício.

Até mesmo a virtude saudável passa a ser suspeita, pois, de forma involuntária, torna possível a hipocrisia. Afinal, a hipocrisia deve sua existência à virtude[374] — ao conceito, à possiblidade e à atratividade da virtude — de uma forma que não se aplica a nenhum outro vício (com a possível exceção especialmente perversa do pernosticismo puritano). E isso ajuda a entender por que a hipocrisia causa nojo. Como muita coisa no reino do nojento, ela nos faz perguntar se o belo é podre; torna as fronteiras confusas para que não haja um ponto fixo em que possamos confiar e nos lembra de que mesmo as melhores coisas podem ter efeitos colaterais doentios. Não existe nada que possa ser completamente puro? Por que o prazer precisa vir acompanhado do nojo? Por que a virtude precisa tornar possível o vício? A simples quebra de princípios, a mera desonestidade, nos deixaria indignados. Mas a hipocrisia rompe com os princípios de tal forma que os torna menos reconhecíveis, ou torna menos reconhecível até mesmo a quebra desses princípios; ela nos força a admitir que a virtude tem um custo maior do que aquele que nos impõe individualmente com a dificuldade de sua obtenção. A virtude impõe também o custo social da hipocrisia.

A hipocrisia nos faz perceber que um mundo melhor pode não ser possível. Afinal, a virtude inevitavelmente dá origem à hipocrisia. Embora nem todos os serventes da moral sejam acusados de ser hipócritas, o trabalho sujo que executam nos lembra de que mesmo um mundo apenas menos pior ainda exigiria recrutar pessoas para cumprir certos papéis que o perfeccionista que reside dentro de nós considera repreensível. Toda essa imperfeição, todas essas concessões, toda essa incômoda impossibilidade de perfeição e toda essa contaminação do ordenamento moral têm um poder genuíno de provocar nojo, pois todas essas coisas implicam o reconhecimento da inevitável poluição do que é puro. Mas é preciso fazer uma ressalva. O caráter vicioso da hipocrisia é inseparável do ordenamento moral e político em que se estabelece. Imagine um regime tão repressivo, corrupto e injustificável que faça a hipocrisia funcionar como uma barreira atrás da qual a combalida e quase extinta virtude possa ser sustentada, por mais frágil que possa ser. Pode ser tentador afirmar que a maior perversidade de tal regime é permitir que a hipocrisia deixe de ser um vício nojento e se torne o último bastião da virtude. Em um regime como esse, no entanto, embora recrutada para a causa da virtude, a hipocrisia não tem nada de virtuosa. Ela continua executando, como sempre, um trabalho sujo.

O NOJO E O ESPECTADOR IMPARCIAL DE SMITH

Agora eu desejo mudar de assunto e convocar Adam Smith para compor um retrato mais completo da função do nojo no domínio moral. Em *A teoria dos sentimentos morais*, Smith elenca o nojo como parte do arsenal emocional do espectador imparcial. Esse espectador é quem determina o que é apropriado em termos sociais e morais, que, no esquema proposto por Smith, não é apenas uma questão de ações corretas, mas de ações corretas motivadas por sentimentos corretos demonstrados de forma correta. O julgamento do espectador é menos uma análise racional e mais uma avaliação de sua própria capacidade de simpatizar com o outro. O observador imparcial sabe se os sentimentos e as ações são apropriados quando consegue "penetrá-los" através da simpatia. A impossibilidade do observador de se solidarizar com o outro constitui por si só um julgamento adverso sobre o caráter apropriado do comportamento observado. E essa impossibilidade da simpatia, a depender da natureza exata da ação imprópria, pode acabar evocando nojo. Atores sociais bem-sucedidos são aqueles que fazem o papel de observadores imparciais de suas próprias ações e, dessa forma, modulam seus sentimentos de modo a não constranger e/ou enojar o observador — ou seja, não impossibilitar a simpatia. A depender da impropriedade observada, o espectador pode sentir nojo, desprezo, raiva, ódio ou outras sensações menos definidas de desaprovação.[375]

O observador imparcial de Smith é um sujeito cheio de melindres; ele não gosta de nada que seja inapropriado; logo desconfia da raiva até identificar se é justificada, e mesmo se for continua torcendo o nariz; é um homem de sensibilidade refinada, bastante reservado e nem um pouco dado a demonstrações excessivas de emoções (é quase uma paródia da visão que os norte-americanos têm dos britânicos); é um homem de bom gosto, capaz de sentir pena, mas preferiria que as situações dignas de pena fossem menos frequentes. O observador imparcial, seja incorporado por outra pessoa, seja apenas inserido dentro de nós na forma de uma capacidade de automonitoramento social, torna prevalentes no mundo moral de Smith principalmente a vergonha, o nojo e outros sentimentos morais de alcance mais amplo, em vez da culpa e da raiva. Em seu ordenamento moral e social, nada pode ser pior para o indivíduo do que ser visto como desprezível, do que saber que gera julgamentos aversivos em espectadores imparciais; da mesma forma, nada pode ser melhor do que conquistar sua aprovação.

Como fazemos o papel de observadores imparciais para os outros, nós sabemos como executar essa função em relação a nós mesmos. Portanto, nós temos a consciência de que o pior que poderia nos acontecer seria sermos vistos da maneira como vemos os outros quando estão sendo tolos, indignos, ineptos ou nojentos. Quando vemos os outros sob essa luz, pode haver um sentimento de *Schadenfreude* para contrabalancear e ajudar a tornar mais palatável a sensação desagradável de ver alguém fracassar tão miseravelmente.[376] Mas nenhum prazer proibido surge em nossa consciência quando nós mesmos falhamos. Quando nós somos os objetos de nojo, desprezo ou exposição ao ridículo, não é apenas a desaprovação que magoa, mas também o pequeno deleite que imaginamos que nosso dissabor causa no desaprovador; e, em uma simetria reveladora, o prazer que obtemos com a aprovação dos outros é intensificado quando suspeitamos que causa certa inveja nos aprovadores. Essa inveja é um sinal da sinceridade de sua aprovação.

Smith reconhece que o observador que provoca nossos sofrimentos nem sempre é imparcial. Na verdade, os sentimentos de inveja e *Schadenfreude* estão sempre ameaçando minar a imparcialidade,[377] assim como as questões relacionadas a status e classe social. Com o fracasso em manter a imparcialidade, o nojo do observador se torna mais provável. Consideremos como as pessoas pobres são vistas pelas ricas. O pobre está sujeito a uma dupla mortificação. Ou é invisível por ser desprezível, ou é visível demais por ser nojento: “Os afortunados e os orgulhosos se surpreendem com a insolência da miséria humana, que ousa se apresentar diante deles, e com o aspecto repugnante dessa condição, que, segundo presumem, perturba sua serena felicidade".

O caráter apropriado dos sentimentos depende de sua apropriabilidade às condições que os fazem vir à tona e, o que é tão importante quanto, da moderação e do decoro em sua demonstração. O ator social deve modular a expressão de suas paixões exatamente até o ponto em que é capaz de despertar a simpatia do observador, sabendo que, por definição, o observador não consegue se solidarizar com demonstrações excessivas nem insuficientes. Mas apenas algumas demonstrações mal moduladas provocarão nojo; outras causarão pena, ou o tipo de desprezo benevolente que se manifesta no ato de considerar o outro "bonitinho" ou "querido".

Smith divide os sentimentos em grupos, com cada um exercendo um efeito sobre a simpatia e, portanto, sendo julgado apropriado de diferentes formas. As paixões "que se originam no corpo", por exemplo, despertam pouca simpatia.[378] As expressões mais assinaladas de sede, fome e desejo sexual "são repulsivas e desagradáveis". Não é que não possamos nos solidarizar com o sofrimento de pessoas famintas; é que nós não sentimos sua fome.[379] A noção de simpatia de Smith não se limita à comiseração e à compaixão, envolve também a experiência imaginária do que o outro está vivenciando; a possibilidade de vivenciar as sensações da *maneira* como o outro vivencia ou deveria vivenciar: "A verdadeira causa do nojo peculiar que concebemos em relação aos apetites do corpo quando os vemos em outros homens é que não podemos penetrá-los". Até o ator social que vivencia essas vontades sabe que, depois de gratificá-las, não consegue entender muito bem o desejo prévio: "o objeto que o estimulou não mais lhe parece agradável".

Isso vale tanto para a comida como para o sexo: "Depois de jantarmos, pedimos que os pratos sejam removidos; e devemos tratar da mesma maneira os desejos mais ardentes e passionais, se forem objetos apenas das paixões que têm origem no corpo". Quando nossos apetites corporais são saciados, não queremos ser lembrados das vontades descontroladas que vieram antes. Elas são motivo de constrangimento, vergonha e nojo. E o observador imparcial põe o dedo na ferida, solidarizando-se pela vergonha e o nojo que estão por vir, e não agindo para deter a vontade incontrolável. A observação de Smith se mantém pertinente mesmo quando o espectro da pornografia é levantado como prova em contrário. A pornografia não nos leva a experimentar o que o outro está sentindo, e sim instiga um desejo de primeira ordem. Essas paixões que dependem por completo das sensações corporais nos constrangem e nos enojam, e em geral se considera que devem ser expressas em caráter privado ou decorosamente suprimidas. E, como Smith sugere, mesmo quando há privacidade, nós desejamos nos livrar dos objetos de nosso desejo sexual assim que nossa vontade é saciada, a não ser que também sejam objetos de nosso amor.

O nojo também faz parte de nossa reação às "paixões insociáveis". São os sentimentos — raiva, ressentimento, ódio — que acompanham conflitos e disputas, mas também são necessários para motivar a aplicação da justiça. Esses sentimentos "servem mais para enojar" e, por isso, impedem que seja despertada a simpatia, a não ser que venham acompanhados de uma narrativa das circunstâncias que os evocaram. Precisam de uma justificativa para terem a capacidade de superar o nojo que naturalmente despertam. O observador imparcial de Smith encara com desconfiança as paixões insociáveis mesmo quando "são evocadas justamente: ainda existe algo nelas que nos enoja". É por isso que, segundo ele, nós admiramos o autocontrole da pessoa que se contém e modula sua raiva de modo a não dar escândalo. Diante da natureza das situações em que surgem as paixões insociáveis, elas dividem as solidariedades do observador. Caso o ódio e a raiva não sejam apropriadamente modulados, a simpatia se volta para o alvo dessas paixões insociáveis, cuja condição nós reconhecemos como um "infortúnio". Portanto, nós nos solidarizamos com o alvo da raiva na mesma medida em que os excessos do raivoso inibem nossa simpatia por sua causa.

A falha em despertar simpatia, segundo a teoria de Smith, não deixa o observador impassível, com a capacidade de se solidarizar com o outro bloqueada. Para Smith, a ausência de simpatia é desaprovação, e a desaprovação, muitas vezes, vem acompanhada de sentimentos morais insociáveis como aqueles em relação aos quais o observador imparcial não consegue se solidarizar quando os vê em outra pessoa: ódio, nojo e desprezo, entre outros. O observador, porém, é uma alma decorosa e sempre modula sua desaprovação de maneira apropriada. Ele consegue fazer isso em razão de sua imparcialidade inicial, que o torna passional na medida certa, e não frio e indiferente. A simpatia não tem como operar de forma não passional; ela extrai suas feições dos sentimentos com os quais se identifica e também é influenciada por seus próprios limites. Aquilo que não se consegue despertar simpatia deve ter evocado logo de início alguma reação aversiva, algum sentimento negativo, que a impediu. O julgamento da impropriedade é *sentido*.[380]

A narrativa de Smith faz questão de não mostrar no observador imparcial desejos ocultos de indulgência às impropriedades que o enojam. Ele argumentaria que aqueles que consideram nojentos os bobos alegres dos comerciais de cerveja, na verdade, não nutrem desejo nenhum de ser como eles. Na visão de Smith, não existe a menor atratividade nisso, nem mesmo nos recantos mais obscuros do inconsciente do observador. O fato de não se solidarizar com determinadas demonstrações de sentimentos e suas motivações, portanto, é uma recusa peremptória de querer ser visto dessa maneira.

Mas como o observador pode julgar as impropriedades a não ser que se imagine de fato agindo assim? O conhecimento de que seria visto da maneira como ele via tal comportamento torna a fantasia construída sobre se comportar desse modo tão desagradável que o nojo o abriga a abandoná-la. Assim, a simpatia não é barrada por um imperativo absoluto em relação a essas paixões que, no fim, nos impede de segui-las. O observador faz um mergulho imaginativo e vê a si mesmo como seria visto pelos outros, nesse caso pessoas que seguem o mesmo padrão moral que ele. Fazer esse mergulho, porém, também envolve risco — o risco de se sentir enojado (ou fascinado?) por paixões inapropriadas. Enquanto o espectador observa a ação com a motivação e a conduta apropriadas, ele não se sujeita a nenhuma tentação ou imagens malignas, mas, assim que testemunha uma impropriedade, ele mesmo acaba comprometendo sua integridade com as imagens que precisa evocar para emitir sua desaprovação.

Smith não nos conduz a pensar nas tentações ou repressões que possam estar escondidas nesses julgamentos negativos. Seu espectador é alvo de ter um lado obscuro por seu pré-requisito de imparcialidade e pelo fato de que seu papel é mais público e social do que privado e psicológico. O espectador imparcial confere à moralidade de Smith a aparência de uma moralidade baseada na vergonha, em que o indivíduo está sempre sob os olhares dos observadores, imparciais ou não, em uma espécie de panóptico em que não há como se esconder da visão e do julgamento do espectador. Smith, então, socializou uma moralidade baseada na motivação, em que as impropriedades e falhas são quase sempre moralmente condenáveis e sempre exigem algum tipo de justificativa ou pretexto.[381]

De acordo com Smith, os excessos nas "paixões sociáveis" — generosidade, gentileza, compaixão —, ao contrário das paixões insociáveis, não causam nojo. As demonstrações de "uma mãe carinhosa, um pai indulgente demais, um amigo generoso e afetuoso" podem ser vistas com "uma espécie de pena, com a qual, entretanto, existe uma mistura de amor". Trata-se de uma desaprovação das mais suaves, e a reação do espectador quase sempre segue o comportamento indulgente e carinhoso da pessoa que está observando. Caso esse comportamento excessivo e indulgente causasse nojo ou "ódio e aversão", isso tornaria a pessoa o tipo "mais brutal e sem valor da humanidade". Smith, como vemos, apesar de todas as suas reservas, ainda tinha um certo gosto típico do século XVIII por "homens de sentimentos" diante de cenas desse tipo.

É possível perceber também que Smith eleva demais o tom da crítica àqueles que consideram tais cenas desprezíveis ou enojosas. Os exageros na demonstração de sentimentos positivos podem causar nojo em um observador imparcial, claro;[382] a diferença é que esse nojo não vem misturado com medo e repulsa como no caso das emoções insociáveis, e sim com sentimentos mais benignos. De acordo com a teoria do nojo que venho expondo aqui, o nojo pela efusividade nas paixões amigáveis é um nojo causado pelo excesso. Como acontece no caso da atração por doces e comidas gordurosas, a visão inicial desses sentimentos produz aprovação, mas a indulgência exagerada leva ao nojo.

O ódio a vícios e impropriedades nos envolve em tipos de desaprovação que, em que certas situações, podem surgir diretamente do nojo. Em geral, quanto mais as questões morais envolverem conceitos de poluição e pureza, maior a participação do nojo.[383] Costumamos pensar em um regime moral dominado pelo nojo como um esquema primitivo de totens e tabus.[384] Mas, como vimos, a linguagem cristã do pecado se agarrou ao nojo com todas as forças, assim como as formas mais moderadas de filosofia moral de autores como Hume e Smith.

O nojo dos filósofos escoceses é fundamentado de maneira diferente do nojo cristão. A forma que assume para eles, conforme discutido no capítulo 7, está intimamente ligada com o conceito emergente de bom e mau gosto. Seu nojo tornava a vulgaridade uma questão moral, e um marxista talvez se sinta tentado a argumentar que tais filosofias eram meras ferramentas de apoio de um novo ordenamento social baseado em classes para elevar os gostos sociais dos burgueses ao status de exigências morais. O nojo de Jonathan Swift, por outro lado, ainda se valia principalmente do velho estilo anticorporal e antissexual do ascetismo cristão; mas também tinha uma intensidade adicional trazida pelo processo civilizador e pela expansão do nojo para outras questões corporais além do domínio sexual. O processo civilizador também transformou a valência moral da pobreza. No ordenamento cristão anterior, a pobreza podia ser vista como uma virtude, ou pelo menos como uma oportunidade para exercer a virtude; o nojo do novo ordenamento moral mudou isso e tendia a fazer da pobreza um vício, ou então sua principal causa.[385]

O nojo é mais do que apenas o motivador do bom gosto; ele assinala as questões morais nas quais não podemos fazer concessões. O nojo sinaliza nossa perplexidade, indica que não estamos só falando da boca para fora; sua presença informa que estamos de fato sob o domínio da norma cuja violação estamos testemunhando ou imaginando. Articular o nojo é mais do que afirmar uma preferência ou apenas revelar a presença de uma sensação em nosso corpo. Mesmo quando usamos a dicção do nojo apenas como forma de falar, ou seja, não refletindo nossos sentimentos, ainda assim fazemos uma afirmação enfática de que as normas citadas em nossa expressão de nojo são do tipo que exercem um grande poder sobre nós.

Mais uma vez, permita-me recorrer a Hume. Quando um indivíduo define outra pessoa como inimiga, assinala Hume, usa a linguagem do amor-próprio e "expressa sentimentos que dizem respeito a si mesmo e que surgem de uma particularidade de sua circunstância e situação"; no entanto, quando define algo como vicioso, odioso ou depravado, "ele usa outra linguagem e expressa sentimentos com os quais espera que seus ouvintes concordem".[386] A declaração de nojo é feita na expectativa de obter concordância. Carrega consigo uma noção de incontestabilidade, e parte disso depende do fato de o nojo ser processado de forma tão peculiar, como uma ofensa aos sentidos. O nojo apela para a visibilidade, a palpabilidade, a concretude, a obviedade inegável de sua afirmação. O nojo envolve menos intersubjetividade do que talvez qualquer outro sentimento. Quando você diz que está amando ou que está triste, eu não tenho tanta certeza de sua condição interior do que quando você afirma estar com nojo. As *sensações* do amor e da tristeza não são tão facilmente definíveis como as *sensações* do nojo. Quando você está com calafrios ou sente que seu corpo foi violado, eu sei o que está acontecendo dentro de você. O nojo, portanto, se comunica bem melhor que a maioria dos outros sentimentos.

O nojo também tem outras capacidades poderosas de estabelecer relações comunais e é especialmente útil e necessário para a construção de uma comunidade moral e social. Sua função é executada claramente, ajudando a definir e localizar a fronteira que separa nosso grupo do deles, a pureza da poluição, o violável do inviolável. E isso acontece como consequência da capacidade do nojo de ser prontamente sentido ao se colocar no lugar do outro. O nojo, como a indignação, é algo que podemos sentir ouvindo e vendo ofensas cometidas contra outra pessoa como se tivessem sido cometidas contra nós mesmos.[387] Ambos os sentimentos parecem nos empurrar para aquilo que, com frequência, se define como posição de vítima. Essa capacidade de alcance do nojo e da indignação não depende de a outra parte também estar sentindo nojo ou indignação; nós não somos "contagiados" pelo nojo sentido pela vítima. Nós fazemos o papel do espectador imparcial de Smith e sentimos como seria estar na pele do outro; ou seja, no esquema proposto por Smith, nós vivenciamos o que julgamos que a pessoa ofendida *deveria* estar vivenciando. O nojo e a indignação transformam o mundo dos espectadores imparciais em uma comunidade moral, em pessoas que compartilham sentimentos iguais, em guardiões da retidão e da pureza. Esses sentimentos proveem a motivação para a punição de determinados tipos de ofensas.

Eu diria que o motivo por que o amor, infelizmente, não teve muito sucesso ao longo da história como o sentimento capaz de construir uma comunidade moral é o fato de não poder ser compartilhado de forma tão rápida por terceiros. Nós podemos, por exemplo, sentir nojo imediatamente por alguém ter sido violado, ou indignação por alguém ter sido enganado ou lesado, mas não temos como sentir prontamente o amor ou a inveja de outra pessoa; esses sentimentos são sempre pessoais, *sui generis*, e em certa medida incomunicáveis. Podemos entender o que os amantes estão sentindo, mas não *sentimos* o mesmo que eles. Mas, se a gratidão ou o amor não forem direcionados a quem merece, logo podemos nos sentir provocados pela indignação ou pela ingratidão como se nós fôssemos a parte prejudicada. Portanto, pode ser que a humanidade não tenha inclinações tão vis e misantrópicas como dizem os moralistas. Em vez disso, estamos presos às estruturas das emoções que sentimos. O amor, como o orgulho, é estruturado como um sentimento privado, que pode nos causar prazer e satisfação quando o observamos no outro, mas esse prazer não é o mesmo que o outro está sentindo; é uma reconstrução imaginária do sentimento do outro, ou de como nós imaginamos que o outro se sentiria caso estivéssemos em seu lugar.

As identificações solidárias nascidas do nojo nem sempre tornam claras por si sós o ordenamento moral. Consideremos a relação do nojo com o vício da crueldade. A crueldade gera um duplo nojo no espectador imparcial, uma vez que nos recuperamos do choque que ela provoca.[388] Primeiro, o perpetrador é visto com medo e repulsa, com o tipo mais intenso de nojo e horror. Em seguida, surge um segundo nojo que se concentra na vítima que foi degradada, esteja ela ensanguentada e desfigurada ou aniquilada moralmente pela desgraça de ter sofrido um abuso dessa ordem. Nossa comiseração e nosso desejo de aliviar o sofrimento da vítima são inibidos pelo mesmo sentimento que nos leva a execrar a pessoa responsável pelo incidente. Dessa forma, a crueldade compromete o observador imparcial, que é tomado por tamanha onda de nojo que se vê paralisado. O observador é obrigado a sentir de forma intensa sua própria inadequação diante desse mal. O nojo dirigido contra o violador é causado apenas pelo que reconhecemos como uma falha moral; o nojo dirigido à vítima, por outro lado, imputa uma falha moral a ela como consequência de se tornar uma pessoa feia, deformada, indigna e nojenta por ter sido vitimizada. A vítima é julgada moralmente por ter sido degradada dessa forma, a não ser que tenha o status peculiar que atribuímos a bebês e crianças, a quem as exigências de dignidade são em grande parte suprimidas. Esse é um dos custos da associação inevitável entre nojo e vergonha. E é por isso que sentir vergonha é uma sanção tão poderosa: é a internalização do nojo e do desprezo do espectador.

Mas, se o nojo acaba se embaralhando consigo mesmo diante da crueldade, a indignação serve para colocá-lo de volta no caminho certo. Quando o nojo entra em ação junto da indignação, ajuda a criar uma espécie de indignação hiperinflada que pode ser expressa na forma de ultraje ou algo parecido com o horror. A indignação força o nojo a sair em defesa da causa da justiça como motivador de uma ação contra o agressor; sem a indignação, o nojo, muitas vezes, se afasta ou se desvia de seu alvo, ou então acaba pego na dupla amarra descrita no parágrafo anterior. O risco do ultraje, por sua vez, é prejudicar o senso de proporcionalidade e levar o observador imparcial de Smith a sentir nojo de sua própria reação excessiva. Mas as crueldades deliberadas não suspendem as normas da proporcionalidade? Ou a questão é que, por ser tão desproporcional por si só, a crueldade deliberada nunca é completamente punível ou expiável? Nem mesmo a aliança do nojo com a indignação é adequada para essa tarefa. Daí a presença inerradicável da crueldade nos fazer cair no desespero e na frustração, que ameaçam nos levar mais adiante à infelicidade e à misantropia ressentida.

AS FALHAS MORAIS DO NOJO

O nojo, como propusemos, é o sentimento moral que faz o trabalho de desaprovar os vícios da hipocrisia, crueldade, traição e pegajosidade em todas as suas formas: oficiosidade, bajulação e servilidade vergonhosa. Também serve para policiar atividades que descrevi aqui como os males necessários dos serventes da moral e outras questões morais de menor relevância: o tipo que produz falhas de caráter que causam ofensas de certo modo previsíveis, como pernosticidade, melindre, grosseria, estupidez, entre outras, mas também as deformidades físicas. Só que essas são mesmo questões *morais*? O nojo tem um vício, é um sentimento moral extraordinariamente inclusivo e faz mais do que apenas registrar uma simples aversão a seu objeto — ele o degrada em um sentido moral. Enquanto o nojo é evocado para combater a crueldade e a hipocrisia, não vemos problema em alistá-lo à nossa causa, mas, quando se dirige a pessoas intrometidas e irritantes ou deformadas e feias, pode entrar em conflito com outros sentimentos morais, como a culpa e a benevolência, que nos empurram na direção contrária.

O próprio termo "moral" é frustrante por si só, com uma definição sempre elusiva mesmo quando nós sabemos o que queremos dizer quando o usamos. O que diz respeito à moral pode ser encarado de diversas maneiras, algumas estreitas, outras bem amplas. Alguns tentam reduzir a questão a simples afirmações do tipo: amor é virtude, ódio é vício. Outros articulam o domínio da moral fazendo referências a emoções e sentimentos morais específicos.[389] Alguns tentam colocar a moralidade como elemento central de um grande número de sentimentos: benevolência, respeito, culpa, vergonha ou um senso de moral independente e especificamente constituído.[390]

Consideremos, por exemplo, a tentativa de Allan Gibbard de construir uma teoria assumidamente estreita de moralidade privilegiando a raiva e a culpa: "A moralidade é voltada para o tipo de ações pelas quais uma pessoa pode ser culpada. Uma pessoa é passível de culpa por um ato se fizer sentido para os outros sentir raiva dela [...] e se fizer sentido para a própria pessoa se sentir culpada pelo que fez".[391] Tornar a culpa um elemento fundacional tem o efeito de restringir o alcance da moral.[392] O caráter restrito da culpa surge do fato de ser atrelada a ações voluntárias.[393] A culpa faz sentido para os (maus) atos que optamos por fazer, que eram nossa intenção fazer e que tínhamos a opção de não fazer. A culpa confere um caráter jurídico à moral, com todas as restrições trazidas pela ideia de *mens rea*. Dessa forma, a culpa se concentra na punição das ações (e certas omissões) passíveis de culpa em vez de tratar das falhas de caráter. A culpa pede a reparação, que, em parte, já se torna possível apenas com uma demonstração apropriada de peso na consciência. A reparação deve vir em uma medida que seja suficiente para atenuar a raiva que a ofensa em questão provocou.

Gibbard considera essa restrição a malfeitos intencionais eficiente. A culpa não exige a reabilitação da pessoa em si, como pode acontecer quando a vergonha e o nojo atuam, apenas uma mudança de atitudes que estão dentro das possibilidades de controle voluntário por parte do perpetrador. Para Gibbard, outros sentimentos distintamente morais, como a vergonha, a humilhação e o nojo, demonstram menos discernimento.[394] Eles exigem demais do perpetrador, muitas vezes uma transformação total de caráter, e às vezes até transformações físicas relacionadas a cor de pele, gênero, tipo físico, idade e estado de saúde, coisas que, de acordo a moralidade baseada na culpa, nós não podemos ser culpados de maneira justificável, pois não se trata de escolhas.

Uma moralidade dependente apenas do mecanismo de culpa/raiva, no entanto, não dá conta de todas as culpas que atribuímos e de todas as ações e condições pelas quais responsabilizamos as pessoas. A raiva não é a única e nem sempre a principal forma de mostrar desaprovação ou fazer cobranças de ordem moral a quem comete uma ofensa. Nós não precisamos nos voltar para culturas primitivas baseadas na vergonha para encontrar um domínio moral mais amplo no qual o nojo, o desprezo e a exposição ao ridículo são preeminentes. Nossos próprios sentimentos e nossas próprias interações sociais proporcionam uma infinidade de exemplos. Erving Goffman descreveu em detalhes como o corriqueiro, o rotineiro e o normal geram convenções sociais que então se transformam em "expectativas normativas, exigências apresentadas como irrefutáveis", ou seja, cobranças de ordem moral sobre os outros para que não perturbem o bom funcionamento da rotina que nos julgamos no direito de ter.[395]

A moralidade nesse contexto se torna menos uma questão de culpa e consciência e mais uma questão relacionada à impressão que causamos nas pessoas que nos observam, supondo que as exigências que elas nos fazem são amplamente justificáveis. Esse tipo de moralidade é altamente vinculado à vergonha, e nossa boa imagem depende de adquirir e manter competências em uma ampla gama de padrões de julgamento de caráter. A moralidade baseada na vergonha é mais abrangente que a moralidade baseada na culpa; leva em conta o que você é, além do que faz; leva em conta o que você não faz e o que não pode fazer. Mais coisas se tornam passíveis de culpa. E, como mais coisas são passíveis de culpa, mais coisas se tornam questão de honra e orgulho. A moralidade baseada na vergonha não é necessariamente ruim. Permita-me expandir esse tema brevemente antes de voltar a tratar do nojo.

De acordo com o esquema formulado por Goffman, estar na presença dos outros exige dos atores sociais um respeito pelo contexto e pela situação em que se encontram. Eles não devem perturbar o consenso vigente do qual as interações sociais dependem para funcionar sem sobressaltos, a não ser em situações extremas, e mesmo assim apenas de maneiras que os demais possam entender como justificadas. A exigência mínima imposta pela convivência é não provocar medo indevido nas pessoas nem causar nelas constrangimento e nojo. O indivíduo não deve se tornar motivo de alarme ou preocupação desnecessária, o que significa que, em atividades rotineiras como andar pela rua ou esperar um ônibus, ele deve se comportar de um modo que permita aos outros ignorá-lo. No meio de uma festa, a pessoa não deve se ajoelhar e pedir que os outros rezem com ela.[396] Essa é a exigência moral mínima no ordenamento proposto por Goffman: respeitar a ignorabilidade dos outros e se comportar de maneira a se tornar ignorável.

No entanto, essa exigência mínima de ignorabilidade é muito difícil de ser cumprida por certas pessoas. Tomemos como exemplo as pessoas bonitas: não podemos acusá-las de má conduta por não serem ignoráveis, pois elas não chamam nossa atenção por causar nojo ou alarme. No entanto, demandam de nós um esforço extra em termos de postura e tato, além de exigirem mais de nossa capacidade de manter o decoro. Existe uma linha tênue entre os olhares de admiração já esperados por essas pessoas e as encaradas insistentes que constituem uma importunação indevida. Do outro lado da moeda estão os estigmatizados: os obesos, os inválidos, os deformados, os doentes mentais, os grotescamente feios, os criminosos,[397] ou aqueles que, por algum motivo, não se qualificam como membros da abrangente categoria dos "normais".[398] Os estigmatizados geram diferentes níveis de alarme, nojo, desprezo, constrangimento, preocupação, comiseração ou medo. Esses sentimentos, por sua vez, confirmam que a pessoa estigmatizada é, de fato, estigmatizada. (Vale ressaltar que tanto as afirmações de Goffman como as minhas a esse respeito são puramente descritivas de como ordenamos a moralidade da convivência, e não uma defesa de como essa ordenação deve ser feita.)

Por mais estranho que possa ser, um dos indicadores mais confiáveis de nosso reconhecimento do estigma social é a culpa que sentimos por reconhecê-lo. Os estigmatizados nos fazem sentir que não estamos respeitando sua ignorabilidade, pois nunca sabemos ao certo o que fazer em sua presença. Nós supomos que devemos agir naturalmente, mas, diante dos estigmatizados, o que isso significa? Desviar o olhar? Oferecer ajuda? Fingir que não está vendo nada de diferente? Os estigmatizados são vistos como pessoas que perturbam o bom funcionamento do ordenamento social que os normais se julgam no direito de exigir.

Em uma época mais rude, os sentimentos evocados pelos estigmatizados seriam acompanhados de pouca ou nenhuma culpa por parte do observador; hoje não é mais assim.[399] Primeiro, nós aprendemos a sentir culpa por zombar dos outros. À medida que nos tornamos mais civilizados, a culpa passou a incluir o medo incômodo de zombar ou ridicularizar alguém de forma involuntária. Pouco a pouco, nossa culpa passou a se fazer presente mesmo quando dispensamos um tratamento decente aos estigmatizados. Ou nós nos culpamos porque nossa boa ação foi motivada pela culpa em vez de sentimentos mais nobres, como o respeito por essas pessoas, ou a culpa vem depois da pontada de autocongratulação que sentimos ao dispensar um tratamento decente aos estigmatizados, o que, em algum nível, ainda achamos que vai além de nossa simples obrigação. Que coisa notável da minha parte ter autoconfiança suficiente para almoçar em público com aquela pessoa obesa, não é mesmo?

O nojo transforma a beleza e a feiura em questões morais. E parte de nosso constrangimento por isso assume a forma do argumento de que a beleza, na verdade, é parte do domínio da estética, e não da ética ou da moral, o que subentende que as falhas estéticas não devem ter consequências tão sérias quanto as falhas morais. O esforço para constituir um domínio estético divorciado da moral pode ser entendido como uma proposição moral de qual deve ser o conteúdo apropriado do domínio da moralidade. Trata-se de uma tentativa de eliminar através de uma categorização arbitrária as persistentes tendências psicológicas e sociais que nos levam a atribuir relevância moral à beleza e à feiura e nosso fracasso em distinguir de forma consistente o que é bom do que é belo. No nível discursivo, nós aceitamos essa distinção entre o estético e o moral e o tornamos sujeito à sanção da culpa; mas ainda estamos presos a outros sentimentos que continuam a se manifestar, por exemplo, na sensação de termos sido traídos que nos acomete quando uma pessoa bonita se revela maldosa, ou na relutância que sentimos quando enfim admitimos a beleza interior de uma pessoa feia e reconhecemos isso verbalmente.

Nosso mundo moral, portanto, está em conflito consigo mesmo. Mas não é o caso de uma oposição entre moralidade e imoralidade ou amoralidade. Nem um caso de desespero causado pelo relativismo. Diferentes sentimentos morais de alcance e intensidades variáveis geram inconsistências significativas no ordenamento moral. Gibbard faz uma distinção útil aqui entre aceitarmos as normas e estarmos presos a elas, à qual aludi no parágrafo anterior; as normas que aceitamos são mantidas através de conversas e discussões, de uma série de práticas discursivas, ao passo que aquelas às quais nos sentimos presos falam mais alto que nossa força de vontade.[400] Em relação às pessoas estigmatizadas, as normas aceitas que governam o respeito são subvertidas por aquelas às quais estamos presos, cuja violação gera nojo.

A diferença entre "aceitar" e "estar preso", muitas vezes, se resume a qual sentimento reforça a norma em questão. Quando uma norma é reforçada pelo nojo, estamos presos a ela, ao passo que é a culpa que pode ser desencadeada caso não sejamos capazes de respeitar uma norma que aceitamos. O poder que as normas reforçadas pelo nojo exercem sobre nós deveria moderar nosso deleite ao denunciar os paradoxos do nojo, em que o nojento também se revela fascinante, interessante e até mesmo um objeto de desejo. Pode até ser o caso em algum nível, mas nada pode ser uma homenagem maior ao poder de uma norma do que se sentir mal fisicamente ao violá-la. Poucos reformadores morais achariam ruim se as normas de respeito às pessoas e de comprometimento com a igualdade e a valorização de todos os seres humanos fossem reforçadas pelo nojo, apesar dos paradoxos que ele traz consigo, em vez dos sentimentos morais mais fracos em que se baseia a aceitação discursiva das normas.

O ordenamento público esquematizado por Goffman corresponde em linhas gerais às exigências feitas pelas culturas da vergonha.[401] A culpa e a raiva ainda têm papéis a desempenhar nesse ordenamento, mas são luxos reservados apenas àqueles que foram capazes de preservar sua respeitabilidade depois de resistir ao ataque moral dos ordenamentos mais amplos da vergonha, da ridicularização, do desprezo e do nojo. Além disso, costuma ser muito menos preocupante causar raiva em alguém do que ser alvo de desprezo, zombaria ou nojo. A raiva confere a seu objeto uma espécie de status de igualdade, talvez até superioridade; ser objeto de desprezo, ridicularização ou nojo rebaixa o indivíduo em relação ao outro.

É possível conseguir a respeitabilidade mínima de ser ignorável demonstrando respeito pelas normas morais e sociais que governam a apresentação pessoal em público. Esse tipo de respeitabilidade precisa ser conquistado; não é inerente ao simples fato de sermos humanos; ela vem como uma consequência de se comprometer a seguir, e depois de fato seguir, as regras de conduta apropriada, que submetem o social e o estético a um ordenamento moral superior. O respeito é a homenagem prestada ao ordenamento em si, e não aos indivíduos que o compõem. A primeira condição para o bom funcionamento do ordenamento social é que seja respeitado.

Esse tipo de ordenamento moral tem um lado negativo que deveria nos incomodar. Gibbard captura uma parte do problema, como vimos, com sua preocupação com a falta de discernimento relacionada aos sentimentos morais de nojo, vergonha, medo e constrangimento. É fácil compreender o preço que pagamos por permitir que o nojo e o desprezo orientem nossa vida social e moral sem o contrapeso de serem subordinados ou restritos por outros sentimentos e princípios. Acabamos punindo os estigmatizados, que podem não ter nenhuma causa justificável para sentirem culpa por seus estigmas, embora internalizem os julgamentos sociais de sua estigmatização na forma de vergonha, autoaversão, autonojo, autodesprezo e ódio de si mesmos.[402] Nosso medo é que o nojo e o desprezo possam violar as normas da igualdade e da justiça, do respeito básico pelas pessoas; que esses sentimentos possam acabar servindo para a manutenção de regimes brutais e indefensáveis.

Existem algumas razões pelas quais não permitimos e não devemos permitir a um sentimento moral o poder de orientar todas as situações em que ele pode ser evocado. Não podemos, adaptando a célebre frase de Judith Shklar, pôr o nojo ou a vergonha em primeiro lugar, mas se, como ela propõe, nós destacarmos a crueldade como o principal vício a ser combatido, podemos não conseguir, ou não querer, evitar que o nojo tenha um papel desproporcional em nosso regime moral.[403] Nós precisamos, isso sim, saber quando confiar em nossos nojos e desprezos. Apesar de seus defeitos consideráveis, o desprezo e o nojo cumprem apropriadamente certas funções morais. Indo ainda mais longe, até seus defeitos são morais; o problema é que outros critérios não nos transmitem tanta confiança a ponto de constituirmos nossa moralidade oficial em torno deles. O desprezo, o nojo e a vergonha nos classificam e orientam nossas hierarquias; esses sentimentos também proporcionam a base necessária para honrar e respeitar, e não só para desonrar e desrespeitar.

A visão de que sentimentos morais como nojo e desprezo são males necessários não lhes faz justiça; eles cumprem uma função salutar, se soubermos inibir seus excessos. E nós os inibimos o tempo todo, limitando o escopo de sua legitimidade ao recorrer às demais normas que aceitamos. Nós também, com sabedoria, cortamos as asas do nojo sujeitando nosso regime moral como um todo a certas restrições políticas e legais que limitam seriamente as atitudes que podem ser tomadas justificadamente como consequência de um julgamento moral. Até nos domínios informais em que a legislação e a política nos dão espaço para orientarmos nossa própria conduta, também há sérias restrições impostas pelas sanções ao que podemos tratar como objetos de nojo. Daí a ridicularização pública ou também formas menos perniciosas de discriminação serem consideradas injustificáveis ou até mesmo ilegais. A nós é permitida apenas nossa experiência privativa do nojo e o prazer suspeito de um desprezo que faz parte de nossa autocongratulação por nos comportarmos tão melhor que os deuses do Olimpo nessa questão de como lidar com as deformidades.

Provavelmente, o maior reconhecimento de nossa preocupação em não condenar aqueles que nos enojam são as histórias que criamos para tornar os estigmatizados passíveis de culpa no sentido mais estrito do termo. Como mencionamos de passagem no capítulo 4, nós imputamos aos nojentos o desejo de ofender. Os obesos, portanto, são gordos porque não se esforçam para não ser. Inclusive, em parte, até responsabilizamos os estigmatizados por coisas que nós sabemos, no nível mais racional, que eles não têm como mudar. Se não temos como culpar os cegos por sua cegueira, damos um jeito de culpá-los por não permanecerem invisíveis, por não manterem a ignorabilidade, em especial quando seu desejo de visibilidade é entendido como uma exigência feita a nós. Nós queremos que sua condição seja uma espécie de encantamento e que com um beijo eles possam se metamorfosear em príncipes e princesas; e, quando o feitiço maligno se revela duradouro demais, nós os culpamos por negar a eficácia do antídoto mágico.

Nós culpamos os doentes por sua condição quando paradoxalmente tentamos absolvê-los em função de sua doença, o que, por sua vez, os torna passíveis de culpa por terem sido infectados. Os reformadores sociais obtusos que tentam tornar a criminalidade uma questão de doença em vez de intenção passível de culpa não percebem que o fato de alguém estar doente não faz com que deixemos de culpá-lo.[404] Em nosso pensamento, a doença é uma ofensa sujeita a punição. A aids é carregada de culpa, como a lepra um dia também foi. Até mesmo às doenças mais corriqueiras é possível atribuir culpa, se não como consequência de pecados, pelo menos como uma incapacidade de tomar os devidos cuidados com a saúde.

Portanto, para poupar nossa consciência das dúvidas a respeito da abrangência demasiadamente ampla de sentimentos morais como a dúvida e o nojo, nós expandimos o alcance da culpa. A moralidade mais estreita e restrita de síndrome de culpa/raiva de Gibbard no fim não se revela tão estreita quando expandimos a categoria da ação voluntária àquilo que a pessoa é, além do que ela faz. E, se encontrarmos resistência demais à incorporação do vergonhoso e do nojento aos domínios da culpa, nós percebemos que não estamos tão indispostos assim a punir com base apenas no nojo. Para essa punição com base no nojo, nosso álibi nada confiável é proporcionado pelo ordenamento público esquematizado por Goffman: a ignorabilidade é uma virtude, e não ser ignorável é um vício passível de culpa.

O nojo não só atribui culpa de uma forma indiscriminada demais e torna a categoria da moral mais ampla do que os princípios concorrentes da justiça, benevolência, solidariedade e justiça consideram que deveria ser; ele também se apresenta na forma de uma negatividade, de um estilo depressivo e deprimente que nos deixa desconfortáveis. Compare a indignação furiosa com o nojo indiferente e fleumático.[405] Como mencionei em capítulos anteriores, o nojo é bastante ambivalente em relação à vida, em especial a vida humana. O caldo da vida, o caldo da vida *humana*, está no cerne do domínio do nojento. É o que torna o nojo inevitavelmente misantrópico em sua essência. O nojo deseja um afastamento daquilo que somos e fazemos, tanto de forma voluntária como involuntária. A indignação, mesmo em toda sua fúria revanchista, não condena a humanidade de forma tão sumária. Quando a vingança é obtida ou a justiça é feita, o mundo retorna a sua ordem, que pode inclusive ser exuberante, cheia de vida e possibilidades. O nojo é o que nos dá motivos para querermos nos afastar de tudo. Ele cumpre sua função moral, mas faz com que nós nos sintamos poluídos nesse processo.

O nojo é um reconhecimento do perigo ao qual nossa pureza está exposta. Mas não é só isso. O fato de nos sentirmos enojados é por si só uma admissão de que não escapamos da contaminação. Em outras palavras, sentir nojo não nos purifica da mesma forma que a raiva ou a indignação são capazes. O nojo implica a necessidade de uma ação purificadora. É por isso que o nojo não cumpre sua função moral de maneira a nos permitir um prazer inequívoco com nossa relativa superioridade moral sobre o outro que é considerado nojento. O nojo admite nossa vulnerabilidade e nosso comprometimento mesmo quando é usado para uma afirmação de superioridade. O sentimento de desprezo, por outro lado, é mais limpo e agradável. Nós podemos ver isso como uma das virtudes morais do nojo. O nojo não nos incita a condenar por simples prazer, porque sempre nos impõe algum custo com suas condenações. O nojo nunca permite que escapemos ilesos. Ele deixa clara a sensação de desespero com o fato de que a impureza e o mal são contagiosos, persistentes e levam a reboque tudo aquilo que tocam.

O nojo tende a concentrar o exercício de sua função moral em questões relacionadas ao corpo. O sexo obviamente atrai sua atenção, mas não só; o nojo é mobilizado para condutas corporais que indicam uma atenção insuficiente ao dever de garantir que o ordenamento social se imponha da melhor maneira possível. E, é claro, também é o principal sentimento de desaprovação aos vícios para os quais a linguagem do nojo funciona também. Aqui temos um problema de prioridade. O bajulador servil é seboso, escorregadio e pegajoso porque causa nojo, ou ele causa nojo porque seu comportamento não tem como ser descrito de outra forma? Seja qual for o caso, existem vícios e comportamentos para os quais as noções relacionadas à feiura, ao mau cheiro e à pegajosidade se aplicam prontamente, e outros para os quais não parecem tão apropriadas. A hipocrisia, a traição e a crueldade nos jogam no terreno pantanoso do nojo, e nenhum outro sentimento moral parece tão qualificado para expressar nossa reprovação.

Da esfera moral, agora nós passaremos ao ordenamento social e político. O nojo e o desprezo — sentimentos de demarcação de status, que rebaixam as pessoas a que são direcionados — têm um papel importante a desempenhar em sociedades hierarquizadas. A democracia, por outro lado, não se sente à vontade com nenhum dos dois, mas, mesmo assim, foi capaz de criar um arranjo funcional envolvendo o desprezo. O nojo, porém, ainda é uma praga para a democracia, pois continua a motivar divisões de classe, raça e etnia. No próximo capítulo, vamos nos concentrar na anatomia política do desprezo e o que o distingue do nojo, adiando para o capítulo 10 um relato mais detalhado do aspecto político do nojo.

9
DESPREZO MÚTUO E DEMOCRACIA

Neste capítulo, nós mudaremos de foco e nos concentraremos com mais atenção no primo de primeiro grau do nojo, o desprezo, e seu papel na produção e na manutenção da hierarquia social e do ordenamento político. Por mais próximos que sejam e por mais que se reforcem de maneira mútua em alguns contextos, nojo e desprezo têm implicações políticas diferentes; e, para entender o papel do nojo no ordenamento político, é especialmente útil compará-lo com o do desprezo. No fim, o desprezo se revelou assimilável pela democracia. Inclusive, em vez de subvertê-la, beneficiou-a ao tornar igualmente acessível a inferiorizados e dominantes uma estratégia de indiferença no tratamento dispensado ao outro. O desprezo, então, serviu para reforçar a margem mínima de respeito pelas pessoas que é tão crucial para a democracia, o estilo de tolerância capturado pela frase "viva e deixe viver". Já o nojo, como veremos no capítulo 10, é uma força muito mais poderosamente antidemocrática, que põe abaixo até as menores reivindicações de tolerância. Nestes dois capítulos, eu tento dar uma ideia de como esses sentimentos morais distintos estão profundamente implicados na criação de certos estilos de ordenamento político.

O desprezo anda de mãos dadas com a humilhação e a vergonha. As ações que nos envergonham e as formas de apresentação pessoal que nos causam humilhação, se tivermos competência social suficiente para reconhecer nossas falhas e ineptidões, são o que geram e justificam o desprezo, e até o nojo, dos outros por nós. Ou, invertendo a ordem: o desprezo ou o nojo dos outros por nós é o que gera a vergonha e a humilhação quando concordamos com o julgamento que nos condena como desprezíveis, ou seja, se considerarmos o desprezo justificado, ou gera indignação e até uma fúria vingativa se nos sentirmos injustiçados. Não que nossa concordância seja sempre suficiente para fazer justiça. Afinal, nós podemos não concordar com o julgamento que nos condena como desprezíveis apesar de termos um comportamento descontrolado ou incorrigível, ou concordar com esse julgamento apesar de sermos vítimas de um ordenamento social injusto que nos impede de fazer avaliações autônomas a partir de nossa posição dentro desse sistema. Seja como for, o desprezo é claramente um mecanismo para classificar pessoas ou contestar essas classificações e, como tal, tem uma relevância política significativa.

O desprezo evoca toda uma variedade de questões envolvendo as relações das emoções com os diversos ordenamentos sociais — desde a justiça desses sistemas até a micropolítica das interações pessoais dentro deles. Sendo assim, eu gostaria de limitar meu escopo aqui. O que pretendo discutir é a natureza do que chamo de desprezo de baixo para cima, ou seja, o desprezo dos inferiorizados por aqueles tidos como seus superiores; portanto, farei algumas observações a respeito de como isso pode se manifestar em diferentes regimes sociais e políticos: sociedade heroica, *ancien régime* e democracia.[406]

De acordo com alguns, a noção de desprezo gerada de baixo para cima carrega em si uma impossibilidade em termos de definição. Afinal, o desprezo costuma ser expresso com a metáfora de "olhar de cima para baixo", que é fisicamente traduzida na imagem da expressão facial do meio-sorriso e do nariz empinado, dos olhos semicerrados que encaram com desconfiança a pessoa desprezível. Mas, como veremos, o desprezo de baixo para cima tem certas características estilísticas próprias que o distingue do estilo clássico de desprezo. Por ora, basta dizer que o que pretendo retratar é o desprezo que os adolescentes têm pelos adultos, que as mulheres têm pelos homens, que os criados têm pelos amos, que os trabalhadores têm pelos patrões, que os judeus têm pelos cristãos, que os negros têm pelos brancos, que os iletrados têm pelos letrados e assim por diante. Por favor, não pense que considero que todos os desprezos de baixo para cima sejam iguais, ou que sejam desencadeados pelas mesmas condições. O negro, o judeu, a mulher, o adolescente e o trabalhador podem ter um status inferiorizado, mas isso não significa que sua inferiorização ocorra da mesma maneira. Cada opressão tem sua própria história e suas próprias regras, que variam de lugar para lugar. Além disso, algumas condições de inferioridade são facilmente escapáveis (como a adolescência); em outros casos, não é assim tão simples.

Consideremos este relato de uma competição entre desprezos. Algum tempo atrás, eu contratei um pedreiro para executar um serviço em minha casa. Era um homem corpulento, com várias tatuagens do tipo mais convencional: dragões, vikings e outras figuras musculosas de histórias em quadrinhos. Sua calça jeans tinha a cintura tão baixa que deixava exposta sua fenda interglútea (ah, as exigências do decoro!). Parecia um sujeito durão, com o ar de alguém que não tinha medo de sentir nem de infligir dor. Ele já estava trabalhando havia alguns dias quando, certa tarde, cheguei com minha bicicleta, com a mochila nas costas, falei um oi rápido e continuei pedalando na direção da garagem. "Professor, é?", o pedreiro perguntou para minha mulher.[407] O ato de formular a pergunta como quem faz uma afirmação revela só uma parte do desprezo em seu tom de voz. Eu voltei até onde eles estavam para conversar um pouco, fazer alguns comentários sobre o trabalho e, depois, me retirei.

Ele e eu sentimos uma boa dose de desprezo um pelo outro. Mas nossos desprezos não são constituídos exatamente da mesma forma. O dele por mim é menos ambivalente do que o meu por ele, já que o meu é marcado por designações e compromissos políticos conflitantes. Consideremos algumas das bases de meu desprezo por ele. Em primeiro lugar, havia as tatuagens, que eu encarei como uma sinalização de um desejo de ser vulgar (ou no mínimo de uma disposição para ofender tipos como eu). Ele não só não as escondia como também fazia questão de exibi-las com orgulho. Esse orgulho reforçava meu desprezo, pois, caso houvesse alguma demonstração de vergonha, eu poderia me sentir constrangido por ele. Ou poderia continuar sentindo desprezo, mas seria um desprezo inofensivo, quase indiscernível da comiseração e da compaixão, e não a sensação de incredulidade misturada com nojo e repugnância que as tatuagens me provocaram.

Seu tipo físico, sua indiferença à dor (em meus anos de formação, os não tatuados ouviam muitas histórias sobre como era doloroso fazer tatuagens) e a despreocupação com a possibilidade de me ofender, ou até sua consciência disso, também poderiam me levar a assumir uma postura desconfiada ou até temerosa. Eu poderia, sem nenhuma paranoia, encarar seu estilo como uma afronta. Ele era mais alto, mais forte e mais durão que eu, e entre dois homens isso tem seu significado. Acho que eu até poderia respeitá-lo por sua disposição em me afrontar ou por não dar a mínima para o que eu pensava. Mas, para mim, a vulgaridade descarada torna difícil até mesmo um respeito a contragosto. Ao que tudo indica, a desconfiança que ele me despertou, fosse qual fosse, não me permitia que eu o respeitasse; isso serviu apenas para minar certas bases de meu respeito próprio e fazer com que eu me visse como alguém desprezivelmente fraco e incapaz de me defender em um confronto físico. Em termos gerais, considerando a disponibilidade total de respeito no mundo, foi uma interação de uma soma menor que zero.

Devo acrescentar também que minha visão sobre o significado das tatuagens entrega minha idade. Hoje, pessoas de qualquer idade e gênero fazem tatuagens, o que provocou uma mudança na relação entre tatuagem e vulgaridade. Ainda assim, a relevância das tatuagens como indicativo de classe talvez sobreviva por algum tempo à recente adesão da classe média. Não é muito difícil reconhecer a diferença entre as tatuagens feitas para chocar os pais e as feitas para se identificar com eles.

Analisemos a exposição parcial do traseiro quando ele se abaixava. Isso produzia um desprezo que beirava o divertimento e o nojo. O divertimento era motivado por minha completa incapacidade de imaginar que alguém se mostraria dessa forma por escolha própria; ou, caso fosse por escolha própria, pelo caráter incompreensível de ter tão pouca consideração pelo próprio corpo e por sua imagem pessoal. De meu ponto de vista, era uma performance de comédia física vulgar: ele estava seguindo o exemplo de Nick Bottom, ou de Curly, Moe e Larry.* Esse é o divertimento que se encontra no desprezo, e revela uma ligação próxima entre o desprezo, o nojo e o cômico.

* Nick Bottom, traduzido em algumas edições em português como Nico Novelo, é personagem da comédia shakespeariana *Sonho de uma Noite de Verão*, e proporciona alívio cômico ao longo da peça. Curly, Moe e Larry são do grupo de comédia americano The Three Stooges, mais conhecido no Brasil como Os Três Patetas, que fez sucesso nos anos 1920.

Mas não parava por aí. Em um outro dia, ele e minha mulher se viram em um confronto involuntário de camisetas: a dela contava com uma mensagem de apoio à causa de salvar espécies ameaçadas de extinção, e a dele trazia a frase "*crack kills*" abaixo de um desenho de um ser humano sendo esmagado entre duas nádegas expostas.** A dele, obviamente, tinha o objetivo de ser engraçada, não só em termos de humor escatológico, mas também como uma afronta à pretensão de seriedade dos cidadãos conscientes;[408] o resultado perverso disso é que, junto da camiseta dele, a camiseta da minha mulher acabou sendo ridicularizada. É curioso como a maioria de nós acaba justificando os estereótipos não muito generosos que impomos uns aos outros.[409]

Mas esse tipo de bufonaria cômica rabelaisiana também esbarra no horror; não seria preciso acontecer muita coisa para esse brincalhão vulgar se metamorfosear em um monstro. O horror pode ser assustador, ou então pode ser repulsivo e nojento.[410] E, embora o desprezo seja uma espécie de defesa contra o medo do desprezível, também tem relações próximas com o nojo. Os mesmos aspectos de seu estilo que me divertiam também chegavam perto de me enojar. Em certo sentido, ele era uma presença contaminante. A noção de nojo e contaminação é uma parte do que o nojo acrescenta ao mundo do desprezo.

Espero que os leitores não me condenem por meu relato não estar em conformidade com certas crenças que eu inclusive tenderia a aceitar por razões de comprometimento político. Mas, antes que minha sentença seja decretada, eu gostaria de questionar se esta demonstração inequívoca de desprezo do rapper Ice-T seria vista com o mesmo olhar de condenação: "Vou falar uma coisa para você sobre as massas. Você já viu luta livre? Hulk Hogan e sei lá o quê, aqueles caras que ficam pulando de cima das cordas? E com os ginásios sempre lotados? Essas são as mesmas pessoas que vão votar, cara". Eu considero a adoção dessa visão antidemocrática por parte de Ice-T um símbolo paradoxal do triunfo da democracia, pois o desprezo pelo povo que, antes era uma prerrogativa de conservadores esnobes, agora está disponível para todos.[411]

A declaração de Ice-T antecipa algumas das principais questões que pretendo expor neste capítulo. Mas antes preciso explorar em mais detalhes minha relação com o pedreiro. Enquanto nutria sentimentos

** Em inglês, o popular "cofrinho" é chamado de "butt crack".

de desprezo por ele, eu dedicava a mim mesmo uma boa dose de autodesprezo, por minha constituição física pobre, por minha certeza de que me daria mal em um confronto físico com aquele sujeito, por minhas dúvidas sobre a relevância social de meu trabalho e por saber (ou supor) que ele também sentia desprezo por mim, mas sem ser afetado por nenhum desses incômodos. Embora nós dois façamos parte do terceiro século de existência dos Estados Unidos da América, um regime democrático com práticas políticas e teoria moral de ordem liberal, essas tradições só parecem afetar meu desprezo por ele, e não o dele por mim, pois esses estilos de pensamento político, moral e social colaboram mais para deslegitimar o desprezo de cima para baixo do que o desprezo de baixo para cima.

É possível inclusive arriscar a afirmação (à qual voltarei mais tarde) de que a teoria democrática faz muito mais do que libertar o desprezo de baixo para cima de ficar pretensamente escondido nos aposentos dos empregados; na verdade, ela altera o estilo desse desprezo. E é possível sugerir ainda que um dos elementos definidores que distinguem o desprezo de baixo para cima do desprezo de cima para baixo nas sociedades democráticas é a maior probabilidade de o desprezo de cima para baixo vir acompanhado de dúvidas a respeito de sua própria legitimidade, seja na forma de culpa, vergonha ou uma mera preocupação. Essa mesma sombra de dúvida é o que leva o de cima a perguntar se sua clara impressão de que o de baixo, no caso o pedreiro, não sente a menor ambivalência em relação a seu desprezo pelo outro, no caso eu, não é mais uma manifestação de desprezo pelas pessoas das classes inferiorizadas, por considerá-las irracionais demais para se preocupar com o que quer que seja.

Mas tudo isso tornaria meu desprezo menos convicto do que, na verdade, se mostrava, embora meus sentimentos tivessem uma legitimidade questionável. Na verdade, era preciso lembrar a mim mesmo o tempo todo de que ele era uma pessoa com tanto valor e dignidade quanto eu. Além disso, também merecia respeito pelas habilidades que tinha e por fazer bem seu trabalho, e de fato eu o respeitava por isso. Mas é impossível negar meu desprezo pelo que ele é, independentemente de sua competência como pedreiro. O desprezo estava lá com força total, apesar de minha falta de convicção sobre ser ou não um sentimento justificável. É assim que a pessoa se sente em relação ao próprio privilégio quando é justificadamente questionado. Mais do que a culpa ou a dúvida, o que havia de mais destacado em meu desprezo era a sensação de surpresa por se tratar de algo tão entranhado em mim, que permanecia inabalado depois de tantos anos de discurso oficial pregando o contrário. Embora eu sinta em boa medida meu fracasso em fazer jus a alguns princípios elevados de igualdade, dignidade e valor humano, também tenho um prazer genuíno em me considerar superior às pessoas por quem sinto desprezo.

A verdadeira fonte de minha inquietação não é meu fracasso em fazer jus aos nobres princípios que, em um determinado nível de minha consciência, sou capaz de aceitar e admirar, e sim à maneira bem mais rasteira como eu percebia seu desprezo por mim e temia que ele pudesse acabar saindo por cima naquela disputa. Estava muito claro para mim que a forma assumida por seu desprezo significava que ele não se importava com o que eu pensava a seu respeito (com a pequena exceção de preferir que eu considerasse seu trabalho bem-feito, e não malfeito). Ele era indiferente ao meu desprezo, mas eu não era indiferente ao seu. Não havia nenhuma ambivalência em seu desprezo (ou pelo menos não alguma que fosse demonstrada de forma consciente). Caso seu desprezo fosse misturado com inveja, ele reinterpretou essa inveja como um ressentimento com o fato de alguém tão pouco imponente como eu poder levar uma vida tão cômoda.

Tenho confiança em afirmar seu desprezo por mim não só porque ele o manifestava de maneira tão clara, mas também porque eu conheço bem esse tipo de desprezo e me lembro de senti-lo em relação ao tipo de pessoa que acabei me tornando; apesar de preferir pensar que sou diferente dos outros a quem ele me associa, não posso exigir que ninguém faça essa distinção, nem duvidar que minha sensação de ser discernível do grupo de que faço parte seja só uma ilusão. Mas, nesse caso, eu não estaria apenas projetando meu autodesprezo e o transformando no desprezo dele por mim? Não quero me perder nessa discussão, mas gostaria de fazer algumas observações: uma das competências necessárias a nós neste mundo é a de sermos razoavelmente bons em identificar as motivações e intenções dos outros. Nós fazemos isso o tempo todo. Alguns são melhores nisso do que outros, claro, o que no longo prazo parece constituir uma vantagem competitiva. Aqueles que não conseguem distinguir a motivação dos outros são facilmente enganados; também são mais propensos a ações ofensivas e, portanto, a gerar mais reações hostis do que aqueles que são mais aptos nesse sentido. Isso não esclarece se estou apenas projetando meu autodesprezo, mas, ao que parece, a probabilidade de eu saber identificar a motivação dele não é maior que a probabilidade de estar projetando. Lembremos que nossa sociedade terapêutica tem como pressuposto a admissão implícita de que nós provavelmente sabemos menos sobre nós mesmos do que certos profissionais especializados.[412]

Além disso, o mais importante pode não ser saber se estou certo sobre essa interação em particular, e sim o fato de que essa interação parece fazer todo o sentido em termos sociais e psicológicos; ou seja, não existe nada surpreendente em meu relato, seja em relação à minha condição interior ou à dele. E também não vejo motivos para me desculpar com o leitor pela inevitável subjetividade do que estou narrando: afinal, como analisar a motivação sem recorrer aos dados de nossas próprias condições interiores? Portanto, feitas as devidas ressalvas, estou certo de que ele me via como um homem feminizado. Minha constituição física, minha bicicleta, minha mochila e minha profissão me assinalam como alguém desprezível aos olhos dele. Eu não trabalho com as mãos. As habilidades que eu possa ter são, sem dúvida, de caráter mágico, inatingíveis, nunca realmente verificáveis. Sou um "professor" aos olhos dele: membro de uma categoria profissional que ele despreza desde menino e nunca encontrou nenhum motivo para rever seu julgamento.[413]

Caso tenha se dado ao trabalho de prestar atenção, o pedreiro pode ter considerado desprezível em mim o fato de eu querer me mostrar como um homem igual a ele. Pode ter percebido que discretamente eu estava me rebaixando a seu nível. Em determinado nível, meu comportamento poderia ser visto como o tipo de condescendência competente e graciosa no sentido do século XVIII da palavra.[414] Eu alterei meu comportamento na direção de sua expectativa, e ele deveria convergir para nos encontrarmos em um meio-termo, ambos cedendo por respeito à situação, se não um pelo outro. Mas ele pode ter percebido que eu não estava fazendo isso a partir de uma posição assertiva — resumindo, estava me esforçando demais; para um olhar bem treinado, eu estava sendo um tanto indigno. Nesse caso, meu comprometimento com o igualitarismo democrático só serviu para me fazer de tolo aos seus olhos. Teria sido melhor ter lidado com ele com uma espécie de distanciamento cordial. Ele, com certeza, saiu vencedor na disputa de desprezos.

Seu desprezo por mim, ao contrário do meu por ele, provavelmente não vinha acompanhado de horror ou nojo. Eu apenas não importava para ele, a não ser como uma fonte de renda. Meu papel era o de um caixa eletrônico do qual seria feito um único saque, e nada mais. Mas, então, vem a desconfiança de que, apesar de toda essa indiferença, a determinação cultural do status ainda tem seu efeito. Por convenção, eu pertencia a uma classe social mais alta. Morava em um bairro melhor. Isso me tornava, apesar de toda a afeminação vista em mim, menos poluente em seu mundo do que ele no meu. Embora eu fosse desprezivelmente risível a seus olhos, o fato de ser de uma classe mais alta não me tornava poluente. O que é, de fato, superior em uma classe mais alta senão a capacidade de impor mais espaço, espaço físico no sentido estrito, entre seus membros e os demais, o fato de ser menos poluente inclusive aos olhos daqueles por quem sente desprezo? Embora, com certeza, fosse de se imaginar que meu estilo nada másculo poderia enojá-lo, na verdade isso não representava nenhuma ameaça para ele. Eu era desprezivelmente insignificante a seus olhos e podia constatar isso em seu reconhecimento bem-humorado de minha ignorabilidade. Se eu fosse nojento, ele não mostraria o mesmo bom humor, e eu não seria tão insignificante.

Essa interação extremamente rotineira levanta várias questões, mas discutirei em mais detalhes apenas três: 1) o conteúdo e o mecanismo de algumas variedades de desprezo; 2) as características particulares do desprezo de baixo para cima que o distinguem do desprezo de cima para baixo; e 3) como os arranjos políticos e sociais podem afetar as economias morais de versões concorrentes de desprezo.

OS ELEMENTOS DO DESPREZO

"Sobre as coisas que não desejamos, nem odiamos, diz-se que desprezamos: o desprezo não é nada além de uma imobilidade, uma contumácia do coração em resistir à ação de certas coisas." Foi o que Hobbes escreveu em *Leviatã*. De acordo com sua formulação, o desprezo é parecido com a indiferença. E, embora essa formulação não seja inimaginável a nós como uma espécie de desprezo, está longe do cerne de nossa noção de desprezo. Mas Hobbes deixa claro que sua versão de desprezo é um sentimento, e não uma simples ausência de qualquer sensação.[415] O desprezo de Hume nos parece um pouco mais familiar. Para ele, trata-se de uma mistura de orgulho e ódio.[416] O orgulho faz o trabalho necessário de elevar a pessoa e jogar para baixo o outro que é desprezado; o ódio fornece o julgamento negativo em que outro é avaliado em termos comparativos.

O desprezo, no entanto, é muito mais rico do que dão a entender ambas as formulações. Conforme mencionei antes, raramente uma emoção é sentida sem estar misturada a outras. Não é fácil, por exemplo, separar a experiência pura da humilhação, do desespero e da indignação que a acompanham; é difícil sentir uma inveja independente da raiva, uma tristeza independente da frustração. O nojo é especialmente notável em seus poderes metamórficos, pois é capaz de se combinar com uma enorme variedade de outras paixões e sentimentos. Nós reconhecemos o nojo como um complexo que pode ser composto de variadas misturas de sentimentos e estilos sociais.

Mesmo se não pararmos para analisar em detalhes cada combinação possível, a maioria de nós não teria problemas em imaginar o desprezo se associando tanto à pena[417] como ao escárnio e à zombaria, tanto ao divertimento como à presunção; à arrogância, ao nojo, à repulsa e ao horror; ao amor (como o sentido por bichos de estimação e até crianças) e também ao ódio, à indiferença, ao desdém, ao esnobismo, à desatenção, ao menosprezo e toda uma gama de sentimentos que motivam diversas formas de risos e sorrisos: o sardônico, o sarcástico e o indulgente (mais uma vez em relação a bichos e crianças). O que todas essas experiências têm em comum é uma relação em que o indivíduo se enxerga em uma posição de superioridade, e a maneira de afirmar essa superioridade é com a manifestação de desprezo. O desprezo em si é uma afirmação de relativa superioridade. Isso ajuda a explicar os opostos quase extremos que associamos ao nojo — da pena ao desdém, do ódio ao amor, do divertimento à repulsa: todas essas são atitudes possíveis que o superior pode assumir diante do inferior.

Quaisquer que sejam os motivos e os sentimentos que constituam qualquer instância específica de desprezo, não devemos nos surpreender ao constatar que seus estilos e significados estão intimamente ligados ao contexto social e cultural em que aparece. Hierarquias rígidas ou sociedades com status bem demarcados têm seus desprezos apontando em uma direção, ao passo que os desprezos da cultura democrática, ou de culturas de honra mais ou menos igualitárias, tendem a ser constituídos de outra forma.

Examinemos de novo o desprezo de Hobbes. Ele se assemelha ao desprezo da complacência, sem nunca duvidar de sua própria superioridade ou posição. É o desprezo do proprietário pelo escravizado, do senhor feudal pelo camponês, da dama aristocrata pela aia. A essas pessoas inferiorizadas não se dedicam sentimentos relevantes; são notadas apenas o suficiente para saberem que não merecem atenção. É possível ser condescendente e tratá-las com decência ou, em circunstâncias raras, até demonstrar pena delas, mas são pessoas em grande parte invisíveis ou absoluta e inconsequentemente ignoráveis.[418] Mesmo em culturas democráticas, esse tipo de desprezo ou indiferença complacente não nos é desconhecido. Ele ainda se faz presente apesar dos princípios democráticos em contextos específicos em que o status é fixo e a mobilidade social, relativamente rara. Esse tipo de desprezo caracteriza a postura de alguns patrões em relação a secretários ou funcionários do setor de manutenção e limpeza.

É preciso fazer duas ressalvas aqui. Primeira: estou falando de encontros cara a cara. Seria necessária uma complacência extraordinária para ignorar grandes agrupamentos de inferiorizados. Esses agrupamentos empurram o desprezo da indiferença para os reinos do terror, do horror e do nojo. É por isso que sociedades que dependem de estruturas sociais rígidas que possibilitam esse tipo de desprezo hobbesiano tomam o cuidado de regulamentar as condições em que os inferiorizados podem se reunir. Caso os superiores se sintam inseguros e possam exercer sua complacência, veremos o desprezo hobbesiano da indiferença; por outro lado, se os grupos estiverem em conflito, ou se, por qualquer outra razão, os superiores sentirem que os inferiorizados não podem ser mais ignorados sem maiores consequências, podemos esperar desprezos motivados e constituídos de maneira diferente, como os que caracterizam o antissemitismo, o racismo e o classismo, com o sexismo partindo de pressupostos um tanto diferentes. Aqui não é indiferença, e sim a repulsa, o horror, o nojo, o ódio e a crueldade que acompanham e orientam o nojo. Segunda ressalva: a indiferença contida no desprezo hobbesiano depende de um conhecimento exato da posição do indivíduo em relação ao outro e uma confiança em igual medida na ignorabilidade do outro. O camponês rústico que, em sua ignorância, não consegue entender quando prestar respeito não está demonstrando desprezo no sentido hobbesiano.[419]

Agora mudemos de contexto, de modo a não confirmar ou estabelecer relações hierárquicas em demarcações amplas de status, e sim tratar da disputa por respeito e da posição dentro de um determinado status; em outras palavras, suponhamos agora um contexto basicamente igualitário. Aqui esperaríamos encontrar um estilo diferente de desprezo, aquele ao qual costumamos nos referir quando dizemos que alguém foi desprezado. É esse o tratamento que dispensamos aos outros para informá-los de que cometeram uma falha, de que não estão se comportando como deveriam e de que estão exigindo mais para si mesmo do que merecem. É esse o desprezo do beligerante da narrativa heroica por seu antagonista, do cortesão de modos refinadíssimos pelos cortesãos de menor competência social, do acadêmico por seus colegas não publicados. Não é o desprezo pelos ignoráveis, e sim por aquilo que poderíamos nos tornar ou acabamos de deixar de ser. É mais ativo que o desprezo de Hobbes, mais conscientemente assumido como parte de uma estratégia de interação. É o desprezo correspondente a vexar ou humilhar os outros por suas falhas em respeitar as normas do grupo.

Esse desprezo ativo faz parte do sistema de desafio e reação no processo de aquisição e manutenção de status. Faz mais do que apenas confirmar posições já consolidadas — também busca afirmar superioridade e rebaixar a posição do outro, estabelecer e confirmar novas classificações. Conforme assinalado por uma ampla variedade de moralistas e observadores sociais do século XVIII, ser objeto desse tipo de desprezo é uma questão muito séria. Para Fielding, era uma crueldade maior que o assassinato.[420] E lorde Chesterfield, sempre cauteloso, avisa a seu filho que esse desprezo é tão odioso aos olhos dos outros que, em diversos casos, é mais prudente evitar demonstrá-lo:

> Por mais frívolas que sejam suas companhias, mesmo assim, enquanto estiver com essas pessoas, não demonstre a elas, por desatenção, que é assim que as vê; em vez disso, assuma o mesmo tom e se rebaixe em certo grau a sua fraqueza, em vez de manifestar seu desprezo por elas. Não existe nada que as pessoas recebam com mais impaciência, ou tenham menos propensão a perdoar, do que o desprezo; e todas as injúrias são esquecidas muito mais depressa que o insulto.[421]

Esses homens frequentavam círculos nos quais sentiam que seu respeito e seu status corriam riscos vindos de vários lados: de cima, por parte daqueles de quem buscavam cair nas graças; dos lados, por parte daqueles com quem competiam para cair nas graças dos de cima; por parte dos arrivistas que estavam logo abaixo, cuja mera presença desvalorizava a posição que já haviam conquistado. Se, por um lado, eles podiam se sentir seguros entre a criadagem, isso não podia ser dito quando estavam entre os pedantes, os janotas, os insolentes e os presunçosos.[422]

Nesse burburinho de competição marcada pela ansiedade por status, todos faziam uso do desprezo, fosse para manter a posição já obtida, para verificar se já a havia obtido, fosse para buscar sua obtenção. A ligação entre status e desprezo é tão próxima que é possível ver gente incapaz de entender as convenções sutis que regulam o desprezo, promiscuamente exalando desprezo para todos os lados, acreditando que sua mera demonstração é capaz de lhe assegurar alguma reputação. Esse é o "desprezo insolente", nas palavras de Chesterfield, do arrivista que revela sua aflição com seu status se recusando a tratar com condescendência amigável as pessoas decentes em uma posição inferior à sua, dispensando a elas em vez disso um enorme desprezo. Esse tipo de insolência na forma de desprezo é incessantemente exposto ao ridículo nas comédias de costumes; esses tolos cruéis — entre os quais podemos apontar como exemplo a sra. Elton, de *Emma*, entre muitos outros — são obtusos demais para reconhecer mérito, reputação ou sua verdadeira posição aos olhos daqueles que, de fato, têm sangue azul. Mas, em certo sentido, eles podem ser perdoados. Afinal, reconheceram corretamente o princípio geral: desprezo e status têm uma relação bastante próxima. Eles só não conseguiram captar direito nenhum dos detalhes.

Sob o rótulo do desprezo, esconde-se uma mistura de estratégia, expressividade e sentimento. Mais uma vez, só o que podemos estabelecer com uma certeza razoável é que seja qual for o estilo de um determinado desprezo, seja a indiferença hobbesiana ou repulsa e nojo viscerais, o que está sendo estabelecido ou confirmado em todos os casos é o valor social e moral da pessoa em relação ao outro. O nojo é o complexo emocional que articula e mantém hierarquia, status, posição social e respeitabilidade. E status e posição social diferenciados são as condições para o aparecimento do nojo. Dessa forma, temos um ciclo retroalimentado em que o desprezo ajuda a criar e manter as estruturas que geram a possibilidade de desprezar. E existe um bom motivo para acreditar que o estilo de desprezo em questão está sempre intimamente ligado aos arranjos sociais e políticos nos quais aparece.

Agora, permita-me fazer algumas distinções fundamentais entre nojo e desprezo. Sem dúvida, o nojo e o desprezo têm pontos de intersecção importantes, mas, em última análise, são síndromes diferentes, cada qual com áreas significativas em que o outro não está envolvido. Darwin, como mencionado anteriormente, assinala que "o desprezo extremo, ou desprezo repugnado, como muitas vezes é chamado, mal se diferencia do nojo". O desprezo que mal se diferencia do nojo é o desprezo que adquire os marcadores fisiológicos mais frequentes do nojo: mal-estar físico, encolhimento, retração. Em geral, vemos o nojo como muito mais visceral que diversos tipos de desprezo porque esses marcadores fisiológicos costumam ser inesperados no desprezo mais rotineiro e esperados no nojo mais rotineiro. O nojo está sujeito a metáforas baseadas em sensações, caso contrário não é nojo; precisa de imagens de sabores ruins, cheiros desagradáveis, toques invasivos, visões horrendas, secreções e excreções corporais para articular os julgamentos que faz; o desprezo, por sua vez, em geral é acompanhado de imagens de determinados espaços e classificações sociais, ou então diversos estilos de desfeita e ridicularização: olhar de cima para baixo ou de soslaio, ou apenas sorrir ou rir do outro.

Consideremos também nossas expressões faciais. O desprezo, como o desdém e o escárnio, é muitas vezes indicado por uma discreta exposição do dente canino de um dos lados do rosto. Essa mesma expressão pode imperceptivelmente se converter em um sorriso, que como observa Darwin: "pode ser real, ainda que de menosprezo, o que implica que o responsável pela ofensa é tão insignificante que causa apenas divertimento; mas o divertimento em geral é fingido". Todos nós sabemos quando o divertimento é fingido: quando aquele que pode ser desprezado sem maiores consequências passa para os domínios do ameaçador e do nojento. Nesse caso, a demonstração de divertimento é uma tática defensiva que visa mascarar a repulsa que pode vir à tona em um momento de confusão, o que, por sua vez, revela que a estratégia para lidar com o nojo é fingir que se trata de desprezo. Mas o divertimento nem sempre é fingido; pode ser apenas um sinal do caráter genuinamente ridículo de certos tipos de desprezibilidade.

Embora as expressões faciais de desprezo e nojo possam, muitas vezes, fazer o papel de um no lugar do outro, em geral associamos o lábio curvado em apenas um dos lados da boca, o famoso meio-sorriso, ao desprezo, ao passo que o lábio superior se retrai por inteiro para expressar o nojo.[423] O meio-sorriso não serve para expressar nojo (a não ser no caso citado de tentativa de negá-lo ou tentar afirmar que o incidente só ocasiona um mero desprezo), assim como a boca aberta com a língua para fora ou o lábio inferior curvado para baixo, que muitas vezes acompanha interjeições como "eca" ou "argh", não serve para mostrar desprezo. A maioria das expressões de desprezo tem essa característica de movimento parcial, seja um meio-sorriso, a leve inclinação vertical ou diagonal da cabeça que denota o nariz empinado, ou o tipo de reprovação que acompanha o estalar da língua representado verbalmente como "tsc", que se articula puxando o ar para dentro quando a língua está posicionada para fazer o som de "ts". Mesmo quando o nariz está empinado e os olhos estão semicerrados em uma expressão de desdém, os olhos sempre estão voltados para o lado, e não diretamente para baixo.[424] Já as expressões de nojo sempre tendem a uma simetria bilateral.[425]

O meio-sorriso, o riso sardônico e o nariz empinado que acompanham o desprezo evidenciam a conexão próxima do desprezo com o gesto irônico. Se, por um lado, a associação do desprezo com a ironia é perceptível, o nojo parece eliminar a possibilidade de se expressar de forma irônica. Não é possível sentir ânsia de vômito ou se retrair em um movimento convulsionado de forma irônica; o nojo tem uma relação íntima demais com o horror para ser dado a demonstrações convencionais de ironia. É claro que podemos pensar em diversas ironias que pertencem ao domínio do nojo, mas, ao contrário do imediatismo com que o senso de ironia se apresenta na maioria das formas de desprezo, as ironias do nojo, em geral, se tornam aparentes apenas através de reflexões ou para observadores externos; assim como é difícil evitar o senso de ironia no desprezo, é difícil senti-lo no nojo. Inclusive, assumir essa postura irônica em relação ao objeto é em parte o que possibilita sentir tamanho desprezo. As demonstrações de desprezo sempre têm um ar de gesto calculado.

Mas nem todo desprezo precisa tornar seu aspecto irônico tão visível. Consideremos mais uma vez o desprezo que demonstra hostilidade em relação aos outros sem perder o decoro no trato; nesse caso, também há um contraste destacado com o nojo. É possível comunicar sua superioridade aos demais com gestos de caridade e piedade tanto quanto com menosprezo e indiferença. E as formas mais benevolentes de desprezo ainda permitem uma autocongratulação por tratar de forma respeitosa aqueles que estão abaixo de você. Para tratar com decência alguém que enoja você, é preciso superar em alguma medida o nojo; no caso do desprezo não. Perversamente, portanto, enquanto o nojo é incapaz de orientar um tratamento decente ao outro, certos estilos de desprezo não só são condizentes com a decência no trato como também parecem estar presentes em boa parte daquilo que chamamos de polidez e em muito daquilo que entendemos como caridade.

O desprezo e o nojo são emoções usadas para manter status e hierarquia, mas operam de maneiras diferentes. O desprezo assinala distinções sociais de gradação discreta, enquanto o nojo demarca fronteiras em categorias culturais e morais que separam o puro do impuro, o bem do mal, o bom gosto do mau gosto. Como o desprezo permeia todas as categorias de pessoas, pode assumir diversos estilos diferentes, como vimos, a depender da posição da pessoa envolvida, sua relação social exata com a outra, a medida ou qualidade do que está sendo classificado e os pressupostos implícitos do ordenamento social e político. Assim, o desprezo pode variar desde a indiferença hobbesiana que julga a absoluta ignorabilidade do outro até o divertimento com bufonarias e o desprezo repugnado que não consegue disfarçar seu desprazer com a presença do outro. Se, por um lado, nojo pode coincidir com o desprezo repugnado e inclusive se tornar indiscernível dele, por outro, o nojo não tem nenhuma relação com o desprezo que se caracteriza pela indiferença. O nojento é sempre perceptível aos sentidos de uma forma que o desprezível não precisa ser. Na verdade, um dos sinais distintivos do que foi definido aqui como desprezo hobbesiano é a capacidade de impedir que a coisa desprezível chame a atenção de nossos sentidos, tornando-a invisível.

DESPREZO DE BAIXO PARA CIMA

A ideia de desprezo de baixo para cima é mais do que um mero jogo de palavras. Não implica que a pessoa tida por convenção como inferior está sentindo o desprezo clássico que se baseia na convicção de ser superior em um ou outro parâmetro de comparação em relação ao outro que está colocado em uma posição mais elevada. Não nego que o inferiorizado possa se saber mais inteligente, mais forte, mais ético e mais bonito do que o outro que está colocado em uma posição mais elevada, mas o de baixo não precisa se sentir superior ao de cima em nenhum aspecto para sentir desprezo por ele. Só precisa entender que o de cima está abaixo do nível que coloca a si mesmo.

Mas, até nesses casos em que o de baixo reconhece sua superioridade em relação ao de cima, seu desprezo tem uma sensação diferente, um estilo diferente, e é isso o que o caracteriza como desprezo *de baixo para cima*. Nós já assinalamos algumas diferenças: 1) o desprezo de baixo para cima tem menos probabilidade de vir acompanhado de nojo, o que o torna menos relacionado à proteção contra a contaminação; 2) em contextos democráticos, o desprezo de baixo para cima, ao contrário do desprezo convencional, tem sua legitimidade assegurada. O desprezo de baixo para cima, apesar do fato de permitir ao inferiorizado afirmar sua superioridade em um determinado atributo, não ocorre no vácuo. Os de baixo sabem que são considerados inferiorizados aos olhos dos outros, sabem que, em certo sentido, são desprezados por esses outros, ao passo que aqueles que estão em posições mais elevadas pelos padrões sociais convencionais podem se dar ao luxo de sentir, até com razão, que são vistos com estima, admiração ou inveja pelos inferiorizados.

Como estou compondo um panorama bem amplo aqui, preciso esclarecer melhor um ponto. Na micropolítica de qualquer interação específica, diversos tipos de fatores podem alterar a maneira exata como se dá o ajustamento mútuo. Considerando a variedade de caráter, o pluralismo e a relevância de certos espaços públicos, as pessoas tidas por convenção como inferiores, às vezes, podem competir de maneira livre em termos de qual desprezo é caracterizado como reativo e qual é caracterizado como constitutivo. Por exemplo, faz diferença o fato de o pedreiro e eu termos nos encontrado na frente da minha casa, e não em um bar frequentado por homens da classe trabalhadora. O desprezo de baixo para cima, em minha concepção, sempre tem alguma consciência de sua reatividade. Quando essa consciência desaparece, temos ou a ofensividade inadvertida do camponês rústico, ou a disputa por dominância abertamente demonstrada pela pessoa que contesta a posição que lhe foi dada.

O conhecimento por parte do indivíduo da classificação e da posição que lhe foram atribuídas não é irrelevante. Isso implica que o desprezo de baixo para cima ocorre em um contexto maior de relação de poder que define seu alcance e seus significados. Se, por um lado, o desprezo convencional constitui hierarquias, por outro, o desprezo de baixo para cima atua para criar uma maior margem de manobra psicológica para o inferiorizado. É um desprezo que nunca perde a noção de seus próprios limites; sabe que é secundário, uma espécie de paliativo para o desprezo que vem de cima, nunca constitutivo, sempre reativo. Em outras palavras, por mais desprezível que eu pudesse ser para o pedreiro que contratei, nada muda o fato de que ele foi contratado por mim, e não o contrário. A contratação de alguém para executar um trabalho braçal atribui a classificação de superior ao contratante. Mas, quando alguém contrata (nesse caso, não dizemos contrata, e sim aciona ou consulta) um médico, um advogado ou outra pessoa envolvida em profissões mais mágicas (ou suspeitas), é sempre o contratado, e não o contratante, que ocupa a posição de superioridade.

O desprezo de baixo para cima também se difere do desprezo convencional de outras duas formas cruciais. O desprezo do inferiorizado pelo tido como superior, ao contrário do desprezo convencional, com frequência vem acompanhado de um sentimento característico de *Schadenfreude*. Se o prazer associado ao desprezo normal, muitas vezes, se mistura com complacência, autossatisfação e presunção, ou até mesmo um simples e menos condenável deleite em relação à própria superioridade ou uma sensação de pena, no desprezo de baixo para cima, o prazer quase nunca se dissocia da consciência de que a pessoa em posição mais elevada está se humilhando, se expondo ao papel de tola.[426]

Suponhamos duas diferentes bases para o desprezo pela pessoa tida como superior. Em uma delas, o inferiorizado aceita os valores professados pelo que está em uma posição mais elevada e se ressente do fato de ele não colocar em prática aquilo que prega, seja por incompetência ou desonestidade; no segundo, o inferiorizado apenas considera esses valores ridículos. Peguemos o primeiro caso. Ocupar uma posição mais elevada não está isenta de riscos. A pessoa tida como superior precisa manter os parâmetros que defende se não quiser virar alvo de desprezo e ressentimento por não os cumprir. O desprezo pela inépcia ou desonestidade dos tidos como superiores encontra sua expressão perfeita na sátira, em especial a do tipo mais amargo e sardônico. E o nível de amargura depende diretamente da aceitação por parte do satirista dos valores que o tido como superior professa, mas não põe em prática. A sátira, portanto, por envolver a denúncia e a admoestação do dominante por parte do inferiorizado, costuma ser o território não daqueles que são completamente desempoderados, e sim das camadas médias e dos que ocupam funções gerenciais: é o desprezo daqueles que precisam fazer o trabalho sujo e implementar as políticas de quem desprezam.[427]

Peguemos agora o segundo tipo de desprezo de baixo para cima, que considera os elevados padrões de conduta e virtude e as instituições sociais que o mantêm uma tolice, motivos de galhofa generalizada. Esse estilo é mais claramente associado a sociedades hierarquizadas (mas isso não é obrigatório). Aqui a estratégia não é retratar os que estão em posições mais altas como desonestos, e sim vê-los como bufões e tolos. É a celebração da desordem. Nesse contexto, os padrões e as virtudes dos poderosos perdem o sentido. Apenas seu poder é levado em conta. A alegria, a galhofa, as gargalhadas e os risos renegam momentaneamente as formas de deferência forçada. Como a pomposidade é um atributo frequente do poder institucionalizado, sempre existe motivo para alegria e deleite ao vê-la ser jogada por terra.

Reis e nobres se precaviam de certa forma contra o risco de ver a pomposidade de seus cargos ser jogada por terra concedendo espaço privilegiado a bobos da corte e humoristas das classes inferiorizadas, que podiam ridicularizar seus superiores na frente deles. Uma forma de lidar com aqueles que riem de você pelas costas é obrigá-los a fazer algumas de suas performances na sua frente, para minar boa parte de seu efeito. A instituição do bobo da corte oficial também indica que aqueles de alguma forma tidos como superiores estavam dispostos e eram capazes de ver a si mesmos como eram vistos pelos inferiorizados, desde que fossem em seus próprios termos e em espaços comandados por eles. Mas nem todas as cenas em que a pomposidade ia por terra aconteciam em períodos do ano reservados para isso ou através do privilégio concedido ao bobo da corte; sempre que os conteúdos de um penico caíam sobre o vestido fino de uma dama ou um lorde tropeçava na própria espada, os acontecimentos em si conspiravam para produzir ocasiões para o riso. Imagine como devia ser difícil para um criado manter uma expressão séria nesses casos.

Pequenas celebrações da desordem, portanto, estão no cerne desse estilo de desprezo. Comparemos esse estilo ao habitual do desprezo de cima para baixo: sardônico, indiferente, presunçoso ou divertido, mas sempre menosprezador. Vale notar que ambos os estilos têm seus aspectos defensivos. O desprezo de cima para baixo defende contra a possibilidade de afronta negando a capacidade de ofender dos de baixo; o desprezo de baixo para cima tenta criar uma maior margem de respeito próprio transformando os de cima em figuras cômicas.[428]

O desprezo pelos valores e padrões mais elevados de conduta não necessariamente implica o desprezo galhofeiro das celebrações da desordem. O desprezo pode ser também a consequência de um autointeresse calculado à custa de alguém tido como superior cujos valores o tornam um alvo fácil. O Provedor e o Feitor,[429] de Chaucer eram exemplos do custo de uma ética aristocrática que considerava o trabalho e a atenção às finanças sinais desprezíveis de vulgaridade. Os senhores quase desconheciam os roubos praticados por seus servos e se deleitavam com um tipo de literatura cômica em que servos astuciosos os enganavam. Era quase uma pressuposição ser enganado pelos servos; caso se importasse com isso a ponto de querer dar um basta na situação, você era tido como vulgar, intolerante e mesquinho. Nesse tipo de sociedade, a posição moral e a autoestima ainda eram independentes daquilo que os servos e demais pessoas inferiorizadas pensavam de você.

O desprezo de baixo para cima, conforme comentado anteriormente, é marcado por seu caráter reativo. É uma espécie de retribuição, uma resposta ao desprezo que vem de cima. Desconfio que esse estilo de desprezo possa variar em razão do estilo do desprezo ao qual está reagindo e que ambos possam acabar presos em um círculo de incitação e influência mútuas. Em termos gerais, podemos afirmar o seguinte: o desprezo hobbesiano, uma forma de ignorar o outro, de lhe ser indiferente, caracteriza o desprezo dos de cima pelos de baixo em hierarquias rígidas até chegarmos à democracia, quando se tornou disponível como um estilo de desprezo de baixo para cima.

No Ocidente, antes da Revolução Francesa, a indiferença hobbesiana era, em grande parte, inacessível ao de baixo como estilo de desprezo, pelo menos de uma forma que pudesse despertar ansiedades e preocupações nos de cima. Naquele mundo, a forma disponível de desprezo de baixo para cima eram as celebrações da desordem, ou o riso (e o nojo) amargo da exposição da hipocrisia e da percepção da inépcia. E, como seria de se supor, mesmo esses estilos de desprezo de baixo para cima não eram distribuídos de forma equânime entre os diversos estratos abaixo da nobreza. As celebrações da desordem eram para os antípodas sociais da nobreza, enquanto o deleite amargo na exposição da hipocrisia, como já mencionado, era mais um estilo para aqueles que conviviam mais de perto com os de cima, que tinham a chance de observá-los de perto, mas ainda assim eram sujeitos a seu desprezo.

Consideremos alguns tipos genéricos de arranjos sociais e os diversos desprezos que os sustentam. No mundo dos heróis, mostrado em histórias épicas, não se aceita bem quando alguém questiona o valor da honra. Quem tenta fazer isso logo é silenciado, e a ordem hierárquica permanece, mesmo que os valores pareçam estranhos para quem está em posição inferior. Tersites tem sua voz ouvida, é verdade, mas ninguém dá uma resposta a seu discurso; o ataque *ad hominem*, de Ulisses, supostamente encerra o assunto.[430] Nas sagas islandesas, Térsites faz uma breve aparição na forma de um agricultor pobre chamado Thorkel de Hafratindar. Ele comete a temeridade de se recusar a avisar o herói de uma emboscada iminente porque considera as disputas dos tidos como honoráveis vagamente divertidas e, em vez de soar o alarme, prefere se divertir a uma distância segura e vê-los se matar. Seus argumentos sobre o caráter absurdo da honra também não são rebatidos, a não ser na forma de *ad hominem*. Ele acaba morto por seu senso de humor desrespeitoso.[431]

A sociedade heroica, no entanto, não é alheia ao desprezo; ela depende dele. O desprezo é o correlato da vergonha e da humilhação. O desprezo é aquilo que os honoráveis têm o direito de mostrar em relação aos menos honoráveis; é parte das transações de aquisição e manutenção da honra. O medo do desprezo ou da vergonha é o combustível que alimenta o motor da honra. As literaturas de honra heroica raramente proporcionam um vislumbre a respeito daqueles que se recusam a participar de uma competição pela honra: Térsites e Thorkel sofrem terrivelmente por sua ridicularização cheia de desprezo pela ética da honra. O desprezo de baixo para cima a que eles recorrem é perigoso e intolerável. Quando alguém ri de seus superiores, é melhor se certificar de que eles não estão ouvindo, a não ser que tenha os privilégios concedidos aos bobos da corte e aos loucos.[432]

Muitas vezes, acontece de aqueles que estão em desvantagem na disputa — ou seja, os que sofreram uma injúria e ainda não se vingaram — demonstrarem desprezo por seu oponente ao desafiá-lo. Isso, no entanto, não é desprezo de baixo para cima, pois é declarado dentro de um grupo de indivíduos mais ou menos iguais, participantes de um mesmo jogo. A visão dos que são de fato os de baixo — isto é, dos servos, dos inferiorizados, dos que não estão no jogo — não interessa aos autores, a não ser, talvez, nas visões expressas pelas mulheres. Na Islândia, os pensamentos de esposas, mães e filhas dos guerreiros fazem diferença, e elas são especialistas em sujeitar seus homens a um desprezo implacável quando eles fracassam. São mestras em vexar e humilhar. Mas isso também não é desprezo de baixo para cima. As mulheres estão dando voz às normas da honra. Estão colaborando para a manutenção da ética da honra.[433]

Para uma maior recorrência do desprezo de baixo para cima, precisamos de hierarquias que não sejam tão fluidas quanto o relativo igualitarismo dos sistemas de honra. Precisamos de hierarquias mais formais ou menos móveis, que classifiquem grupos inteiros, e não de um jogo em que os indivíduos disputam suas classificações. Também precisamos de certa instabilidade na confiança com que a hierarquia é mantida. Consideremos os relatos daqueles que precedem em uma ou duas gerações a Revolução Francesa e, depois, os de alguns que vêm logo em seguida.

Fielding, em seu *Essay on Conversation*, nos instiga a supor "uma conversa entre Sócrates, Platão, Aristóteles e três mestres dançarinos".[434] Já na proposição da hipótese, surge o problema: desprezo mútuo.[435] Os "sofistas do corpo ficariam bem pouco deleitados com a companhia dos filósofos, assim como os filósofos com a deles". O que pode ser feito para remediar a situação? Dois caminhos são propostos: elevar os de baixo e rebaixar os de cima. O primeiro é impossível. O que fariam "nossos mestres dançarinos" quando Sócrates começasse a discursar sobre a natureza da alma, Platão sobre a beleza da virtude, ou Aristóteles sobre as qualidades ocultas? "Eles não olhariam surpresos um para o outro e [...] com desprezo para nossos filósofos?" Os filósofos deveriam se contentar com os tópicos que fossem mutuamente inteligíveis. Aqui temos um trecho em que o desprezo mútuo entre os de cima e os de baixo é contemplado. Mas perceba em que tom. Os mestres dançarinos não são uma ameaça à ordem, apenas a uma conversa interessante. Seu desprezo por Platão e companhia os torna comicamente desprezíveis. Se o desprezo dos dançarinos for tudo com que os filósofos precisam se preocupar, então eles estão tranquilos.

O mestre dançarino não é como um trabalhador braçal grosseiro. Ele é tido como desprezível porque sua habilidade não é valorizada. Existem ideologias, entre as quais podemos incluir o cristianismo, que relutantemente concedem alguma virtude aos que lavram o solo e constroem coisas, mas aquele que ensina a dança é um mero serviçal da vaidade dos privilegiados. Os trabalhadores braçais grosseiros e os lavradores podem, às vezes, até produzir ameaças à ordem como um Wat Tyler ou Jack Cade, mas ninguém teme um mestre dançarino, cuja posição o torna imediatamente servil e obsequioso. A única base de que o mestre dançarino dispõe para rir pelas costas de alguém é sua habilidade de dançar, que ele é pago para compartilhar. Portanto, se ele ri da falta de habilidade do filho do aristocrata, acaba questionando sua própria capacidade como professor. Isso torna seu riso bem menos incômodo que o do criado de libré ou o da aia. Se é para sofrer de vez em quando com o desprezo dos inferiorizados, não é melhor que seja então com o do mestre dançarino?

Nesse mundo, o aristocrata ainda está no controle. Não está preocupado com a imagem que projeta aos serviçais. Adota um estilo confiante e benevolente. Daí a recomendação de lorde Chesterfield: "Existe uma *bienséance* também em relação às pessoas de nível inferior; um cavalheiro a observa em relação a seu criado, e até ao mendigo na rua. Ele os considera objetos de compaixão, não de insulto; ele não fala a nenhum dos dois *d'un ton brusque*, mas corrige o primeiro com frieza e rejeita o outro de forma humanitária" (em carta a seu filho, em 13 de junho de 1751, no calendário antigo). O cavalheiro de Chesterfield mantém tranquilamente seu dinheiro no bolso. O caráter *humanitário* de sua rejeição deve se limitar ao fato de não agredir, insultar ou ridicularizar o mendigo. A compaixão que demonstra não leva a uma ação destinada a aliviar a condição do mendigo. Obviamente, a inação é contada como um avanço, já que a expectativa básica é o insulto, a agressão e a admoestação.

Cerca de cinquenta anos depois, porém, já temos um mundo mais cheio de ansiedades. William Godwin pode, portanto, observar que

> Na Inglaterra de hoje existem pouquíssimos pobres que não podem encontrar consolo na liberdade de criticar seus superiores. O cavalheiro da nova lavra não tem nenhuma segurança de que não terá sua tranquilidade perturbada por esse tipo de sarcasmo agudo e hostil. Essa propensão, muitas vezes, pode até ser encorajada e tida como conducente aos mais salutares dos propósitos.[436]

Nesse mundo de pânico e ameaça do pós-revolução, não demoramos a perceber as ansiedades do paranoico protomoderno que sente que todos os criados, todos os inferiorizados, estão rindo dele. Da contemplação bem-humorada de que os fúteis mestres dançarinos possam sentir desprezo por Platão e Aristóteles, passamos a um mundo em que cada interação com um inferiorizado na escala social traz a perspectiva de uma humilhação. Os ideais democráticos, se não transformaram por completo o velho estilo, sem dúvida alteraram as expectativas e as percepções. O desprezo de cima para baixo se torna menos complacente porque passa a existir a desconfiança de que é retribuído. O tido como superior não pode manter com tanta facilidade o desprezo hobbesiano da indiferença. Apenas um tolo insensível é indiferente a uma ameaça. É possível posar de indiferente, mas apenas como uma estratégia destinada a esconder o medo e disfarçar as dúvidas sobre a própria imagem em um mundo que de repente passa a ter uma densidade populacional muito maior. Os criados não são mais tão invisíveis.

William Hazlitt, por exemplo, se vê em um conflito constante com criados que querem ridicularizá-lo e humilhá-lo:

> Seus superiores tentam de tudo para se elevar acima deles, e eles fazem o que podem para rebaixá-los a seu nível. Eles fazem isso através de pequenos interlúdios cômicos, um drama doméstico diário sobre cada detalhe dos problemas da família, que em geral costumam ser abundantes, ou então eles inventam da própria cabeça o material para essas supostas falhas.[437]

E não adianta tentar reagir à galhofa com gentileza: "Qualquer ato de gentileza ou condescendência com sua zombaria os joga ainda mais contra você. Eles não podem ser tratados dessa forma". Vale assinalar mais uma vez que o estilo do desprezo de baixo para cima se dá no estilo da comédia e do drama. E não só os seus próprios que são linguarudos e traiçoeiros, mas, "depois de uma conversa cordial com um garçom em uma taverna, você o escuta se referir a você com um apelido provocativo".

Trata-se de um mundo em que agora os antes invisíveis são monstruosos e estão mostrando suas garras. A ausência de deferência era o indicativo de um mundo virado de cabeça para baixo, de modo que não poderia haver complacência de nenhum tipo nem na mais breve interação, embora na maioria dos casos a deferência permanecesse intacta; e a respeitabilidade, preservada. Hazlitt apresenta suas estratégias de autopreservação. A condescendência e o humanitarismo, segundo ele, não funcionam. Os inferiorizados apenas o desprezariam mais (aqui ele escreve a respeito de pessoas grosseiras das classes inferiorizadas, e não especificamente dos criados):

> Toda a humildade do mundo seria vista apenas como fraqueza e tolice. Eles não têm noção do que é isso. Sempre se colocam em primeiro lugar; e argumentam que você faria o mesmo se tivesse os talentos maravilhosos que as pessoas comentam. Portanto, é melhor você se impor desde o início — intimidar, mostrar confiança e se colocar acima deles: assim pode arrancar deles um respeito aparente ou uma demonstração de civilidade; mas, com tolerância e cortesia, você não vai obter nada (de pessoas inferiores) além de insulto irrestrito ou desprezo silencioso.[438]

Hazlitt está desesperado e perdido. Ainda resta o bastante do mundo da hierarquia e da ordem para ele supor que uma postura pretensiosa é uma estratégia viável para evitar a humilhação. Ou, então, podemos vê-lo como um protótipo do homem dostoievskiano dos subterrâneos, um contexto no qual o traço definidor da nova ordem moderna é exatamente o caráter inevitável da humilhação, de parecer desprezível àqueles para quem você posa de superior. Nesse tipo de mundo, a única estratégia segura de preservação de uma autoestima, em última análise, inatingível, é paradoxalmente buscar a humilhação.[439] Seja pretensioso, mostre afetação e admoeste seus inferiores na escala social, porque, caso contrário, eles verão você como uma pessoa ainda mais desprezível por ter vergonha de sua própria posição.

Isso é o que define a modernidade: ser alvo do desprezo de baixo para cima, sentir repulsa de si mesmo e ser visto como ridículo pelas pessoas às quais você se considera superior. Em vez de ser admirado, você passa a ser ridicularizado por suas tentativas de "condescendência democrática" quando uma condescendência senhorial seria preferível. Ainda não chegamos ao estágio de minha interação com o pedreiro, mas estamos bem próximos. Vale assinalar que Hazlitt, e em menor medida meu relato sobre o pedreiro, sugere, ao contrário do que diz Nietzsche, que o constrangimento surja em função do medo que o de cima sente em relação à galhofa do de baixo, e não em função do ressentimento do de baixo pelo de cima.

Estamos em meio a grandes mudanças aqui. Mas o que mudou? Os inferiorizados estão menos deferentes? Ou a mesma ousadia, bufonaria e astúcia de sempre passaram a ser percebidas por aqueles que antes podiam ignorá-las sem maiores consequências? Em outras palavras, a mudança estaria mais nos senhores do que naqueles que os servem? Criados abusados e funcionários desonestos sempre existiram. Ambos eram personagens típicos das comédias que seus superiores tanto apreciavam. O que imagino que Hazlitt esteja constatando não é que os inferiorizados literalmente rissem de sua cara quando antes jamais ousariam fazer isso, e sim que tipos como ele passaram a se preocupar obsessivamente com demonstrações de insolência e afronta. Estão em pânico por verem o que antes podiam ignorar; chegam a imaginar que estão sendo zombados quando não é esse o caso. Estão preocupados com a maneira como são vistos pelos inferiorizados e temem que as antigas estratégias para lidar com afrontas não estejam mais tão facilmente disponíveis: bengaladas, chibatadas e desprezo que os impediam de reconhecer a afronta. Os novos elementos são a preocupação e o medo. Cem anos antes, Swift imaginava que seus criados rissem dele, e até sabia ser esse o caso, mas seu tom não é de desespero nem urgência; trata-se de uma comédia física em que os criados zombam das excreções corporais de seus superiores, divertem-se com seus fracassos e dilapidam as fortunas de seus senhores com sua desonestidade e incompetência. O medo não é da revolução, e sim da falência. O amo continua sendo o amo, apesar das afrontas dos servos.[440]

Hazlitt, por sua vez, escreve no alvorecer de um novo ordenamento em termos de posição social e status. Percebe as coisas em fluxo. Mas é possível se perguntar se ele já não percebia algo diferente no estilo da ousadia e insolência habituais dos inferiorizados, que eram evidentes desde os tempos de Plauto.[441] A nova ordem democrática permite uma real inversão dos desprezos. Agora os de baixo podem se dar ao luxo do desprezo hobbesiano; podem tratar os tidos como superiores com indiferença. A pessoa que serve a mesa se importa menos com você do que você com ela. Comparemos isso com o Provedor e o Feitor, cujo desprezo advinha da preocupação e da atenção que precisavam dedicar a seus senhores, da necessidade de agradá-los, é verdade, mas também do fato de saberem que os conheciam melhor que a si mesmos, que eram totalmente indispensáveis a eles e que era essa a base sobre a qual construíam suas violações planejadas à confiança de seus superiores. Esses operadores astuciosos nunca podiam relaxar; não havia momento em que pudessem ser indiferentes a seus senhores. Os inferiorizados modernos podem ser obrigados a demonstrar obsequiosidade em alguns contextos, mas esses contextos são bastante restritos. Na maior parte do tempo, eles não dão a mínima para os tidos como superiores e contam com seus próprios espaços, nos quais têm coisas mais importantes com que se preocupar, como competir pela estima de seus pares.

Tocqueville conta uma outra história, em que faz um contraste entre os costumes ingleses e norte-americanos no tratamento de desconhecidos. Por que, ele pergunta, os norte-americanos cumprimentam uns aos outros quando estão no exterior e os ingleses não?[442] A resposta mais curta é que os ingleses estão sempre ansiosíssimos em relação à segurança de seu status social; daí seu caráter distintamente reservado. De acordo com Tocqueville, na Inglaterra, a segurança de uma aristocracia conquistada no berço deu lugar a uma maior valorização da riqueza e "o resultado imediato é uma guerra não declarada entre os cidadãos [...]. O orgulho aristocrático permanece uma força relevante entre os ingleses, e as fronteiras da aristocracia terem se tornado incertas faz com que o homem se sinta sempre temeroso de que tentem tirar vantagem do fato de conhecê-lo". Por outro lado, nos Estados Unidos,

> onde os privilégios de berço nunca existiram e onde a riqueza não confere a seu possuidor nenhum direito especial, homens que não se conhecem podem frequentar os mesmos espaços e não se veem em perigo nem buscam vantagens com o fato de poderem expressar livremente um ao outro o que pensam. Quando se encontram por acaso, nem procuram nem evitam um ao outro. Portanto, seus modos são naturais, francos e abertos. O indivíduo percebe que não há praticamente nada a esperar ou temer em relação ao outro e não se preocupa em mostrar nem em esconder sua posição social.

Mas, ao que tudo indica, essa franqueza aberta e natural depende de um julgamento anterior sobre quem de fato merece tal liberdade de tratamento.[443] A abertura não vem antes da determinação de quem exatamente a merece, e sim depois de uma avaliação de que o indivíduo está lidando com um igual. Tocqueville adota dois pesos e duas medidas. Ele compara um inglês que ainda não estabeleceu se a pessoa com quem está lidando é alguém de seu estrato social com um norte-americano que já fez esse julgamento.[444] O inglês desconfia de um outro cuja posição social exata desconhece; o norte-americano já tem isso claro porque o lugar onde está só pode ser frequentado por pessoas como ele.

Estou cometendo certo exagero aqui. Sem dúvida, existe mais receptividade nos Estados Unidos entre os homens (no sentido de indivíduos do sexo masculino) do que na Europa, e mais ainda do que na Inglaterra. Os ingleses fazem distinções de classe com muito mais nuances do que os norte-americanos. No entanto, imagino que esses norte-americanos autênticos e naturais soubessem estabelecer sem demora com quem não interagir, a quem não mostrar deferência e quem não respeitar, embora sua maneira de demonstrar respeito fosse menos determinada por convenções formalizadas do que as relações de classe e posição social dos ingleses. Ainda que os norte-americanos permitissem uma maior amplitude que os ingleses em relação a quem admitiam como seus iguais, havia uma delimitação muito bem demarcada mesmo assim, e esses limites também eram mantidos através do desprezo, da humilhação e do nojo.

Consideremos o seguinte trecho de uma carta que um nova-iorquino escreveu para sua irmã, em 1852, sobre suas viagens no Caribe:

> Aqui o negro é tratado como o branco [...] Eles não hesitam em estender a mão para ser cumprimentados. Nossa lavadeira se senta no sofá da cabine e fala o que quer no volume que quer, como se o navio fosse seu. Uma lavadeira em NY, inclusive uma branca, não abriria a boca nem sequer pensaria em se sentar. Também não nos estenderia a mão, como nossa lavadeira antiguana fez, para um cumprimento que educadamente recusei. Os ingleses protestam muito contra o que chamam de igualdade entre os estratos. Eles consideram a parte mais desagradável de suas viagens em nosso país o fato de que qualquer um que pague possa viajar. Se eles consideram nossa igualdade desagradável, eu considero a deles nojenta — pois certamente nossa criadagem não estende a mão para nos cumprimentar, algo que acontece com frequência em Antígua.[445]

Eu gostaria de assinalar dois pontos a respeito dessa passagem tão rica de significado. O primeiro é a revelação de que existem vários tipos e dimensões de igualdade; e que, na igualdade norte-americana, ainda havia muita influência da posição social e do status, não só nas relações de raça e gênero como na carta do jovem viajante, mas também entre homens brancos — inclusive, creio eu, na mais igualitária marcha para oeste do país.[446] Existem a igualdade inglesa e a igualdade norte-americana, e esses estilos parecem causar estranhamento e prover a base para uma competição de nojos entre norte-americanos e ingleses. E o que causa estranhamento nesses estilos de igualdade? A insolência das pessoas claramente designadas como inferiores. Ambas as igualdades desejam que as distinções sociais sejam mantidas, embora a teoria geral de estratificação viesse sendo contestada. Os ingleses não gostavam do fato de que os meios de transporte norte-americanos não fizessem distinções de classe entre os passageiros pagantes, ao passo que os norte-americanos consideravam nojento o fato de os ingleses permitirem tamanha intimidade aos criados a ponto de eles acharem que podiam trocar apertos de mãos com seus superiores no ordenamento social (é de se suspeitar que nosso viajante tenha confundido uma peculiaridade do ambiente colonial com um estilo inglês em termos mais amplos). O arrivismo é tão ofensivo ao norte-americano quanto ao inglês, apesar do argumento polêmico que Tocqueville deseja comprovar. Vale perguntar, aliás, como nosso jovem viajante considerou possível recusar *educadamente* o cumprimento da lavadeira. É possível presumir que ele, assim como Chesterfield em relação ao mendigo, tinha em mente parâmetros baixíssimos de tratamento, em que a surra, o estupro e o cuspe na cara fossem a norma.

O segundo ponto é que o sr. Dudley, o autor da carta, demonstra que qualquer afirmação de que a democracia libera o nojo de baixo para cima para combater o desprezo que vem de cima para baixo deve vir acompanhada de uma narrativa muito mais nuançada e detalhada do que esta que ofereço aqui. Ao que parece, esses dois desprezos opostos estabeleceram diversos tipos de equilíbrios em diferentes épocas e locais. A lavadeira nova-iorquina ainda é cheia de deferência na mente do sr. Dudley. Mas seria mesmo? Ela poderia ser totalmente indiferente a esse jovem e confiante chauvinista e considerá-lo, no melhor dos casos, um chato e, no pior, um sujeito dos mais irritantes. E quanto à lavadeira negra de Antígua? Por que pressupor, como faz o sr. Dudley, que ela é ignorante demais para entender o efeito que sua falta de deferência causa no jovem norte-americano? Ela poderia perfeitamente estar provocando-o, expondo-o a uma dose mais pesada e abrangente de desprezo cômico, relegando-o ao papel de um tolo pretensioso. O sr. Dudley não foi capaz de ignorá-la. Muito pelo contrário. Considerou inclusive que precisava mencioná-la ao escrever uma carta para casa.

O sr. Dudley e a lavadeira antiguana estão em uma batalha de desprezos mútuos; estão se defrontando por questões de posição social e deferência.[447] Darwin e o nativo da Terra do Fogo, como descrevi no capítulo 1, estavam em uma batalha de nojos; as questões que os dividiam eram, sobretudo, de pureza e poluição. Ainda assim, essas interações têm pontos em comum significativos. Ambas mostram forasteiros brancos que se sentiram motivados a comentar a respeito de suas interações com nativos de pele mais escura, e ambas envolvem o que, aos olhos da pessoa branca, são toques inadmissíveis. O embate entre Dudley e a lavadeira se dá em um contexto da política da igualdade, da ex-escravizada ou filha de escravizada que se vê diante da imagem do escravizador; a mulher negra parece se deleitar com o fato de ser percebida como afrontosa, enquanto, do ponto de vista de Dudley, ela havia se esquecido de quem estava diante dela e precisava "lembrar" com quem estava lidando, no sentido que essa palavra carrega no mundo dos serviçais e da estratificação social. Os dois não são estranhos entre si; cada um vive em um mundo onde o outro tem um papel a cumprir.

A interação entre Darwin e o nativo, apesar de toda sua complexidade intrigante, envolve uma questão social muito mais simples do que a interação de Dudley com a lavadeira. Os dois são homens, os dois não se conhecem e não há muito contexto para acrescentar camadas de complexidade a suas interações (mas, em todo caso, é possível inferir a partir da maneira como o incidente é narrado). Embora fosse bastante consonante com os tempos atuais ver uma afronta ao colonialismo aqui, assim como no caso da mulher antiguana, a interação de Darwin com o "nativo" me parece bem mais esvaziada de preocupações históricas e macropolíticas; é a outrização pura e simples, o simples fato de constatar a diferença e descrever como é vivenciada, de se deparar com o que existe do outro lado da fronteira da pureza. Não se trata tanto de regular uma interação social, que, nesse caso, já está imersa em um elaborado código de regulação.

Concluo refazendo minha afirmação de caráter mais abrangente. A democracia não destrói as condições para o desprezo. Apesar de sua linguagem de igualdade, ainda reconhecemos status, classes e estratificações sociais que estabelecem hierarquias. Em outras palavras, ainda podemos definir com segurança diversos exemplos de desprezo, como desprezo de baixo para cima ou como o tradicional desprezo que vem de cima. Embora alguns tipos de desprezo, sem dúvida, representem disputas por dominância como no estilo do desprezo entre os relativamente iguais na sociedade heroica, outros são associados com certa facilidade ao estilo de desprezo perceptível em sociedades hierarquizadas. A democracia, longe de eliminar as bases para os desprezos dos de cima e dos de baixo, apenas torna possível aos de baixo acrescentar alguns estilos de desprezo de baixo para cima aos que eles já dispunham no antigo ordenamento.

Se a forma dominante do desprezo de baixo para cima era e ainda é em grande parte expor o tido como superior ao ridículo, seja em celebrações da desordem, seja pela exposição satírica de sua hipocrisia e incompetência, com a maior proliferação e divisões de papéis e os pressupostos democráticos, logo passou a ser possível ser apenas indiferente, criar mais espaços onde o tido como superior é ignorável e não faz muita diferença. Os de baixo, agora, têm à sua disposição o desprezo hobbesiano de ignorar os tidos como superiores e saber que isso causa neles diversas ansiedades, pois os que ocupam posições sociais mais altas não se conformam com o fato de serem tão completamente ignoráveis.

E qual é a estratégia possível para se opor a tamanha indiferença? Ignorar? Isso seria apenas combater uma indiferença real com uma indiferença fingida. Os castigos físicos não são mais permitidos, e os parâmetros para demissões e não contratações são estritamente regulados. Alguns dos membros das classes mais altas podem se dar ao luxo de fazer experimentos igualitários no estilo da Fazenda Brook no século XIX ou do tipo que Tom Wolfe parodiou em *Radical chique & o terror dos RPs* no século XX. Mas esses experimentos tendiam a exacerbar o esnobismo e os desprezos concorrentes, em vez de desfazer suas bases.[448] Pode ser que o caráter mútuo do desprezo implique grande parte do significado do pluralismo democrático. O que a democracia fez foi armar os de baixo com alguns tipos de desprezo que antes eram disponíveis apenas aos de cima. Agora todos têm o direito de achar que seu voto é subvalorizado em comparação a todos os outros desprezíveis que a democracia coloca na mesma categoria. Isso não é pouca coisa. É boa parte do que torna a democracia tão diferente da antiga ordem.

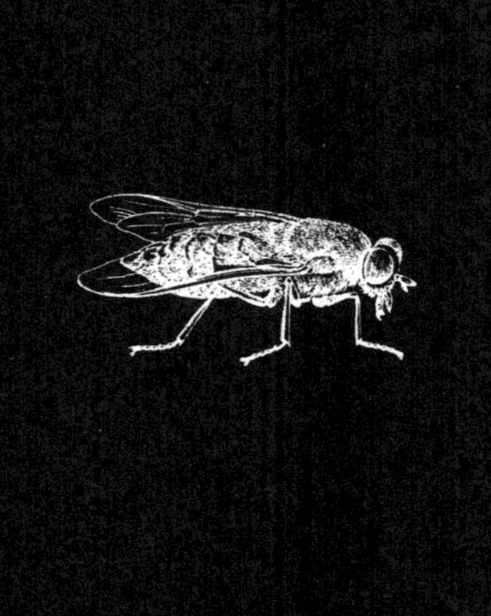

10
O OLFATO DE ORWELL

No capítulo anterior, fiz a distinção entre dois tipos de desprezo: o convencional, criado e mantido pelas ordenações e estratificações sociais oficiais, ou seja, o desprezo dos de cima pelos de baixo; e um outro, o desprezo de baixo para cima, que o inferiorizado sente em relação ao que é tido como superior. Propus um vínculo histórico entre o desprezo de baixo para cima e a internalização dos ideais democráticos, a ideia de que a democracia, em certo sentido, permitiu aos de baixo legitimar seu desprezo pelos de cima e deslegitimar, em alguma medida, o privilégio dos de cima de expressar seu desprezo pelos de baixo. Em outras palavras, a democratização envolveu mudanças em relação ao caráter de certas emoções. O terreno apropriado para o desprezo foi se transformando. Os de cima continuaram sentindo desprezo pelos de baixo, claro, mas passaram a sofrer com alguma medida de culpa, ansiedade e dúvida por isso. Nós concentramos nossa atenção sobretudo em termos de classe, e identificamos que as principais mudanças na economia emocional começaram de fato no fim do século XVIII e início do século XIX, conforme evidenciado nos escritos de autores como Hazlitt, Tocqueville, Godwin e outros, todos reconhecedores das consequências revolucionárias da expansão do direito de expressar desprezo para aqueles que antes eram apenas o alvo desse sentimento. As categorizações de classe e estratificação social foram as primeiras a serem atacadas, mas não havia como frear o processo.

Esse mesmo processo se expandiu na tentativa de incluir hierarquias baseadas em raça, etnia, gênero, deficiência física e mental, orientação sexual e todos os demais agrupamentos que a nova política identitária trouxe à tona. Em todos os casos, a movimentação é apenas em menor medida por direitos iguais; a principal batalha é por mudanças na economia emocional. Como primeiro passo, exige que os de cima não possam mais presumir ter o direito de se dar ao desprezo hobbesiano, o desprezo que torna o desprezado invisível, o desprezo confiante e complacente da indiferença absoluta. Embora muitas vezes expressa em termos de conquistar respeito, em termos mais realistas, a batalha dos de baixo é uma busca pela mudança do tipo de desprezo que precisam encarar. Os inferiorizados podem exigir respeito, claro. Trata-se de uma reivindicação frequente dos movimentos de libertação ao longo da história. Mas obter o respeito daqueles que os desprezam de tal modo que nem sequer os notam, significa que primeiro é necessário chamar sua atenção. E a atenção não necessariamente traz respeito; o nojo ou formas mais intensas de desprezo são reações tão prováveis quanto. A própria reivindicação por respeito é, muitas vezes, recebida com desprezo. O respeito, em geral, não vem quando é pedido; precisa ser conquistado.[449]

O temor é que os de cima, mesmo quando o mundo é virado de cabeça para baixo, nunca parem de enxergar os de baixo como usurpadores e arrivistas, pessoas vulgares e desprezíveis. A melhor estratégia para obter algo próximo da igualdade pode ser eliminar as bases para a *complacência* do desprezo dos de cima, se não o próprio desprezo como um todo — mostrar aos de cima que seu desprezo é idêntico ao que os de baixo sentem por eles. A batalha é para fazer os de cima reconhecerem como são desprezíveis aos olhos dos de baixo; a meta realista, ou talvez apenas a consequência inesperada, é criar as condições para a democracia equalizando o acesso à aceitação pública de manifestações de desprezo. Em qualquer caso, é sempre muito mais fácil mostrar desprezo do que conquistar respeito.

O mecanismo pelo qual a mudança nos arranjos do desprezo vem à tona não depende apenas das estratégias adotadas pelos de baixo. Esse trabalho, com frequência, é feito pelos desertores do estrato dos de cima que passam a promover os interesses dos de baixo, inclusive esclarecer para eles que são vítimas, caso não tenham esse conhecimento ou o tenham suprimido. O autodesprezo, a culpa e, ainda, a autoaversão do desertor oferecem um modelo para novos desprezos que os de baixo podem acrescentar ao desprezo que advém de observar a tolice dos de cima, que sempre esteve à sua disposição. Sejam quais forem os mecanismos envolvidos, os de cima começam a suspeitar que os de baixo estão de olho neles (ou o contrário, não estão nem um pouco preocupados com eles), e assim os de baixo começam a confirmar as piores ansiedades dos de cima, como vimos no capítulo anterior com o medo de Hazlitt da zombaria que acreditava que os inferiorizados lhe dirigiam.

Quando os de cima se percebem como objetos dos mesmos estilos de desprezo que achavam que apenas eles tinham a prerrogativa de sentir, não estamos apenas em um terreno emocional diferente, mas em outro contexto político também. O desprezo sereno e seguro dos de cima dá lugar a um desprezo mais carregado de ansiedade que tenta se mascarar com atos de caridade ou em tentativas variadas de se misturar aos de baixo, ou então toma o rumo oposto e se torna um desprezo mais visceral que se alia ao nojo e é abertamente aversivo e hostil. A forma de desprezo do inferiorizado também muda. Antes exprimível somente rindo às escondidas pelas costas dos senhores e em celebrações autorizadas da desordem, passa a adotar o estilo que os de cima não podem mais ostentar com tanta confiança. A mudança não vem tanto no sentido da truculência, e sim, com cada vez mais frequência, na transformação das classes superiores em ignoráveis, pessoas que não causam mais preocupação aos inferiorizados. Trata-se de uma visão bastante sombria da democracia e do pluralismo — como um conjunto de desprezos de diversos estilos que competem entre si —, mas é um ponto de partida distintamente reconhecível e talvez até necessário a fim de estabelecer um nível básico de respeito entre as pessoas. Afinal, a igualdade de desprezos não é uma coisa ruim; de meu ponto de vista, a democracia (uma coisa boa) depende disso; trata-se de uma parte (necessária?) de uma igualdade realmente funcional.

Quando o desprezo convencional das classes dominantes se torna menos garantido, quando as classes inferiorizadas deixam de ser invisíveis e ignoráveis, quando se tornam fontes intrusivas de preocupação e ansiedade, então, como comentei, o desprezo se reconstitui em uma norma diferente. Como a indiferença complacente é impossibilitada, transforma-se em horror, repulsa, medo, ódio e nojo. Lembremos minha interação com o pedreiro, narrada no capítulo anterior. Eu assinalei que os de baixo, de acordo com as convenções e os mecanismos de hierarquia dominantes, são poluentes de uma forma que os de cima, por mais que sejam desprezíveis e hipócritas aos olhos dos inferiorizados, não são. Como os inferiorizados são degradantes, eles causam nojo, além de outras formas mais amenas de desprezo que podem se misturar a sentimentos de pena e divertimento por aquilo que é percebido como uma mera bufonaria. Quando os desprezados não constituem ameaça, são tidos como bufões e invisíveis; mas, quando se tornam ameaçadores, passam a ser vistos como nojentos, tanto pelo que são como pelo que fazem. A ameaça precisa apenas ser percebida; não precisa ser real de nenhuma forma comprovável. Os judeus, por exemplo, por sua simples existência, eram considerados ameaças pelos cristãos independentemente de seu poder, contingente e localização. Da mesma forma, pode-se afirmar isso a respeito de homens que percebem as mulheres como cada vez mais ameaçadoras, mais misteriosas, quanto menor for o poder oficial nas mãos delas.

Agora quero examinar em maiores detalhes o papel do nojo na manutenção da hierarquia social e política. Esse tema era uma obsessão de George Orwell e constitui o cerne de seu livro *O caminho para Wigan Pier*. Orwell é considerado, com justiça, o melhor ensaísta em língua inglesa desde Hazlitt, com quem compartilhava afinidades bem mais que triviais. Assim como Swift e Hazlitt, Orwell demonstra uma "curiosa mistura de força de vontade e fastio",[450] e esta última característica o torna uma referência apropriada para muitos dos argumentos que venho propondo neste livro.

O extremamente direto George Orwell é o verdadeiro poeta do nojo do século XX, e não os autores autoindulgentes que escrevem sobre sexo e sexualidade, sadismo e masoquismo, pornografia e criminalidade, como Genet e Bataille. O nojo de Orwell tem pouquíssimos indícios de pose e pretensão; não há sinal de divertimento, nem de postura nietzscheana. Como Swift, ele era incessantemente atormentado pela feiura e pelos maus odores; e, para essas duas almas enfastiadas, o nojo provavelmente superava a indignação como sentimento moral de maior prevalência. Mas, ao contrário de Swift, Orwell resistia a sua hipersensibilidade antes de enfim sucumbir a ela: foi por isso que viveu como miserável entre os miseráveis. Enquanto reunia o material para *Wigan Pier*, ele se hospedou com os Brooker (sobre os quais trataremos em breve) em um açougue que comercializava miúdos e tripas e que também fazia as vezes de uma pensão imunda. Ele superou seu fastio o bastante para conseguir dormir e comer em um local assim, mas o nojo estava indelevelmente entranhado em sua consciência; mais que isso, as imagens nojentas eram os elementos formadores de sua consciência. O nojo orientava em grande parte seu mundo social e moral. Nas palavras de Richard Hoggart, o nojo era uma qualidade que "Orwell nunca perdeu e que era em parte (mas não no todo; ele era enfastiado *por natureza*) socialmente adquirida [...] Ele era capaz de seguir seu *faro* para experiências complexas".[451]

O caminho para Wigan Pier deveria ter sido um estudo das condições da classe trabalhadora no norte da Inglaterra em meio ao sofrimento do colapso econômico generalizado de meados da década de 1930. O livro foi encomendado por seu editor, Victor Gollancz, que o publicou para o clube de leitura chamado *Left Book Club*, do qual era um dos organizadores. O que Gollancz recebeu não foi aquilo que encomendou, o que o levou a escrever um prefácio se eximindo do conteúdo do livro e alertando os membros do clube de leitura a respeito do que tinham em mãos. E o que eles tinham em mãos era um ensaio em duas partes: a primeira era uma descrição de condições de trabalho que era condizente, apesar de suas idiossincrasias, com a encomenda recebida pelo autor; a segunda, porém, era um texto extenso e de caráter pessoal a respeito do nojo e de sua relação com a questão de classe.

Para Orwell, o nojo era o grande obstáculo ao sucesso do socialismo. Mais especificamente, a questão não era apenas de que forma uma sensibilidade como a de Orwell poderia superar a repulsa provocada pela classe trabalhadora, mas também de que maneira qualquer um seria capaz de superar a repugnância despertada pelos tipos de classe média atraídos para a causa socialista, que ele descreve como barbudos adeptos de suco de fruta e das sandálias, charlatães que pregavam a cura pela natureza, pacifistas, feministas e malucos com manias relacionadas à alimentação.[452] O maluco nesse caso é um vegetariano, "uma pessoa disposta a se isolar da sociedade humana na esperança de acrescentar mais cinco anos de vida à sua carcaça". Orwell, vale lembrar, discursa *a favor* de uma noção não muito definida de socialismo democrático, e não contra. Mas o problema são as pessoas de carne e osso e os ataques aos sentidos e à sensibilidade que se interpõem aos ideais mais elevados.

Antes de pensar em socialismo, escreve Orwell, é preciso "adotar uma atitude bem definida acerca da questão terrivelmente difícil das classes sociais". O verbo "adotar" sugere um tom positivo que é logo rejeitado. O que se "adota", no fim das contas, é basicamente a postura que foi instilada no indivíduo como membro de uma determinada classe. Seu argumento se dirige, como mais tarde fica claro, às classes médias e aos estratos sociais mais elevados. São as atitudes dos de cima em relação à questão de classe que tornam quase impossível para eles abraçarem o socialismo; as atitudes dos membros da classe trabalhadora, se é que têm influência, não fazem tanta diferença, a não ser quando a ofensividade dos tipos de classe média atraídos pelo socialismo — os adeptos do suco de fruta e das sandálias — acaba os afastando.

A postura das classes mais elevadas em relação à "ralé" é de "superioridade e desprezo, pontuada por explosões de ódio feroz". Orwell argumenta que essa atitude das classes mais elevadas é transmitida ao segmento da classe média que se situa na fronteira entre a baixa e a média, onde a distinção entre as classes se torna menos uma questão econômica e mais uma questão de usos e costumes. Essa classe média empobrecida se ocupa em manter as aparências e não se misturar aos inferiorizados, com "cara grosseira, um sotaque horrível e maneiras rudes". O ódio era, às vezes, justificado quando os moleques da classe trabalhadora atacam você "na base de cinco a dez contra um". Mas a questão não eram as agressões. "Havia outra dificuldade, e mais séria", que constitui o

> verdadeiro segredo das distinções de classe no Ocidente — a verdadeira razão pela qual um europeu de educação burguesa, mesmo que se considere comunista, não consegue, a não ser com muito esforço, pensar em um operário como seu igual. Resume-se em quatro palavras terríveis, que hoje as pessoas têm escrúpulos em dizer, mas que eram ditas com muita liberdade na minha infância. Essas palavras são: *A classe baixa fede.**

* Este e outros trechos de *O caminho para Wigan Pier* reproduzidos aqui foram traduzidos por Isa Mara Lando [São Paulo: Companhia das Letras, 2010].

A limitação ao "Ocidente" não é feita no estilo pusilânime das qualificações de um acadêmico tomado de ansiedades. A prosa de Orwell é notória por não ter meias palavras. O que ele está afirmando é que as pessoas do Ocidente são mais malcheirosas do que as do Oriente.[453] Mais adiante, é dito que birmaneses, entre os quais Orwell passou cinco anos, não eram "fisicamente repulsivos". Embora tivessem um cheiro característico, eles não o enojavam. Ele registra que, na opinião dos asiáticos, os europeus têm um cheiro parecido com o de cadáveres, mas não avança para a conclusão relativizante à qual esse tipo de crença pode levar, porque parece acreditar que os asiáticos podem ser ainda mais sensíveis nesse ponto do que ele próprio.

O argumento mais explicitamente colocado é que "nossas" classes trabalhadoras são mais malcheirosas que os cules do Império Britânico. Portanto, é muito mais fácil ser anti-imperialista do que socialista. E, de fato, a segunda parte de *O caminho de Wigan Pier* é um relato da aproximação de Orwell ao socialismo como um ato expiatório para a culpa de ter tomado parte dos males do imperialismo na Birmânia. Boa parte de sua expiação se deu na forma de forçar a si mesmo a suportar o nojo, a usar seu fastio como uma forma de mortificar a carne, em certos aspectos com uma motivação não muito diferente de Catarina de Siena.[454] Quando a culpa foi amenizada, porém, os cheiros continuaram presentes, e seu fastio reemergiu revigorado, e não superado.

O ponto crucial é que o cheiro é uma "barreira intransponível":

> Nenhum sentimento é tão fundamental como um sentimento *físico.* O ódio racial, o ódio religioso, as diferenças de educação, temperamento, intelecto, até as diferenças nos códigos morais — tudo isso pode ser superado, mas não a repugnância física. Você consegue sentir afeto por um assassino ou um sodomita, porém não consegue sentir afeto por um homem com um hálito pestilento — isto é, um hálito pestilento habitual.

Não importa se a pessoa é levada a acreditar que os membros das classes trabalhadoras são "ignorantes, preguiçosos, bêbados, brutais e desonestos, mas, quando é levada a acreditar que eles são sujos, aí sim é que o mal está feito".

Orwell, a princípio, toma cuidado ao afirmar que o mau cheiro da classe trabalhadora é uma *suposição* da classe média, mas logo se torna claro que é uma crença à qual ele adere e pode não ser injustificada.[455] Pessoas sãs, afinal, não mantêm crenças que sabem ser falsas. "Mas será que as classes inferiores fedem *mesmo*? É claro que, analisadas em conjunto, são mais sujas do que as classes superiores [...] É uma pena que os que tanto idealizam a classe operária acham necessário elogiar todas as características que ela tem e, assim, fingir que a sujeira é, de algum jeito, algo meritório". O mau cheiro, entretanto, não é culpa deles. Eles são sujos por necessidade, não por opção: "Na verdade, as pessoas que têm acesso ao banho, em geral, o utilizam".

Seu alvo não é apenas a classe trabalhadora. É também o burguês que odeia a si mesmo e idealiza os trabalhadores por não terem hábitos de classe média:

> Já conheci muitos socialistas burgueses, já ouvi horas e horas suas tiradas contra sua própria classe; e, contudo, nunca, nem uma única vez, conheci algum que tenha assimilado as maneiras de o proletariado se portar à mesa. E, afinal de contas, por que não? Por que um homem que julga que todas as virtudes residem no proletariado deveria continuar fazendo tanto esforço para tomar sopa sem fazer barulho? Só pode ser porque, no fundo do coração, ele sente que as maneiras da classe baixa são repulsivas.

Ninguém escapa da força de sua sátira. Os modos da classe trabalhadora são tão nojentos quanto as hipocrisias dos socialistas de classe média que apoiam os proletários. A autoaversão da classe média, conforme se revela, não é capaz de superar a repulsa por tomar sopa fazendo barulho. E, embora Orwell se exima dessa hipocrisia admitindo seus nojos e, pelo menos, tentando superá-los vivendo como um miserável, só consegue escapar da polêmica se colocando dessa forma excêntrica. Essa passagem é um testemunho do poder do processo civilizador sobre Orwell e a classe média em geral: as maneiras à mesa são suficientes para barrar o avanço de movimentos políticos. O processo civilizador capturou as classes médias e as tornou o que são. O fato a lamentar, porém, é que esse processo esbarrou em uma barreira intransponível: a recusa dos proletários de abrir mão de sua vulgaridade.

Existe uma frustração genuína sendo expressa aqui. Orwell sugere que, se a classe trabalhadora se civilizasse, ele poderia lhe dar, ao contrário da maneira como a aristocracia reagiu à submissão da burguesia ao processo civilizador, uma meta clara a atingir. Quando vocês aprenderem a comer sem fazer barulho, tomar banho regularmente e melhorar sua dicção, ele parece dizer, eu não vou refinar ainda mais as regras de etiqueta para colocar outra vez uma distância entre nós. Entretanto, fica evidente que, para as distinções serem apagadas, seria necessário que a classe trabalhadora adotasse os modos da classe média, e não o contrário. Ele não consegue imaginar que tomar sopa fazendo barulho, não se banhar e não ter uma casa bem arrumada poderia ser preferível a manter uma casa arrumada, tomar banho e não fazer barulho ao comer.

E ele tem razão; o relativismo, assim como o socialismo, é incapaz de superar o barulho na hora de tomar sopa. A família da classe trabalhadora que cultivasse modos burgueses provavelmente seria alvo do desprezo de seus pares proletários, mas os novos hábitos em si dificilmente provocariam nojo. Se existir nojo, é pela afetação, não pela forma de comer. Entre as classes médias, porém, a aquisição do hábito de fazer barulho ao tomar sopa e mastigar de boca aberta causaria nojo. A regra que identificamos ainda vale: os de cima não constituem uma ameaça de poluição aos de baixo da mesma maneira que os de baixo em relação aos de cima. Existem dois mecanismos para garantir isso: um social, que define de forma arbitrária os de cima como não poluentes e os de baixo como poluentes, e um mais essencialista, segundo o qual algumas coisas carregam consigo possibilidades distintamente menores de ser nojentas do que outras. O que não cheira mal apenas tem menos probabilidade que enojar do que o malcheiroso, assim como o que come em silêncio em relação ao barulhento.

Na segunda parte de *Wigan Pier*, os cheiros, o sotaque e o modo de tomar sopa da classe trabalhadora são colocados a serviço da ridicularização por parte de Orwell das pretensões igualitárias dos socialistas de classe média. Na primeira parte, não existe essa polêmica, apenas o nojo em estado bruto. Qualquer dúvida expressa na segunda parte sobre o caráter justificado das crenças da classe média em relação à falta de limpeza da classe trabalhadora já foi resolvida ao longo da primeira parte na casa dos Brooker. Orwell era um mestre nas descrições da miséria repugnante. Seus relatos sobre a preparação de alimentos em um grande hotel parisiense em *Na pior em Paris e Londres* ou da sujeira e do cheiro azedo e estagnado da escola preparatória em "Tamanhas eram as alegrias" ficam impregnados na memória, mas não de forma tão indelével quanto os Brooker. Orwell se hospedou com eles enquanto estava em Wigan, dividindo um quarto apertado, que "fedia como uma gaiola de gambá", com outros três pensionistas. Nada nas áreas comuns era limpo. E, à mesa do jantar, Orwell era capaz de reconhecer de vista as migalhas de comida "e acompanhava suas andanças na mesa, para lá e para cá, ao longo dos dias". Os Brooker vendiam bucho e vísceras, "aquela coisa cinzenta, cheia de flocos" e cercada de besouros pretos em profusão. A realidade, às vezes, tem sua maneira de se tornar alegórica; afinal, como explicar a atração dos Brooker pelas tripas? Orwell desceu ao inferno do trato intestinal do baixo ventre da Inglaterra; o caminho para Wigan Pier passava por suas entranhas figurativas no açougue dos Brooker.

O sr. Brooker era um homem azedo e "espantosamente sujo". Como a sra. Brooker se fazia de inválida, era ele o responsável por preparar a comida. "E, como todas as pessoas que vivem com as mãos sujas, tinha uma maneira especialmente íntima e demorada de pegar nas coisas". Ele insistia em cortar e passar manteiga no pão de cada pensionista e entregava as fatias com a marca escura de seu polegar imundo. Mas não era um dedo sujo qualquer: era comum ver o sr. Brooker "levando um urinol cheio, que agarrava com o polegar passando bem além da borda". A sra. Brooker, por sua vez, ficava deitada no sofá como "uma montanha flácida de gordura e autopiedade", lamentando o tempo inteiro que ninguém ia ao açougue. Orwell não se conformava com o fato de eles não entenderem que as moscas mortas desde o ano anterior atrás da vitrine não ajudavam em nada nos negócios. A sra. Brooker comia o tempo inteiro e limpava a boca nas cobertas ou em pedaços de jornal que amassava e jogava no chão. Os detalhes são abundantes, e Orwell não nos deixa escapar sem antes nos levar para várias refeições feitas na companhia dos Brooker.[456] Ele, por fim, vai embora quando descobre um penico cheio até a boca sob a mesa do café da manhã.

O nojo, como sentimos na leitura, é inseparável das implicações morais que o acompanham. Como vimos no capítulo 8, o nojo, em geral, moraliza tudo o que toca. A mera descrição dos Brooker evoca culpa, que na maior parte é deles, mas em parte também do mundo que os gerou. Isso torna a repulsa por eles inescapável; os sinais exteriores de sujeira são como espelhos perfeitos de suas almas pútridas e nojentas.

> No fim, a conversa da sra. Brooker, cheia de autopiedade [...] me enjoava ainda mais do que seu hábito de limpar a boca com tiras de jornal. Mas não adianta dizer que pessoas como os Brooker são repugnantes e tentar tirá-las da cabeça. O fato é que existem dezenas delas, centenas de milhares; são um dos subprodutos típicos do mundo moderno [...] É uma espécie de dever ir a esses lugares, vê-los e cheirá-los de vez em quando — especialmente sentir o cheiro deles, para não nos esquecermos de que existem; embora talvez seja melhor não nos demorarmos muito tempo por lá.

Por que alguém iria querer se juntar aos Brooker sem antes exigir que eles se transformem em algo no mínimo digno de pena? A pena, como vimos, é um sinal de que escapamos do reino do desprezo, se não do reino do nojo. Os Brooker não são sequer dignos de pena porque estão além de qualquer desprezo.[457]

Quando está admoestando os socialistas de classe média, Orwell pode supor que a classe trabalhadora poderia ser limpa se a sujeira não lhe tivesse sido imposta, mas os Brooker tornam inviável esse tipo de pensamento reconfortante. Muitos deles parecem ter uma inclinação para a sujeira: "A imundície nessas casas, às vezes, é culpa dos próprios moradores [...] Mesmo que você [seja pobre] não é *necessário* ter um penico cheio no meio da sala". No entanto, ele ainda é capaz de fazer distinções dentro da classe trabalhadora. Mostra comiseração genuína pelos que ainda dão alguma indicação de que estão sofrendo porque conseguem enxergar os custos que essa miséria impõe sobre sua possibilidade de viver com dignidade. Para esses, Orwell consegue compor retratos comoventes, em que sua falta de dignidade é compensada por sua vergonha.

Mas, para construir esses relatos, Orwell mesmo assim precisa superar seu olfato. E, portanto, não é surpresa que sua imagem mais tocante do desespero dos pobres seja uma cena que observa pela janela do trem que piedosamente o está levando embora de Wigan. É o rosto de uma mulher, com a juventude destruída pela vida dura da pobreza e "a expressão mais infeliz e desconsolada que já vi", enquanto está de joelhos "naquele frio terrível, no chão de pedras úmidas do quintal de uma favela, enfiando uma vareta em um cano de escoamento imundo, entupido de sujeira". A comiseração é permitida, e o nojo é evitado pelo vidro do vagão e pelo distanciamento com o qual ele observa o que acontece. Assim, Orwell não é obrigado a sentir os odores e ouvir o sotaque que manchariam a imagem da jovem. É mais fácil simpatizar quando se está à média distância. Com a proximidade, a romantização é derrotada pelo lado mais feio da realidade; a uma distância muito grande, a atenção não é mobilizada.

A crítica, muitas vezes, menospreza a discussão de classe de Orwell como ingênua ou até maldosa.[458] Esses críticos estão errados. De meu ponto de vista, ele está em ótima posição na tradição de Adam Smith, segundo a qual narrativas de classe, estratificação social e hierarquias, na verdade, são rasas quando não vêm acompanhadas de um relato das paixões e dos sentimentos que acompanham essas questões. Elimine o desejo de admoestar e ofender da narrativa e o que resta é uma reflexão séria sobre a ligação das emoções, em particular o nojo, com a criação e a manutenção das hierarquias de classe. O nojo pode não ser necessário para todos os sistemas de classificação, mas aparece de forma insistente em alguns de nossos ordenamentos sociais mais disseminados. Os cristãos, os brancos, os ricos e os homens reclamam há séculos, muitas vezes de forma até obsessiva, do cheiro dos judeus, dos não brancos, dos trabalhadores e das mulheres.[459] Félix Fabri, por exemplo, um frade do século XV em peregrinação a Jerusalém, especula sobre o motivo pelo qual os sarracenos admitiam cristãos em seus banhos públicos. A razão, segundo ele,

> é que dizem que os sarracenos emitem um terrível mau cheiro, motivo por que recorrem continuamente a abluções de diversos tipos, e, como nós não cheiramos mal, eles não se incomodam se nos banharmos com eles. Essa indulgência não se estende aos judeus, que fedem ainda mais; mas eles ficam contentes em nos ver em seus banhos, pois até um leproso se regozija quando um homem saudável se associa com ele, porque não está sendo desprezado e porque espera que, como o homem saudável, ele também possa ganhar mais saúde, então da mesma forma um sarraceno malcheiroso tem prazer na companhia de alguém que não fede.[460]

Sarracenos, judeus e leprosos são poluentes, portanto devem feder. Os maus cheiros são diferenciáveis entre si e correspondem exatamente ao nível de perigo envolvido. Os judeus e os leprosos são mais poluentes que os sarracenos, ao passo que os cristãos, dentro dessa narrativa, não têm como cheirar mal. Esse é o mesmo homem que preservou para nós o relato de seus companheiros de viagem despejando os conteúdos de seus penicos uns sobre os outros quando a bordo do navio (ver capítulo 7). Nesse contexto, um novo ordenamento se estabelece, e presumivelmente nosso peregrino há de perceber que algumas das pessoas a bordo, embora cristãs, são mais fedorentas do que outras.[461] "Nós não cheiramos mal" não é a afirmação de que nenhum cristão fede em virtude de seu cristianismo. O que está sendo negado é a existência de um mau cheiro coletivo, e nada mais. E é claro que ele tem convicção disso, desde que permaneça como um cristão em um regime social e moral cristão e unificado. Fabri está tão seguro de sua crença que imputa sua confirmação nos sarracenos, que se banham porque sabem que fedem, mesmo em seu próprio território, onde são o grupo dominante. É uma lógica que nos parece estranha, por levantar a suspeita de que aquilo que está sendo dito não é exatamente que os cristãos não se banham porque não cheiram mal, e sim que devem ser limpos e não cheirar mal porque não têm o costume de frequentar banhos públicos.

Esses tipos de odores coletivos são associados ao pertencimento a um determinado grupo.[462] E, à medida que o indivíduo conseguisse se distanciar do grupo ou assumir um status especial, seu mau cheiro proporcionalmente diminuiria. Portanto, o fedor dos judeus, como mencionado antes, poderia ser lavado pelo batismo; o das mulheres pela castidade, e assim por diante. Os inferiorizados passam a acreditar nisso ou, caso eles mesmos não cheirem mal, que isso possa se aplicar aos outros. Orwell achava que cheirava mal quando ocupava a base da pirâmide social como bolsista em sua escola preparatória, pois sua família não tinha como pagar por seus estudos:

> Eu não tinha dinheiro, era fraco, era feio, era impopular, tinha uma tosse crônica, era covarde, cheirava mal. Essa imagem, devo acrescentar, não era totalmente fantasiosa. Eu era um menino sem atrativos. E Crossgates em pouco tempo se encarregou de confirmar isso, caso antes eu não

> achasse. Mas as crenças de uma criança em seus próprios defeitos não são muito influenciadas pelos fatos. Eu acreditava, por exemplo, que "cheirava mal", mas isso se baseava apenas em uma probabilidade geral. Era público e notório que pessoas desagradáveis cheiravam mal e que, portanto, presumivelmente, esse também era o meu caso.[463]

Vale questionar se o uso pesado de perfumes e loções pós-barba pelos homens das classes inferiorizadas não é um reflexo dessas crenças. A ideia por trás desse costume é que a pessoa não tem como cheirar mal se cheirar bem, mas, na verdade, se trata de uma interpretação equivocada da relação do cheiro com a questão de classe. A verdadeira regra é que a pessoa não cheira mal se não tiver cheiro nenhum. Sendo assim, a loção pós-barba, claro, passa a ser fedorenta.[464] Os cheiros bons podem ser causa de desconfiança, encarados como uma máscara ou verniz que encobre algo que deve ser escondido.[465] Não temos como nos valer de nosso próprio olfato para determinar se cheiramos mal; sabemos muito bem que nos acostumamos a nossos próprios odores e que, por mais obcecados que possamos ser, não temos uma forma para descobrir como os outros sentem nosso cheiro. Portanto, os de baixo, que se preocupam com a forma como são vistos pelos de cima, passam a desconfiar de seus próprios sentidos e admitir a "probabilidade geral" de que cheiram mal. Assim como a beleza e a posição social e moral, o cheiro da pessoa é, em diversos sentidos, uma criação alheia.

Eu disse "em diversos sentidos". Alguns cheiros foram selecionados para ser aversivos pela própria natureza; são ofensivos em sua essência. Os gambás adquiriram uma vantagem evolucionária por terem um odor almiscarado que era objetivamente ofensivo a uma ampla variedade de espécies, era difícil de suportar e mantinha sua potência de uma forma em grande medida, independente do contexto. Mas nossos sentidos, inclusive nosso olfato, são manipuláveis e notavelmente afetados por nossas crenças. Alguns maus cheiros se tornam razoavelmente aceitáveis com o conhecimento de que sua fonte já foi suprimida. Um mesmo odor pode ser bem mais tolerável quando se acredita que vem de um queijo forte, e não de fezes ou de pés suados. Presumivelmente, o rótulo de perfume barato está em quem o usa, assim como aquilo que é considerado belo é apenas o contrário do que representam os inferiorizados; quando os de baixo eram magros e malnutridos, a corpulência era bela; e, quando os pobres engordaram, a qualidade estética da magreza se inverteu. Os judeus, os negros ou os trabalhadores eram malcheirosos por uma questão de princípio. Tivessem mau cheiro ou não, um fedor lhes seria imputado, e, por sugestionamento e convicção, isso provavelmente se confirmava. Esses inferiorizados causavam nojo e repulsa inegáveis, então deviam ser malcheirosos.

Essas crenças eram reguladas por regras notavelmente influenciáveis pelo contexto, que suspendiam a percepção do mau cheiro em determinadas situações. O médico judeu, a mulher negra que cuidava da criança branca e cozinhava para a família não eram considerados contaminantes mesmo se tivessem permissão para um contato mais íntimo. O fedor ficava em segundo plano e só era sentido quando havia a ameaça de transformação social, ou quando os inferiorizados eram considerados como uma massa genérica e indiferenciada, ou quando os de baixo agiam de maneiras que não admitiam de maneira explícita sua deferência ou inferioridade. Esse conhecimento da natureza socioestrutural dos poderes poluentes já estava disponível antes de Mary Douglas. Daí o autor de um texto para a revista *Atlantic*, em 1909, conseguir notar que, apesar de nenhum negro

> poder cruzar fronteiras estaduais viajando em um vagão Pullman ou se hospedar em um hotel com clientes brancos, mesmo os mais negros entre as babás ou criados negros recebem comida e abrigo em todos os hotéis de primeira classe e não causam nenhum nojo ou surpresa em vagões Pullman [...] A babá negra com um bebê branco no colo, o criado negro que está assegurando o conforto de um branco inválido, os dois levam seu rótulo de inferioridade de uma forma que salta imediatamente aos olhos.[466]

O cheiro dos de baixo parece ter uma relação direta com a ansiedade que causa nos de cima. Quando não estão em seu lugar, eles cheiram mal; quando estão em seu devido lugar, não.

Orwell sabe bem que o cheiro oficial da pessoa era baseado em sua posição inferiorizada na pirâmide social, e não na "verdade" a respeito de seu odor. Afinal, era por isso que ele sabia que "cheirava mal" em Crossgates. Mas esse conhecimento não era muito consolo para

Orwell por duas razões. Só porque um odor poderia ser socialmente construído, isso não significava que não estivesse lá. O fato de ser um cheiro inventado, inserido em um contexto pelos de cima, não fazia o odor desaparecer. Ele continuava lá enquanto as estruturas de classe que o criaram permanecessem. Além disso, as classes trabalhadoras podiam de fato cheirar mal, independentemente das crenças e dos desejos das classes mais altas. Os proletários poderiam retirar a questão das garras do relativismo emitindo, de fato, um mau cheiro. Orwell suspeitava que era esse o caso e, em certo sentido, buscou confirmar isso, apesar de saber que estava sob o poder das crenças que, de qualquer forma, imputariam esse mau cheiro a eles. Daí sua decisão de se hospedar com os Brooker, que proporcionaram uma concretude à forma platônica do nojo. Na verdade, ele abriu mão de acomodações bastante decentes entre mineiros desempregados para ficar no açougue de miúdos e tripas.[467] Foi ele que procurou os Brooker. Eles renderiam uma história melhor e também lhe permitiriam a manutenção de crenças que, ao que parece, eram levadas muito a sério. Seu nariz sabia que eles eram como gambás, e não apenas por causa de sua posição estrutural em uma escala de poluição e pureza.

Não é à toa que Orwell é pessimista sobre a questão de classe, já que muitas das pessoas cujos interesses ele sinceramente defendia lhe causavam repugnância em um outro nível tão profundo. Sempre haverá classes, segundo sua percepção, enquanto um determinado grupo insistir em viver de uma forma que ofenda objetivamente aqueles que lhe são simpáticos. A inexistência de classes, a igualdade socialista, depende da eliminação das condições para esse tipo de nojo social. As classes mantidas em sua posição inferiorizada através do nojo podem logo ser redimidas pelo nojo se pessoas como os Brooker forem civilizadas e limpas. Aí reside uma pequena razão para esperança. Ao contrário dos gambás, os Brooker não precisam de seu fedor; eles podem aprender a abandoná-lo, e é de seu interesse fazer isso.

Isso tudo é bem perspicaz. *Wigan Pier* é em parte uma tentativa de superação e em parte uma confissão do fracasso em superar certo esnobismo. Antes de seu período na Birmânia, Orwell admitiu abertamente que era "ao mesmo tempo um esnobe e um revolucionário", que passava "metade do tempo denunciando o sistema capitalista e a outra metade vituperando contra a insolência dos motoristas de ônibus". Mas ele enfrenta o nojo de perto e, no fim, acaba retomando, se não exatamente seu esnobismo, seu comprometimento com as virtudes dos gostos e das atitudes da classe média, dos quais não tem como se livrar, porque compõem o que ele é, são o que constitui sua identidade:

> Para mim é fácil dizer que desejo que as distinções de classe desapareçam, mas quase tudo que penso e faço é resultado das distinções de classe. Todas as minhas ideias — meus conceitos sobre o bem e o mal, o agradável e o desagradável, o engraçado e o sério, o feio e o bonito — são, essencialmente, conceitos de classe média; meu gosto para livros, comida, roupas, meu senso de honra, minhas boas maneiras à mesa, as expressões que uso ao falar, meu sotaque, até mesmo os movimentos característicos do meu corpo, são produtos de certo tipo de educação e de certo nicho que fica mais ou menos na metade da hierarquia social [...]. Para sair do esquema de classes eu teria que suprimir não apenas meu esnobismo particular, mas também a maior parte dos meus demais gostos e preconceitos. Tenho que modificar a mim mesmo tão completamente que, no fim, mal serei reconhecido como a mesma pessoa.

Transformar-se dessa maneira é mais do que ele está disposto a fazer, ou mais do que seria capaz de fazer mesmo que quisesse. Em seu estilo tipicamente confrontador, ele nota que pouquíssima gente que discursa contra as distinções de classe quer de fato aboli-las: "Todas as opiniões revolucionárias extraem sua força, em parte, da secreta convicção de que nada pode ser mudado". Os socialistas de classe média adeptos do suco de fruta só podem desejar uma sociedade sem classes se romantizarem a classe trabalhadora. "Basta forçá-los a entrar em uma briga com um estivador bêbado em um sábado à noite, por exemplo — e eles são capazes de voltar bem rápido a um esnobismo de classe média do tipo mais ordinário." Orwell não consegue culpar o socialista de classe média por sua repulsa ao estivador bêbado; o que ele considera motivo de acusação é a hipocrisia de fingir que pode haver algum mérito nesse comportamento vulgar, em comparação com as virtudes dos valores de classe média: civilidade, privacidade, limpeza corporal, decoro, democracia e modos não intrusivos. Essas coisas não são avanços históricos de pouca importância.

Quando descontamos os efeitos do desejo de Orwell de chocar e fazer sensacionalismo e de seu compromisso de homem de classe média com coisas como boas maneiras à mesa, limpeza e decoro, ainda assim nos restam alguns argumentos poderosos de teoria social. Além de se antecipar a Bourdieu de diversas formas, Orwell entende que faz diferença o poder que uma norma social tem sobre nós. O fato de ser o nojo a exercer seu poder levanta um conjunto específico de problemas, e seria diferente se fossem questões de ódio, medo, pena, preocupação, senso de dever ou alguma versão mais amena de desprezo. Faz diferença se os de baixo são repulsivos, e não meramente ridículos; se são nojentos, e não invisíveis.

A proposição de Orwell é que o nojo tem um poder maior sobre nós, que é mais fundamental para nossa definição de quem somos, do que a maioria dos outros sentimentos. Nossa essência, nossa alma, é delimitada pelas barreiras do nojo, e ninguém abre mão desses limites a não ser pelo amor ou pela ameaça de uma arma apontada para a própria cabeça. Inclusive, a afirmação parece ser a de que o cerne ou a essência da identidade da pessoa só pode ser conhecida como uma consequência de quais sentimentos são mobilizados em sua defesa. A durabilidade do nojo, sua relativa falta de responsividade à força de vontade, é apropriada a seu papel como mantenedor da continuidade do âmago de nosso caráter nos domínios social e moral. Nosso eu mais durável é definido pelo nojo tanto quanto pelos demais sentimentos. O nojo define muitos de nossos gostos, nossas inclinações sexuais e nossas escolhas de companhias mais íntimas. O nojo é responsável por instalar no cerne de nossa identidade grandes porções do mundo da moralidade, unindo corpo e mente e, dessa forma, proporcionando uma continuidade irredutível ao nosso caráter.

Estou cometendo certo exagero aqui. Existem nojos que dizem respeito a afetações e trivialidades também; o exagero, no entanto, ajuda a capturar a distinção elusiva entre as maneiras como o desprezo e o nojo mantêm as hierarquias. O desprezo, conforme mencionado anteriormente, contém uma ironia inerradicável e não elimina as bases para a preocupação, o cuidado, a comiseração e o amor. Eis uma diferença crucial entre esses dois primos de primeiro grau: o desprezo nega que é ameaçado ou opera com base no pressuposto de que não existe ameaça; já o nojo necessariamente admite a existência de perigo e ameaça. O nojo, portanto, pode levar a reações desproporcionais; com frequência, ele deseja a remoção, ou até a erradicação, da fonte ou da ameaça daquilo que é nojento. Mas existe uma ambivalência no desejo de erradicar. Como as pessoas que odiamos, as que nos causam nojo definem quem somos e com quem nos relacionamos. Nós precisamos delas — à distância.

Eu já argumentei que o desprezo, longe de ser um inimigo da democracia, parecia, no fim das contas, colaborar com seu projeto, desde que as possibilidades de desprezo fossem igualmente distribuídas entre os grupos políticos — ou seja, desde que o desprezo de cima para baixo, que rebaixa o outro, esteja disponível aos inferiorizados. No caso do nojo, a conversa é outra. O nojo não admite uma distribuição equitativa e trabalha contra a ideia de igualdade. A imagem que pinta é de puro e impuro. E as concessões que faz entre esses limites se dão através de transgressões como pecado, luxúria ou perversão. As hierarquias mantidas pelo nojo não têm como ser benignas; como os de baixo são poluentes, eles representam perigo; a política do viva e deixe viver não é adequada nesse caso. Analisemos o "viva e deixe viver". Não é esse o princípio fundamental da democracia pluralista? Não é a representação da imagem de um sentimento puro de desprezo igualmente distribuído? O problema, no entanto, é que a democracia não apenas serviu para garantir a distribuição equitativa do desprezo através das barreiras de classe, mas também produziu as condições que transformaram o outrora inofensivo desprezo complacente das classes dominantes em uma espécie de nojo nada benigno e profundamente visceral.

Quando o nojo mantém a hierarquia social, não se distancia do nojo físico elementar para se aproximar dos domínios mais metaforizados da moral e do social. O nojo parte dos domínios morais e sociais e os concretiza na forma de cheiros e visões feias e desagradáveis. No entanto, quando a repulsa pelas classes inferiorizadas se afirma na forma da percepção de seus odores, existe uma tentação de atribuir um elemento distintamente sexual, e às vezes associado ao gênero, ao estilo de subordinação. Isso pode se dar de diversas formas. Orwell nada contra a maré ao não se queixar do cheiro das mulheres. Ele reclama apenas do odor dos homens da classe trabalhadora.[468] Inclusive, chega a ponto de enxergar os homens inferiorizados como feminizados à medida que seu cheiro melhora. Daí o fato de os criados birmaneses que o vestiam não lhe causarem a mesma repulsa ao toque que um inglês provocaria: "Eu sentia pelos birmaneses quase o mesmo que sentia pelas mulheres". E, em seguida, ele admite que os birmaneses têm um cheiro característico, mas que nunca o enojou.

A não ser pela sra. Brooker, as mulheres inglesas da classe trabalhadora são retratadas de uma forma muito mais favorável do que seus maridos repulsivos; elas podem ser objeto de comiseração e solicitude porque Orwell toma a precaução de manter uma distância segura e respeitosa. Os trabalhadores fedorentos não têm de forma alguma um cheiro parecido com o das mulheres; seu odor é distintamente tosco e masculino; é o fedor de suor, sujeira e excremento, não de menstruação e sexo. Orwell reconhece que o gênero tem implicações na hierarquia de classe de uma forma que pressupõe não a feminização dos homens da classe trabalhadora, e sim a associação de características masculinas às mulheres das classes mais elevadas. O sexo é o que, em última análise, derrota a solicitude e a admiração da classe média pelas pessoas das classes mais baixas. Como Orwell observa, Dickens é capaz de admirar genuinamente a pobre e virtuosa família Pegotty, mas desde que se casem com pessoas de seu próprio estrato social. Quando os homens inferiorizados miram alto demais, os "verdadeiros sentimentos sobre a questão de classe" do romancista vêm à tona. "A ideia de a 'pura' Agnes na cama com um homem com aquele sotaque [Uriah Heep] [...] realmente causa repugnância em Dickens."[469]

A subordinação pode se dar de diversas formas, e os odores que os de cima percebem nos de baixo podem ser diferentes a depender das bases sociais e culturais para determinado arranjo hierárquico. Um reducionismo comum e usado com cada vez mais frequência é considerar a hierarquia social e de gênero como modelo básico para todos os arranjos hierárquicos. Segundo essa narrativa, ser subordinado é, por definição, ser feminizado; assim, os de baixo passam a ser associados com os constructos inveteradamente misóginos segundo os quais as mulheres cheiram a sexo e sexualidade. O modelo de gênero explica melhor determinados estilos de hierarquia do que outros. É muito mais aplicável ao antissemitismo do que a questões de classe e alguns tipos de ódio racial. O judeu não é ameaçador como homem, e sim das formas como uma mulher pode ser. Sua suposta prodigalidade e apetite sexual funcionam no sentido de o feminizar, e não o masculinizar, já que o retratam como alguém capaz de copular de forma contínua sem as habituais pausas restaurativas. O *foetor judaicus* era, em parte, o cheiro do dinheiro sujo da usura e das fezes, mas também de sangue menstrual, uma crença apoiada pela convergência dos medos dos homens cristãos em relação a judeus, circuncisão e mulheres.[470]

Até aqui, tudo bem. Mas a feminização do trabalhador e talvez do negro, caso seja possível, precisa se dar de uma forma bem diferente. Pode-se argumentar que aquilo que incomoda no mau cheiro de trabalhadores e negros é seu estilo ameaçadoramente masculino: suor e excremento, os produtos do baixo ventre e da atividade braçal. Esses homens dificilmente são feminizados em sua subordinação; na verdade, seus modos e seus odores revelam a feminização dos homens que estão acima deles na estratificação social. O modelo que os homens civilizados das classes dominantes usam para subordinar o trabalhador é a infantilização, não a feminização, uma ação que tem o efeito de transformar o homem civilizado também em uma mãe, além de um pai. O problema, como podemos notar, é que a narrativa do gênero pode ser manipulada para produzir qualquer que seja o resultado desejado por aquele que a adota.

O cheiro dos judeus tem muito pouco a ver com o processo civilizador e sua diminuição da tolerância ao nojo nas questões relacionadas ao corpo. Os judeus eram considerados malcheirosos pelos cristãos antes de os cristãos começaram a usar garfos e guardanapos e antes de a noção de bom e mau gosto se tornar prevalente. No entanto, o avanço da civilidade e do gosto refinado ajudaram, de certa forma, a transformar o odor pungente, porém tolerável, do camponês no mais perigoso mau cheiro do trabalhador urbano, que espalha mais do que deveria seu fedor pelos apertados e populosos espaços citadinos. Mas foi o advento dos princípios democráticos que, por fim, tornou os maus modos e a vulgaridade não apenas uma fonte de humor, mas também de terror e ameaça aos de cima. E foi então que a classe trabalhadora começou a feder de verdade, seja a sujeira, seja a perfume.

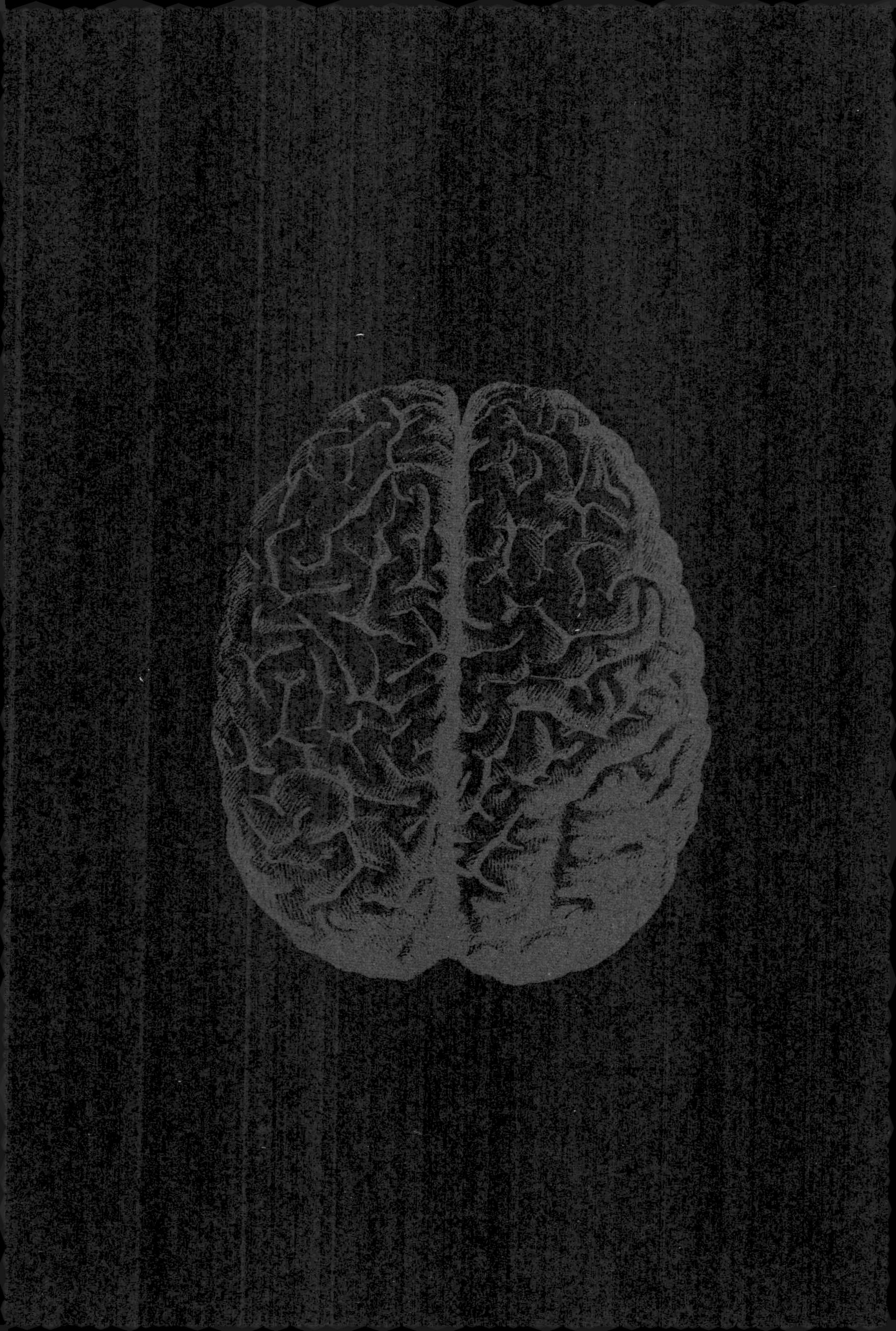

NOTAS DE NOJO & OBRAS NOJENTAS

NOTAS

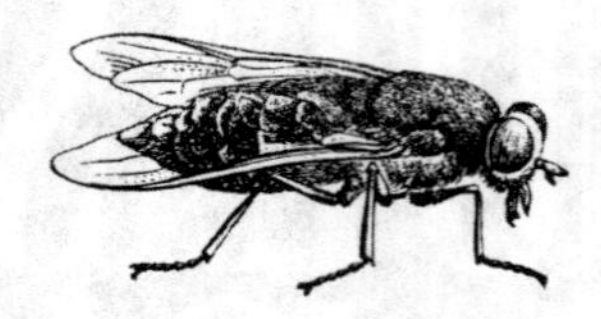

1. O NOJO DE DARWIN

1. *The Expression of the Emotions in Man and Animals*, p. 256–57.

2. A palavra *disgust* chega ao inglês via francês, ao qual chegou via latim: dis (prefixo negativante) + gustus (gosto).

3. Ver Susan Miller, "Disgust: Conceptualization, Development and Dynamics", p. 295; Freud, *Three Essays*, v. II, p. 177–78.

4. Ver, entre outras, as obras de Tomkins, Izard e Rozin na lista de Obras Citadas.

5. Os aspectos morais foram reconhecidos apenas bem recentemente na literatura psicológica acadêmica. Ver Haidt, McCauley e Rozin, "Individual Differences in Sensitivity to Disgust"; e Haidt, Rozin et al., "Body, Psyche, and Culture". Na narrativa freudiana, o nojo é distintamente moral, ou pelo menos cumpre a mesma função da moralidade; Freud trata as reações formativas como uma trindade de nojo, vergonha e moralidade; ver *Three Essays*, v. II, p. 177–78.

6. Wierzbicka defende uma diferenciação das noções de repulsa, asco e nojo ("Human Emotions", p. 588–91). O nojo, segundo ela, é referente à ingestão; a repulsa, ao contato; e o asco, à proximidade com a coisa que provoca a ofensa. Ela subestima o caráter genérico e intercambiável desses três conceitos. O nojo abrange as noções de ingestão, contato e proximidade.

7. *Purity and Danger*, a ser discutido em maiores detalhes no capítulo 3.

8. Susan Miller, "Disgust Reactions", p. 711.

9. Ver carta para Fliess, 14 nov. 1897, in Masson (Org.), p. 280. Ver também *Three Essays*, v. I, p. 160–62, v. II, p. 177–178. *Civilization and Its Discontents*, pp. 99–100, nota 1.

10. Angyal, "Disgust and Related Aversions".

11. Ibid., p. 394–95, 397.

12. O nojo apareceu, nesse ínterim, em listas de emoções primárias, mas recebeu uma atenção apenas protocolar. Ver por exemplo Plutchik, *The Emotions* e *Emotion: A Psychoevolutionary Synthesis*; Tomkins, *Affect, Imagery, Consciousness*; Izard, *The Face of Emotion*; McDougall, *Introduction to Social Psychology*.

13. Susan Miller escreveu um artigo bem pensado e sensato — "Disgust: Conceptualization, Development and Dynamics" — na tradição da prática analítica. Como considerava a teoria da ingestão de alimentos e a das formações reativas estreitas demais, ela argumenta que o nojo inclui uma gama considerável de reações mais ou menos orientadas pela ideia do afastamento. O nojo funciona como orientador da experiência de bom e ruim, de dentro e fora de mim. Um ensaio subsequente ("Disgust Reactions") é dedicado de forma mais específica a determinar o papel do nojo em casos terapêuticos específicos, em especial de contratransferência. A discussão de Julia Kristeva sobre a abjeção tem implicações para boa parte do domínio daquilo que é nojento, em especial sobre como essas coisas atuam na semiótica da poluição; ver *Powers of Horror*. Além de Miller, Kristeva e Rozin, há trabalhos de escopo limitado e de valor questionável; por exemplo, Galatzer-Levy e Gruber, "What an Affect Means: A Quasi-Experiment about Disgust".

14. Ver Rozin, Haidt e McCauley, "Disgust", p. 584.

15. Ver Haidt, McCauley e Rozin.

16. É possível notar uma sagacidade deliciosamente perversa nas entrelinhas do trabalho de Rozin, que nem mesmo as sóbrias limitações formais da escrita psicológica acadêmica são capazes de suprimir. É possível imaginar o sorriso contido que deve ter acompanhado a confecção de fezes caninas de pasta de amendoim e queijos de cheiro forte e seu oferecimento junto de gafanhotos (esterilizados) a criancinhas.

17. Para boas análises das diversas teorias das emoções, ver os filósofos Lyons, *Emotions*, p. 1–52, e De Sousa, *The Rationality of Emotion*, p. 36–46. Para uma análise das teorias psicológicas, ver Plutchik, *Emotion: A Psychoevolutionary Synthesis*, p. 1–78, e Ellsworth, "Some Implications of Cognitive Appraisal Theories of Emotion". As teorias antropológicas são discutidas por Lutz e White, "The Anthropology of Emotion"; ver também a discussão do psicólogo cultural Richard A. Shweder em "Menstrual Pollution, Soul Loss, and Emotions". Para uma análise da literatura sociológica, ver Thoits, "The Sociology of Emotions".

18. Ver, por exemplo, Tomkins, "Affect Theory", p. 377, para a visão de que o nojo seria apenas um mecanismo auxiliar de motivação se fosse limitado a suas funções defensivas no controle de ingestão de alimentos.

19. Ver De Sousa, p. 36, para a ideia de que as emoções são caracterizadas por "ubiquidade em níveis". Elas operam como fenômenos fisiológicos, psicológicos e sociais.

20. Boa parte do recente interesse filosófico pelas emoções pode ser vista como uma continuação do projeto de Hume de aprofundar a discussão da distinção entre racional/passional e então reavaliar as paixões positivamente em relação à razão.

21. Rozin e Fallon, p. 32. Noções como a de "plenitude de graça" tentam superar essa noção profundamente enraizada de que o impuro é muito mais poderoso que o puro. Mas o caráter excepcional da graça apenas assinala a percepção latente de que apenas os verdadeiramente excepcionais podem combater com sucesso os tipos mais rotineiros de poluição. O jogo ainda opera no sentido da degradação do de baixo em vez da elevação do de cima.

22. Hobbes em *Leviatã* e Spinoza criam esquemas desse tipo.

23. Johnson e Oatley, "The Language of Emotions" e "Basic Emotions, Rationality, and Folk Theory".

24. Ekman, "An Argument for Basic Emotions"; Izard, *Human Emotions*.

25. Por exemplo, Plutchik; também Tomkins.

26. Ver as referências das três notas anteriores; cf. Ortony e Turner, "What's Basic about Basic Emotions?".

27. Segundo Johnson e Oatley, "Basic Emotions", mas não é possível propor que o nojo é um tipo específico de medo, o medo da contaminação? Não pretendo me empenhar em uma crítica a cada uma dessas teorias; nenhuma me parece satisfatória. Algumas de suas principais falhas são citadas em Ortony e Turner; e também em Turner e Ortony, "Basic Emotions".

28. William James (v. 2, p. 1097) assume uma visão similar, assim como, por implicação, diversos teóricos; ver Smith e Ellsworth, "Patterns of Cognitive Appraisal in Emotion".

29. Sobre a utilidade e o conteúdo de nossa psicologia popular, ver a discussão de Gordon sobre o experimento de Hebb em *The Structure of Emotions*, p. 1–20; ver também D'Andrade, "A Folk Model of the Mind" e "Some Propositions about the Relations between Culture and Human Cognition"; para uma defesa da realidade em última análise psicológica de nossas categorias de emoções, ver Johnson e Oatley, "Basic Emotions". Compare, no entanto, com Kagan, "The Idea of Emotion in Human Development".

30. apresentando de uma forma um tanto apressada assuntos complexos, que foram tema de muitas discussões em uma ampla gama de disciplinas. No entanto, não quero acabar me aprofundando demais nos problemas do relativismo e universalismo. Uma visão comum é que pode ser mais fácil entender as culturas mais próximas culturalmente de nós do que as mais distantes. A diferença, digamos, na frequência de banhos entre alemães e norte-americanos não nos distancia dos alemães tanto quanto os costumes de encolher cabeças e do canibalismo entre os jivaros; ver, por exemplo, B. Williams, *Ethics and the Limits of Philosophy*, p. 159–67. Mas isso é sempre verdadeiro? Às vezes, nossa postura em relação aos imensamente diferentes é menos exigente, porque eles são muito diferentes e nós nos vemos mais dispostos a tolerar seus modos e permitir que a nossa imaginação crie relatos relativizantes, e por consequência justificadores, para suas condutas. O frade dominicano do século XVI poderia, portanto, sentir mais nojo de um protestante do que de um indígena do Novo Mundo.

31. Chevalier-Skolnikoff, "Facial Expression of Emotion in Nonhuman Primates"; ver Rozin, Haidt e McCauley, p. 578.

32. A distinção entre a aversão causada por um sabor ruim e o nojo é feita por Rozin: a primeira é motivada por fatores sensoriais, ao passo que o nojo envolve fatores relacionados a ideias, como contágio e contaminação; ver Rozin e Fallon, p. 24. Eu posso não gostar do sabor de extrato de amêndoa, mas não o considero nojento. Outros podem achar pimentões e pimentas desagradáveis de comer, mas não nojentos por serem desagradáveis.

33. As qualidades mágicas e contagiosas das substâncias do nojo são discutidas em Rozin, Millman e Nemeroff, "Operation of the Laws of Sympathetic Magic in Disgust", e Rozin e Nemeroff, "The Laws of Sympathetic Magic", extraído em última análise de Angyal, p. 395.

34. Rozin, Hammer et al., "The Child's Conception of Food"; Rozin, Fallon e Augustoni-Ziskind, "The Child's Conception of Food". A julgar pela experiência com meus próprios filhos, essa faixa etária parece ser conservadora demais. Os pesquisadores que acreditam que as expressões faciais de uma emoção são a emoção em si afirmam que emoções como nojo, interesse e desagrado já são totalmente operacionais desde o nascimento; ver Izard, "Emotion-Cognition Relationships and Human Development". A pesquisa de Shweder, Mahapatra e Miller ("Culture and Moral Development", p. 183) mostra que, aos 5 anos, as crianças já são capazes de expressar julgamentos morais culturalmente apropriados sobre o que é moralmente certo e errado. Para fazer esses julgamentos apropriados, argumentam os pesquisadores, sentimentos morais como empatia, vergonha e nojo também devem estar cumprindo seu papel.

35. As evidências são ambivalentes. O menino selvagem de Aveyron, com certeza, não gostava de certos alimentos, e, apesar de farejar qualquer coisa sem demonstrar aversão, não há nenhum registro de coprofagia. Ver Jean Itard, *The Wild Boy of Aveyron*.

36. Ver a abordagem de Susan Miller das fases de desenvolvimento do nojo; "Disgust: Conceptualization, Development and Dynamics", p. 297–99.

37. "Such, Such were the Joys", p. 22.

38. Não estou propondo nada grandioso aqui em termos de uma teoria de desenvolvimento moral, mas a visão que expresso é contrária às teorias insustentáveis de Piaget e Kohlberg sobre o desenvolvimento moral e cognitivo; ver a crítica feita em Flanagan, *Varieties of Moral Personalitiy*, p. 181–95. Minhas visões seguem em grande parte as de Shweder, Mahapatra e Miller, p. 183–94, que demonstram que, em uma amostragem feita nos Estados Unidos, a competência em questões de convenção e situação local, na medida em que possam ser distinguidas significativamente da moral, se desenvolve mais tarde do que a maioria dos princípios morais generalizantes.

39. Se tomarmos o incesto como um conjunto de regras que determina quem são parceiros matrimoniais apropriados, podemos imaginar que o medo ou um senso de dever, vergonha ou culpa poderia ajudar a reforçar a norma, além do nojo. No entanto, se tomarmos o incesto como um conjunto de regras que determina quem são os parceiros sexuais permissíveis, suspeitamos que o nojo assumirá o papel dominante. Mesmo os habitantes do Egito da época de domínio romano, que preferiam casamentos entre irmãos, tinham regras que proibiam matrimônios de pai e filha e mãe e filho. Shweder, Mahapatra e Miller, p. 188, propõem nove candidatos a condutas morais universais para diversas populações adultas (a amostra incluía brâmanes, intocáveis e norte-americanos de classe média): cumprimento de promessas, respeito à propriedade, distribuição justa, proteção aos vulneráveis, gratidão recíproca e tabus contra o incesto, ataques arbitrários, nepotismo e arbitrariedade. Alguns deles, por exemplo, uma norma de reciprocidade e tabus contra o incesto e a arbitrariedade, me parecem ter mais chances que os demais de serem considerados universais. Outros parecem totalmente implausíveis. O nepotismo não chamaria muita atenção em uma sociedade ocidental pré-moderna em que carreiras vinculadas ao talento eram a exceção, e não a regra. Todos esses vícios e virtudes seriam reforçados pelos mesmos sentimentos morais? O incesto parece o candidato mais provável a ser mantido sobretudo pelo nojo, porém a maior parte das violações de normas mais profundamente enraizadas é capaz de provocar nojo em condições que retratem o violador como depravado, hipócrita, arbitrário ou cruel.

40. É possível afirmar de forma plausível que os rituais coprofágicos reportados em várias sociedades são sempre rituais liminares em que o próprio ato de comer fezes assinala a atividade como simbólica, ritualística e violadora da normalidade. Ver a discussão proposta por Greenblatt em "Filthy Rites", e a explicação de Angyal (p. 399–403) para o material de Bourke.

41. Ver Kristeva, p. 71: "Objetos poluentes são colocados esquematicamente em dois tipos: excrementício e menstrual. Nem as lágrimas nem o esperma, por exemplo, embora pertençam aos limites do corpo, têm valor poluente". No caso das lágrimas, sim, mas o esperma? Eu não estou certo de que seja possível abordar essa discussão de alguma forma que torne a exclusão do esperma menos absurda. Meu argumento no capítulo 5 é que o esperma é uma das substâncias mais poluentes.

42. Algumas "exceções" funcionam mais para confirmar a regra, como quando a prática é feita para assinalar o comportamento transgressivo. O argumento de Greenblatt sobre o ritual coprofágico em "Filthy Rites" é que se tratava de algo feito em grande parte para horrorizar agentes indianos brancos, missionários e antropólogos. Edmund Leach ("Magical Hair", p. 156) chega perto de aceitar que certas substâncias são quase universalmente impuras: "Todos sabem que a impureza se vincula de forma indiscriminada tanto à região genital-anal quanto à cabeça. As coisas mais tipicamente impuras são as fezes, a urina, o sêmen, o sangue menstrual, o cuspe e os cabelos". Sobre a possiblidade de evocadores universais de sentimentos diversos, ver Shweder, "Menstrual Pollution", p. 243–44.

43. Ver Herdt, "Sambia Nosebleeding Rites"; Evans-Pritchard, *The Nuer*, p. 30; e Bourke, *Scatologic Rites*, p. 4–6.

44. "Filthy Rites", p. 60.

2. O NOJO E SEUS SEMELHANTES

45. Gibbard, *Wise Choices, Apt Feelings*, p. 126–27.

46. Sobre o medo ser pareado também com a luxúria além da raiva, ver Mandeville, *Fable of the Bees*, Comentário R. A justiça do contraste de medo/raiva, assim como de amor/ódio, está aberta à contestação. Eu sugiro que, em certos sentidos, o amor é mais antagônico com o nojo do que com o ódio. Aristóteles contrastava a confiança com o medo (*Rhetoric*, v. II, p. 5). Precisamente qual emoção é um oposto apropriado para qual depende do contexto e dos critérios de julgamento. Às vezes, o contraste é gerado pela comparação das ações que as emoções motivam, às vezes pela comparação dos tipos de objetos que a emoção busca, às vezes pela mecânica estrutural das emoções.

47. Como em Hume, *Treatise*, v. II, p. i.

48. Plutchik, *Emotion*, p. 135–37, p. 160.

49. Ver a discussão de Harré sobre emoções iteradas (por exemplo, raiva de estar com raiva, nojo de estar com nojo) e emoções escondidas (por exemplo, culpa por estar feliz) em "Embarassment", p. 200.

50. Alguns argumentam que as emoções são misturáveis, assim como as cores; ver Plutchik (*Emotion*, p. 160–65). Outros contestam a utilidade da analogia; ver a discussão a esse respeito em Ortony e Turner, p. 329.

51. É possível questionar se as emoções compostas não são apenas alternâncias aceleradas entre elas. Aqueles que acreditam que, digamos, o medo e o nojo são emoções primárias se sentiriam compelidos a argumentar que uma mistura dos dois, na verdade, é um borrão de medos e nojos em rápida alternância, e não um composto chamado horror; ver Ekman, "An Argument for Basic Emotions".

52. Sobre a relação de emoções com cores, ver D'Andrade, "Some Propositions", p. 73–74; e Johnson, Johnson e Baksh, "The Colors of Emotions in Machiguenga". Esses experimentos sugerem que a relevância emocional das cores seja notavelmente estável entre as diferentes culturas. Assim como o que é gosmento tende a enojar mais do que aquilo que não é gosmento, o azul tende a ser mais associado com a tristeza do que com a felicidade.

53. Rozin, Haidt e McCauley, p. 575. Presumivelmente, a distinção é feita para lidar com o papel do nojo na defesa da pureza. Mas isso vem ao custo de representar equivocadamente a complexidade tanto do nojo como do medo.

54. A relação próxima entre medo e horror também é notada por S. Miller, "Disgust: Conceptualization, Development and Dynamics", p. 303; Darwin, por outro lado, sugere que o horror combina pavor e ódio (p. 304–305) e muitas vezes é despertado pela contemplação de muita dor ou tortura. Um dos 23 objetos de pesquisa a quem Darwin mostrou uma foto com uma expressão do horror identificou a emoção como nojo. Já se sugeriu que a combinação de nojo e medo produza vergonha ou pudor (Plutchik, *The Emotions*, p. 118, *Emotion*, p. 162). Trata-se apenas de uma descrição inadequada da vergonha. Podemos ter medo de passar vergonha, mas o medo não é um elemento constituinte da vergonha.

55. Ver Solomon, "The Philosophy of Horror", p. 125–26: "No medo, a pessoa foge [...] No horror, por outro lado, existe uma passividade, a passividade da presença. A pessoa fica perplexa, congelada no lugar [...] O horror é uma emoção do espectador e, portanto, é especialmente apropriada para o cinema e as artes visuais".

56. Ver, por exemplo, *Alien*, *Invasores de corpos* e até *Os Caça-Fantasmas*, em que os fantasmas têm o hábito de sujar as pessoas de gosma. Ver a discussão de Clover sobre a "possessão" em filmes como *O exorcista* em *Men, Women, and Chain Saws*, p. 65–113. O gênero de filmes de terror é complexo e admite vários subgêneros. Existem os filmes de assassinos e banhos de sangue, filmes de monstros, filmes de vampiros, filmes de possessão, e cada qual lida com aspectos ligeiramente distintos do nojo. Alguns filmes despertam mais o terror em si do que o nojo: são os que retratam perpetradores humanos (em geral homens) atacando vítimas humanas (em geral mulheres). Ver também Carroll, *The Philosophy of Horror*, p. 17–24, que assinala que o nojo é um componente necessário para o gênero terror. O horripilante no esquema de Carroll envolve medos de contaminação pelo impuro (p. 27–28): "é crucial que dois componentes avaliativos se estabeleçam: que o monstro seja considerado ameaçador *e* impuro. Se o monstro fosse apenas avaliado como potencialmente ameaçador, a emoção seria o medo; se apenas potencialmente impuro, a emoção seria o nojo. O horror artístico exige a avaliação tanto em termos de ameaça como de nojo".

57. O nojo ameno parece evanescer gradualmente e ser percebido de forma vaga como uma ansiedade.

58. Ver a discussão em Angyal, p. 406–408, que é caracteristicamente perceptivo. Carroll (p. 42) fazia a distinção entre os gêneros que ele define como horror artístico e medo artístico (o "artístico" é usado para fazer a distinção entre a emoção ocasionada pelo sabidamente fictício e os incidentes "reais" de horror e medo). O horror artístico, conforme citado, necessariamente envolve o nojo, ao passo que o medo artístico envolve inquietação.

59. Ver Rozin, Millman e Nemeroff; ver também Rozin e Nemeroff.

60. A castração é fetichizada por freudianos e lacanianos de diferentes maneiras. Para Freud, a ansiedade da castração diz respeito a perder de fato o aparelho genital masculino; para Lacan e outros, a castração se torna uma imagem fundacional usada para indicar perdas, ausências e separações que ajudam a diferenciar o sujeito do objeto. Ver Silverman, *The Acoustic Mirror*, p. 13–22, para uma crítica devastadora das teorias de castração de Freud e de Lacan a partir de uma perspectiva feminista.

61. Freud, "History of an Infantile Neurosis", p. 82–85. A inquietação surge não só por reviver os complexos infantis reprimidos, mas também "quando crenças primitivas que foram superadas parecem mais uma vez confirmadas". Mas, então, o ganho obtido por esse pequeno movimento não redutivo é associado de novo à redução na frase seguinte: "as crenças primitivas são, em sua maior parte, intimamente relacionadas aos complexos infantis" ("The Uncanny", p. 249).

62. Horror, desprezo, castração e genitália feminina se juntam na narrativa misógina de Freud. O horror é colocado como uma emoção particularmente masculina centrada no medo da castração, que torna a genitália feminina horripilante, já que sua visão sugere que a castração não é uma ameaça realmente cruel. A combinação do medo e da visão da genitália feminina "determina permanentemente a relação do menino com as mulheres: o horror da criatura mutilada ou o desprezo triunfante por ela" ("Some Psychical Consequences of the Anatomical Distinction between the Sexes", p. 252). Do mesmo modo, há o horror da cabeça da Medusa, que evoca a castração e é, por si só, uma imagem da "apavorante genitália da Mãe" ("Medusa's Head", p. 274). Freud oferece como prova irrefutável da "existência do complexo de castração [...] o medo diante da visão da genitália feminina" ("Fetishism", p. 155).

63. Sobre o fato de ser uma crença masculina: Haidt, McCauley e Rozin descobriram que as mulheres são consistentemente mais sensíveis ao nojo em seis dos sete domínios testados. O único em que as mulheres eram menos sensíveis (e de forma considerável) era o sexo. Quanto a alimentos, animais, excreções, higiene e outros, elas eram mais sensíveis que os homens.

64. Ver Kamir, *Stalking*.

65. Para uma discussão de *accidie* e melancolia, ver Harré e Finlay-Jones, "Emotion Talk across Times", p. 220–33; ver também o relato do surgimento do tédio em Spacks, *Boredom*, p. 7–23.

66. A expressão "nojo moral" de Michael Ignatieff é uma tentativa de capturar mais um estilo de desespero que se aproxima de certas características do *taedium vitae*. O nojo moral diz respeito à frustração, irritação e raiva que acompanham o fracasso em realizar nossas próprias boas intenções. Para Ignatieff, o nojo em si não é moral, é mais um nojo dos fracassos de nossa moral em fazer algum efeito. É uma espécie de abstinência moral. Ver "The Seductiveness of Moral Disgust", p. 83.

67. Orwell, "Inside the Whale", p. 230.

68. Ver Duclos et al. e Levenson et al. O conceito de fazer pose e fingir confere um aspecto pejorativo ao que poderíamos tratar mais positivamente como treinamento, cumprimento de papéis, ensaio ou prática. O advogado que defende o primeiro caso, o cirurgião que executa a primeira operação, o adolescente que vive seu primeiro amor — todos fazem certa encenação de competência e conhecimento que ainda não se tornaram sua "segunda natureza". Ver também Strack et al., detalhando um experimento em que as pessoas seguravam uma caneta entre os dentes a fim de exercitar os músculos do sorriso ou entre os lábios para exercitar os músculos da cara fechada e depois avaliavam desenhos. Os que seguravam a caneta entre os dentes os consideraram mais engraçados.

69. Sartre, *A náusea*.

70. Freud também atribui ao melancólico uma perspicácia especial, mas em geral no que diz respeito a seus próprios estados internos; "Mourning and Melancholia", p. 246. A melhor abordagem do vínculo entre melancolia e vida intelectual continua sendo do de Burton; ver "Democritus to the Reader" em *The Anatomy of Melancholy*.

71. Ver Taylor e Brown, "Illusion and Well-Being" e a crítica de Flanagan em *Varieties of Moral Personality*, p. 315–32.

72. Plutchik, *Emotion*, p. 157. Plutchik argumenta que, quando as emoções se tornam menos intensas, também se tornam menos discerníveis, pois convergem para um ponto zero de ausência de sensações. Quando se tornam mais intensas, se tornam mais discerníveis. Mas seriam a ira e a repulsa, segundo ele as versões mais intensas da raiva e do nojo, mais discerníveis uma da outra do que a raiva e o nojo? É possível argumentar que são, inclusive, mais próximas que as emoções primárias.

73. Darwin, p. 253.

74. Eu abordo a questão da diferença entre as expressões faciais do nojo e do desprezo no capítulo 9.

75. Os psicólogos se dividem na questão da distinção de nojo e desprezo. Os que defendem a existência de emoções básicas, às vezes, incluem o desprezo na lista, ou o fundem com o nojo. Ver Ekman e Friesen, "A New Pan-cultural Facial Expression of Emotion"; Izard, *The Face of Emotion*, p. 236–45. Tomkins, em *Affect, Imagery, Consciousness*, começa fazendo uma distinção entre os dois com base no paladar (nojo) e olfato (desprezo), mas então funde os dois no restante da discussão; ver Rozin, Lowery e Ebert, "Varieties of Disgust Faces and the Structure of Disgust", p. 871.

76. Existe um volume considerável de literatura sobre a vergonha na antropologia, filosofia e psicologia, além de, mais recentemente, na suspeita psicologia da autoajuda. Eu discuto a vergonha com certo detalhamento em *Humiliation*, caps. 3–5, no qual listo uma bibliografia mais ampla a respeito. Do lado filosófico, existem excelentes abordagens em Gibbard, p. 136–40; Taylor, *Pride, Shame and Guilt*, p. 53–84; e Williams, *Shame and Necessity*. Para discussões antropológicas, ver os ensaios reunidos em Gilmore. Os ensaios da coleção clássica organizada por Peristiany ainda valem a consulta. Sobre a longa e tortuosa distinção entre vergonha e culpa, ver Williams, *Shame and Necessity*, p. 88–94; Gibbard, 137–40; e Piers e Singer, *Shame and Guilt*. Ver também a nota 401, no capítulo 8.

77. S. Miller, "Disgust Reactions", p. 721: "O nojo também é uma reação à falha da vergonha".

78. Ver Frijda, *The Emotions*, que baseia sua teoria das emoções nas tendências de ação vinculadas a cada sentimento.

79. Considerando que a ideia de emoção consciente faça sentido, é mais fácil imaginar o ódio inconsciente do que o nojo inconsciente. A noção de nojo inconsciente não faz sentido para mim. Embora eu considere a ideia de emoções inconscientes defensável, nem sempre concordo com o que é afirmado a partir dessa noção. O movimento pseudopsicológico pela autoestima nos exorta a entrar em contato com nossa raiva, nosso ódio, nosso amor. Mas se nós não estamos conscientes de nossa raiva, como essa raiva inconsciente pode ser uma raiva de verdade? A raiva precisa de um objeto; não é um sentimento que possa ser direcionado ao nada, e isso também vale para o amor e o ódio. Ver Freud, "The Unconscious", p. 177: "Certamente é da essência de uma emoção o fato de termos a percepção dela, ou seja, que se torne conhecida pela consciência. Portanto, a possibilidade de atributo do inconsciente deve ser completamente excluída no que diz respeito a emoções, sensações e sentimentos".

80. Plutchik, *Emotion*, p. 162, lista a indignação como uma mistura de nojo e raiva. Isso me parece equivocado.

81. Em "Clint Eastwood and Equity", eu discuto em detalhe a diferença entre conceber a justiça fazendo o *malfeitor* pagar por seu malfeito e conceber a justiça possibilitando à pessoa prejudicada uma *desforra* ao malfeitor pelo prejuízo causado.

82. A crueldade é variada e nem sempre é fácil capturá-la, mas todas as suas manifestações parecem causar mais do que indignação. Vale ressaltar que a crueldade, ao contrário da violência, envolve omissões desavergonhadas e insensíveis, além de ações brutais. Alguns podem desejar distinguir a crueldade de um *pogrom* dos tipos de crueldade que têm um caráter de afetação e dandismo. (Eu não estou disposto a fazer tanta distinção moral entre a crueldade tosca e a sofisticada, embora as duas possam ter motivações diferentes; nem sempre fica claro que sentimos mais nojo da crueldade sofisticada do que da versão mais vulgar.) Mas outros tipos de crueldade podem remeter ao interesse próprio e à razão em vez do prazer; a crueldade maquiavélica tem a motivação menos condenável da prudência e do benefício de assegurar a ordem pública. O príncipe que dá ordens cruéis é mesmo cruel, ou seria mais adequadamente descrito como insensível? A crueldade só existe quando causa dor? Certamente, o príncipe insensível não deve escapar da execração e da punição, mas causará tanto nojo quanto o torturador que cumpre suas ordens? Vale lembrar também que a indignação permite infligir dor e degradar os malfeitores. Isso se torna cruel porque incita os prazeres da vingança? Essas questões são complexas; para começar a discussão, pode ser interessante consultar Walzer, "Dirty Hands"; Nagel, "Ruthlessness in Public Life"; Scarry, *The Body in Pain*; Collins, "Three Faces of Cruelty"; e Shklar, *Ordinary Vices*.

83. Chaucer, "Prólogo do Conto do Moreiro", A3176–3182. "And therefore, whoso list it nat yheere,/ Turne over the leef and chese another tale;/ For he shal fynde ynowe, grete and smale,/ Of storial thing that toucheth gentillesse,/ And eek moralitee and hoolynesse./ Blameth not me if that ye chese amys. / The Millere is a cherl, ye knowe wel this". (Tradução de José Francisco Botelho)

3. O CALDO ESPESSO E GORDUROSO DA VIDA

84. Não é minha intenção irritar os biólogos ainda recorrendo à divisão da vida em dois reinos, vegetal e animal, em vez dos cinco que passamos a aceitar mais de três décadas depois de eu ter estudado biologia no Ensino Médio. Eu me atenho à divisão binária apenas por refletir, de forma mais exata, as categorias populares a que nossa noção de nojo recorre a fim de obter suas imagens, seu estilo e sua substância.

85. Ver a descrição de Bynum da literatura do final da Antiguidade sobre o horror à morte e à putrefação: "A morte era horrenda não porque era um evento que punha fim à consciência, mas porque era parte do pegajoso, nojento e incontrolável processo biológico"; *The Resurrection of the Body*, p. 113.

86. Não era só a vegetação putrefata que gerava vida; a carne em putrefação era tão frutífera quanto. Vale relembrar aqui as imagens repulsivas de Hamlet vinculando sexo, apodrecimento e fecundidade (para Polônio): "Pois o mesmo sol, tão puro, gera vermes num cachorro, e é bom em beijar carniça — O senhor tem uma filha?" (*Hamlet*, 2.2.181–182). Para a linhagem histórica de Aristóteles diante da ideia da geração espontânea a partir da matéria putrefata, ver Hankin, "Hamlet's God Kissing Carrion". (Um aparte:

o "good kissing" [bom em beijar] da citação vem da leitura do quarto e do fólio; "God kissing" é uma emenda de Warburton, feita no século XVIII.)

87. Estou discordando aqui tanto de Angyal, p. 396, quanto de Rozin e Fallon, que também negam a capacidade da matéria vegetal de causar nojo.

88. Os múltiplos sentidos do crescimento excessivo e seus consequentes odores fortes e desagradáveis parecem em parte responsáveis por uma pequena contenda na tradição textual de Hamlet. A citação "fat weed that roots itself in ease" [plantas adiposas que se enraízam despreocupadas] vem da leitura dos quartos, enquanto o fólio substitui "roots" por "rots" [apodrecem]. Sobre a associação entre sexualidade maternal, fecundidade, crescimento descontrolado e morte em *Hamlet*, ver Adelman, *Suffocating Mothers*, p. 17.

89. Ver Rozin, Haidt e McCauley.

90. Angyal, p. 397; Dumont, *Homo Hierarchicus*, p. 59–61.

91. Douglas, *Purity and Danger*; Julia Kristeva reafirma e reformula a posição de Douglas tentando encaixar seu estruturalismo na dicção de seu tipo particular de psicologia feminista e teoria semiótica. Para ela, a abjeção, que não é exatamente nojo, é explicada como aquilo que "perturba a identidade, o sistema, a ordem. O que não respeita fronteiras, posições, regras. O limítrofe, o ambíguo, o compósito".

92. É possível argumentar que essas substâncias podem ter seus sentidos retirados de outro esquema conceitual que está apenas se sobrepondo ao esquema que organiza a estrutura social relevante. Os freudianos argumentariam que esse esquema fundacional com uma enorme força gravitacional é nada menos que a teoria de Freud. Mas não pode ser a teoria freudiana que foi atraída pelo campo gravitacional do esperma, do sangue menstrual e do excremento e nunca mais escapou de sua órbita? Não estou argumentando que esses contaminantes quase universais existam de forma independente de nosso entendimento deles como contaminantes. Um dos propósitos deste livro é mostrar como o nojo é determinante em termos sociais, culturais, morais e físicos, porém nunca totalmente removido da percepção sensorial humana e do horror do fluxo que nos envolve.

93. Ver a discussão de Douglas, p. 36–40, 55–57; e Leach, "Anthropological Aspects of Language".

94. Ver Stallybrass e White (p. 143–46) para maior esclarecimento sobre a carga simbólica atribuída aos ratos depois que o sistema de saúde pública conseguiu colocar os esgotos urbanos no subterrâneo, no século XIX. Os ratos, mais uma vez de acordo com o modelo de Douglas, se tornaram criaturas ambíguas que transgrediam "as fronteiras que separavam a cidade do esgoto, o que está em cima do que está embaixo". Essa narrativa mostra como a marginalidade dos ratos é constituída de maneiras diferentes a depender do momento histórico. Mas seus autores parecem não se preocupar com a capacidade dos ratos de ser marginalizados seja qual for o esquema operativo, seja em épocas com esgotos subterrâneos ou não. O rato, como as fezes, parece ser, em certo sentido, independente da estrutura em questão. Para Freud, os ratos têm a capacidade de ser inquietantes e também nojentos na construção de sua relevância na fantasia do Homem dos Ratos; ver "Notes Upon a Case of Obsessional Neurosis", p. 215, nota 2.

95. Comparemos os ratos com o gambá, que, apesar de ser um animal parecido, não tem o mesmo poder de gerar nojo; nós consideramos os gambás quase bonitinhos por se fingirem de mortos, por terem uma bolsa, por transmitirem a impressão de que estão disfarçados de ratos. O caráter bonitinho dos marsupiais mostra que nem todas as transgressões de categorias são vistas como poluentes ou perigosas. Douglas precisa de mais coisa além da noção de não pertencimento, porque apenas alguns tipos de não pertencimento são perturbadores.

96. Levítico, 11:41.

97. Rozin e Fallon, p. 28; Rozin, Haidt e McCauley, p. 584. Ver também Angyal, p. 395: o nojo é "uma reação específica a dejetos do corpo humano e animal".

98. Sobre as restrições dos brâmanes, ver Dumont, p. 137–142.

99. Ver a discussão a esse respeito em Flandrin, "Distinction through Taste", p. 273–74: "a principal distinção não era mais entre aristocratas, que comiam carne e aves de caça, e burgueses, que comiam carnes gordurosas, mas entre a nobreza e a burguesia, que comiam bons cortes de carne, e as pessoas comuns, que comiam os *bas morceaux*, os cortes de segunda". Comparemos em nossa própria cultura como os comedores de torresmo, filé mignon suíno, lombo suíno, paleta suína, copa-lombo e linguiça não são distribuídos igualmente na hierarquia social.

100. Classificando como comestíveis todos os alimentos que poderíamos comer obtendo benefícios nutricionais independentemente das restrições culturais, eu não pretendo negar que, no fim, é a cultura que determina o que é comido.

101. Até mesmo o uso da palavra "abate" para descrever a redução de animais vivos a carcaças provoca nojo. As imagens de matança provocam nojo, mas o eufemismo do abate não elimina o nojo inerente ao ato de matar e causa ainda mais nojo pela suspeita de desonestidade e hipocrisia que levanta. Eviscerar cadáveres a fim de arrancar órgãos para transplante também não é uma imagem bonita, mas se torna ainda mais nojenta quando é expressa em termos de "coleta". Os eufemismos deveriam produzir outro efeito. Por que o eufemismo do abate não funciona da mesma forma que o do toalete? A questão em parte tem a ver com as implicações morais do eufemismo e também com a maneira como o eufemismo funciona. Falar em toalete não tem a intenção de rebaixar o objeto ao qual se refere. Em certo sentido, não há como rebaixá-lo ainda mais. Não é esse o caso de "abate", em que o eufemismo tenta tornar mais aceitável o objeto ao qual se refere. Dessa forma, o eufemismo acaba se voltando contra si mesmo.

102. Existe uma tendência nos últimos três séculos de disfarçar as origens da carne que comemos. Desde o século XVIII, a prática culinária vem se movendo na direção de reduzir o animal morto a filés e costeletas antes que chegue à mesa (e entre os norte-americanos antes mesmo de ser posto à venda), em vez de servi-lo inteiro para ser retalhado na presença dos comensais. As aves ainda podem ser cortadas à mesa, embora alguns as considerem estranhamente parecidas com bebês recém-nascidos, e os peixes ainda podem ser servidos inteiros, embora alguns restaurantes removam a cabeça por seu potencial de ofender os mais melindrosos. Norbert Elias consideraria esse melindre parte do processo civilizador (ver capítulo 7); os psicólogos do nojo, Rozin em particular, poderiam argumentar que a civilização está apenas nos proporcionando os meios para reprimir o que sempre foi ambivalente para nós de qualquer forma. Elias admitiria uma bestialidade agressiva pré-cultural, e os demais, uma ansiedade pré-cultural em relação à bestialidade.

103. Nossa crença de que quais animais comemos é uma questão importante e parece derivar de uma crença mais ampla de que, como nós somos o que comemos, eles também devem ser o que comem, e, portanto, nós nos tornamos o que eles comem. Ver Rozin e Fallon, p. 27; e principalmente Rozin e Nemeroff, p. 214--216, e Nemeroff e Rozin, que oferecem evidências experimentais sobre a manutenção da crença de que nós somos o que comemos.

104. Angyal, p. 409, em um de seus poucos lapsos, argumenta que os animais são ofensivos porque defecam e que nós tomamos o cuidado de comer animais cujas fezes são menos repulsivas. Em sua visão, é isso o que explica nossa preferência por comer herbívoros em vez de carnívoros.

105. Levítico 11:2-41; ver a tentativa de Douglas de organizar as diversas proibições alimentares do Levítico sob o princípio geral de que a limpeza nos animais se dá em função de sua conformidade total com sua classe; *Purity and Danger*, p. 55. Cf. Kristeva, p. 90–112. A antropologia estrutural argumenta que a posição de determinado item em um esquema maior de significado determina o fato de ser ou não comestível. De acordo com essa visão, somos mais propensos a comer animais de acordo com os mesmos princípios gerais que regem o matrimônio. O permissível, e, portanto, não nojento, está longe dos extremos, já que os meios-termos são determinados pelas estruturas simbólicas e sociais que ordenam a sociedade. O nojo governa os extremos. Tambiah, "Animals Are Good to Think and Good to Prohibit"; Leach, "Anthropological Aspects of Language".

106. Ver Douglas, p. 54, para a apresentação das visões expressas no comentário bíblico de Samuel R. Driver (1895).

107. Fílon citado em Douglas, p. 44.

108. Orwell, em uma tentativa de ir além de Swift, propõe a seguinte redução: "Toda nossa comida vem, em última análise, do esterco e dos cadáveres, as duas coisas que entre todas as outras nos parecem mais horríveis"; "Politics vs. Literature", v. 4, p. 222.

109. Eu não entrei na discussão de que as regras de restrições alimentares, em especial as do Levítico, são medidas de saúde pública destinadas a prevenir doenças. Essa visão já foi tão desacreditada que não deve passar de uma nota de rodapé. Algumas pesquisas sobre fobias de animais, recorrendo a um modelo evolucionário e funcional dos mais simplistas, ainda seguem essa linha. Sua argumentação é que a prevenção de doenças explica nosso nojo pelos animais que não causam medo de ataque, como lesmas, baratas e lagartixas. Por que o fato de querer evitar doenças nos torna mais propensos a sentir repulsa por uma lagartixa do que por um gato, isso não fica claro. Ver as obras cujos autores principais são Davey, Matchett e Webb na lista de Obras Citadas.

110. Hallpike, em "Social Hair", reúne evidências de várias culturas para revelar um significado quase universal de que cabelos compridos e a ausência de cabelos em geral significam uma animalidade não restringida.

111. Cf. Haidt, Rozin et al.: "Nós temos medos de reconhecer nossa animalidade porque tememos que, como os animais, nós somos mortais". O medo não explica o nojo. Como indivíduos, podemos temer a morte, mas o nojo é motivado pela impaciência com a vida. A morte é só parte do motivo por que viver é tão complicado.

112. Ver o ensaio de Goffman "Territories of the Self", em *Relations in Public*.

113. Goffman distingue três tipos de autoviolação (ibid., p. 52–56): autopoluição, em que a pessoa usa seus próprios contaminantes corporais para poluir as partes poluentes do eu; autodegradação, em que a fonte da substância contaminante é outra pessoa; e autoexposição, que pode se manifestar de diferentes maneiras, como vestimentas impróprias, demonstrações excessivas de tristeza em público ou autorrevelações indecorosas, do tipo que os viajantes de avião acabam tendo que ouvir da pessoa do assento ao lado. Os dois primeiros sempre enojam os outros e, de fato, têm geralmente esse objetivo. O terceiro tipo — a autoexposição — também causa nojo, mas, em geral, se limita ao constrangimento. Ver minha discussão sobre os rituais de humilhação em *Humiliation*, p. 161–65.

114. A imagem da pele como um saco cheio de excrementos era comum na escrita moral desde o Renascimento e ainda está viva hoje em dia, como certas formas de xingamento podem confirmar. Daí as palavras de Thomas Nashe: "Em um estado condenável tu estás, ó recipiente excrementício de luxúria" (*Christs Teares over Jerusalem* [1593] 77v). Ver Bynum, *Resurrection of the Body*, p. 61. Ver Geraldo de Gales, *Gemma Ecclesiastica*, II.iv. Gerald nos conta que Alexandre, o Grande fez a Dionísio três perguntas: O que eu era, o que sou e o que serei? Resposta: "escória nojenta, um saco de merda, comida para vermes".

115. Os pelos corporais não são distribuídos igualmente em toda a espécie humana. Demonstra variações consideráveis de acordo com a raça.

116. Ver Bartlett, "Symbolic Meanings of Hair in the Middle Ages"; Hallpike, "Social Hair"; e Leach, "Magical Hair".

117. Na Idade Média, para as mulheres os cabelos soltos indicavam o status de não casadas, e os cabelos presos representavam as amarras do casamento; os cabelos soltos também podiam ser indicativos de luto. Entre nós, os significados dos cabelos presos ou soltos são codificados de forma mais informal, mas são codificados mesmo assim e com sinais claros de continuidade com seus significados pré-modernos. O ritual de humilhação de raspar os cabelos e a barba dos inimigos foi empregado por diversas culturas, desde Sansão, passando pela Gália merovíngia até o Velho Oeste norte-americano.

118. *Sachsenspeigel, Landrecht*, I.xlii, citado em Bartlett, p. 44.

119. Freud acreditava que a fetichização dos cabelos e dos pés era ligada ao "prazer coprofílico olfativo que desapareceu em razão da repressão. Tanto os cabelos como os pés têm um cheiro forte que foram exaltados como fetiches depois que a sensação olfatória se tornou desagradável e foi abandonada"; *Three Essays*, v. i, p. 155, nota 3.

120. Os cabelos, junto à lama e à poeira, são considerados triviais e indignos por Parmênides em seu diálogo com Sócrates; *Parmenides*, 130c–d. Sócrates nega que eles possam ter forma; "nesses casos, as coisas são apenas o que vemos; com certeza, seria absurdo demais supor que tivessem forma".

121. Ver Phyllis Rose, *Parallel Lives*, p. 54–56.

122. Em vários momentos, em sua discussão sobre expressões faciais, Darwin faz referências aos gestos de seus filhos pequenos. Ele assinala que, aos 5 meses, um de seus filhos fez uma expressão clássica de nojo quando um pedaço de torta de cereja foi colocado em sua boca. O bebê pôs a língua de fora e estremeceu, mas Darwin duvidou que se tratasse de um nojo de verdade.

123. Rozin, Hammer et al., "The Child's Conception of Food".

124. T. S. Eliot, "The Love Song of J. Alfred Prufrock". Com tradução para o português por Rodrigo T. Gonçalves.

125. Jonathan Swift, Viagens de Gulliver, pt. 2, cap. 1. Com tradução para o português por Octavio Mendes Cajado.

126. A visão de Swift e Eliot, vale ressaltar, tem uma considerável influência da repulsa ao sexo e da consequente misoginia profunda dos autores. Swift, mais sincero e corajoso que Eliot nesses assuntos, não para na mulher e dirige o mesmo olhar (e olfato) sensível para toda a humanidade. Gulliver conta que os liliputianos tinham nojo de sua pele (II.1). Pode ser pertinente perguntar se a sensibilidade de Swift seria possível antes que o processo civilizador avançasse tanto. Montaigne relata que o imperador Maximiliano I (que reinou entre 1493–1519) demonstrava esse fastio em relação a si mesmo, mas não a ponto de isso representar uma distração; "Our Feelings Reach Out Beyond Us". *Essays*, v. 2.

127. Ovídio parece igualmente melindroso a respeito dos pelos femininos e dava o seguinte conselho às mulheres: "Estava para vos avisar que não deve o cheiro do bode montês entranhar-se nos sovacos, nem as pernas andarem cobertas de pelos espetados!". *A arte de amar*, 3.193–195.

128. Assim como Ovídio aconselhou as mulheres a raspar as pernas e as axilas, ele avisou aos homens para não deixar visíveis os pelos do nariz. *A arte de amar*, 1.251. Quanto aos homens removerem os pelos das pernas, porém, ele achava um exagero (1.506).

129. Essa percepção é de Goffman; ver *Relations in Public*, p. 49.

130. Meu filho Louie, aos 4 anos, fez durante o banho a observação de que, como a parte de dentro das pessoas nunca é lavada, deve ser muito suja. O leitor com menor boa vontade há de dizer que o fruto nunca cai longe da árvore.

131. O lugar-comum da verdade obscurecida por véus ou vidro escurecido leva o otimista a suspeitar que é a beleza que está por trás do véu; o pessimista acha que é o excremento. Ver, por exemplo, a representação de Victor Hugo dos esgotos em *Os miseráveis* (v.ii), em que eles aparecem como a verdade por trás do véu da bela cidade.

4. OS SENTIDOS

132. Em sua tradução da *Ilíada*, Alexander Pope considerou necessário acrescentar uma nota de rodapé à descrição de Hera banhada e ungida com óleo (14.185ss): "A prática de Juno em ungir seu corpo com óleos perfumados era uma parte significativa da cosmética do mundo antigo, embora completamente em desuso nas artes de vestir modernas. Pode inclusive ofender a sensibilidade das damas modernas; mas quem se pinta tão artificialmente deveria considerar que essa prática pode, sem maiores dificuldade, ser associada à limpeza".

133. Cf. Sartre: "Para estabelecer clara e conscientemente uma relação simbólica entre a viscosidade e a baixeza pegajosa de certos indivíduos, seria necessário que captássemos já a baixeza na viscosidade e a viscosidade em certas baixezas"; *Being and Nothingness*, p. 771.

134. Imagine a quantidade de trabalho cultural que seria necessária para tornar o de baixo melhor que o de cima, e ficar abaixo melhor que ficar acima. Ver Shweder, "Menstrual Pollution", p. 253, 261.

135. O viscoso, Douglas argumenta (p. 38), é anômalo porque não é sólido nem líquido. Vale ressaltar que na narrativa de Douglas a motivação estranhamente não é citada. O nojo quase não aparece. Tudo se resume a uma estrutura fria e suas consequências. Os estados interiores dos indivíduos não são objeto de sua preocupação, e ela está tão comprometida com sua narrativa antipsicológica que não só ignora por completo as emoções como parece sugerir que elas não têm nenhum papel na manutenção das estruturas de pureza e poluição. Ver a discussão que ela apresenta na p. 124.

136. "O viscoso é a agonia da água [...] A água é mais fugaz, porém pode ser tomada em sua própria fuga como algo fugaz. O viscoso foge em uma fuga pesada que tem a mesma relação com a água que o voo rasteiro da galinha tem com o do gavião [...] Jogue água no chão; ela *corre*. Jogue uma substância viscosa; ela se arrasta, se mostra, se achata, é *mole*; toque o viscoso; ele não foge, adere." *Being and Nothingness*, p. 774–75. O *tour de force* de Sartre contra coisas gosmentas inclui também uma admoestação a tudo o que é grudento. O viscoso e o pegajoso causam horror porque apagam a distinção entre sujeito e objeto (p. 777).

137. Eu indiquei no capítulo anterior uma insatisfação com a narrativa de Douglas que torna o impuro uma questão de anomalia, desordem e incapacidade de se encaixar. O que é nojento, em geral, se encaixa muito bem; fica na parte mais baixa de qualquer esquema, como uma ameaça a tudo o que está acima. Esse argumento desconstrutivo pode ser aplicado a Douglas, o de que a anomalia é a chave para ordenar a estrutura oposta. O que ela chama de estrutura é, na verdade, uma estrutura menor incluída em uma maior, que opõe o anômalo ao que se encaixa.

138. Ver Freud, "The Antithetical Meaning of Primal Words".

139. *Oxford English Dictionary* (OED), s.v. clean, a.

140. A similaridade do sagrado com o sujo como coisas unidas na noção de tabu era um lugar-comum na antropologia do fim do século XIX. Douglas rejeita essa visão, mas ela tem uma certa atratividade. Ver Douglas, p. 7–28. O sagrado, assim como o poluente, é caracterizado pelo contágio, daí o poder do toque do rei e outros tipos de poderes regeneradores sagrados. Mas, se o sagrado fosse tão contagioso quanto o poluente, ambos teriam perdido sua relevância há muito tempo. Lembremo-nos do capítulo 1 e dos efeitos assimétricos de uma colher de chá de água de esgoto em um barril de vinho em comparação com uma colher de chá de vinho acrescentada a um barril de água de esgoto.

141. Kristeva, p. 2–3.

142. Todos sabemos que a textura é um elemento importante para a palatabilidade do alimento e tecnicamente uma questão de tato, e não de sabor. Daí a diferença entre a massa *al dente* e a massa cozida até virar uma papa.

143. Ver Rozin, "Taste-Smell confusions".

144. Pesquisas na área da psicologia mostraram que a associação entre os cheiros e suas descrições verbais é fraca. Ver Engen, "Remembering Odors and Their Names". Ver também a discussão apresentada em Rindisbacher, p. 10–20. Sobre o olfato em geral, ver Engen, *The Perception of Odors* e *Odor Sensation and Memory*.

145. As tentativas de estabelecer um léxico qualitativo de cheiro e gosto, como por exemplo as feitas pelos sommeliers, soam aos não iniciados como tolas ou pretensiosas.

146. Sobre a capacidade da dor de destruir a linguagem, ver Scarry.

147. "The Lady's Dressing Room", v. 99–116, *Poetical Works*, p. 479. Swift foi precedido por Ovídio, que, em seu *Remedia Amoris*, advertiu que, quando tudo o mais falhasse, o grande remédio para aniquilar a paixão era "esconder-se enquanto a moça fazia suas obscenidades e observar até o que os costumes proíbem de ver" (v. 437-38, em *The Art of Love and Other Poems*).

148. Ou pode ser que Swift esteja confundindo defecação e coito, produção e reprodução, ânus e vagina. Ver nota 154 deste capítulo.

149. Freud, "History of Infantile Neurosis", p. 63. Ver também Kundera, *The Unbearable Lightness of Being* (no Brasil com o título *A insustentável leveza do ser*), p. 245–46: "Sem a mínima preparação teológica, com toda a espontaneidade, a criança que eu era então já compreendia, portanto, a fragilidade da tese fundamental da antropologia cristã, segundo a qual o homem foi criado à imagem e semelhança de Deus. Das duas, uma: ou o homem foi criado à imagem de Deus e Deus tem intestinos, ou Deus não tem intestinos e o homem não se parece com ele. Os gnósticos antigos sentiam-no tão claramente como eu, aos 5 anos. Para acabar de uma vez por todas com este maldito problema, Valentino, grão-mestre da Gnose do século II, afirmava que Jesus 'comia, bebia, mas não defecava'. A merda é um problema teológico mais difícil do que o mal. Deus ofereceu a liberdade ao homem e, portanto, pode admitir-se que ele não é responsável pelos crimes da humanidade. Mas a responsabilidade pela existência da merda incumbe inteiramente àquele que criou o homem, e só a ele".

150. "Nor wonder how I lost my Wits; Oh! Caelia, Caelia, Caelia shits." Trecho em "Cassinus and Peter", v. 117-18, *Poetical Works*, p. 531.

151. "Should I the Queen of Love refuse,/ Because she rose from stinking Ooze?" Trecho em "The Lady's Dressing Room", v. 129-30, *Poetical Works*, p. 480.

152. "For fine Ideas vanish fast,/ While all the gross and filthy last." Trecho em "Strephon and Chloe", v. 233-34, *Poetical Works*, p. 525.

153. Swift torna explícita a conexão entre o pensamento criativo e os vapores excrementícios em *The Mechanical Operation of the Spirit*, em que, segundo Norman O. Brown, ele antecipa todas as teorias de Freud sobre a sublimação; ver Brown, p. 192–93.

154. A confusão masculina entre ânus e vagina é uma característica central do construto freudiano; ver, por exemplo, "History of an Infantile Neurosis", p. 78–79. A confusão é um lugar-comum no mundo viking também; ver a nota 210, no capítulo 5.

155. Geraldo de Gales conta a respeito do desejo de uma jovem freira por um velho monge de nome Gilbert. Ela confessou seu desejo para ele, que a curou com um sermão público sobre resistir à fornicação em que tirou a roupa e revelou seu corpo nu, "peludo, magro, escamoso e horrendo [...] A mulher foi por esse remédio totalmente curada de seus desejos carnais" (*Gemma Ecclesiastica*, II.17).

156. *Civilization and Its Discontents*, p. 99–100, nota 1. Freud não foi o único pesquisador do sexo da época a se interessar pela relação do nariz com a genitália feminina. Seu colega Wilhelm Fliess publicou um livro sobre o assunto: *Die Beziehungen zwischen Nase und weiblichen Geschlechtsorganen in ihrer biologischen Bedeutung dargestellt* [As relações entre o nariz e os órgãos sexuais femininos retratados em sua relevância biológica].

157. Freud também tratou dessas questões antes, discutindo-as de forma breve em duas cartas a Fliess, de 11 jan. e 14 nov. 1897; ver também a nota de rodapé acrescentada em 1910 a *Three Essays*, v. I, p. 155, nota 2.

158. Essa é a visão apresentada no texto ao qual Freud acrescentou a nota de rodapé.

159. *Civilization and Its Discontents*, p. 105–107, nota 3.

160. Para uma abordagem bem pensada desse mesmo texto por uma perspectiva feminina, ver Kahane, "Freud's Sublimation: Disgust, Desire and the Female Body".

161. Freud anteriormente recorrera à imagem dos deuses de épocas passadas se transformando em demônios em sua discussão sobre o "duplo" no ensaio "The Uncanny", p. 236.

162. Do latim *mephitis*, "uma exalação nauseante e pestilenta vinda do chão".

163. Montaigne, "Of Smells", *Essays*, p. 228.

164. A narrativa freudiana sobre o nariz foi usada de uma forma bem estranha (e não sem ironia) por Horkheimer e Adorno. Eles sugerem que o antissemitismo seja em parte causado pelo ressentimento dos cristãos pela associação mais próxima dos judeus ao primitivo, ao bestial, indicada por seus narizes grandes. O fato de os judeus se sentirem tão à vontade com seus narizes significa que eles são capazes de fazer sem dificuldades aquilo que os fascistas precisavam performar em festivais ensaiados. Ver *Dialectic of Enlightenment*, p. 179–186.

165. A visão e a audição costumam ser entendidas na filosofia estética como sentidos mais elevados; e o olfato e o paladar, como menos elevados. O problema do olfato é ser muito imediato, não permitir reflexão, apenas a sensação. O tato é ambivalente. Kant o eleva, Hegel o rebaixa. Ver as discussões e as citações a respeito em Rindisbacher, p. 17–18.

166. "But to the girdle do the gods inherit/ Beneath is all the fiend's./ There's hell, there's darkness, there's the sulphureous pit, burning, scalding, stench, consumption; fie, fie, fie! pah! pah! Give me an ounce of civet; good apothecary, sweeten my imagination" (*Rei Lear*, 4.6.125–130) Ver também o "Purgatório" de Dante, 19.33.

167. Engen, *Odor Memory*, p. 79–80.

168. Ver Gross e Levenson; Levenson et al.; e Strack et al.

169. *Lear*, 1.1.16. Em inglês, "fault", que na época elizabetana era uma gíria para a genitália feminina; ver Astington, "'Fault' in Shakespeare". Para os trocadilhos de Shakespeare com as palavras "fault", "fall" e "foutre", ver Adelman, p. 23–26, 105.

170. "O, my offense is rank, it smells to heaven" (*Hamlet*, 3.3.36). Também vale lembrar o sermão do fogo e enxofre em Joyce, *Um retrato do artista quando jovem*, parte III, uma das melhores performances na tradição que vê o inferno como esgoto e o pecado como fedor.

171. Ver OED, s.v. stink v. 2a. "Hoje implica nojo violento da parte do falante; uso evitado em registro polido por ser desagradavelmente forçoso".

172. Ver Elias, *The Civilizing Process*, v. 1, p. 203, que associa a desvalorização do olfato em relação à visão ao processo civilizador, e não, como faz Freud, ao desenvolvimento orgânico da postura ereta.

173. "Thus underneath our cities, by curious and perishing art,/ A new city is built, of Tartarean loathsomeness,/ A network of brick-bowels, which perpetually decay." Trecho em Newman, *Theism*, p. 164, "Cleanliness", v. 82–88. Ao contrário de John Henry, Francis Newman encontrou consolo no unitarismo.

174. Pensemos também na referência ao ato sexual como "partes pudendas".

175. "Bear with me then, if lawful what I ask;/ Love not the heav'nly Spirits, and how thir Love/ Express they, by looks only, or do they mix/ Irradiance, virtual or immediate touch?/ To whom the Angel with a smile that glow'd/ Celestial rosy red, Love's proper hue,/ Answer'd. Let it suffice thee that thou know'st/ Us happy, and without Love no happiness." (John Milton, Paraíso perdido, 8.614–621)

176. Lembremo-nos dos filmes que proporcionavam mais que a estimulação visual e auditiva no *Admirável mundo novo* de Huxley.

177. É interessante notar que os peidos não pertencem a essa lista. Seu som foi quase totalmente assimilado pelo domínio do cômico. Seu cheiro, porém, continua firmemente posicionado no mundo do nojo.

178. São só as imagens dos discursos raivosos de Hitler e dos nazistas marchando com passo de ganso que tornam o idioma alemão mais feio que o francês? Acho que Hitler tornou impossível fazer um julgamento do som da língua alemã sem a interferência dessas imagens.

179. Ver a discussão em De Sousa, p. 279–80: "Imagine um homem cuja risada habitual é um cacarejar ou um guincho: você iria querer que sua filha se casasse com ele?".

180. A música é capaz de causar nojo? E quanto às versões em Muzak de suas músicas favoritas? A música que você odeia pode ser enlouquecedora, uma tortura, mas causa nojo? Eu imagino que o especialista de fato se sente enojado pelas formas que lhe causam repulsa. E, com certeza, faz sentido pensar em sentir repulsa por uma música. Mas não é uma coisa bem diferente a aversão causada pela música que você odeia e a aversão provocada por visões e barulhos nojentos? A música detestável é uma tortura, um tormento; não é a mesma sensação provocada pelo nojo.

181. Darwin reproduz uma fotografia de um homem se retraindo com as mãos estendidas em um gesto de "eca, tire essa coisa daqui". Painel 5, figuras 2, 3.

182. Pode haver uma outra história de desenvolvimento a ser contada. Uma expressão facial de nojo já se fazia presente no rosto de meu filho Hank com 6 semanas de vida. Ele rejeitou uma chupeta enfiada em sua boca com uma expressão bem distinta de nojo, embora a aversão que estivesse expressando não fosse a do nojo que conhecemos. Ainda assim, essa expressão precede o ato de se retrair, gesto que uma criança dessa idade não tem coordenação para exercitar nem as referências visuais e as competências para entender o que significa exatamente. Não há dúvida de que a expressão se origina como uma forma de expelir da boca objetos ofensivos e que mais tarde foi generalizada de modo a registrar a aversão para ofensas assimiladas por outros sentidos.

5. ORIFÍCIOS E DEJETOS CORPORAIS

183. Cf. Freud. "The Uncanny", p. 231. Não era uma prática tão incomum nos séculos III e IV os cristãos e pagãos se castrarem ou buscarem formas de castração. E, por mais que o fanatismo de tipos como Orígenes nos causem choque, seus atos não seriam tão inconcebíveis para nós se em vez disso tivessem resolvido se cegar. Ver Peter Brown, *The Body and Society*, p. 168–69, e Rousselle, *Porneia*, p. 121–28.

184. Os olhos podem ser percebidos como órgãos sexuais, considerando que nos humanos são eles que primeiro identificam os parceiros desejáveis e são importantes para a manutenção do desejo depois de incitado. Ver no capítulo anterior a discussão de Freud sobre a visão assumindo o lugar do olfato no processo do desejo.

185. Nem todas as emissões de aparência lacrimosa são imunes ao nojo. Elas precisam ser lágrimas de fato para isso. Quando as emissões aquosas do olho não podem ser descritas como lágrimas, elas são ressignificadas como excreções aquosas, um sinal indicativo de olhos não saudáveis. Portanto, as lágrimas causadas pelo frio ou pela comida quente são puras, mas as excreções que acompanham certos casos de gripes e resfriados são poluídas por sua associação com a doença.

186. Os óculos de sol têm entre suas muitas virtudes a capacidade de permitir que os olhos vejam sem serem vistos.

187. É claro que não estou fazendo uma justificativa moral para nossas visões culturais sobre essas questões; só estou assinalando sua existência. Os movimentos políticos que vêm se ordenando nas últimas décadas para remover o estigma de condições estigmatizadas como cegueira e surdez merecem o crédito por nos fazer assumir também a causa de eliminar esses estigmas. O trabalho que precisa ser feito para transformar essas visões, no entanto, é um tributo indireto a sua força e tenacidade.

188. O cerúmen é ambíguo. O catarro e a saliva claramente são produzidos em áreas sem pele dentro do invólucro corporal, mas o cerúmen é produzido pela pele. O cerúmen é o suor malcomportado que não teve o bom senso de evaporar com discrição. O caráter nojento do cerúmen varia de acordo com a etnia. Os asiáticos tendem a produzir flocos secos, em vez da substância pastosa produzida pela maior parte dos brancos e negros; ver Overfield, *Biologic Variation in Health and Illness*.

189. As escamas purulentas aqui sugerem sífilis. "Upon my secure hour thy uncle stole/ With juice of cursed hebona in a vial,/ And in the porches of my ears did pour/ The leperous distilment, whose effect/ Holds such an enmity with the blood of man/ That swift as quicksilver it courses through/ The natural gates and alleys of the body,/ And with a sudden vigor it doth posset/ And curd, like eager droppings into milk,/ The thin and wholesome blood. So it did mine,/ And a most instant tetter barked about/ Most lazar-like with vile and loathsome crust/ All my smooth body." (*Hamlet*, 1.5.61–73)

190. Ver a descrição de Herdt sobre os ritos de sangramentos do nariz dos Sambia.

191. Penetrações dolorosas dos orifícios são indicativos de uma ação cruel, perversa, torturante. Uma estaca no coração é uma coisa, um picador de gelo enfiado na orelha ou no nariz é outra. Matar de uma forma que causa nojo assinala certa postura moral imprópria e, portanto, tem implicações para a punição legal e para as justificativas ou pretextos que se apresentem.

192. Existe muita variação situacional em relação às regras que governam a excreção de catarro ou saliva. Os atletas, por exemplo, podem assoar o nariz e cuspir em campo, e os jogadores de beisebol transformaram isso em um ritual desagradável de pertencimento à categoria.

193. De Homilia XIV, *De mulieribus et pulchritudine*, citado por Geraldo de Gales, que escreveu no fim do século XII, *Gemma Ecclesiastica* (trad. de Hagen, p. 140).

194. Ver Payer, *The Bridling of Desire*, p. 29.

195. Ver "Du Chevalier qui Fist Parler les Cons", em Hellman e O'Gorman, *Fabliaux*, p. 105–21. A genitália feminina foi também descrita como falante de forma não irônica em textos de certas feministas francesas; ver, por exemplo, Luce Irigaray, *The Sex Which Is Not One*. Para mais discussões sobre as relações entre boca e vagina no fabulário francês, ver Burns, "The Prick Which Is Not One". Não precisamos recorrer ao antigo fabulário francês para encontrar esse argumento; uma crítica cinematográfica, bebendo na fonte do psicanalista Ernest Jones, argumenta que o cinema norte-americano clássico faz a voz feminina representar não só a boca, mas também a vagina; ver Silverman, p. 67–71. Ver também Laqueur, p. 36–37.

196. Chaucer, "Conto do Moleiro". Tradução de José Francisco Botelho.

197. Laurence Sterne, A vida e as opiniões do cavalheiro Tristram Shandy, v. 3, cap. 31, 33

198. Ver Bynum, Resurrection of the Body, p. 111.

199. "I was begot/ After some gluttonous dinner; some stirring dish/ Was my first father.../ The sin of feasts, drunken adultery!" Trecho em Cyril Tourneur, The Revenger's Tragedy, 1.2.

200. Chaucer, "Conto da Mulher de Bath", v. 465–66.

201. Chaucer, "Conto do Vendedor de Indulgências", v. 527.

202. Entre os brâmanes, a saliva, até da própria pessoa, é especialmente contaminante. Um brâmane que levar inadvertidamente os dedos aos lábios deve tomar banho ou trocar de roupas. Ver Douglas, p. 33. Comer também é tão cercado de perigo que é melhor fazer as refeições sozinho ou com algumas poucas pessoas de confiança, mas com grande circunspecção: "As refeições não são encontros agradáveis e marcados por conversas com as pessoas conhecidas: são operações técnicas que dão pouca margem de manobra à liberdade de conduta" (Dumont, p. 139).

203. Ver Rozin e Fallon, p. 26, sobre a boca como área de preparação.

204. É claro que estou apenas citando nossas regras; certas tribos indígenas sul-americanas fazem o cauim, uma bebida alcoólica a partir da mandioca, que é mastigada pelas mulheres e então cuspida em uma bacia para fermentar.

205. As mulheres são mais cuidadosas a esse respeito que os homens e têm mais tendência a sentir nojo de excreções não sexualizadas do que os homens; ver Templar et al.; e também Haidt, McCauley e Rozin.

206. Allport, p. 43; ver também Leach, "Magic Hair", p. 157, sobre o caráter mágico de coisas retiradas do corpo, como cabelos cortados, fezes e saliva.

207. "Strephon and Chloe", v. 235–244, *Poetical Works*, p. 525.

208. A questão mais interessante é se ele ganha status na mesma medida com que o outro perde. Uma saga islandesa, por exemplo, assinala que, embora o penetrado levasse a pior, o penetrador também não se saía tão bem; ver *Bjarnar saga hítdœlakappa*, cap. 17. Ver também Clover, "Regardless of Sex"; Gade, "Homosexuality and the Rape of Males"; e Meulengracht Sørensen, *The Unmanly Man*.

209. Ver Bersani, "Is the Rectum a Grave?".

210. A palavra ainda era muito usada no sentido de ânus até o século XX, quando se tornou mais rara, parecendo, por fim, ter completado sua jornada como eufemismo.

211. Vale lembrar que a visão freudiana das fezes como criança e da criança como fezes tem ligação com a tradição ascética segundo a qual os adultos humanos são vistos como merdas ou sacos de excrementos.

212. Carol Clover assinala que, na língua nórdica antiga, não havia uma palavra separada para vagina que não pudesse ser usada também como ânus. E é nos insultos aos homens que os termos referentes à vagina são reforçados com mais frequência. O argumento de Clover implica que o ânus masculino era de fundamental importância no mundo nórdico antigo e que a vagina era vista como uma mera variante dele. A condição do ânus do indivíduo, portanto, tinha uma relação próxima com sua posição no ordenamento moral. Ver Clover, "Regardless of Sex", p. 375–78.

213. Ver Douglas, p. 3.

214. Andrew Marvell, "To his Coy Mistress", v. 27–29.

215. É mais do que óbvio assinalar que as mulheres são culpadas tanto por negar (e incitar) o desejo masculino por serem superprotetoras (do ponto de vista masculino) de sua virgindade como por aniquilar o desejo masculino em um acesso de nojo cedendo de forma exagerada (mais uma vez na visão masculina) a seu próprio desejo. No contexto shakespeariano, esse contraste se dá com Isabella, de *Medida por medida*, e Gertrudes, de *Hamlet*; para uma discussão sofisticada com uma veia psicanalítica sobre como essas duas visões das mulheres influenciam o histórico crítico e interpretativo das duas peças, ver Jacqueline Rose, "Sexuality in the Reading of Shakespeare".

216. Não é preciso escavar muito fundo na literatura antropológica ou nos relatos das tradições ascéticas do Ocidente cristão para descobrir evidências da crença de que o sêmen é uma substância poluente. Segundo algumas interpretações, parte da excitação da pornografia se deve à natureza poluente do sêmen: "na pornografia, ejacular é *poluir* a mulher" (grifo do original; Andrea Dworkin, *Intercourse*, p. 187).

217. Ver o Penitencial de Cummean, 2.15–16 (século VII), e o Penitencial de Teodoro, 1.8.8 (século VII), em McNeill e Gamer, p. 104, 192. O status do sêmen no paraíso pré-lapsariano desafiava a engenhosidade de teólogos, assim como o problema de como seria a copulação edênica. No fim, esse perigo foi domado reduzindo o ardor do ato sexual. Ao aceitar a procriação ocorrida no paraíso, um lugar foi dado ao sêmen; embora fosse considerado supérfluo no nível individual, não era considerado assim no nível da espécie. O suor e o muco, porém, foram banidos, assim como, de acordo com Alberto, o Grande, as emissões espontâneas e a menstruação. A cópula proporcionaria prazer suficiente para servir como um incentivo adequado a sua prática, mas não tanto prazer a ponto de embargar a razão, embora os teólogos demonstrem uma disparidade assinalada sobre quanto prazer seria necessário para embargar a razão no paraíso, onde provavelmente a razão estaria mais bem preparada para essa demanda. Ver a discussão a respeito em Payer, p. 26–34, e a discussão cômica do assunto em Kundera, *The Unbearable Lightness of Being*, p. 246–47.

218. *The Anatomy of Melancholy*, I.2.2.4. Acreditava-se que a gratificação sexual excessiva também causava cegueira, que, de acordo com as sugestões imagéticas em *Lear*, obrigaria a pessoa a farejar seu caminho pelo mundo; ver a discussão e as referências em Adelman, p. 295–96.

219. John Wilmot, Conde de Rochester, "A Ramble in St. James Park", v. 118, *c.* 1672; *Complete Poems*, p. 40.

220. Rousseau, *Confessions*, v. II, p. 72-73.

221. A similaridade entre esperma e fleuma era um lugar-comum na literatura médica da Grécia antiga; ver Laqueur, p. 35.

222. Thomas Nashe, *Christs Teares Over Jerusalem* (1593), 78v.

223. Vale lembrar o estudo citado na nota 63, no capítulo 2, segundo o qual as mulheres têm menor sensibilidade ao nojo no domínio sexual (porém maior em todos os demais domínios testados).

224. Nossa construção de gênero ainda reproduz, em algumas de suas características centrais, a oposição da Grécia antiga dos homens como secos e das mulheres como úmidas.

225. Talvez eu esteja subestimando o medo do cateterismo, que tem um papel especial em procedimentos médicos e câmaras de tortura, além de medos e fantasias a respeito de ambos.

226. Lembremo-nos de Hamlet outra vez. Parte de seu nojo da vida, da fecundidade e da morte é capturada por uma certa instabilidade e fluidez linguística que se tornou sua marca registrada: o trocadilho. Ver a discussão de Margaret Ferguson a respeito dos trocadilhos e como misturam amor e morte, animalidade, cadáver e espírito em "Letter and Spirits".

227. A visão tem um papel especial na organização da vergonha, mas ao custo da exclusão dos outros sentidos. Ver Taylor, *Pride, Shame, and Guilt*; e Wurmser, *The Mask of Shame*.

6. O BELO É PODRE, E O PODRE É BELO

228. "É durante esse período de latência total ou apenas parcial que são constituídas as forças mentais que mais tarde obstruirão o curso do instinto sexual e, como barragens, restringirão seu fluxo — nojo, sentimentos de vergonha e a afirmação de ideais estéticas ou morais"; Freud, *Three Essays*, v. II, p. 177. Ver também Freud, "Character and Anal Erotism", p. 171: Reações formativas "são, na verdade, formadas à custa das excitações procedentes das zonas erógenas e se erguem como barragens para impedir a atividade posterior dos instintos sexuais".

229. Ver a importante carta enviada a Fliess em 14 nov. 1897: "Em termos grosseiros, a lembrança [de excitações das zonas erógenas abandonadas com a postura ereta], na verdade, fede tanto quanto o objeto no presente; e da mesma forma que nós desviamos nosso órgão sensorial (a cabeça e o nariz) com nojo, a preconsciência e o senso de consciência de se desviam da lembrança. Isso é *repressão*".

230. Às vezes, Freud comenta explicitamente que essas barragens não são produtos da educação e da cultura, e sim orgânicos e relacionados ao desenvolvimento; *Three Essays*, v. II, p. 177. A evidência de que as crianças selvagens não têm essas barragens não serve para desmentir isso, já que poderíamos construir uma narrativa de desenvolvimento que ainda precisaria de gatilhos e imputações relacionadas à socialização para trazer à tona essa capacidade orgânica latente. Em outras partes, Freud admite certas restrições convencionais em relação a essas barragens; ibid., v. I, p. 151.

231. Isso levanta alguns problemas se definirmos uma emoção com base nas ações que provoca, como faz Frijda. O nojo repele, mas, ao mesmo tempo, atiça o interesse por essa repulsão, o que trabalha contra seus aspectos aversivos.

232. A noção de que prazer e nojo estão intimamente relacionados é um lugar-comum, por ser derivada da observação corriqueira de que qualquer conceito parece obrigar a contemplação e até mesmo a experimentação de seu oposto. A afirmação de Hume vale para centenas de exemplos: "Quanto mais formidável for qualquer bem, do qual uma pequena amostra nos é concedida, mais agudo é o mal aliado a ele; apenas algumas exceções são encontradas nessa lei uniforme da natureza. A inteligência mais vivaz beira a loucura; as maiores efusões de alegria produzem a melancolia mais profunda; os prazeres mais arrebatadores são obtidos com a mais cruel lassidão e repugnância; as mais animadoras esperanças dão lugar às mais severas decepções". Hume, *The Natural History of Religion*, § xv.

233. Kant não vê ambivalência no nojo. Trata-se de algo que artifício nenhum é capaz de tornar suportável. "As belas artes demonstram sua superioridade precisamente nisso, descrevendo lindamente coisas que na natureza não apreciamos ou consideramos feias [...] Existe apenas um tipo de feiura que não pode ser apresentada em conformidade com a natureza sem obliterar toda a apreciação estética e, portanto, a beleza artística: a feiura que causa *nojo*" (grifo no original); *Critique of Judgment*, § 48, p. 180.

234. Freud tenta mostrar essas duas caras do nojo sem analisar formalmente como isso complica o nojo visto como uma mera barreira. Seu nojo não é só uma formação reativa, mas também funciona como atrativo por si mesmo.

235. Kristeva, p. 1.

236. Ver, por exemplo, Dostoiévski, *Notes from the Underground*, v. I, p. iv, para uma discussão sobre a dinâmica social da dor de dente.

237. "The Most Prevalent Form of Degradation in Erotic Life", p. 213.

238. *Three Essays*, v. I, p. 152. Vale comparar a formulação da relação do nojo com a libido exposta na carta de 14 nov. 1897 a Fliess.

239. Geraldo de Gales, *Gemma Ecclesiastica*, II.18. A ideia de que a proibição gera desejo é observada com frequência. A narrativa da Queda implica isso, e os moralistas advertem que se trata de um fato inegável na organização psicológica humana; ver, por exemplo, Hume, *Treatise*: "Nós naturalmente desejamos o que é proibido e obtemos prazer nesses atos, meramente porque são ilegais" (II.iii.4, p. 421). Freud assinala o pensamento obsessivo sobre a sexualidade que caracterizava certos estilos de ascetismo. Para um relato extremamente compreensivo e bem-informado sobre os primeiros séculos do ascetismo cristão e suas visões particulares a respeito do corpo, ver Brown, *The Body and Society*. Para observações mais satíricas, ver Kundera, *The Incredible Lightness of Being*, p. 247.

240. "Cette vie est un hôpital où chaque malade est possédé du désir de changer de lit [...] Il me semble que je serais toujours bien là où je ne suis pas." *Petits Poëmes en Prose*, p. 48: "N'importe où or du monde (Em qualquer lugar do mundo)".

241. O azedo, como argumentei antes, não causa nojo. A parábola usa o azedume para representar qualquer sensação desagradável o bastante para repelir o desejo. Nada na parábola depende do azedume para impelir a aversão; poderia muito bem ser a podridão, que, aliás, de fato provoca nojo. Para a raposa, o azedume era considerado desagradável o bastante para matar o desejo; para outros, a ideia de podridão seria necessária para isso.

242. Sobre o nojo como defesa, ver S. Miller, "Disgust: Conceptualization, Development and Dynamics", p. 295.

243. Vale questionar se o deleite transgressivo que essas piadas causam às crianças vai sobreviver à comercialização de doces com consistência de catarro e chiclete que imita caca de nariz. Para uma breve introdução desses produtos, ver Don Oldenburg, "Great Expectations: 'Boogerman' Rides a Yucky Tide of Gross-Out Marketing for Kids", *Washington Post*, 4 abr. 1995, p. E5.

244. Existem algumas pequenas exceções em que a vergonha é experimentada no lugar de outrem, mas mesmo estas costumam ser constituídas como experiências em primeira mão de perda de status, em razão da associação com a pessoa que está passando vergonha. Ver minha discussão a respeito em *Humiliation*, p. 155--56.

245. Linda Hutcheon, em seu comentário sobre Bakhtin, assinala o paradoxo inerente na paródia carnavalesca da "transgressão autorizada das normas"; *A Theory of Parody*, p. 74. Ver também Stallybrass e White, p. 12–19.

246. "[...] there is no slander in an allowed fool." (William Shakespeare, Noite de Reis, 1.5.89)

247. John Waters, em *Pink Flamingos*, leva a coprofagia além da mera conversa, e talvez da simples comédia. Waters está sendo cômico; Divine, a atriz que come fezes de cachorro, está sendo psicótica.

248. Greenblatt, opondo-se a Bakhtin, observa que Rabelais é mais bem entendido não como um exemplo de libertação pura das restrições em público, mas sim como alguém cujo humor já é dependente de um novo tipo de fastio que vem surgindo; "Filthy Rites", p. 68. A narrativa de Bakhtin é estranhamente piedosa em sua celebração do corpo grotesco e abre pouco espaço para o nojo. A energia de Rabelais não precisa vir da liberação da energia contida atrás de barragens de nojo; também pode vir de brechas nas normas de deferência aos poderosos e religiosos; mas, nesse caso, como explicar o fato de que em sua narrativa tantos dos desvios de comportamento se deem na forma de celebração do excrementício e excretório? Rabelais está sujeito ao poder das normas do nojo muito mais do que o pensamento otimista de Bakhtin deseja. Seu humor muitas vezes depende disso; caso contrário, sua celebração do corpo se torna banal, como o culto à forma física no estilo norte-americano ou a recente obsessão acadêmica por "o corpo".

249. Ver *Civilization and Its Discontents*, p. 100, nota 1. Montaigne faz dos excrementos uma imagem de nossas falhas e inverte a afirmação de Erasmo de que todo mundo adora o cheiro do próprio cocô: "Se tivéssemos um bom nariz, nosso excremento federia ainda mais para nós, por ser nosso"; "Of the Art of Discussion", *Essays*, p. 710.

250. Ver Freud, "History of an Infantile Neurosis", p. 84.

251. Sobre o nojo e a moderação de apetite, ver Knapp. "Purging and Curbing".

252. Não é apenas a indulgência habitual à satisfação dos apetites que causa desaprovação e levanta a objeção da indulgência exagerada. Quase qualquer satisfação dos apetites que distraem os indivíduos de seu dever ou de outras atividades valorizadas presumivelmente o coloca no reino do "exagero".

253. Nossa noção de quais comidas têm essa capacidade de empapuçar é sujeita a variações. Quando eu era criança, um café da manhã com bacon e ovos era considerado saudável, apesar de um tanto calórico. Hoje a pessoa pode se sentir poluída por comer a mesma coisa. Claramente, a tolerância à capacidade de empapuçar da gordura era mais alta naquela época. Mas isso não significa que tudo o que pensamos ser pouco saudável tenha essa mesma capacidade. Isso é uma característica dos alimentos gordurosos, oleosos e doces, que não depende apenas de nossa noção de seu valor para a saúde.

254. O ponto de partida é a primeira carta de Paulo aos coríntios. Ver a leitura perspicaz e bem contextualizada desse texto fundador para as posturas clericais sobre o casamento casto em Brown, *The Body and Society*, p. 44–57.

255. "Must I remember? Why, she would hang on him/ As if increase of appetite had grown/ By what it fed on." (*Hamlet*, 1.2.143) Vale ressaltar como essa imagem reproduz bem a sensação transmitida pela passagem de *The Duchess of Malfi* discutida no capítulo 3, em que os humanos, como ameixeiras carregadas de frutos, são retratados como sanguessugas que se saciam e se largam.

256. "So lust, though to a radiant angel linked,/ Will sate itself in a celestial bed/ And prey on garbage." (Hamlet, 1.5.55)

257. Tourneur, *Revenger's Tragedy*, 1.3.

258. *Hamlet*, 3.4.185.

259. Ver *Revenger's Tragedy*, 1.1.

260. "The Most Prevalent Form of Degradation in Erotic Life", p. 214.

261. Eu me concentro no dom-juanismo, e não em sua versão feminina, a mulher de Bath, porque é da abordagem de Freud sobre o excesso, o vinho e as mulheres que estou tratando. O relato um tanto parcial aqui reflete, assim espero, mais os preconceitos de Freud do que os meus.

262. Ver Elster, *Sour Grapes*, p. 121, que faz uma distinção entre substâncias viciantes e amor sexual. As primeiras levam a demandas cada vez maiores de consumo, e o segundo, a cada vez menores. Ao que parece, ele trata de uma relação monogâmica, e não do dom-juanismo.

263. Ver nota 215, no capítulo 5.

264. Ver Haidt, McCauley e Rozin.

265. Eu usei a tradução para o inglês desse ensaio que aparece nos Collected Papers, preferindo essa versão à publicada na Standard Edition com o título "On the Universal Tendency to Debasement in the Sphere of Love".

266. Mais uma vez, pensemos no eufemismo "partes pudendas".

267. Ver Stallybrass e White, p. 156–169, que seguem a trilha de Swan, "Mater and Nannie", para questionar a transformação por parte de Freud da babá e da criada em um afastamento da figura da mãe, e não o contrário. O complexo de Édipo é uma forma de manter o objeto de desejo na classe apropriada, mesmo ao custo do flerte com o tabu do incesto, para não permitir que o objeto desejado seja encontrado entre as classes inferiorizadas.

268. Dada a narrativa freudiana de incesto, pode ser instrutivo comparar com outra. Consideremos duas das quatro razões que Tomás de Aquino oferece como justificativa para proibir o incesto: "A segunda razão é que os parentes consanguíneos precisam viver próximos uns dos outros. Se não tivessem restrições para a atividade sexual, a oportunidade apareceria com facilidade demais, e seus espíritos seriam perturbados pela luxúria [...]. Uma quarta razão: [...] como o homem tem uma afeição natural por seus parentes, caso esse sentimento tenha carga sexual, poderia se inflamar e se entregar furiosamente à libidinosidade contra a castidade". *Summa Theologica* 2a2ae. 154.9 (na tradução para o inglês, v. 43, p. 239). É incrível como isso inadvertidamente reproduz o que Freud supôs que só pudesse ser enterrado nos recessos mais profundos do inconsciente. E talvez devamos a abertura com que são expostos esses pensamentos ao celibato de Aquino, pois apenas um inocente de culpas sexuais se sentiria tão livre dos poderes repressivos do tabu do incesto para ser capaz de pensar que a irmã do indivíduo poderia ser tão atraente quanto as mais misteriosas e desconhecidas mulheres que ele vê na rua.

269. Ver a discussão sobre os poderes poluentes do sêmen no capítulo 5.

270. A autodepreciação, ao que parece, acontece mesmo assim, porque o ato sexual em si é percebido como degradante: "No fundo do coração, ele também considera o ato sexual um tanto degradante, que suja e contamina não só o corpo". A poluição do próprio corpo pelo ato sexual, no entanto, não é tratada aqui como uma fonte de prazer para o indivíduo, mas como explicação do motivo por que ele é perigoso para as mulheres por quem nutre sentimentos ternos. Como o sexo é degradante, é preciso poupar os verdadeiros objetos de desejo e encontrar prazer na depreciação daquelas que parecem, em virtude da classe, ser objetos apropriados para os sentimentos sexuais depreciativos.

271. Em um estudo sobre as práticas e fantasias sexuais de 72 participantes, apenas um reportou sentir excitação pela desfiguração em outras pessoas; Eve e Renslow, "Private Sexual Behaviors", p. 100. Comparemos nossa posição quanto à estatura moral daqueles que procuram pessoas feias e deformadas para o prazer sexual com nossa atitude em relação àqueles que são capazes de se manter fiéis a um parceiro severamente desfigurado ou, como ponto de partida, ignorar essa desfiguração por amor.

272. Julien Sorel, em *O vermelho e o negro*, de Stendhal, pode ter sido o primeiro exemplo.

273. Nesse sentido, o amor de Jesus é maternal, e isso foi reconhecido em algumas formas medievais de devoção; ver Bynum, "Jesus as Mother".

274. Mais uma vez, ver Haidt, McCauley e Rozin, cujo estudo mostrou que as mulheres são mais sensíveis ao nojo em todos os domínios testados com exceção do sexual (ver nota 63, no capítulo 2). Mas, no que diz respeito às tarefas nojentas na criação dos filhos, as mulheres são vistas pelos homens como mais duronas e menos sensíveis ao nojo do que eles. Mas a força do amor maternal não pode ser mais bem explicada afirmando a maior capacidade de superar o nojo? As mulheres parecem muito mais capazes do que os homens de superar o nojo em benefício do amor e da devoção, mesmo que sua sensibilidade inicial ao nojo seja maior que as dos homens nos referidos domínios. O estudo se dispôs a medir o nível de nojo, não a capacidade de superá-lo fosse qual fosse o ponto de partida. O teste permite conjecturar que certas tarefas desagradáveis convencionalmente associadas à maternidade podem exigir uma adaptação que é mais difícil para as mulheres do que para os homens. Mas é possível também questionar até que ponto o resultado do estudo teria sido afetado se as mulheres participantes fossem mães, e não universitárias de classe média.

275. Observar o ato sexual, obviamente, pode provocar tanto a excitação como o nojo. Ou, mais exatamente, a observação apenas reproduz as ambiguidades entre atração e aversão de que estamos tratando.

276. Toda uma teoria de comportamento público a partir da metáfora teatral é oferecida por Goffman com a perspicácia habitual em *The Presentation of Self in Everyday Life*.

277. Ver também Vlastos, p. 52: "A constância do afeto diante de variáveis de mérito é um dos testes mais certeiros para determinar se um pai ou uma mãe ama ou não um filho. Caso sinta afeto apenas quando a criança se sai bem e se torna indiferente ou hostil em caso de queda em seu conceito, esse sentimento pela criança dificilmente pode ser chamado de *amor*". Esse tipo de incondicionalidade é uma característica necessária do amor não parental? Aliás, é necessária também para o amor parental? O amor parental, sem dúvida, é indulgente e tolerante, mas ainda assim é testado pelas falhas de mérito sem deixar de ser considerado amor por isso.

278. Em termos mais gerais, ver Elias, cujo argumento em *The Civilizing Process* chega perto de sugerir tal covariância. Minha intenção é propor algo bem diferente dos argumentos amplamente desacreditados em *Centuries of Childhood*, de Ariès, e *Family, Sex and Marriage*, de Stone, que atribuíam ao século XVII as origens de nosso estilo de amor familiar.

7. GUERREIROS, SANTOS E DELICADEZA

279. A afirmação que estou fazendo é um pouco mais problemática para as sagas do que outros textos mencionados no sentido de que a saga no estilo heroico também era usada para registrar eventos quase contemporâneos à época da escrita. Isso não enfraquece o argumento, pois o registro por escrito das sagas coincidiu com o fim da cultura política e social que tornava possível esse estilo de disputas entre clãs e modelo de honra. Ver meu *Bloodtaking and Peacemaking* e Andersson, *The Problem of Icelandic Saga Origins*.

280. Quando a ética heroica surge em nosso meio, nós raramente consideramos isso uma causa de celebração, condenando-a em vez disso como primitiva, sem lei e egocêntrica quando é aplicada dentro das subculturas criminosas ou nas regiões periféricas das grandes cidades. As representações narrativas da vida na "quebrada" não invocam a mesma nostalgia, embora cause a admiração apreensiva que dedicamos a pessoas que aceitam as exigências mais severas da honra.

281. Sobre a natureza sexual desses impulsos, ver Meulengracht Sørensen, *The Unmanly Man*; Gade, "Penile Puns"; e Clover, "Regardless of Sex".

282. *Þorgils saga ok Hafliða*, cap. 10.

283. Sobre peidos, ver a discussão de Gade em "Einarr Þambarskelfir's Last Shot" e Andersson e Miller, *Law and Literature in Medieval Iceland*, p. 184, nota 110.

284. Uma ressalva: a relutância do estilo heroico em relatar sentimentos não significa que os relatos não sejam repletos de emoções não exatamente reprimidas, ou que essas pessoas não tivessem vidas interiores razoavelmente complexas. Ver meu *Humiliation*, cap. 3, e "Deep Inner Lives".

285. Ver *Egils saga*, cap. 78.

286. Os hóspedes têm a capacidade de impor obrigações tão incômodas quanto os inimigos. A raridade das menções a *dreita inni* admite algumas explicações conjunturais. Depende, por exemplo, da existência de latrinas que obriguem a sair de casa para usar, um arranjo que a narrativa de *Laxdœla* indica que estava se tornando mais raro. A outra menção ocorre em 1198, apenas quarenta anos antes do registro por escrito de *Laxdœla*; ver *Íslendinga saga*, cap. 7. De qualquer forma, o autor de *Laxdœla* considerou necessário explicar que, "na época" em que os eventos narrados na saga aconteciam (*c.* 1005), as casas tinham uma disposição diferente do que em 1240, quando *Laxdœla* foi escrita.

287. Cf. *Eyrbyggja saga*, caps. 4, 9, em que a defecação é proibida em um lugar sagrado. Os adversários do clã que controlava o solo sagrado oficialmente deram início às hostilidades violando a escritura.

288. *Prests saga Guðmundar góða*, cap. 18.

289. Southern, *The Life of St. Anselm*, p. 57–58.

290. Ver a descrição de Erasmo do comportamento em uma estalagem citado em Elias, *The Civilizing Process* (*O Processo Civilizador*), v. 1, p. 72.

291. Citado em *Middle English Dictionary* (MED), s.v. abhominacioun, n. Essa citação foi extraída de um texto em inglês do início do século XV, mas reflete os lugares comuns das tradições latinas de séculos anteriores.

292. "Conto do Vendedor de Indulgências", v. 948–955. Em inglês moderno: "You would make me kiss the seat of your old pants and swear it were the relic of a saint, even though it was smeared by your anus. But by the cross which Saint Helen discovered, I wish I had your balls in my hand in stead of relics or a reliquary. Let's cut them off; I will help you carry them; they shall be enshrined in a hog's turd"..

293. Benton, *Self and Society*, p. 104.

294. "ad requisita naturæ consesserat", em *Guibert de Nogent*, p. 83.

295. De *Brunswick Court Regulations*, citado em Elias, p. 131.

296. De *Galateo*, de Della Casa, citado em Elias, p. 131.

297. Aqueles que se apegam à visão indefensável de que as normas do nojo são questão de higiene e prevenção de doenças deveriam observar que é melhor ficar com as mãos sujas do que lembrar aos comensais que elas estão sujas ao lavá-las.

298. Hoje temos uma romantização diferente, segundo a qual todos os comportamentos pré-Iluminismo eram vulgares ao extremo.

299. Ver Fabri, p. 155.

300. Mary Douglas, p. 124, argumentando a partir de evidências apuradas na Índia, sugere que seja fácil mostrar despreocupação com a presença física de contaminantes no nível individual desde que os rituais de pureza em público e na manutenção da ordem hierárquica sejam mantidos.

301. Minha narrativa se apoia amplamente em Moore, *The Formation of a Persecuting Society* — um ensaio provocativo que, de forma revigorante, se afasta da reverência com que os medievalistas passaram a tratar o século XII.

302. Moore, p. 60.

303. Moore, p. 64. O único desodorante efetivo para o *foetor judaicus* era o batismo; ver Richards, *Sex, Dissidence and Damnation*, p. 102.

304. Ver Barber, "Lepers, Jews, and Moslems".

305. *Philosophical Dictionary*, 7:114 (citado em Gilman, *Sexuality*, p. 87).

306. Ver Gilman, p. 41–42, e as fontes que cita.

307. Ver minha discussão sobre o relato de Fabri sobre o fedor judaico no capítulo 10.

308. Ver os exemplos de supostas dessacralizações excrementícias feitas por judeus em objetos sagrados cristãos reunidos por Little, *Religious Poverty*, p. 52–53. "Conto da Prioresa", de Chaucer, vincula lucro, excremento e sangue cristão em um relato maldoso em devoção à Virgem Maria; ver a discussão esclarecedora de Fradenburg a respeito.

309. Little, p. 52–55.

310. O medo do canibalismo também está implicado na doutrina de ressurreição do corpo, uma doutrina intimamente associada ao nojo da putrefação. Ver Bynum, *The Resurrection of the Body*. Isso também figurava de forma complexa em alguns estilos mais brutais de colonialismo; ver Taussig, "Culture of Terror", p. 489–97, esp. nota 77.

311. Wycliffe, *Elucidarium*, p. 25 (*c.* 1400).

312. Ver os milagres da "hóstia do menino" no fim da Idade Média, em que o corpo do menino Jesus pode, de fato, ser comido em vez do pão comum. Isso era parte de uma campanha para ampliar a crença na Presença Real diante do ataque de Lollard. Ver Sinanoglou, "The Christ Child as Sacrifice". Eu não considero um exagero ver uma linha associativa ligando a transubstanciação e a acusação segundo a qual os judeus precisavam de sangue cristão para a Pessach matzá, a mesma cerimônia de Pessach em que Cristo se encarnou em matzá.

313. De Orderic Vitalis, citado em Moore, p. 61.

314. Na citação, usei uma tradução para o inglês de 1609 do texto em latim de *Vita*; Raymundus de Vineis, *The Life of Sainct Catharine de Siena*, pt. II, cap. 11, p. 152–67. Catarina e o estilo de autorrebaixamento sagrado que exemplifica vêm recebendo muita atenção desde a década de 1980. Ver, por exemplo, Bell, *Holy Anorexia*; e Bynum, *Holy Feast and Holy Fast*.

315. Bynum vê a sucção do flanco de Jesus por parte de Catarina, corretamente, em minha opinião, não de uma forma psicossexual, e sim como o que parece ser: uma forma de se nutrir. Ver Bynum, "The Body of Christ in the Later Middle Ages". E o foco no ato de beber na ferida de Cristo em vez do seio canceroso da mulher de quem cuidava permite a Bynum argumentar que existe uma forte tradição do fim da Idade Média que não vê o corpo como maligno, e sim como humanizante, como uma fonte de vida e não um lócus de pecado e corrupção. Ibid., p. 116–17.

316. Os estilos particulares de devoção que Bell associa à anorexia sagrada, é preciso assinalar, começam no fim do século XVIII, quando a Presença Real se torna um dogma. Ver Bell, p. 215ss.

317. Levemos em conta, no entanto, o que diz Cooper, *Dictionary of Practical Surgery*, v. II, p. 316: "O pus tem um gosto adocicado, um tanto enjoativo". O ato de provar pus passou do domínio dos santos para o dos pesquisadores médicos. Vale perguntar se nessa descrição do sabor do pus não estamos vendo o paladar ser influenciado pelo conhecimento de que se trata de uma substância nauseante e nojenta. Beber urina, que não é tão impensável como beber pus, de acordo com a revista *Newsweek* (21 ago. 1995, p. 8), está se tornando uma espécie de tendência entre os adeptos da cura holística.

318. O comportamento irracional pode fazer sentido em termos estratégicos, mas sua eficácia depende de os outros acreditarem que não está sendo adotado em razão de suas vantagens estratégicas. Essas vantagens precisam ser consequências involuntárias. Uma reputação de louco pode ajudar você em contextos de negociação em que a reputação de fingir ser louco não ajudaria. Ver Schelling, p. 21–42.

319. Ver o relato de Ranum sobre Mme. Mondonville em "The Refuges of Intimacy", p. 241–42; irritada por ter adoecido ao cortar os cabelos infestados de vermes de um soldado ferido de quem cuidava, ela decidiu levar os cabelos à boca por devoção a Jesus. Isso aconteceu em meados do século XVII.

320. Para não ficar para trás, Swift fez várias incursões no gênero "antipintura" que são um triunfo da misoginia nojenta e maldosa. Ver, por exemplo, "The Progress of Beauty", *Poetical Works*, p. 172.

321. *Plus ça change*: sobre revistas femininas que recomendam às mulheres espalhar sêmen no rosto a fim de melhorar a pele, ver Dworkin, p. 187.

322. Sobre o vínculo entre judeus, lepra e sífilis, ver Gilman, p. 85–87.

323. Bell, p. 43.

324. "Liver of blaspheming Jew/ Gall of goat, and slips of yew/ Silvered in the moon's eclipse,/ Nose of Turk, and Tartar's lips,/ Finger of birth-strangled babe/ Ditch-delivered by a drab." (William Shakespeare, Macbeth, 4.1.26-31)

325. Trevisa Barth. 81b/b (*c.* 1398), citado em MED, s.v. abhominacioun, n.

326. Ver OED, s.v. abominable.

327. "and lothly for to here (hear)": ver MED s.v. loth, adj., 2a.

328. *The Owl and the Nightingale*, v. 354 (início do século XIII), usa "wlate" para indicar o enjoo relacionado ao excesso: "Overfulle maketh wlatie". Em outras partes, a palavra é usada para indicar a reação apropriada ao pecado; ver OED, s.v. wlate.

329. H. Buttes, *Dyets dry dinner*, Londres, 1599; citado em OED, s.v. loathe v. 3.

330. Não é incomum que as palavras, com o tempo, e até sincronicamente em termos de forma, signifiquem ao mesmo tempo seu oposto. Ver Freud, "The Antithetical Meaning of Primal Words".

331. Ver Ariès, *The Hour of the Death*, p. 29–92.

332. Ver Wierzbicka, "The Semantics of Interjection".

333. Por volta de 1400, *rank* passou a significar repugnante, mas seus sentidos distintamente pejorativos só se consolidaram no século XVI.

334. Cf. Braunstein, "Toward Intimacy", p. 610–615, que, em uma tentativa de revelar o tipo específico de sensualidade dos romances medievais franceses, defende que um rebaixamento na classificação hierárquica das imagens no fim do período medieval é uma consequência de problemas de visão não tratados. Ele considera mais agradáveis as imagens evocadas pelo olfato, a audição e o tato. Seu foco é suficientemente estreito para permitir ignorar os perigos da glutonaria e da luxúria, que são tão preeminentes na literatura exortatória, mas também se infiltra no mundo menos avesso à carne do romance.

335. *Summa*, 2a2ae.148.5: "delectationes tactus".

336. Bourdieu, *Distinction*, p. 486–91.

337. Ver OED, s.v. disgust sb.; e Robert, s.v. dégoût.

338. O argumento é atraente, ainda que conveniente demais. Os dicionários só passaram a definir o gosto como a noção de propriedade, harmonia e beleza cerca de cinquenta anos depois do aparecimento das palavras *disgust* e *dégoût*. O atraso por si só não é suficiente para desacreditar o argumento, pois, em ambos os idiomas, antes do surgimento dessas palavras, a ideia de gosto já tinha sido expandida para descrever a percepção mental de alguma preferência. *Disgust*, portanto, indicava aversões a qualquer coisa que não estivesse de acordo com as preferências da pessoa, não apenas comida.

339. O historiador social J.-L. Flandrin questiona se "as ideias de bom e mau gosto se desenvolveram primeiro na culinária ou no domínio do artístico e do literário" ("Distinction through Taste", p. 300). Ele considera inconclusivas as evidências para ambos os lados, mas sugere que podem ter sido os cozinheiros os responsáveis por estetizar a produção de comida para tornar possível a extensão metafórica do gosto para domínios que vão além da culinária.

340. Ver Jaeger, *The Origins of Courtliness*. Ver também a crítica de Van Krieken em "Violence, Self-Discipline".

341. "A religião, a crença na onipotência punitiva ou recompensadora de Deus, nunca teve por si só um efeito 'civilizador' de amenizar paixões. Pelo contrário, a religião é sempre exatamente tão 'civilizada' quanto a sociedade ou classe que a mantém"; *The Civilizing Process*, v. 1, p. 200. É possível observar que as restrições de Elias quanto à religião são relacionadas à crença, não de um regime institucionalizado. Ele pressupõe a subserviência total da religião a alguma sociedade anterior que a religião não ajudou de forma alguma a constituir, limitando-se a ser seu reflexo.

342. Elias antecipa a refutação de Mary Douglas do argumento da higiene; ver nota 109, no capítulo 3. A higiene não tem nada a ver com preferir garfos a colheres, obviamente, nem as objeções a comer miúdos ou caramujos etc.

343. No final do século XVII, existem obras poéticas bastante explícitas feitas por homens, seguindo de forma consciente a tradição ovidiana, aconselhando as mulheres e as persuadindo a se manter limpas para não matar Eros causando nojo nos homens. Alguns versos especialmente vulgares foram escritos por John Wilmot, Conde de Rochester por volta de 1680, dos quais reproduzo aqui uma estrofe: "Fair nasty nymph, be clean and kind,/ And all my joys restore/ By using paper still behind/, And spunges for before" [Em tradução livre: "Bela e imunda ninfa, seja limpinha e boazinha/ E refaça minha alegria/ Usando papel lá atrás/ E esponjas na parte da frente"]. De "Song", v. 5–8, *Complete Poems*, p. 139. Vale destacar a menção precoce do papel higiênico. Congreve também fez uma tradução do livro III de *A arte de amar*, de Ovídio, no qual é possível discernir, de uma forma que foi ignorada por Elias, que os modelos clássicos poderiam servir para reeducar os europeus sobre a limpeza corporal. Perceba a forma direta como Congreve aborda a admoestação de Ovídio às mulheres para depilarem as pernas, entre outras coisas, nos versos citados anteriormente (nota 128, capítulo 3): "I need not warn you of too pow'rful Smells,/ Which, sometimes Health, or kindly Heat expels./ Nor, from your tender Legs to pluck with Care/ The casual Growth of all unseemly Hair". William Congreve, *Ovid's Third Book of the Art of Love*, v. 248-251; ver também o tom admoestador dos conselhos de Pope em sua nota sobre o ato de ungir com óleo, citada na nota 132, no capítulo 4.

Mary Wollstonecraft, escrevendo na década de 1790, adverte as mulheres sobre a limpeza apropriada quando o assunto é defecação e menstruação. As demandas do decoro a obrigam a feitos extraordinários de circunlocução, obliquidade, obscuridade e eufemismo. A defecação, de forma nada surpreendente, é "aquela necessidade [...] que nunca deve ser feita diante de um semelhante". Mas vale assinalar quantas palavras a mais ela usa apenas para aconselhar as mulheres a não falar sobre seus ciclos menstruais: "Eu poderia ir ainda mais longe, até chegar ao ponto de criticar alguns costumes mais desagradáveis, que os homens nunca apreciam. Segredos são contados quando o silêncio deveria reinar; e essa atenção à limpeza, que alguns cultos religiosos talvez tenham levado longe demais, em especial os essênios, entre os judeus, tornando um insulto a Deus o que é apenas um insulto à humanidade, é violada de uma forma animalesca. Como mulheres *delicadas* podem chamar a atenção para essa parte da economia animal, que é tão nojenta? E não é muito racional concluir que as mulheres que não foram educadas a respeito da natureza humana de seu próprio sexo nesses particulares acabarão não respeitando a diferença de sexo em relação a seus maridos? Depois que seu pudor de donzela é perdido, na verdade venho observando que as mulheres voltam a antigos hábitos e tratam seus maridos da mesma forma como tratavam suas irmãs e amigas" (*Vindication of the Rights of Woman*, em português *Reinvindicação dos Direitos da Mulher*, p. 235–36).

344. *Treatise* III.iii.4, p. 611. O mesmo parágrafo se repete de forma quase literal mais tarde em *An Enquiry Concerning the Principles of Morals*, p. 104.

345. Para a noção de que a ideia de limpeza era mais relacionada às roupas do que ao corpo, ver Revel, p. 189.

346. Consideremos a discussão da história da limpeza e da mudança em seu significado em Francis Newman, que é de tal forma um produto do processo civilizador que pode defender que os antigos tabus eram, de fato, uma preocupação com a saúde pública no estilo do século XIX (*Theism*, p. 163: "Cleanliness", v. 14–32): "With excellent reason then did the ancient religion judge,/ In denouncing with authority every such negligence as a sin,/ And in driving away from the public throng (sacred or civil)/ Every leper or unclean person who might spread a dangerous taint./ But when religion urged Cleanliness so authoritatively/, That it could not be more authoritative for Justice and Truth,/ And zeal for ceremonies spread, and men made display of Holiness/ By various outward purity, forgetting the inward man/ Then the precepts of cleanliness became disguised and mistaken:/ And one class of men extolled ceremonial purity/ As of celestial value, — the more artificial the more divine, —/ And despised foreign virtue, which neglected such precepts;/ While another class of men decried ceremonial purity,/ And reproved all religious enforcement of cleanliness,/ As confounding inward holiness with the fictitious outside:/ Nay, reversing asceticism, many marvellously went forward/ Into admiration of filthiness and of bodily neglect/ As denoting the true saint, raised above things earthly,

/ Bent to renounce or to humiliate all that vulgar minds cherish". [Em tradução livre: "Com excelente razão portanto a antiga religião julgava,/ Ao denunciar com autoridade tais negligências como pecado,/ E retirando do convívio público (sagrado ou civil)/ Todos os leprosos ou pessoas sujas que poderiam espalhar máculas perigosas./ Mas a religião pregava a Limpeza com tanta autoridade,/ Que chegava a se igualar à autoridade em questões de Justiça e Verdade,/ E o zelo pelo cerimonial se espalhou, e os homens faziam demonstrações de ligação com o Sagrado/ Através de variados atos de pureza exterior, esquecendo a vida interior/ Então os preceitos de limpeza se tornaram mal direcionados e equivocados:/ E uma classe de homens louvava a pureza cerimonial/ Como de valor celestial, — quanto mais artificial, mais divina, —/ E desprezavam a virtude que negligenciava esses preceitos;/ Enquanto outra classe de homens denunciava a pureza cerimonial,/ E reprovava toda exortação religiosa à limpeza,/ Como algo que confundia a devoção interna ao sagrado com o exterior fictício:/ Mas, com a reversão do ascetismo, muitos foram ainda mais adiante/ E passaram à admiração da imundície e à negligência corporal,/ Como algo que denotava o verdadeiro santo, que estava acima das coisas mundanas,/ Dado a renunciar ou humilhar tudo o que as mentes vulgares valorizavam".]

347. Ver Dumont, p. 60–61: "A etiqueta da pureza corresponde de certa forma ao que chamamos de cultura ou civilização, com as castas menos zelosas sendo consideradas grosseiras pelos mais melindrosos".

348. Vale lembrar que a pureza não é invariavelmente ligada ao nojo. Todo nojo recorre a uma ideia de pureza, mas nem toda pureza precisa ser reforçada pelo nojo. A culpa, a vergonha e o senso de dever também podem manter as regras de pureza, ainda que não de forma tão agressiva.

349. Já se argumentou até que os meios necessários para urinar e defecar de uma forma apropriadamente privativa é uma condição primordial para a autonomia e a liberdade; ver Waldron, "Homelessness and Freedom", p. 320–21. A interpenetração do processo civilizador e a ascensão da teoria política liberal levam a estranhas conjunções e disjunções. Com o processo civilizador, o conteúdo da dignidade minimamente humana se expande a fim de incluir um lugar privativo para excretar. O processo civilizador torna mais difícil (ou no mínimo mais caro) observar os parâmetros mínimos de dignidade justamente no momento em que essa dignidade adquire uma importância fundamental na teoria política.

350. A narrativa weberiana segundo a qual a história do Ocidente é um relato da racionalidade burocrática ganhando cada vez mais terreno até por fim desencantar o mundo é gravemente afetada, e até seriamente posta em dúvida, pelo relato que construímos sobre o nojo. O processo civilizador como um todo depende do nojo para imbuir grandes porções do ordenamento social com um poder mágico e inquietante, o poder de nos poluir e nos repugnar.

351. "Looking Back at the Spanish Civil War", *Essays*, p. 196.

352. Sobre a distinção entre boas maneiras e moral, ver Harré, "Embarrassment", e Goffman, *Behavior in Public Places*, p. 209.

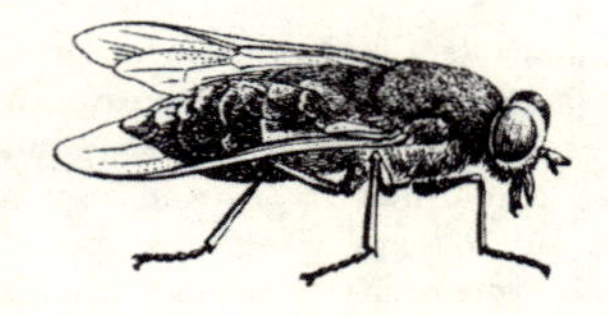

8. A VIDA MORAL DO NOJO

353. *Works*, v. 3, p. 24.

354. Johnson não era estritamente monástico a respeito do que constituía o vício. Como Mandeville, ele defendia os benefícios da luxúria. Para os comentários de Johnson sobre Mandeville, ver *Life of Johnson*, 15 abr. 1778, p. 947–48.

355. Eu não estou aqui defendendo uma posição emotivista, que em geral tendo a não aceitar. Apenas assinalo que, nas questões sociais, as emoções que tendem a cumprir funções morais, muitas vezes, envolvem um julgamento também moral quando são evocadas. Embora os sentimentos morais possam não ser exatamente congruentes com o que chamaríamos de julgamentos morais, ao que parece, apenas os filósofos analíticos são capazes de fazer de forma coerente essa distinção; ver Gibbard, p. 129–31, 147–50. Vale assinalar que os sentimentos morais como o nojo nos fazem atribuir culpa a coisas que em nossos julgamentos morais não deveríamos condenar e que, da mesma forma, há ocasiões em que nossos julgamentos morais nos mandam desaprovar coisas que parecem evocar pouquíssima aversão em nós.

356. Nashe, *Christs Teares over Jerusalem*, 83r. Nesse sentido, vale lembrar *Os miseráveis*, *O amigo comum* e "Tamanhas eram as alegrias", de Orwell.

357. Vícios (e virtudes), muitas vezes, são tratados como se fossem traços de personalidade, e estou suprimindo essa questão aqui, mas gostaria de afirmar que não considero uma coisa como sinônimo da outra. Sobre essa questão e outras relacionadas, ver Flanagan, p. 280–92.

358. *Enquiry*, p. 90, nota 1.

359. O melindroso enoja por sua hipersensibilidade ao nojo, e o grosseiro, por não ter essa sensibilidade, mas ambos têm a capacidade de enojar por trazer o que é nojento ao primeiro plano em situações em que uma sensibilidade mais bem ajustada teria evitado tocar no assunto.

360. Hume, *Enquiry*, p. 75–76. Eu não gostaria que minhas afirmações fossem tidas como dependentes da presença da palavra nojo. Eu destaquei passagens em que ela é usada, mas não apenas. O nojo chega a ser indiscutível nessas passagens. É claramente um termo mais forte que desaprovação ou aversão; mas, dependendo do contexto, pode indicar intensidades variadas de aversão que vão da mera antipatia ao desprezo, ao ódio, à repulsa e à repugnância.

361. Comparemos com o que diz Montaigne: "A estupidez é uma má qualidade; mas ser incapaz de suportá-la, se irritar e se aborrecer com sua presença, como acontece comigo, é outro tipo de mal que não é muito menos problemático que a própria estupidez"; "On the Art of Discussion", *Essays*, p. 704.

362. A misoginia que torna a chamada loura burra um objeto de desejo sexual nos aproxima ainda mais das formas mais comuns de depreciação na vida amorosa e das complexas interpenetrações de nojo e sexo de que tratamos no capítulo 6.

363. *Enquiry*, apêndice iv, p. 157. Seus pensamentos são expressos de forma mais moderada em *Treatise*: "Um homem pode ter as melhores intenções do mundo e se afastar o máximo de toda forma de injustiça e violência, mas nunca será considerado grande coisa sem uma dose no mínimo moderada de talento e entendimento" (III.iii.4, p. 607). Hume considerou apropriado reproduzir a mesma passagem em *Enquiry* (p. 159) como parte de um apêndice. Vale ressaltar que não é a simples falta de inteligência que Hume considera nojenta; é a estupidez associada com a falta de reconhecimento das próprias limitações. É o tolo, aquele que esfrega sua estupidez na cara de todos, que o enoja. Sobre a teoria de virtude de Hume, ver Baier, *A Progress of Sentiments*, p. 198–219.

364. A falta de benevolência de Hume nesse sentido constrange Baier, um dos principais especialistas em sua obra; ver Baier, "Moralism and Cruelty".

365. A exaltação do Carnaval por parte dos acadêmicos, a canonização do *Rabelais* de Bakhtin e o resgate de Georges Bataille da obscuridade são exemplos pertinentes. Para uma crítica mais amigável e perceptiva desse estilo de escrita acadêmica, ver Desan.

366. Também poderíamos incluir deicidas, prostitutas e usurários em nossa lista de serventes da moral, mas cada um levanta problemas específicos que nos levariam para longe demais de nosso tema. O judeu é duplamente categorizado como servente da moral que age como um mal necessário, não apenas por ter matado Cristo, mas também como usurário. Como deicida, ele executa a função necessária para criar o cristianismo, transformando assim, aos olhos do cristão, a queda do Éden em um evento afortunado. Como usurário, ele auxilia na formação de capital e impede que a economia pare. Mas o histórico complicado do antissemitismo levanta problemas irremediavelmente difíceis que pouco têm a ver com os breves comentários que desejo fazer a respeito do tema dos serventes da moral.

Quanto à prostituição, podemos considerar um mal, mas não necessário. No século XIX, argumentou-se que a prostituição era necessária para sustentar a instituição do casamento e a virtude das mulheres de bem, proporcionando aos homens "decentes" uma classe de mulheres a quem pudessem restringir suas atividades predatórias. Nesse quesito, nosso puritanismo, em certos sentidos, vai além do praticado no século XIX, e isso provavelmente é uma coisa boa. Ao contrário de advogados e políticos, as prostitutas despertam pena, além de nojo. Elas se beneficiam das baixas expectativas das suposições misóginas e sexistas a respeito das possibilidades morais das mulheres como um todo. Vale ressaltar também que, embora o carrasco seja claramente um servente da moral, o soldado e o policial não costumam ser designados assim. As atrocidades e brutalidades que cometem de tempos em tempos em geral são consideradas exceções, e não eventos corriqueiros, ao passo que a perfídia de advogados e políticos é vista como parte do dia a dia dessas profissões.

367. Os filósofos moralistas se debruçaram sobre os problemas levantados pela divergência entre a chamada moralidade profissional e a moralidade comum. Entre os que tratam do político, ver as excelentes contribuições de Walzer e Nagel; no que diz respeito aos advogados, ver Williams, "Professional Morality and Its Dispositions", p. 264.

368. Comparemos sua situação com a de um desempregado que também é culpado por escolher não trabalhar, ainda que o funcionamento do sistema econômico exija uma taxa de desemprego entre 3% e 6%. Embora os desempregados possam ser vistos como um mal necessário, eles não são vistos como serventes da moral. Existe uma resistência geral e persistente a acreditar que o desemprego seja tão necessário e inevitável quanto políticos e advogados; além disso, somos incapazes de conceber o fato de o desempregado não trabalhar como uma *tarefa*, por mais que ele possa ser um servente da moral. Nós atenuamos a culpa atribuída ao advogado e ao político porque, de fato, acreditamos que eles sejam necessários e entendemos que eles estão "trabalhando". O advogado e o político estão cumprindo uma função moral, por mais que seja de mau gosto e considerada um trabalho sujo; os desempregados são percebidos como pessoas que não fazem nada, nem mesmo o trabalho sujo da moral, por mais que os especialistas saibam que eles são tão necessários quanto os advogados. E a questão não é que os benefícios públicos derivados de vícios como a gula e a preguiça não sejam celebrados, e sim que sua celebração depende do fato de que os indivíduos que os praticam tenham dinheiro suficiente para garantir empregos a outras pessoas a fim de manter seu luxo. O desempregado e o advogado ainda precisam encontrar seu Mandeville; para a narrativa histórica de como os vícios oferecem benefícios ao público, ver Hirschman, *The Passions and the Interests*.

369. O vendedor de carros usados aposta no fato de que seu estilo é tão desagradável que as pessoas vão fechar o negócio só para se livrar dele.

370. Mais uma vez, ver a discussão de Sartre sobre a pegajosidade: notas 133 e 136, no capítulo 4.

371. É possível elogiar um superior hierárquico sem recorrer aos atributos mais sebosos da bajulação? Ele deve elogiar o superior apenas para terceiros, e longe dos ouvidos do elogiado? Até mesmo o superior que elogia o inferior pode estar só atrás de elogios para si. Fazer elogios sem a aparência de pegajosidade, falsidade ou bajulação nem sempre é fácil.

372. Ver Shklar, *Ordinary Vices*, p. 58: "O hipócrita ingênuo esconde seus atos e acredita saber que está errado. Sua consciência pode inclusive atormentá-lo. É por isso que ele recorre ao subterfúgio de esconder a culpa e escapar da censura das outras pessoas. O novo hipócrita ajusta sua consciência atribuindo intenções nobres, desinteressadas e altruístas a todos os seus comportamentos. Ele é a única referência para sua consciência".

373. Prefiro deixar essas questões em aberto, mas gostaria de assinalar que a hipocrisia que vem com todos os sinais de pegajosidade e bajulação vai causar nojo da mesma forma que esses atributos nojentos em coisas materiais; o hipócrita cuja aparência não é nojenta, cujo estilo é charmoso ou cuja hipocrisia se apoia na sinceridade que vem do autoengano também causará nojo e todas as sensações desagradáveis que vêm junto *na primeira descoberta de sua falha*, que será acompanhada por uma sensação de traição. Podemos estar mais dispostos a perdoar o hipócrita cujo estilo não demonstra de forma aberta os sinais óbvios de calculismo e vulgaridade, mas também podemos passar a temer sua presença. Podemos reinterpretar seu charme como falsidade e acabar tornando-o repugnante como se tivesse todos os marcadores óbvios do calculismo e da vulgaridade.

374. Ver La Rochefoucauld, *Maximes*, p. 218: "A hipocrisia é a homenagem que o vício presta à virtude".

375. Smith deixa claro que a desaprovação é sentida de diferentes formas, a depender da impropriedade. *The Moral Sentiments* (TMS), p. 325.

376. Ver minha discussão em *Humiliation*, p. 134–174, e em "I Can Take a Hint" sobre os desconfortos ocasionados por observar o fracasso e a inépcia e sua relação próxima com a comédia, o divertimento e o entretenimento.

377. Smith fica constrangido por essa obstrução psicológica à imparcialidade. "Quando não existe nenhuma inveja em questão" é quase um refrão na exposição de seu argumento. Ele também fica um pouco constrangido com a "malícia da humanidade" que torna o leve desconforto do outro uma fonte de divertimento para nós; TMS, p. 42, 44–46. Meu sentimento de *Schadenfreude* me diz que essa "malícia" é permissível, se não admirável, apenas em relação aos *leves* infortúnios e que usamos o termo *Schadenfreude* sobretudo para indicar o prazer que os *pequenos* infortúnios dos outros no proporciona. Sentir prazer com grandes infortúnios é de fato sinal de uma mente maldosa e odiosa.

378. TMS, p. 27–28. Smith divide essas paixões em cinco grupos. Não tenho espaço aqui para apresentar tudo sistematicamente, portanto me restrinjo a algumas observações de Smith que são mais relevantes para nossos temas.

379. Vale assinalar que a maneira como simpatizamos com o sofrimento da fome desesperadora é parcialmente suspendendo nosso nojo e o substituindo por espanto quando ouvimos falar que pessoas em situações extremas recorreram a comer insetos, beber urina ou comer a carne de seus companheiros mortos. Nosso nojo, no entanto, não é totalmente suspenso, pois nossa simpatia depende de nosso reconhecimento do nojo que elas tiveram que superar para beber urina e comer insetos e carne humana. A situação com que simpatizamos não é a da fome, e sim a de ter que comer essas coisas por causa da fome.

380. As emoções que nos impedem de simpatizar com alguma situação sempre são negativas, com graus variados de intensidade e periculosidade. Às vezes, a falha em despertar simpatia é uma falha moral do observador. Quando não se estabelece simpatia com as alegrias com que o observador deveria simpatizar, isso o deixa "envergonhado da própria inveja" (TMS, p. 44).

381. Goffman concorda com Smith a esse respeito. Na obra de Goffman, a impropriedade interacional sempre exige um relato para tentar justificar ou para pedir desculpas. A narrativa de Goffman, apesar de toda sua riqueza, não tem a beleza que Smith consegue conferir à sua através do veículo das simpatias do espectador imparcial.

382. A sentimentalidade de Smith não se estende a demonstrações excessivas de paixões egoístas, tristeza e alegria: "Ficamos enojados com a tristeza clamorosa, que sem nenhuma delicadeza apela a nossa compaixão com suspiros, lágrimas e lamentos inoportunos" (p. 24). Ele reserva uma fúria toda especial para demonstrações indecorosas de alegria. Qualquer um que tenha sofrido o constrangimento doloroso de ver comemorações em vestiários ou torcedores comemorando um campeonato há de simpatizar com Smith: "O homem que dá pulinhos e dança com esse tipo de alegria destemperada e absurda em que nós não podemos acompanhá-lo é objeto de nosso desprezo e indignação" (p. 44). A sentimentalidade de Smith é reservada às demonstrações duplas de amor e generosidade em que a demonstração excessiva por parte da pessoa observada não é autorreferente.

383. A pureza não é completamente congruente com a moral, claro; a pureza finge não admitir concessões, ao passo que a moralidade não pode se dar a esses fingimentos. No entanto, elas têm pontos em comum suficientes para que o nojo acabe obrigado a se envolver em questões morais.

384. Ver Gibbard, p. 271.

385. Trabalhos recentes na área da psicologia mostraram que o nojo é um sinal indicativo frequente de argumentos morais em uma ampla gama de culturas. Haidt e seus colegas observam que, embora existam diferenças linguísticas nos domínios semânticos do léxico do nojo, ainda fica bem claro que o nojo sociomoral não é uma particularidade do idioma inglês; ver Haidt, Rozin et al.

386. *Enquiry*, p. 110–11.

387. Hobbes vai além e define a indignação como uma "raiva por um grande dano causado ao *outro*" (*Leviatã* 1.6, grifo meu).

388. A crueldade pode ser tão inacreditavelmente perturbadora que o nojo pode ser adiado até que nós recuperemos nossa capacidade de discernimento. Isso demonstra que, embora o nojo seja visceral, mesmo assim é bastante dependente do pensamento. O choque é distintamente mais imediato que o nojo.

389. Existem, claro, maneiras de definir a moral que não envolvem diretamente os sentimentos morais. Alguns filósofos consideram a moralidade o terreno para a resolução de disputas e conflitos, uma questão de direitos. Ver, por exemplo, Philippa Foot, p. 208.

390. Ver, por exemplo, Hutcheson, "An Inquiry Concerning Moral Good and Evil", §§ 303–309.

391. Gibbard, p. 293. Ver a crítica extensa feita por D'Arms e Jacobson à formulação de Gibbard. E quanto às situações, eles questionam, em que faz sentido sentir culpa apesar de achar que você não fez nada de errado, ou quando você não pode ser de forma justificável o objeto da raiva de outra pessoa?

392. Façamos uma comparação com a formulação similar de Baier, que envolve ênfases ligeiramente diferentes: "A moralidade é a arte culturalmente adquirida de selecionar quais danos dispensar atenção e preocupação, que, por sua vez, assume a forma de consciência pesada ou ressentimento"; *Postures of the Mind*, p. 263.

393. Apesar dos esforços jurídicos e filosóficos para restringir a culpa à ação voluntária, não é raro nos sentirmos responsáveis por nossas ações involuntárias. Daí considerarmos necessário pedir desculpas quando esbarramos sem querer em alguém. Ver a discussão a respeito em Williams, *Shame and Necessity*, p. 92–94, e Gibbard, p. 297.

394. Ver Gibbard, p. 297.

395. Goffman, *Stigma*, p. 2. Eu me apoio descaradamente em Goffman para a discussão que vem a seguir: ver *Relations in Public*, *Interaction Ritual*, *Behavior in Public Places* e *The Presentation of Self in Everyday Life*.

396. Os exemplos vêm de Kant e são discutidos em Taylor, *Pride, Shame, and Guilt*, p. 70.

397. Vale ressaltar que, embora o criminoso seja assim classificado dentro do sistema judicializado de culpa/raiva, uma vez condenado, o criminoso entra no bem mais pantanoso sistema da vergonha. Pode cumprir sua pena, mas ainda vai ser considerado poluído, a não ser que esteja disposto a não só cumprir sua pena. Esperamos também grandes transformações de caráter. Os sistemas baseados em culpa tentam encerrar os incidentes compartimentalizando o tempo em pequenas unidades. Não se deve olhar para muito antes do ato em questão; e, uma vez que a reparação foi feita, é preciso esquecer o que o indivíduo que foi punido fez. Essas demandas psicológicas são quase impossíveis para o restante de nós.

398. O termo nesse contexto é definido por Goffman; *Stigma*, p. 6.

399. Consideremos, por exemplo, como os deuses riem de Hefesto por ser manco, ou como Homero e os gregos zombam da deformidade física de Térsites, que, para eles, é mais que um sinal de falha moral interior, é uma falha moral em si mesma; ver *Ilíada*, 1.586–600 e 2.211–221 e a discussão a respeito em Lincoln, pp. 27–32. Vale lembrar também o comentário de Nietzsche sobre a feiura de Sócrates: "De origem, Sócrates pertencia à classe mais baixa: Sócrates era da plebe. Nós sabemos, ainda somos capazes de ver como ele era feio. Mas a feiura, em si mesma uma objeção, entre os gregos é quase uma refutação" ("O problema de Sócrates", cap. 3 de *Crepúsculo dos ídolos*).

400. Gibbard, p. 55–82.

401. Boa parte de meu livro *Humiliation* se dedica a mostrar que a moralidade baseada em honra/vergonha e as emoções que reforçam essa economia moral ainda governam grandes extensões de nossa existência social. Gibbard (p. 136ss) de forma bastante engenhosa refina a dificuldade de distinção entre vergonha e culpa pareando ambas, vergonha ou culpa, com a emoção que causa na outra parte envolvida. Assim, a vergonha é uma reação à ridicularização e ao desprezo, e a culpa é uma reação à raiva; e, como a raiva e desprezo são facilmente discerníveis, a distinção entre vergonha e culpa pode pegar carona na facilidade de diferenciar raiva e desprezo. Essa distinção entre vergonha e culpa foi, com razão, alvo de críticas generalizadas; ver, entre outros, Piers e Singer. Apesar das críticas, a distinção entre culturas baseadas em vergonha e culpa ainda tem algum valor heurístico.

402. Vale ressaltar que até mesmo a moralidade baseada na culpa em vigor só permite que certas pessoas estigmatizadas sejam aceitas, e com privilégios limitados, caso elas estejam dispostas a adotar certas regras que lhes são reservadas. Os cegos são aceitos e celebrados como músicos; os gordos, como bem-humorados; os judeus, como médicos e cientistas; os negros, como atletas e artistas. Além disso, esforços monumentais de autossuperação são reverenciados, mas todas essas estratégias prestam sua homenagem ao ordenamento que gera o estigma.

403. Shklar, *Ordinary Vices*, p. 7–24.

404. Ver o relato clássico de Samuel Butler sobre a atribuição de culpa aos doentes em *Erewhon*.

405. Vale lembrar como o antigo humor galênico captura a "sensação" de vários sentimentos morais.

9. DESPREZO MÚTUO E DEMOCRACIA

406. Em seu *Domination and the Arts of Resistance*, James Scott trata dos estilos de resistências que os de baixo assumiram para lidar com os de cima, mas seu principal foco é nas sociedades com escravidão institucionalizada, com a presença de intocáveis ou com formas de dominação racial. Sua discussão faz apenas alusões indiretas à força emocional que motiva os "códigos ocultos" dos desempoderados. Assume-se de forma genérica que o ressentimento, a indignação e o medo são a marca desse estilo. O desprezo faz apenas aparições raras (por exemplo, p. 2, 199). Muitos dos argumentos de Scott foram antecipados por Baumgartner, "Social Control from Below". Ver Hochschild, *The Managed Heart*, para uma etnografia dos custos psicológicos do controle das emoções por parte dos comissários de bordo, que, apesar de suas muitas virtudes, em minha opinião, subestima os recursos estratégicos que esses trabalhadores têm em seu repertório.

407. Ele, assim, demonstra sua competência em decifrar os códigos de classe e as distinções que assinalam as diferentes classes; para uma ideia geral, ver Bourdieu, *Distinction*.

408. Presumivelmente, ele não percebeu como a camiseta era engraçada para nós, dada a ironia de que sua característica que mais chamava a atenção era justamente o *seu* cofrinho.

409. Para uma boa discussão sobre classe, sexualidade e vulgaridade, ver Kipnis, "(Male) Desire and (Female) Disgust".

410. Ver Solomon, *The Passions*, p. 292, que nos instiga a imaginar uma barata e, depois, uma barata de 1,80 metro. Sobre o grotesco, a referência obrigatória é Bakhtin, *Rabelais and His World*.

411. John Anderson, "Ice-T's Role Reversal", *Newsday*, 3 mar. 1991, pt. II, p. 3. As visões de Ice-T sobre a democracia reduplicam a de conservadores antidemocratas como Edmund Burke.

412. Já em 1946, Hebb apresentou o convincente argumento de que esses observadores não precisavam ser especialistas, mas que a posição de observador tem vantagens naturais no monitoramento de aspectos comportamentais e contextuais fundamentais da emoção que não estão disponíveis para o objeto de observação. Ver Hebb, "Emotion in Man and Animal", p. 101.

413. Vale assinalar que o tipo de trabalho que ele faz tem um efeito sobre o conteúdo de seu desprezo por mim. Como pedreiro, ele se orgulha de ter uma habilidade que não é fácil de adquirir sem anos de treinamento. No entanto, se ele estivesse apenas cortando a grama, poderia ver o simples fato de eu tê-lo contratado como uma indicação de minha falha moral.

414. Demonstrar uma afabilidade graciosa em relação a seus inferiores; abster-se, por ora, de certos privilégios relacionados ao estrato social.

415. Ver *Leviatã*, 1.6.

416. *Treatise*, II.ii.10, p. 390–393. A noção de ódio de Hume nem sempre vem carregada da mesma intensidade que a nossa; a palavra pode ser usada para indicar uma aversão generalizada.

417. Ver Hume, *Enquiry*, p. 84: "Os infortúnios de nossos semelhantes, muitas vezes, dão pena, que tem em si uma forte mistura de boa vontade. Esse sentimento de pena é um aliado próximo do desprezo, que é uma espécie de simpatia, com uma mistura de orgulho".

418. Tocqueville discute a inabilidade de simpatizar quando há grandes divisões de classe e no caso de senhores e camponeses em *Democracy in America*, ii.III.1. E, para a crença de Adam Smith de que a consideração moral pelos outros depende de algum nível de igualitarismo, ver *TMS*, p. 55. Ver a discussão a respeito em Herzog, *Without Foundations*, p. 215.

419. Consideremos, no entanto, que o de cima pode culpar o de baixo por não reconhecer em que circunstâncias certas formas de deferência devem ser demonstradas. A ignorância do inferiorizado não desculparia sua ofensa, e sim apenas revelaria uma desconsideração imprudente por coisas óbvias. Um bom castigo corporal poderia ser considerado instrutivo.

420. "An Essay on Conversation", pp. 251, 262.

421. Carta ao filho de 9 out. 1746, no calendário antigo. Esse sentimento é repetido em outras dez cartas quase literalmente. E também: "Os malfeitos muitas vezes são perdoados, mas o desprezo nunca. Nosso orgulho se lembra disso para sempre" (carta ao filho, 1 jul. 1748).

422. "De todos os fracassos da natureza, nenhum é tão ridiculamente desprezível como os presunçosos." London Mag. 1.240, citado em OED, s.v. would-be, B. sb.

423. Le Brun, em "Conférence sur l'expression des passions", combina o ódio e o desprezo ao descrever a extensão bilateral do lábio superior. Ele não dá nenhum exemplo referente ao meio-sorriso. Darwin define a elevação de um dos lados da boca como um esgar, mas não traz foto do meio-sorriso (cap. 10, imagem 4). A natureza exata da expressão de desprezo e a questão de sua universalidade levantaram muitos debates recentemente entre aqueles que defendem a visão de que as expressões faciais são a principal forma de definir as emoções. Ver Ekman e Friesen, "A New Pan-cultural Facial Expression of Emotion"; Izard e Haynes; e os debates de Ekman e vários de seus coautores com Russell. Para uma excelente crítica desse ponto de vista, ver Neu, "A Tear Is an Intellectual Thing".

424. Ver a expressão da mulher na figura V em Darwin, ao lado da p. 254.

425. Sobre as expressões de desprezo, ver Rozin, Lowery e Ebert.

426. O desprezo de baixo para cima também pode fazer uso da autoaversão do inferiorizado (caso exista) para intensificar o desprezo pelo de cima. Assim, em certas formas de desprezo de baixo para cima, o prazer do inferiorizado não é exatamente separável do fato de que o de cima é, em alguns aspectos, inferior até mesmo a ele; em outras palavras, inferior ao inferior.

427. "A sátira é um tributo involuntário ao poder; mas também implica o reconhecimento de certa inevitabilidade da coisa satirizada, a falta de alguma alternativa construtiva"; Southern, *The Making of the Middle Ages*, p. 154. A depender da extensão da hipocrisia dos de cima, a sátira também é embebida de nojo, mas esse nojo não é suficiente para tornar os de cima altamente poluentes em termos sociais. Como o satirista aceita os princípios da ordem vigente, seu nojo é restringido para não destruir essa ordem. Ele ainda vai mostrar deferência, mas com desprezo absoluto por aqueles entre os de cima cuja conduta colabora para minar a legitimidade do ordenamento social com sua depravação ou incompetência.

428. O estilo de desprezo de cima para baixo da celebração da desordem claramente não é *ressentimento* que leva a uma transformação de valores citado por Nietzsche, embora o estilo satírico e moralizador do desprezo de baixo para cima se assemelhe muito disso; ver *Genealogia da moral*, 1.10.

429. As habilidades de roubar do Provedor são especialmente notáveis porque, mesmo no papel de comissário do templo que abriga os melhores advogados da Inglaterra, ele era capaz de enganar os patrões; em outras palavras, ele conseguia fraudar os fraudadores. Sobre o feitor, é dito que "His lord wel koude be plesen subtilly,/ To yeve and lene [give and lend] hym to his [the lord's] owene good" [Na tradução de José Francisco Botelho: "Empréstimos ao mestre até fazia/ Ganhando dele mimos, honrarias" (*Contos da Cantuária*, A569–588, 612–613).

430. *Ilíada*, 2.214-282; ver a discussão da cena em Lincoln, 21–34.

431. *Laxdæla saga*, cap. 49, 52.

432. Vale ressaltar que Térsites tenta ganhar tal privilégio como piadista. Isso lhe é negado.

433. Para saber mais sobre as notáveis mulheres das sagas islandesas, ver o meu *Bloodtaking and Peacemaking*, p. 212–13, e as citações lá listadas.

434. Ao longo do século XVIII, a figura do mestre dançarino é frequente como alvo de um desprezo que só é superado pelo direcionado à nada invejável categoria dos cabeleireiros. Ver a narrativa divertida sobre a relevância das referências do século XVIII a estes últimos em Herzog, "The Trouble with Hairdressers".

435. Fielding também foi atraído pelo tema do desprezo mútuo em seu *Covent-Garden Journal* (sábado, 29 ago. 1752, n. 61). Nesse texto formidável, ele pressupõe que todo o desprezo deve ser recebido com um desprezo equivalente da parte do desprezado. "O desprezo, pelo menos geralmente, é mútuo, e existem poucos homens que desprezam outro sem ser ao mesmo tempo desprezado por ele, e aqui citarei alguns exemplos [...]

"Lady Fanny Rantun, da lateral do vagão, ao bater os olhos na esposa de um penhorista honesto ao seu lado, exorta sua dama de companhia Betty a reparar na criatura: 'você já viu, Lady Betty', diz ela, 'uma infeliz mais estranha: de que jeito horrendo esse monstro está vestido!'. Ao mesmo tempo, a boa mulher, ao observar Lady Fanny, e talvez ofendida pelo sorriso de escárnio, que ela vê na observadora, murmura para sua amiga. 'Veja Lady Fanny Rantun. Com ares grandiosos essa fina dama se revela, mas meu marido tem todas as joias delas no cofre da loja de penhor, que coisa mais desprezível é ser pobre de espírito!'

"Existe no mundo algum objeto de desprezo maior que um pobre erudito por uma moça de esplêndida beleza; talvez o da moça de esplêndida beleza pelo pobre erudito!"

Ainda assim, podemos notar que esses desprezos mútuos não causam medo nos de cima, até quando fica claro quem são os de cima. Essas pessoas estão lutando por preeminência em um mundo mais complexo em que não fica claro quem deveria mostrar deferência a quem. Manifestamente, não se trata de exemplos de criados desprezando patrões em retribuição ao desprezo dos patrões por eles.

436. Godwin, *Enquiry Concerning Political Justice*, 1.5, p. 42.

437. Hazlitt, "On the Knowledge of Character", (1821), p. 105.

438. Hazlitt, "On the Disadvantages of Intellectual Superiority", (1821), p. 188.

439. Eu discuto estratégias para evitar humilhações em detalhes em *Humiliation*. A observação mais geral é que o risco de humilhação é inerente à pretensão, mas que o mundo social é tão doloroso que as pretensões de algum tipo nunca são completamente inevitáveis. Daí a estratégia desesperada do homem dos subterrâneos de Dostoiévski para buscar humilhação e senti-la em seus próprios termos.

440. Ver Swift, *Directions to Servants*.

441. A virtude do *mansuetudo* (moderação e contenção) era evidenciada pelas hagiografias de bispos santificados dos séculos X e XI, que os mostravam suportando a insolência dos servos sem irritação; ver a discussão a respeito em Jaeger, p. 37–40; Cícero aponta o contraste entre Ájax e Ulisses, sendo este capaz de se controlar a ponto de suportar insultos de escravizados e criadas quando isso era de seu interesse; *De officiis*, 1.113. O episódio de Térsites na *Ilíada*, no entanto, mostra que, quando era de seu interesse, ele sabia como reprimir furiosamente a audácia dos inferiorizados que não sabiam se controlar.

442. *Democracy in America*, II.iii.2.

443. Fazendo referência aos Estados Unidos como solo fértil para o desprezo de baixo para cima, Weber faz um retrato menos otimista e mais alinhado com meu argumento: "Já no início do século XX, o autor entrevistou trabalhadores norte-americanos de origem inglesa sobre porque eles se permitiam governar por escroques partidários que eram com frequência tão abertamente corruptos. A resposta era que, em primeiro lugar, em um país tão grande, mesmo com milhões de dólares sendo roubados ou desviados, ainda havia o suficiente para todos e, em segundo lugar, que esses políticos profissionais eram um grupo que até os trabalhadores poderiam tratar com desprezo, ao passo que os oficiais do corpo técnico de estirpe germânica eram quem, como grupo, 'se impunham como senhores' sobre os trabalhadores". *The Theory of Social and Economic Organization*, p. 391–92.

444. Se os ingleses ficavam uma pilha de nervos em relação uns aos outros quando no exterior, era porque eles estavam bastante seguros sobre como eram vistos pelos nativos da terra onde estavam. Era exatamente o contrário no caso dos norte-americanos, que, por não saberem como eram vistos pelos nativos dos países europeus, os lançavam nos braços de seus compatriotas de uma forma que não fariam em casa sem antes se informar sobre a respeitabilidade da pessoa em questão.

445. Carta de Thomas C. Dudley, um jovem comissário naval de Yonkers, Nova York, para sua irmã Fanny, 16 jun. 1852, no acervo de Dudley na Biblioteca Clements, Ann Arbor.

446. Tocqueville sabia que havia forças que estabeleciam a estratificação social nos Estados Unidos, inclusive com o estabelecimento de novas aristocracias; por exemplo, *Democracy in America*, II.ii.20.

447. Se sua batalha com a lavadeira foi de desprezos concorrentes, sua batalha como norte-americano contra os ingleses levou Dudley a dizer que sente nojo do tipo inglês de igualdade: "Se eles consideram nossa igualdade desagradável, eu considero a deles nojenta". Ele está mostrando aos ingleses que pode até superá-los quando o assunto é desaprovação. Se a dele é moderada, a sua é intensa, e não existe forma melhor de mostrar intensidade do que recorrendo retórica e estrategicamente ao nojo. A igualdade deles é nojenta em vez de desprezível não só porque o nojo traz consigo mais força (não fica claro se de fato faria isso nesse contexto), mas porque sua seleção da palavra "nojenta" registra uma espécie de deferência ao poderio dos ingleses que esse defensivo norte-americano ainda sente entranhado de maneira profunda. Eles não podem ser desprezíveis, porque não são insignificantes. O nojento nunca é tão facilmente menosprezável quanto o desprezível.

448. Ver especialmente a discussão profunda feita por Hawthorne em *The Blithedale Romance* da angústia psicológica observada na mistura de classes do experimento da Fazenda Brook.

10. O OLFATO DE ORWELL

449. Estou enganosamente tratando o respeito aqui como se fosse óbvio do que se trata. Para uma explicação razoável, seria necessário escrever um livro mais ou menos do tamanho deste. Pelo que se presume, o respeito básico pelas pessoas, que é a pedra fundamental do ordenamento político liberal, não precisa ser conquistado, nem ter algum equilíbrio significativo com o desprezo. Como advém do simples fato de sermos humanos, não oferece nenhuma base para aprovação ou autoestima. Imaginemos, como Nozick assinala (p. 243), como seria ridículo dizer: Ei, eu não sou qualquer um — tenho um polegar opositor. O respeito pelo outro *como ser humano* é uma noção bem frágil. Mas a reivindicação por respeito, em geral, é uma reivindicação por mais do que isso e envolve mérito e posição social. Para uma tentativa recente de formular um conteúdo para o respeito, ver Gibbard, p. 264–69.

450. George Steiner, *New Yorker*, mar. 1969, reproduzido em Meyers, p. 366.

451. Hoggart, "George Orwell and 'The Road to Wigan Pier'", p. 73–74.

452. É notável como essa lista dos anos 1930 chegou sem mudanças aos anos 1960 e quase sem alterações à década de 1990.

453. Embora não seja meu desejo confirmar nem negar o que Orwell diz a esse respeito, de fato muitos asiáticos (e ameríndios) tendem a não ter ou a ter menos glândulas sudoríparas que produzem odores, em especial nas axilas e na virilha, do que brancos e negros; ver Overfield, p. 15.

454. Orwell é explícito em sua admissão clara e voluntária de que foi viver em meio à mais profunda pobreza para expiar sua culpa pelos serviços que prestou ao imperialismo; ver *Wigan Pier*, p. 148–50.

455. Ver Patai, *The Orwell Mystique*, p. 81–82.

456. Com relação ao tratamento dispensado aos Brooker por Orwell, comparemos como Hawthorne retrata Silas Foster em *The Blithedale Romance*. O narrador de Hawthorne não consegue esconder sua repugnância pelas maneiras à mesa do rústico Foster; o nojo consegue transparecer em seu comprometimento extremo de aceitar Foster como um igual, apesar de precisar se esforçar para considerá-lo honrado apesar de não limpar a boca: "O pobre Silas Foster, enquanto isso, estava ocupado na mesa de jantar, servindo seu próprio chá e engolindo tudo sem sentir seu sabor formidável, como se fosse um extrato de erva de gato; pegando fatias de torrada, espetando com a faca e derrubando metade na toalha; usando o mesmo talher para cortar fatias e mais fatias de presunto; perpetrando atrocidades com o prato de manteiga; e, em todos os aspectos, comportando-se menos como um cristão civilizado do que o pior tipo de ogro seria capaz. Depois de se empanturrar, ele complementou seus feitos com um gole do jarro de água e, então, nos presenteou com sua opinião sobre o assunto em questão. E, sem dúvida, embora não tenha limpado a boca, sua expressão lhe fazia jus" (cap. 4, p. 658). Sobre o esnobismo e outras ansiedades na mistura de classes do experimento da Fazenda Brook, ver Packer, p. 466–70. A vulgaridade camponesa de Silas Foster, porém, é distintamente menos ameaçadora que a vulgaridade do proletariado urbano.

457. Vale assinalar que a expressão "além de qualquer desprezo" costuma relegar o objeto assim descrito ao reino do nojento.

458. Ver Rai, *Orwell and the Politics of Despair*, p. 68; Wollheim, "Orwell Reconsidered"; Raymond Williams é menos severo em *Culture and Society*, p. 288.

459. A depender da hierarquia, o cheiro tem diferentes associações e significados, mas a afirmação mais geral sobrevive às variações locais.

460. Fabri, p. 439–40.

461. Ver Braunstein, p. 613–15.

462. Ver o ataque de Thomas Browne à ideia de que os judeus fedem em *Pseudodoxia Epidemica*, iv.10, p. 174: "Ora, o fundamento que gerou ou propagou essa afirmação pode ser a aversão de mau gosto do cristão pelo judeu, e pela vilania desse fato o tornou abominável e malcheiroso ao nariz de todos os homens. De uma prática real de expressão metafórica, passou à construção literal; mas uma ilação fraudulenta mesmo assim".

463. "Such, Such Were the Joys", p. 37–38.

464. Ver Montaigne, "Of Smells", *Essays*, p. 228.

465. Sobre o movimento *New Age* tentar mudar tudo isso através da aromaterapia, ver Klein, "Get a Whiff of This", um defensor da prática.

466. Ewing, "The Heart of the Race Problem", p. 395.

467. Ver o relato de Bernard Crick e seu informante citado em Rai, p. 68: "'Nós o encontramos', um velho líder dos mineiros disse a Crick, 'em um alojamento limpo e decente. A maioria das pessoas tinha mais tempo para a limpeza quando estava sem emprego e tinha orgulho disso. Ele foi embora depois de um tempo sem nenhum motivo e foi para aquele buraco'".

468. Ver Patai, p. 80–86.

469. "Charles Dickens", p. 76, 78.

470. Aqui vale lembrar a crença de que os judeus menstruavam, citada no capítulo 7.

OBRAS CITADAS

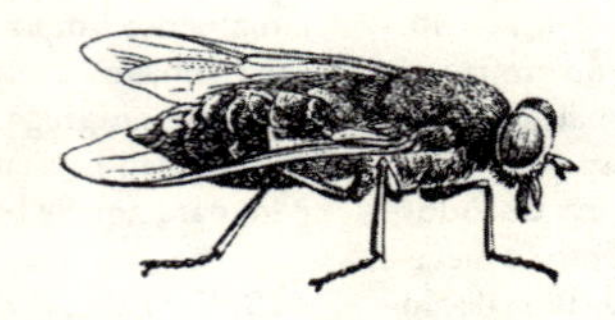

ADELMAN, Janet. *Suffocating Mothers: Fantasies Maternal Origin in Shakespeare's Plays, Hamlet to the Tempest*. Nova York: Routledge, 1992.

ALLPORT, Gordon W. *Becoming: Basic Considerations for a Psychology of Personality*. New Haven: Yale University Press, 1955.

ANDERSSON, Theodore. *The Problem of Icelandic Saga Origins*. New Haven: Yale University Press, 1964.

ANDERSSON, Theodore; MILLER, William Ian. *Law and Literature in Medieval Iceland*. Stanford: Stanford University Press, 1989.

ANGYAL, Andras. "Disgust and Related Aversions". *Journal of Abnormal and Social Psychology*, n. 36, 1941, p. 393–412.

ARIÈS, Philippe. *The Hour of Our Death*. Trad. para o inglês de Helen Weaver. Nova York: Knopf, 1981.

ARISTÓTELES. *The "Art" of Rhetoric*. Trad. para o inglês de John Henry Freese. Loeb Classical Library, n. 193, 1926. Cambridge, Mass.: Harvard University Press, 1982. [Ed. bras.: *Retórica*. Trad. de Edson Bini. São Paulo: Edipro, 2017.]

ASTINGTON, John H. "'Fault' in Shakespeare". *Shakespeare Quarterly*, n. 36, 1985, p. 330–34.

BAIER, Annette C. "Moralism and Cruelty: Reflections on Hume and Kant". *Ethics*, n. 103, 1993, p. 436–457.

______. *Postures of the Mind: Essays on Mind and Morals*. Minneapolis: University of Minnesota Press, 1985.

______. *A Progress of Sentiments: Reflections on Hume's Treatise*. Cambridge, Mass.: Harvard University Press, 1991.

BAKHTIN, Mikhail. *Rabelais and His World*. Trad. para o inglês de Helene Iswolsky. Bloomington: Indiana University Press, 1984.

BARBER, Malcolm. "Lepers, Jews, and Moslems: The Plot to Overthrow Christendom in 1321". *History*, n, 66, 1981, p. 17.

BARTLETT, Robert. "Symbolic Meanings of Hair in the Middle Ages". *Transactions of the Royal Historical Society*, n. 4, 1994, p. 43–60.

BAUDELAIRE, Charles. *Petits Poëmes en Prose*. Org. De Robert Kopp. Paris: José Corti, 1969. [Ed. bras.: *Pequenos poemas em prosa*. Trad. de Dorothée de Bruchard. São Paulo: Hedra, 2009.]

BAUMGARTNER, M. P. "Social Control from Below". In: BLACK, Donald (Org.). *Toward a General Theory of Social Control*. Nova York: Academic Press, 1984. v. 1, p. 303–345.

BELL, Rudolf M. *Holy Anorexia*. Chicago: University of Chicago Press, 1985.

BENTON, John F. (Org.). *Selfand Society in Medieval France: The Memoirs of Abbot Guibert of Nogent (1064?–1125)*. Trad. para o inglês de C. C. Swinton Bland. Nova York: Harper and Row, 1970.

BERSANI, Leo. "Is the Rectum a Grave?" *October*, n. 43, 1987, p. 197–222.

BOSWELL, James. *Life of Johnson*. Org. de R. W. Chapman, rev. J. D. Fleeman. Oxford: Oxford University Press, 1970.

BORDIEU, Pierre. *Distinction: A Social Critique of the Judgment of Taste*. Trad. para o inglês de Richard Nice. Cambridge, Mass.: Harvard University Press, 1984. [Ed. bras.: *A distinção: Crítica social do julgamento*. 2 ed. Trad. de Daniela Kern e Guilherme J. F. Teixeira. Porto Alegre: Zouk, 2011.]

BOURKE, John G. *Scatologic Rites of All Nations*. Washington, 1891.

BRAUNSTEIN, Philippe. "Toward Intimacy: The Fourteenth Century and Fifteenth Century". In: ARIÈS, Philippe; DUBY, Georges (Orgs.). *A History of Private Life*. Cambridge, Mass.: Harvard University Press, 1988. v. 2: *Revelations of the Medieval World*, p. 535–630.

BROWN, Norman O. *Life Against Death: The Psychoanalytical Meaning of History*. Middletown, Conn.: Wesleyan University Press, 1959.

BROWN, Peter. *The Body and Society: Men, Women, and Sexual Renunciation in Early Christianity*. Nova York: Columbia University Press, 1988.

BROWNE, Thomas. *Pseudodoxia Epidemica; or, Enquiries into Very Many Received Tenents and Commonly Presumed Truths*. 3 ed. Londres, 1658.

BURNS, E. Jane. "This Prick Which Is Not One: How Women Talk Back in Old French Fabliaux". In: LOMPERIS, Linda; STANBURY, Sarah (Orgs.). *Feminist Approaches to the Body in Medieval Literature*. Filadélfia: University of Pennsylvania Press, 1993, p. 188–212.

BURTON, Robert. *The Anatomy of Melancholy*. Ed. de Floyd Dell e Paul Jordan Smith. Nova York: Tudor, 1938.

BYNUM, Caroline Walker. "The Body of Christ in the Later Middle Ages: A Reply to Leo Steinberg". In: *Fragmentatzon and Redemption: Essays on Gender and the Human Body in Medieval Religion*. Nova York: Zone, 1992, p. 79–117.

______. *Holy Feast and Holy Fast: The Religious Significance of Food to Medieval Women*. Berkeley: University of California Press, 1987.

______. "Jesus as Mother and Abbot as Mother: Some Themes in Twelfth-Century Cistercian Writing". In: *Jesus as Mother: Studies in the Spirituality of the High Middle Ages*. Berkeley: University of California Press, 1982, p. 110–169.

______. *The Resurrection of the Body in Western Christianity, 200–1336*. Nova York: Columbia University Press, 1995.

CARROLL, Noël. *The Philosophy of Horror or Paradoxes of the Heart*. Nova York: Routledge, 1990.

CHAUCER, Geoffrey. *The Works of Geoffrey Chaucer*. 2d ed. Org. de F. N. Robinson. Boston: Houghton Mifflin, 1957.

CHESTERFIELD. *Lord Chesterfield: Letters*. Org. de David Roberts. Oxford: Oxford University Press, 1992.

CHEVALIER-SKOLNIKOFF, Suzanne. "Facial Expression of Emotion in Nonhuman Primates". In: EKMAN, Paul (Org.). *Darwin and Facial Expression: A Century of Research in Review*. Nova York: Academic Press, 1973, p. 11–90.

CLOVER, Carol J. *Men, Women, and Chain Saws: Gender in the Modern Horror Film*. Princeton: Princeton University Press, 1992.

______. "Regardless of Sex: Men, Women, and Power in Early Northern Europe". *Speculum*, n. 68, 1993, p. 363–388.

COLLINS, Randall. "Three Faces of Cruelty: Towards a Comparative Sociology of Violence". *Theory and Society*, n. 1, 1974, p. 415–440.

CONGREVE, William (Trad.). *Ovid's Art of Love. Book III*. Londres, 1709.

COOPER, Samuel. *A Dictionary of Practical Surgery*. 6 ed. Nova York, 1830.

D'ANDRADE, Roy. "'A Folk Model of the Mind". In: HOLLAND, Dorothy; QUINN, Naomi (Orgs.). *Cultural Models in Language and Thought*. Cambridge: Cambridge University Press, 1987, p. 112–148.

______. "Some Propositions about the Relations between Culture and Human Cognition". In: STIGLER, James W.; SHWEDER, Richard A.; HERDT, Gilbert (Orgs.). *Cultural Psychology: Essays on Comparative Human Development*. Cambridge: Cambridge University Press, 1990, p. 65–129.

D'ARMS, Justin; JACOBSON, Daniel. "Expressivism, Morality, and the Emotions". *Ethics*, n. 104, 1994, p. 739–763.

DARWIN, Charles. *The Expression of the Emotions in Man and Animals*. Chicago: University of Chicago Press, 1965. [Ed. bras.: A expressão das emoções nos homens e nos animais. Trad. de Leon de Souza Lobo Garcia. São Paulo: Companhia das Letras, 2009.]

DAVEY, Graham C. L. "Characteristics of Individuals with Fear of Spiders". *Anxiety Research*, n. 4, 1992, p. 299–314.

DESAN, Suzanne. "Crowds, Community, and Ritual in the Work of E. P. Thompson and Natalie Davis". In: HUNT, Lynn (Org.). *The New Cultural History*. Berkeley: University of California Press, 1989, p. 47–71.

DE SOUSA, Ronald. *The Rationality of Emotion*. Cambridge, Mass.: MIT Press, 1987.

DOUGLAS, Mary. *Purity and Danger: An Analysis of the Concepts of Pollution and Taboo*. Londres: Routledge & Kegan Paul, 1966. [Ed. bras.: *Pureza e perigo*. Trad. de Mônica Siqueira Leite de Barros e Zilda Zakia Pinto. São Paulo: Perspectiva, 2010.]

DUCLOS, Sandra E.; LAIRD, James D.; SCHNEIDER, Eric; SEXTER, Melissa. "Emotion Specific Effects of Facial Expressions and Postures on Emotional Experience". *Journal of Personality and Social Psychology*, n. 57, 1989, p. 100–108.

DUMONT, Louis. *Homo Hierarchicus: The Caste System and Its Implications*. Trad. para o inglês de Mark Sainsbury. 1966. Chicago: University of Chicago Press, 1970.

DWORKIN, Andrea. *Intercourse*. Nova York: Free Press, 1987.

Egils saga Skalla-Grímssonar. Ed. de Sigurður Nordal. Islenzk Fornrit, v. 2. Reikjavik: Hið Íslenzka Fornritafélag, 1933.

EKMAN, Paul. "An Argument for Basic Emotions". *Cognition and Emotion*, n. 6, 1992, p. 169–200.

EKMAN, Paul; FRIESEN, Wallace V. "A New Pan-cultural Facial Expression of Emotion". *Motivation and Emotion*, n. 10, 1986, p. 159–168.

EKMAN, Paul; O'SULLIVAN, Maureen; MATSUMOTO, David. "Confusions about Context in the Judgment of Facial Expression: A Reply to 'The Contempt Expression and the Relativity Thesis'". *Motivation and Emotion*, n. 15, 1991, p. 169–176.

______. "Contradictions in the Study of Contempt: What's It All About? Reply to Russell". *Motivation and Emotion*, n. 15, 1991, p. 293–296.

ELIAS, Norbert. *The Civilizing Process*. Trad. para o inglês de Edmund Jephcott. Nova York: Urizen, 1978. v. 1: *The History of Manners*. [Ed. bras.: *O processo civilizador*. Trad. de Ruy Jungmann. Rio de Janeiro: Zahar, 1990. v. 1: *Uma história dos costumes*.]

______. *The Civilizing Process*. Trad. Edmund Jephcott. Nova York: Pantheon, 1982. v. 2: *Power and Civility*. [Ed. bras.: *O processo civilizador*. Trad. de Ruy Jungmann. Rio de Janeiro: Zahar, 1993. v. 2: *Formação do Estado e civilização*.]

ELIOT, T. S. *Complete Poems and Plays, 1909-1950*. Nova York: Harcourt, Brace, 1952.

ELLSWORTH, Phoebe C. "Some Implications of Cognitive Appraisal Theories of Emotion". *International Review of Studies on Emotion*, n. 1, 1991, p. 143–161.

ELSTER, Jon. *Sour Grapes: Studies in the Subversion of Rationality*. Cambridge: Cambridge University Press, 1983.

ENGEN, Trygg. *Odor Sensation and Memory*. Nova York: Praeger, 1991.

______. *The Perception of Odors*. Nova York: Academic Press, 1982.

______. "Remembering Odors and Their Names". *American Scientist*, n. 75, 1987, p. 497–503.

EVANS-PRITCHARD, E. E. *The Nuer: A Description of the Modes of Livelihood and Political Institutions of a Nilotic People*. Oxford: Oxford University Press, 1940.

EVE, Raymond A.; RENSLOW, Donald G. "An Exploratory Analysis of Private Sexual Behaviors among College Students: Some Implications for a Theory of Class Differences in Sexual Behavior". *Social Behavior and Personality*, n. 8, 1980, p. 97–105.

EWING, Quincy. "The Heart of the Race Problem". *Atlantic Monthly*, n. 103, 1908, p. 389–397.

FABRI, Felix. *The Book of Wanderings of Brother Felix Fabri*. Trad. para o inglês de Aubrey Stewart. In: Palestine Pilgrims' Text Society, v. VII–X. Londres, 1893-1897.

FERGUSON, Margaret W. "Hamlet: Letters and Spirits". In: PARKER, Patricia; HARTMAN, Geoffrey (Orgs.). *Shakespeare and the Question of Theory*. Nova York: Methuen, 1985, p. 292-309.

FIELDING, Henry. *The Covent-Garden Journal and A Plan of the Universal Register-Office*. Org. de Bertrand A. Goldgar. Middletown, Conn.: Wesleyan University Press, 1988.

______. "An Essay on Conversation". In: *The Complete Works of Henry Fielding*. Org. de William E. Henley. Nova York: Croscup & Sterling, 1902. v. 1: *Miscellaneous Writings*, p. 243–277.

FLANAGAN, Owen. *Varieties of Moral Personality: Ethics and Psychological Realism*. Cambridge, Mass.: Harvard University Press, 1991.

FLANDRIN, Jean-Louis. "Distinction through Taste". In: CHARTIER, Roger (Org.). *A History of Private Life*. Cambridge, Mass.: Harvard University Press, 1989. v. 3: *Passions of the Renaissance*, p. 265–307.

FOOT, Philippa. "Utilitarianism and the Virtues". *Mind*, n. 94, 1985, p. 196–209.

FRADENBURG, Louise O. "Criticism, Anti-semitism, and the Prioress's Tale". *Exemplaria*, n. 1, 1989, p. 69–115.

FREUD, Sigmund. "The Antithetical Meaning of Primal Words". In: STRACHEY, James (Org.). *The Standard Edition of the Complete Psychological Works of Sigmund Freud*. Londres: Hogarth Press, 1953–1974 [daqui em diante S.E.]. v. 11, p. 155–161. [Ed. bras.: "Sobre o sentido antitético das palavras primitivas". In: *Sigmund Freud: Obras completas*. Trad. de Paulo César de Souza. São Paulo: Companhia das Letras, 2013. v. 9: *(1909–1910)*.]

______. "Character and Anal Erotism". S.E., v. 9, p. 169–175. [Ed. bras.: "Caráter e erotismo anal". In: *Sigmund Freud: Obras completas*. Trad. de Paulo César de Souza. São Paulo: Companhia das Letras, 2015. v. 8: *(1906–1909)*.

______. *Civilization and Its Discontents*. S.E., v. 21, p. 59–145. [Ed. bras.: *O mal-estar na civilização*. Trad. de Paulo César de Souza. São Paulo: Penguin-Companhia, 2011.]

______. *The Complete Letters of Sigmund Freud to Wilhelm Fliess, 1887–1904*. Org. e trad. para o inglês de Jeffrey M. Masson. Cambridge, Mass.: Harvard University Press, 1985.

______. "Fetishism". S.E., v. 21, p. 149–157. [Ed. bras.: "O fetichismo". In: *Sigmund Freud: Obras completas*. Trad. de Paulo César de Souza. São Paulo: Companhia das Letras, 2015. v. 17: *(1926–1929)*.

______. "History of an Infantile Neurosis". S.E., v. 17, p. 3–123. [Ed. bras.: "História de uma neurose infantil". In: *Sigmund Freud: Obras completas*. Trad. de Paulo César de Souza. São Paulo: Companhia das Letras, 2010. v. 14: *(1917–1920)*.]

______. "Medusa's Head". S.E., v. 18, p. 273–274. [Ed. bras.: "A cabeça de Medusa". In: *Sigmund Freud: Obras completas*. Trad. de Paulo César de Souza. São Paulo: Companhia das Letras, 2011. v. 11: *(1920–1923)*.]

______. "The Most Prevalent Forms of Degradation in Erotic Life". In: RIVIERE, Joan; STRACHEY, J. (Orgs.). *Collected Papers*. The International Psycho-Analytical Library. Londres, 1924–50. v. 4, p. 203–216. [Ed. bras.: "Sobre a mais comum depreciação na vida amorosa". In: *Sigmund Freud: Obras completas*. Trad. de Paulo César de Souza. São Paulo: Companhia das Letras, 2013. v. 9: *(1909–1910)*.]

______. "Mourning and Melancholia". S.E., v. 14, p. 239–258. [Ed. bras.: "Luto e melancolia". In: *Sigmund Freud: Obras completas*. Trad. de Paulo César de Souza. São Paulo: Companhia das Letras, 2010. v. 12: *(1914–1916)*.]

______. "Notes Upon a Case of Obsessional Neurosis". S.E., v. 10, p. 153–318. [Ed. bras.: "Observações sobre um caso de neurose obsessiva". In: *Sigmund Freud: Obras completas*. Trad. de Paulo César de Souza. São Paulo: Companhia das Letras, 2013. v. 9: *(1909–1910)*.]

______. "Some Psychical Consequences of the Anatomical Distinction between the Sexes". S.E., v. 19, p. 243–258. [Ed. bras.: "Algumas consequências psíquicas da distinção anatômica entre os sexos". In: *Sigmund Freud: Obras completas*. Trad. de Paulo César de Souza. São Paulo: Companhia das Letras, 2011. v. 16: *(1923–1925)*.]

______. *Three Essays on the Theory of Sexuality*. S.E., v. 7, p. 125–245. [Ed. bras.: *Três ensaios sobre a teoria da sexualidade*. In: *Sigmund Freud: Obras completas*. Trad. de Paulo César de Souza. São Paulo: Companhia das Letras, 2016. v. 6: *(1901–1905)*.]

______. "The Uncanny". S.E., v. 17, p. 218–256. [Ed. bras.: "O inquietante". In: *Sigmund Freud: Obras completas*. Trad. de Paulo César de Souza. São Paulo: Companhia das Letras, 2010. v. 14: *(1917–1920)*.]

______. "The Unconscious". S.E., v. 14, p. 161–215. [Ed. bras.: "O inconsciente". In: *Sigmund Freud: Obras completas*. Trad. de Paulo César de Souza. São Paulo: Companhia das Letras, 2010. v. 12: *(1914–1916)*.]

FRIJDA, Nico H. *The Emotions*. Cambridge: Cambridge University Press, 1986.

GADE, Kari Ellen. "Einarr Þambarskelfir's Last Shot". *Scandinavian Studies*, n. 67, 1995, p. 153–162.

______. "Homosexuality and Rape of Males in Old Norse Law and Literature". *Scandinavian Studies*, n. 58, 1986, p. 124–141.

______. "Penile Puns: Personal Names and Phallic Symbols in Skaldic Poetry". In: FRIEDMAN, John B.; HOLLAHAN, Patricia. *Essays in Medieval Studies: Proceedings of the Illinois Medieval Association*. Urbana: University of Illinois Press, 1989, p. 57–67.

GALATZER-LEVY, Robert M.; GRUBER, Mayer. "What an Affect Means: A Quasi-Experiment about Disgust". *Annual of Psychoanalysis*, v. 20, 1992, p. 69–92.

GERALDO DE GALES (Geraldus Cambrensis). *Gemma Ecclesiastica*. Ed. de J. S. Brewer. Opera 2. Rerum Britannicarum Medii Aevi Scriptores (Rolls Series), vol. 21. Londres, 1862. (Trad. para o inglês de John J. Hagen, *Gemma Ecclesiastica*. Davis Medieval Texts and Studies. Leiden: Brill, 1979. v. 2).

GIBBARD, Allan. *Wise Choices, Apt Feelings: A Theory of Normative Judgment*. Cambridge, Mass.: Harvard University Press, 1990.

GILMAN, Sander L. *Sexuality: An Illustrated History*. Nova York: John Wiley, 1989.

GILMORE, David D. (Org.). *Honor and Shame and the Unity of the Mediterranean*. A special publication of the American Anthropological Association, n. 22. Washington, 1987.

GODWIN, William. *Enquiry Concerning Political Justice*. Londres, 1793. [Reedição: Woodstock Books, 1992.] 2 v.

GOFFMAN, Erving. *Behavior in Public Places: Notes on the Social Organization of Gatherings*. Nova York: Free Press, 1963. [Ed. bras.: *Comportamento em lugares públicos: Notas a organização social dos ajuntamentos*. Trad. Fábio Rodrigues Ribeiro da Silva. Petrópolis: Vozes, 2010.]

______. *Interaction Ritual: Essays in Face-to-face Behavior*. Chicago: Aldine, 1967. [Ed. bras.:

Ritual de interação: Ensaios sobre o comportamento face a face. Trad. Fábio Rodrigues Ribeiro da Silva. Petrópolis: Vozes, 2011.]

______. *The Presentation of Self in Everyday Life.* Garden City, N.Y.: Doubleday, 1959. [Ed. bras.: *A representação do eu na vida cotidiana.* Trad. de Maria Célia Santos Raposo. Petrópolis, Vozes, 2014.]

______. *Relations in Public.* New York: Basic Books, 1971.

______. *Stigma: Notes on the Management of Spoiled Identity.* Nova York: Simon and Schuster, 1963. [Ed. bras.: *Estigma: Notas sobre a manipulação da identidade deteriorada.* Trad. de Mathias Lambert. Rio de Janeiro: LTC, 1981.]

GORDON, Robert M. *The Structure of Emotions.* Cambridge: Cambridge University Press, 1987.

GREENBLATT, Stephen J. "Filthy Rites". In: *Learning to Curse: Essays in Early Modern Culture.* Nova York: Routledge, 1990, p. 59–79.

GROSS, James J.; LEVENSON, Robert W. "Emotional Suppression: Physiology, Self-report, and Expressive Behavior". *Journal of Personality and Social Psychology,* n. 64, 1993, p. 970–986.

Guibert de Nogent: Historie de sa vie (1053-1124). Ed. de Georges Bourgin. Paris: Alphonse Picard, 1907.

HAIDT, Jonathan; MCCAULEY, Clark; ROZIN, Paul. "Individual Differences in Sensitivity to Disgust: A Scale Sampling Seven Domains of Disgust Elicitors". *Personality and Individual Differences,* n. 16, 1994, p. 701–713.

HAIDT, Jonathan; ROZIN, Paul; MCCAULEY, Clark; IMADA, Sumio. "Body, Psyche, and Culture: The Relationship between Disgust and Morality." In: MISRA, G. (Org.). *The Cultural Construction of Social Cognition.* Nova York: Sage, s.d.

HALLPIKE, C. R. "Social Hair". *Man,* v. 4, 1969, p. 256–264.

HANKINS, John E. "Hamlet's 'God Kissing Carrion': A Theory of the Generation of Life". *PMLA,* n. 64, 1949, p. 507–516.

HARRÉ, Rom. "Embarrassment: A Conceptual Analysis". In: CROZIER, W. Ray (Org.). *Shyness and Embarrassment.* Cambridge: Cambridge University Press, 1990, p. 181–204.

HARRÉ, Rom; FINLAY-JONES, Robert. "Emotion Talk across Times". In: HARRÉ, Rom. The *Social Construction of Emotions.* Oxford: Basil Blackwell, 1986, p. 220–233.

HAWTHORNE, Nathaniel. *The Blithedale Romance.* Nova York: Library of America, 1983, p. 629–848.

HAZLITT, William. *William Hazlitt: Selected Writings.* Org. de Ronald Blythe. Harmondsworth: Penguin, 1970.

HEBB, Donald O. "Emotion in Man and Animal: An Analysis of the Intuitive Processes of Recognition". *Psychological Review,* n. 53, 1946, p. 88–106.

HELLMAN, Robert; O'GORMAN, Rickard (Orgs. e trads.). *Fabliaux, Ribald Tales from the Old French.* Nova York: Thomas Y. Crowell, 1966.

HERDT, Gilbert. "Sambia Nosebleeding Rites and Male Proximity to Women". In: STIGLER, James W.; SHWEDER, Richard A.; HERDT, Gilbert. *Cultural Psychology: Essays on Comparative Human Development.* Cambridge: Cambridge University Press, 1990, p. 366–400.

HERZOG, Don. *Without Foundations: Justification in Political Theory.* Ithaca: Cornell University Press, 1985.

______. "The Trouble with Hairdressers". *Representations,* n. 53, 1996, p. 21–43.

HIRSCHMAN, Albert O. *The Passions and the Interests: Political Arguments for Capitalism before Its Triumph.* Princeton: Princeton University Press, 1977.

HOCHSCHILD, Arlie Russell. *The Managed Heart: Commercialization of Human Feeling.* Berkeley: University of California Press, 1983.

HOGGART, Richard. "George Orwell and 'The Road to Wigan Pier'". *Critical Quarterly,* n. 7, 1965, p. 72–85.

HORKHEIMER, Max; ADORNO, Theodor W. *Dialectic of Enlightenment.* Trad. para o inglês de John Cumming. 1944. Nova York: Continuum, 1994. [Ed. bras.: Dialética do esclarecimento. Trad. de Guido Antonio de Almeida. Rio de Janeiro: Zahar, 1985.]

HUME, David. *An Enquiry Concerning the Principles of Morals.* La Salle, Ill.: Open Court, 1966. [Ed. bras.: *Uma investigação sobre os princípios da moral.* Trad. de José Oscar de Almeida. Campinas: Editora da Unicamp, 2013.]

______. *The Natural History of Religion.* In: WOLLHEIM, Richard (Org.). *David Hume: On Religion.* Cleveland: Meridian, 1963, p. 31–98. [Ed. bras.: *História natural da religião.* Trad. de Jaimir Conte. São Paulo: Editura Unesp, 2005.

______. *A Treatise of Human Nature.* Ed. de L. A. Selby-Bigge. 2 ed. de P. H. Nidditch. Oxford: Clarendon, 1975. [Ed. bras.: *Tratado da natureza humana.* 2 ed. Trad. de Debora Danowski. São Paulo: Editora Unesp, 2009.]

HUTCHEON, Linda. *A Theory of Parody: The Teachings of Twentieth-Century Art Forms*. Nova York: Methuen, 1985.

HUTCHESON, Frances. "An Inquiry Concerning Moral Good and Evil". In: RAPHAEL, D. D. (Org.). *British Moralists 1650–1800*. Oxford: Clarendon Press, 1969, p. 261–299.

IGNATIEFF, Michael. "The Seductiveness of Moral Disgust". *Social Research*, n. 62, 1995, p. 77–97.

IRIGARAY, Luce. *This Sex Which Is Not One*. Ithaca: Cornell University Press, 1985.

ITARD, Jean. *The Wild Boy of Ayeyron*. In: MALSON, Lucien. *Wolf Children and the Problem of Human Nature*. Nova York: New Left, 1972.

IZARD, Carroll E. "Emotion-Cognition Relationships and Human Development". In: IZARD, Carroll E.; KAGAN, Jerome; ZAJONC, Robert B. (Orgs.). *Emotions, Cognition, and Behavior*. Cambridge: Cambridge University Press, 1984, p, 17–37.

______. *Human Emotions*. Nova York: Plenum, 1977.

______. *The Face of Emotion*. Nova York: Appleton-Century-Crofts, 1971.

IZARD, Carroll E.; HAYNES, O. Maurice. "On the Form and Universality of the Contempt Expression: A Challenge to Ekman and Friesen's Claim of Discovery". *Motivation and Emotion*, n. 12, 1988, p. 1–16.

JAEGER, C. Stephen. *The Origins of Courtliness: Civilizing Trends and the Formation of Courtly Ideals, 939–1210*. Filadélfia: University of Pennsylvania Press, 1985.

JAMES, William. *Principles of Psychology*. Cambridge, Mass.: Harvard University Press, 1981. 3 v.

JOHNSON, Allen; JOHNSON, Orna; BAKSH Michael. "The Colors of Emotions in Machiguenga". *American Anthropologist*, n. 88, 1986, p. 674–681.

JOHNSON, Samuel. Works of Samuel Johnson. Org. de Walter Jackson Bate e Albrecht B. Strauss. New Haven: Yale University Press, 1963. v. 3: *The Rambler*.

JOHNSON-LAIRD, P. N.; OATLEY, Keith. "Basic Emotions, Rationality, and Folk Theory". *Cognition and Emotion*, n. 6, 1992, p. 201–223.

______. "The Language of Emotions: An Analysis of a Semantic Field". *Cognition and Emotion*, n. 3, 1989, p. 81–123.

KAGAN, Jerome. "The Idea of Emotion in Human Development". In: IZARD, Carroll E.; KAGAN, Jerome; ZAJONC, Robert B. (Orgs.). *Emotions, Cognition, and Behavior*. Cambridge: Cambridge University Press, 1984, p. 38–72.

KAHANE, Claire. "Freud's Sublimation: Disgust, Desire and the Female Body". *American Imago*, n. 49, 1992, p. 411–425.

KAMIR, Orit. *Stalking: History, Culture and Law*. Dissertação de doutorado. University of Michigan Law School, 1995.

KANT, Immanuel. *Critique of Judgment*. Trad. para o inglês de Werner S. Pluhar. Indianapolis: Hackett, 1987. [Ed. bras.: *Crítica da capacidade de julgar*. Trad. de Fernando Costa Mattos. Petrópolis: Vozes, 2016.]

KIPNIS, Laura. "(Male) Desire and (Female) Disgust: Reading Hustler". In: GROSSBERG L. et al. (Orgs.). *Cultural Studies*. Nova York: Routledge, 1992, p. 373–391.

KLEIN, Richard. "Get a Whiff of This: Breaking the Smell Barrier". *The New Republic*, n. 212, 1995, p. 18ss.

KNAPP, Peter H. "Purging and Curbing: An Inquiry into Disgust, Satiety and Shame". *Journal of Nervous and Mental Disease*, n. 144, 1967, p. 514–34

KRISTEVA, Julia. *Powers of Horror: An Essay on Abjection*. Trad. para o inglês de Leon S. Roudiez. Nova York: Columbia University Press, 1982.

KUNDERA, Milan. *The Unbearable Lightness of Being*. Nova York: Harper and Row, 1984. [Ed. bras.: *A insustentável leveza do ser*. Trad. de Tereza Bulhões de Carvalho. São Paulo: Companhia das Letras, 2008.]

LAQUEUR, Thomas. *Making Sex: Body and Gender from the Greeks to Freud*. Cambridge, Mass.: Harvard University Press, 1990.

LA ROCHEFOUCAULD. *Maximes*. Org. de Jacques Truchet. Paris: Flammarion, 1977.

Laxdæla saga. Ed. Einar Ól. Sveinsson. Íslenzk Fornrit, v. 5. Reikjavík: Hið Íslenzka Fornritafélag, 1934.

LEACH, Edmund R. "Anthropological Aspects of Language: Animal Categories and Verbal Abuse". In: LENNEBEG, Eric H. (Org.). *New Directions in the Study of Language*. Cambridge, Mass.: MIT Press, 1964, p. 23–63.

______. "Magical Hair". *Journal of the Royal Anthropological Institute of Great Britain and Ireland*, n. 88, 1958, p. 147–164.

LE BRUN, Charles. "Conférence sur l'expression des passions". Repr. em *Nouvelle revue de psychanalyse*, n. 21, 1980, p. 96–109.

LEVENSON, Robert W.; EKMAN, Paul; FRIESEN Wallace V. "Voluntary Facial Action Generates Emotion-specific Autonomic Nervous System Activity". *Psychophysiology*, n. 27, 1990, p. 363–384.

LINCOLN, Bruce. *Authority: Construction and Corrosion*. Chicago: University of Chicago Press, 1994.

LITTLE, Lester K. *Religious Poverty and the Profit Economy in Medieval Europe*. Ithaca: Cornell University Press, 1978.

LUTZ, Catherine; WHITE, Geoffrey M. "The Anthropology of Emotions". *Annual Review of Anthropology*, n. 15, 1986, p. 405–436.

LYONS, William. *Emotions*. Cambridge: Cambridge University Press, 1980.

MANDEVILLE, Bernard. *The Fable of the Bees or Private Vices, Publick Benefits*. 6 ed. Org. de F. B. Kaye. Oxford: Clarendon Press, 1924. 2 v. [Reimpressão: Liberty Press, 1988.]

MARVELL, Andrew. *The Poems of Andrew Marvell*. Org. de Hugh MacDonald. Londres: Routledge & Kegan Paul, 1952.

MATCHETT, George; DAVEY, Graham C. L. "A Test of a Disease-Avoidance Model of Animal Phobias". *Behaviour Research and Therapy*, n. 29, 1991, p. 91–94.

MCDOUGALL, William. *An Introduction to Social Psychology*. Boston: Luce, 1921.

MCNEILL, John T.; GAMER, Helena M. (Trads.). *Medieval Handbooks of Penance*. Nova York: Columbia University Press, 1938.

MEULENGRACHT SØRENSEN, Preben. *The Unmanly Man: Concepts of Sexual Defamation in Early Northern Society*. Trad. para o inglês de Joan Turville-Petre. Odense: Odense University Press, 1983.

MEYERS, Jeffrey (Org.). *George Orwell: The Critical Heritage*. Londres: Routledge & Kegan Paul, 1975.

Middle English Dictionary. Org. Hans Kurath e Sherman M. Kuhn. Ann Arbor: University of Michigan Press, 1952.

MILLER, Susan B. "Disgust: Conceptualization, Development and Dynamics". *International Review of Psychoanalysis*, n. 13, 1986, p. 295–307.

______. "Disgust Reactions: Their Determinants and Manifestations in Treatment". *Contemporary Psychoanalysis*, n. 29, 1993, p. 711–735.

MILLER, William Ian. *Bloodtaking and Peacemaking: Feud, Law, and Society in Saga Iceland*. Chicago: University of Chicago Press, 1990.

______. "Clint Eastwood and Equity". In: SARAT, Austin; KEARNS, Thomas (Orgs.). *In Law in the Domains of Culture*. Ann Arbor: University of Michigan Press, 1997.

______. "Deep Inner Lives, Individualism, and People of Honour". *History of Political Thought*, n. 16, 1995, p. 190–207.

______. *Humiliation: And Other Essays on Honor, Social Discomfort, and Violence*. Ithaca: Cornell University Press, 1993.

______. "'I can take a hint': Social Ineptitude, Embarrassment, and The King of Comedy". *Michigan Quarterly Review*, n. 33, 1994, p. 322–344.

MILTON, John. *John Milton: Complete Poems and Major Prose*. Org. de Merritt Y. Hughes. Nova York: Odyssey Press, 1957.

MONTAIGNE, Michel de. *The Complete Essays of Montaigne*. Trad. para o inglês de Donald M. Frame. Stanford: Stanford University Press, 1958.

MOORE, R. I. *The Formation of a Persecuting Society: Power and Deviance m Western Europe, 950-1250*. Oxford: Basil Blackwell, 1987.

NAGEL, Thomas. "Ruthlessness in Public Life". In: *Mortal Questions*. Cambridge: Cambridge University Press, 1979, p. 75–90.

NASHE, Thomas. *Christs Teares over Jerusalem*. Londres, 1593.

NEMEROFF, Carol; ROZIN, Paul. "'You are what you eat': Applying the Demand Free 'Impressions' Technique to an Unacknowledged Belief". *Ethos*, n. 17, 1989, p. 50–69.

NEU, Jerome. "'A Tear Is an Intellectual Thing'". *Representations*, n. 19, 1987, p. 35–61.

NEWMAN, Francis W. *Hebrew Theism*. 2 ed. Londres, 1874.

NIETZSCHE, Frederich. *On the Genealogy of Morals*. Trad. para o inglês de Walter Kaufmann e R. J. Hollingdale. Nova York: Vintage, 1967. [Ed. bras.: *Genealogia da moral*. Trad. de Paulo César de Souza. São Paulo: Companhia das Letras, 2009.]

______. *Twilight of the Idols*. In: *The Portable Nietzsche*. Org. e trad. para o inglês de Walter Kaufmann. Nova York: Viking, 1954, p. 463–563. [Ed. bras.: *Crepúsculo dos ídolos*. Trad. de Paulo César de Souza. São Paulo: Companhia das Letras, 2017.]

NOZICK, Robert. *Anarchy, State, and Utopia*. Nova York: Basic, 1974.

ORTONY, Andrew; TURNER, Terence J. "What's Basic about Basic Emotions?" *Psychological Review*, n. 97, 1990, p. 315–331.

ORWELL, George. "Charles Dickens". In: *George Orwell: A Collection of Essays*. San Diego: Harcourt Brace, 1981, p. 48–104.

______. *Down and Out in Paris and London*. Nova York: Harcourt Brace, 1950. [Ed. bras.: *Na pior em Paris e Londres*. Trad. de Pedro Maia Soares. São Paulo: Companhia das Letras, 2006.

______. "Inside the Whale". In: *George Orwell: A Collection of Essays*. San Diego: Harcourt Brace, 1981, p. 210–252.

______. "Looking Back at the Spanish Civil War". In: *George Orwell: A Collection of Essays*. San Diego: Harcourt Brace, 1981, p. 188–210.

______. "Politics *vs.* Literature: An Examination of Gulliver's Travels". In: ORWELL, Sonia; ANGUS, Ian (Orgs.). *Collected Essays, Journalism and Letters of George Orwell.* Londres: Secker & Warburg, 1968. v. 4, p. 205–223.

______. *The Road to Wigan Pier.* Nova York: Harcourt, Brace, 1958. [Ed. bras.: *O caminho para Wigan Pier*. Trad. de Isa Mara Lando. São Paulo: Companhia das Letras, 2010.]

______. "Such, Such Were the Joys". In: *George Orwell: A Collection of Essays*. San Diego: Harcourt Brace, 1981, p. 1–47. [Ed. bras.: "Tamanhas eram as alegrias". In: *Como morrem os pobres e outros ensaios*. Org. de Matinas Suzuki Jr. Trad. de Pedro Maia Soares. São Paulo: Companhia das Letras, 2011.]

OVERFIELD, Theresa. *Biologic Variation in Health and Illness: Race, Age, and Sex Differences*. Menlo Park, Calif.: Addison-Wesley. 1985.

OVÍDIO. *The Art of Love and other Poems*. Trad. para o inglês de J. H. Mozley. Loeb Classical Library, v. 232. Cambridge, Mass.: Harvard University Press, 1929.

PACKER, Barbara L. "The Transcendentalists". In: BERCOVITCH, Sacvan (Org.). *The Cambridge History of American Literature, 1820–1865.* Cambridge: Cambridge University Press, 1995, v. 2, p. 329–604.

Parmênides. Trad. para o inglês de F. M. Cornford. In: HAMILTON, Edith; CAIRNS, Huntington (Orgs.). *The Collected Dialogues of Plato*. Nova York: Pantheon, 1961, p. 920–956.

PATAL, Daphne. *The Orwell Mystique: A Study in Male Ideology*. Amherst: University of Massachusetts Press, 1984.

PAYER, Pierre J. *The Bridling of Desire: Views of Sex in the Later Middle Ages.* Toronto: University of Toronto Press, 1993.

PERISTIANY, J. G. (Org.). *Honour and Shame: The Values of Mediterranean Society*. Chicago: University of Chicago Press, 1966.

PIERS, Gerhart; SINGER, Milton B. *Shame and Guilt: A Psychoanalytic and Cultural Study*. 1953; Nova York: Norton, 1971.

PLUTCHIK, Robert. *The Emotions: Facts, Theories, and a New Model.* Nova York: Random House, 1962.

______. *Emotion: A Psychoeyolutionary Synthesis.* Nova York: Harper & Row, 1980.

POPE, Alexander. *The Iliad of Homer*. Londres, 1715.

RAI, Alok. *Orwell and the Politics of Despair*. Cambridge: Cambridge University Press,

RANUM, Orest. "The Refuges of Intimacy". In: CHARTIER, Roger (Org.). *A History of Private Life*. Cambridge, Mass.: Harvard University Press, 1989. v. 3: *Passions of the Renaissance*, p. 207–263.

RAYMUNDUS DE VINEIS. *The Life of Saienct Catharine of Siena*. Trad. para o inglês de John Fen. Londres: Scholar Press, 1978.

REVEL, Jacques. "The Uses of Civility". In: CHARTIER, Roger (Org.). *A History of Private Life*. Cambridge, Mass.: Harvard University Press, 1989. v. 3: *Passions of the Renaissance*, p. 167–205.

RICHARD, Jeffrey. *Sex, Dissidence and Damnation: Minority Groups in the Middle Ages*. Londres: Routledge, 1991.

RINDISBACHER, Hans J. *The Smell of Books: A Cultural-Historical Study of Olfactory Perception in Literature.* Ann Arbor: University of Michigan Press, 1992.

ROSE, Jacqueline. "Sexuality in the Reading of Shakespeare: Hamlet and Measure for Measure". In: DRAKAKIS, John (Org.). *Alternative Shakespeares.* Nova York: Methuen, 1985, p. 95–118, 229–231.

ROSE, Phyllis. *Parallel Lives: Five Victorian Marriages.* Nova York: Knopf, 1983.

ROUSSEAU, Jean-Jacques. *The Confessions*. Trad. para o inglês de J. M. Cohen. Harmondsworth: Penguin, 1953.

ROUSSELLE, Aline. *Porneia: On Desire and the Body in Antiquity*. Trad. para o inglês de Felicia Pheasant. Oxford: Basil Blackwell, 1988.

ROZIN, Paul. "'Taste-Smell Confusions' and the Duality of the Olfactory Sense". *Perception and Psychophysics*, n. 31, 1982, p. 397–401.

ROZIN, Paul; FALLON, April E. "A Perspective on Disgust". *Psychological Review*, n. 94, 1987, p. 23–41.

ROZIN, Paul; FALLON, April E.; AUGUSTONI-ZISKIND, MaryLynn. "The Child's Conception of Food: Development of Categories of Rejected and Accepted Substances". *Journal of Nutrition Education*, n. 18, 1986, p. 75–81.

ROZIN, Paul, HAIDT, Jonathan; MCCAULEY, Clark R. "Disgust". In: LEWIS, Michael; HAVILAND, Jeannette M. *Handbook of Emotions*. Nova York: Guilford, 1993, p. 575–594.

ROZIN, Paul, HAMMER, Larry; OSTER, Harriet; HOROWITZ,

Talia; MARMORA, Veronica. "The Child's Conception of Food: Differentiation of Categories of Rejected Substances in the 1.4 to 5 Year Age Range". *Appetite*, n. 7, 1986, p. 141–151.

ROZIN, Paul; LOWERY, Laura; EBERT, Rhonda. "Varieties of Disgust Faces and the Structure of Disgust". *Journal of Personality and Social Psychology*, n. 66, 1994, p. 870–881.

ROZIN, Paul; MILLMAN, Linda; NEMEROFF, Carol. "Operation of the Laws of Sympathetic Magic in Disgust and Other Domains". *Journal of Personality and Social Psychology*, n. 50, 1986, p. 703–12.

ROZIN, Paul; NEMEROFF, Carol. "The Laws of Sympathetic Magic: A Psychological Analysis of Similarity and Contagion". In: STIGLER, James W.; SHWEDER, Richard A.; HERDT, Gilbert (Orgs.). *Cultural Psychology: Essays on Comparative Human Development*. Cambridge: Cambridge University Press, 1990, p. 205–232.

RUSSELL, James A. "The Contempt Expression and the Relativity Thesis". *Motivation and Emotion*, n. 15, 1991, p. 149–168.

______. "Negative Results on a Reported Facial Expression of Contempt". *Motivation and Emotion*, n. 15, 1991, p. 281–291.

______. "Rejoinder to Ekman, O'Sullivan, and Matsumoto". *Motivation and Emotion*, n. 15, 1991, p. 177–184.

SARTRE, J.-P. *Being and Nothingness*. Trad. para o inglês de Hazel E. Barnes. Nova York: Washington Square, 1992. [Ed. bras.: *O ser e o nada*. Trad. de Paulo Perdigão. Petrópolis: Vozes, 2015.]

______. *La nausée*. Paris: Gallimard, 1938. [Ed. bras.: *A náusea*. Tradução de Rita Braga. Rio de Janeiro: Nova Fronteira, 2019.]

SCARRY, Elaine. *The Body in Pain: The Making and Unmaking of the World*. Nova York: Oxford University Press, 1985.

SCHELLING, Thomas C. *The Strategy of Conflict*. Cambridge, Mass.: Harvard University Press, 1960.

SCOTT, James C. *Domination and the Arts of Resistance*. New Haven: Yale University Press, 1990.

SHAKESPEARE, William. *The Complete Works*. Org. de Alfred Harbage et al. Baltimore: Penguin, 1969.

SHKLAR, Judith. *Ordinary Vices*. Cambridge, Mass.: Harvard University Press, 1984.

SHWEDER, Richard A. "Menstrual Pollution, Soul Loss, and the Comparative Study of Emotions". In: SHWEDER, Richard A. (Org.) *Thinking through Cultures: Expeditions in Cultural Psychology*. Cambridge, Mass.: Harvard University Press, 1991, p. 241–265.

SHWEDER, Richard A.; MAHAPATRA, Manamohan; MILLER, Joan G. "Culture and Moral Development". In: STIGLER, James W.; SHWEDER, Richard A.; HERDT, Gilbert (Orgs.). *Cultural Psychology: Essays on Comparative Human Development*. Cambridge: Cambridge University Press, 1990, p. 130–204.

SILVERMAN, Kaja. *The Acoustic Mirror: The Female Voice in Psychoanalysis and Cinema*. Bloomington: Indiana University Press, 1988.

SINANOGLOU, Leah. "The Christ Child as Sacrifice: A Medieval Tradition and the Corpus Christi Plays". *Speculum*, n. 48, 1973, p. 491–509.

SMITH, Adam. *The Theory of Moral Sentiments*. Ed. de D. D. Raphael e A. L. Macfie. Oxford: Clarendon Press, 1976. [Ed. bras.: *Teoria dos sentimentos morais*. Trad. de Lya Luft. São Paulo: WMF Martins Fontes, 2015.]

SMITH, Craig; ELLSWORTH, Phoebe C. "Patterns of Cognitive Appraisal in Emotion". *Journal of Personality and Social Psychology*, n. 48, 1985, p. 813–838.

SOLOMON, Robert C. *The Passions: The Myth and Nature of Human Emotion*. Notre Dame, Ind.: University of Notre Dame Press, 1983.

______. "The Philosophy of Horror, or, Why Did Godzilla Cross the Road?" In: ______. *Entertaining Ideas*. Buffalo: Prometheus Books, 1992, p. 119–130.

SOUTHERN, R. W. (Org. e trad.). *The Life of St. Anselm, Archbishop of Canterbury by Eadmer*. Londres: Thomas Nelson, 1962.

______. *The Making of the Middle Ages*. New Haven: Yale University Press, 1953.

SPACKS, Patricia Ann Meyer. *Boredom: The Literary History of a State of Mind*. Chicago: University of Chicago Press, 1995.

STALLYBRASS, Peter; WHITE, Allon. *The Politics and Poetics of Transgression*. Ithaca: Cornell University Press, 1986.

STERNE, Laurence. *Tristram Shandy*. Ed. de James A. Work. Indianapolis: Odyssey Press, 1940.

STRACK, Fritz, MARTIN, Leonard L.; STEPPER, Sabine. "Inhibiting and Facilitating Conditions of the Human Smile". *Journal of Personality and Social Psychology*, n. 54, 1988, p. 768–777.

SWAN, Jim. "Mater and Nannie: Freud's Two Mothers and the Discovery of the Oedipus Complex". *American Imago*, n. 31, 1974, p. 1–64.

SWIFT, Jonathan. *Directions to Servants*. Ed. de Herbert Davis. Oxford: Basil Blackwell, 1959.

______. *Gulliver's Travels*. Ed. de Martin Price. Indianapolis: Bobbs-Merrill, 1963. [Ed. bras.: *Viagens de Gulliver*. Trad. de Octavio Mendes Cajado. Rio de Janeiro: Nova Fronteira, 2018.]

Swift: Poetical Works. Org. de Herbert Davis. London: Oxford University Press, 1967.

TAMBIAH, S. J. "Animals Are Good to Think and Good to Prohibit". *Ethnology*, n. 8, 1969, p. 423–459.

TAUSSIG, Michael. "Culture of Terror—Space of Death: Roger Casement's Putumayo Report and the Explanation of Torture". *Comparative Studies in Society and History*, n. 26, 1984, p. 467–497.

TAYLOR, Gabriele. *Pride, Shame, and Guilt: Emotions of Self-Assessment*. Oxford: Clarendon Press, 1985.

TAYLOR, Shelley E.; BROWN, Jonathan. "Illusion and Well-Being: A Social Psychological Perspective on Mental Health". *Psychological Bulletin*, n. 103, 1988, p. 193–210.

TEMPLER, Donald I.; KING, Frank L.; BROONER, Robert K.; CORGIAT, Mark D. "Assessment of Body Elimination Attitude". *Journal of Clinical Psychology*, n. 40, 1984, p. 754–759.

THOITS, Peggy A. "The Sociology of Emotions". *Annual Review of Sociology*, n. 15, 1989, p. 317–342.

TOMÁS DE AQUINO. *Summa Theologiæ*. Nova York: McGraw-Hill, 1964.

TOCQUEVILLE, Alexis de. *Democracy in America*. Trad. para o inglês de George Lawrence. Ed. de J. P. Mayer. Garden City, N.Y.: Anchor, 1969. [Ed. bras.: *A democracia na América*. Trad. de Júlia da Rosa Simões. São Paulo: Edipro, 2019.]

TOMKINS, Sylvan S. *Affect, Imagery, Consciousness*. Nova York: Springer, 1963. v. 2: *The Negative Affects*.

______. "Affect Theory". In: EKMAN, Paul. *Emotion in the Human Face*. 2 ed. Studies in Emotion and Social Interaction. Cambridge: Cambridge University Press, 1984, p. 353–381.

TOURNEUR, Cyril. *The Revenger's Tragedy*. In: *John Webster and Cyril Tourneur*. Nova York: Hill & Wang, 1956.

TURNER, Terence J.; ORTONY, Andrew. "Basic Emotions: Can Conflicting Criteria Converge?" *Psychological Review*, n. 99, 1992, p. 566–571.

VAN KRIEKEN, Robert. "Violence, Self-discipline and Modernity: Beyond the 'Civilizing Process'". *Sociological Review*, n. 37, 1989, p. 193–218.

VLASTOS, Gregory. "Justice and Equality". In: WALDRON, Jeremy. *Theories of Rights*. Oxford: Oxford University Press, 1984, p. 41–76.

WALDRON, Jeremy. "Homelessness and the Issue of Freedom". *UCLA Law Review*, n. 39, 1991, p. 295–324.

WALZER, Michael. "Political Action: The Problem of Dirty Hands". *Philosophy and Public Affairs*, n. 2, 1973, p. 160–180.

WARE, Jacqueline; JAIN, Kamud; BURGESS, Ian; DAVEY, Graham C. L. "Disease Avoidance Model: Factor Analysis of Common Animal Fears". *Behaviour Research and Therapy*, n. 32, 1994, p. 57–63.

WEBB, Katie; DAVEY, Graham C. L. "Disgust Sensitivity and Fear of Animals: Effect of Exposure to Violent or Revulsive Material". *Anxiety, Stress, and Coping*, n. 5, 1992, p. 329–335.

WEBER, Max. *The Theory of Social and Economic Organization*. Trad. para o inglês de A. M. Henderson e Talcott Parsons. Nova York: Free Press, 1947.

WEBSTER, John. *The Duchess of Malfi*. In: *John Webster and Cyril Tourneur*. Nova York: Hill & Wang, 1956.

WIERZBICKA, Anna. "Human Emotions: Universal or Culture-Specific". *American Anthropologist*, n. 88, 1986, p. 584–594.

______. "The Semantics of Interjection". *Journal of Pragmatics*, n. 18, 1992, p. 159–192.

WILLIAMS, Bernard. *Ethics and the Limits of Philosophy*. Cambridge, Mass.: Harvard University Press, 1985.

______. "Professional Morality and Its Dispositions". In: LUBAN, David. (Org.). *The Good Lawyer: Lawyers Roles and Lawyers' Ethics*. Totowa, N.J.: Rowman & Allanheld, 1983, p. 259–269.

______. *Shame and Necessity*. Berkeley: University of California Press, 1993.

WILLIAMS, Raymond. *Culture and Society, 1780-1950*. Nova York: Harper & Row, 1958.

WILMOT, John. *The Complete Poems of John Wilmot, Earl of Rochester*. Org. de David M. Vieth. New Haven: Yale University Press, 1968.

WOLLHEIM, Richard. "Orwell Reconsidered". *Partisan Review*, n. 27, 1960, p. 82–97.

WOLLSTONECRAFT, Mary. *A Vindication of the Rights of Woman*. Harmondsworth: Penguin, 1975. [Ed. bras.: *Reivindicação dos direitos da mulher*. Trad. de Ivania Pocinho Motta. São Paulo: Boitempo, 2016.

WURMSER, Léon. *The Mask of Shame*. Baltimore: Johns Hopkins University Press, 1981.

ANATOMIA DO NOJO

ÍNDICE REMISSIVO

A

B

C

D

E

F

K

L

M

N

O

P

R

MONÓLOGO DE UMA SOMBRA

Na existência social, possuo uma arma
— O metafisicismo de Abidarma —
E trago, sem bramânicas tesouras,
Como um dorso de azêmola passiva,
A solidariedade subjetiva
De todas as espécies sofredoras.

Como um pouco de saliva quotidiana
Mostro meu nojo à Natureza Humana.
A podridão me serve de Evangelho...
Amo o esterco, os resíduos ruins dos quiosques
E o animal inferior que urra nos bosques
É com certeza meu irmão mais velho!

Eu e Outras Poesias
AUGUSTO DOS ANJOS

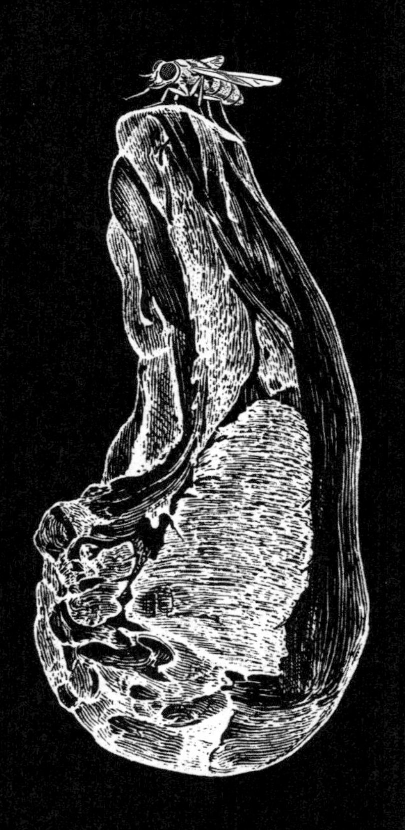

WILLIAM IAN MILLER (1946) é professor emérito de direito na Universidade de Michigan desde 1984. Ele ocupou o cargo de professor da Carnegie Centenary Trust, na Universidade de St. Andrews, em 2008. Suas contribuições abrangem direito, literatura e a exploração intricada das emoções humanas, consolidando sua posição como uma figura respeitada na academia.

NÃO TENHA
NOJO
DE VIVER
TUDO
QUE PODE TE
FAZER FELIZ.

MACABRA™

DARKSIDE